"十二五"职业教育国家规划教材

经全国职业教育教材审定委员会审定

建筑工程计量与计价

（包含装饰工程部分）

第三版

主　编　黄伟典　任昭君

副主编　孙　伟　孙玉芳　欧长贵

　　　　邹冠华　尹凤霞　舒　盼

参　编　朱长红　廖　荣

主　审　杨会芹

大连理工大学出版社

图书在版编目(CIP)数据

建筑工程计量与计价 / 黄伟典,任昭君主编. -- 3
版. -- 大连 : 大连理工大学出版社,2021.11(2024.6重印)
ISBN 978-7-5685-3326-3

Ⅰ. ①建… Ⅱ. ①黄… ②任… Ⅲ. ①建筑工程-计
量②建筑造价 Ⅳ. ①TU723.3

中国版本图书馆 CIP 数据核字(2021)第 221988 号

大连理工大学出版社出版
地址:大连市软件园路 80 号 邮政编码:116023
发行:0411-84708842 邮购:0411-84708943 传真:0411-84701466
E-mail:dutp@dutp.cn URL:https://www.dutp.cn
大连雪莲彩印有限公司印刷   大连理工大学出版社发行

幅面尺寸:185mm×260mm   印张:21.75   字数:554 千字
2014 年 7 月第 1 版   2021 年 11 月第 3 版
2024 年 6 月第 3 次印刷

责任编辑:姚春玲   责任校对:康云霞
封面设计:张 莹

ISBN 978-7-5685-3326-3   定 价:57.80 元

前　言

　　《建筑工程计量与计价》(第三版)是"十二五"职业教育国家规划教材,也是新世纪高职高专教材编审委员会组编的建筑工程技术类课程规划教材之一。

　　本教材以培养生产、建设、管理和服务等一线需要的高等技术应用型人才为目标,依据高职高专院校建筑类专业的教学计划和全国造价员培训大纲,结合建筑工程计量与计价课程教学基本要求和课程教学特点,按照《建设工程工程量清单计价规范》(GB 50500—2013)、《房屋建筑与装饰工程工程量计算规范》(GB 50854—2013)、《建筑工程建筑面积计算规范》(GB/T 50353—2013)、《房屋建筑与装饰工程消耗量定额》(TY 01—31—2015)等编写而成。本教材结合高职高专教育的特点,立足于职业能力的培养,基于建筑与装饰施工过程,以造价员岗位核心工作任务为载体构建课程体系,按定额与清单两种计价模式的工程量计算进行编写,与造价员培训教材内容体系保持一致。

　　本教材在编写过程中力求突出以下特色:

　　1.大量案例,突出实践技能的讲解,促进理实一体化

　　教材附有大量建筑与装饰工程计量与计价案例,重点突出建筑与装饰工程计量与计价基本实践技能的讲解,使理论与实践相结合。同时,教材知识体系完整,结构层次分明,重点突出,语言简练,概念清楚,内容通俗易懂。

　　2.完整的课程设计综合案例,有利于指导学生进行课程设计

　　教材配有完整的建筑与装饰工程计量与计价课程设计资料,帮助学生了解工程量清单及清单计价的内容和过程,指导学生进行课程设计。

　　3."互联网＋"创新型教材

　　教材依托现代信息技术,以纸质教材为基础,构建"教材＋微课视频＋教学课件＋题库"的"互联网＋"创新型教材。读者扫描书中二维码即可观看微课视频,更多教学资源包可以登录职教数字化服务平台下载使用。

4.内容丰富,可读性强

教材每章开头配有"知识目标""能力目标""引例",书中有"经验提示""课堂互动""想一想""案例分析",每章最后有精选的练习题,注重实用性和应试性。

全书共分两大部分:第1部分为建筑工程计量计价方法及依据,主要内容包括工程造价概论、建筑工程计价定额、工程量清单计价计量规范、建筑工程费用项目组成、建筑工程计量计价方法、建筑面积计算规范。第2部分为建筑与装饰工程计量计价实务,主要内容包括土石方工程,地基处理与边坡支护工程,桩基工程,砌筑工程,混凝土及钢筋混凝土工程,金属结构工程,木结构工程,门窗工程,屋面及防水工程,保温、隔热、防腐工程,楼地面装饰工程,墙柱面装饰与隔断幕墙工程,天棚工程,油漆、涂料、裱糊工程,其他装饰工程,措施项目,建筑与装饰工程计量计价实训资料。本教材与《建筑工程计量与计价学习指导与实训》配套使用,学习过程中可配备参考文献所列书籍。教材内容按60学时编写,教师授课时,可结合本地区实际情况和专业要求对教材内容进行组合取舍选用。

本教材可作为高等职业院校工程造价、建设工程管理、建筑工程技术、建筑经济信息化管理及相关专业的教学用书,也可作为成人教育以及造价师、造价员和建筑企业管理人员培训教材,还可作为企事业单位中高层管理人员与技术人员的参考用书。

本教材由青岛黄海学院黄伟典、滨州职业学院任昭君担任主编;青岛黄海学院孙伟、孙玉芳,湖南有色金属职业技术学院欧长贵、邹冠华,长江职业学院尹凤霞、舒盼担任副主编;长江职业学院朱长红、廖荣担任参编。具体编写分工如下:黄伟典编写第1~3章;朱长红编写第4章;任昭君编写第5~8章;廖荣编写第9章;舒盼编写第10章和第18章;孙伟编写第11~13章;孙玉芳编写第14~16章;尹凤霞编写第17章和第23章;欧长贵编写第19~21章;邹冠华编写第22章。全书由黄伟典统稿,滨州职业学院杨会芹主审。

在编写本教材的过程中,我们参考、引用和改编了国内外出版物中的相关资料以及网络资源,在此对这些资料的作者表示深深的谢意!请相关著作权人看到本教材后与出版社联系,出版社将按照相关法律的规定支付稿酬。

尽管我们在探索《建筑工程计量与计价》教材特色的建设方面做出了许多努力,但由于编者水平有限,教材中仍可能存在疏漏和不妥之处,恳请读者批评指正,并将建议及时反馈给我们,以便修订时完善。

编　者

2021 年 11 月

所有意见和建议请发往:dutpgz@163.com

欢迎访问职教数字化服务平台:https://www.dutp.cn/sve/

联系电话:0411-84708979　84707424

目 录

第 1 部分　建筑工程计量计价方法及依据

第 2 部分　建筑与装饰工程计量计价实务

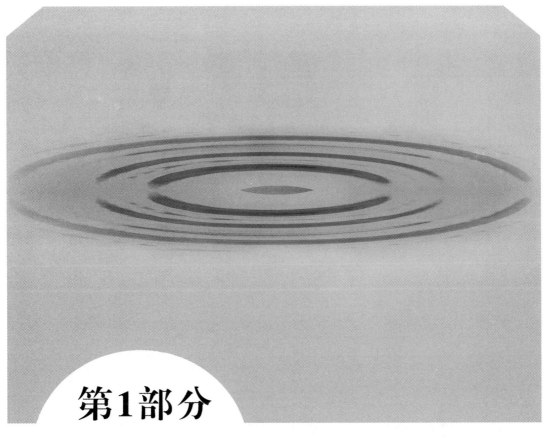

第1部分
建筑工程计量计价方法及依据

第1章
工程造价概论

知识目标

1.了解建筑工程造价的含义和计价特点。

2.掌握建设项目的分解;熟悉建筑工程计价程序。

3.掌握全过程计价各阶段造价之间的关系与区别。

能力目标

能判断和划分出单项工程、单位工程、分部工程和分项工程。能区分估算、概算、预算、标底、控制价、投标价、合同价、结算、决算的不同点。

引 例

小王今年高考取得了好成绩,为了将来能找到一份好工作,他报志愿选择了工程造价专业,但又不清楚工程造价专业具体是干什么的,将来能到哪些单位就业,上学期间能考取哪些证书。请你为他讲解一下这些问题。

1.1 工程造价概述

一、工程造价的含义与计价特点

1.工程造价的含义

(1)工程造价的第一种含义。从投资者——业主的角度定义,工程造价是指建设一项工程预期开支或实际开支的全部固定资产投资费用,包括工程费用、工程建设其他费用、预备费用、建设期利息与固定资产投资方向调节税。工程造价就是工程建设项目的固定资产投资费用。工程建设项目总造价是项目总投资中的固定资产投资的总额。

(2)工程造价的第二种含义。从市场的角度来定义,工程造价是指工程价格。即为建成一项工程,预计或实际在土地市场、设备市场、技术劳务市场以及承发包市场等交易活动中所形成的建筑安装工程价格和建设工程总价格。通常把工程造价的第二种含义只认定为工程承发包价格,是第一种含义中的一部分。

2.工程造价的计价特点

(1)大额性。建筑工程造价高昂,需投资几百万、几千万甚至上亿元的资金。

(2)单件性。一个工程一个样,其工程造价有着较大的差别,每项工程都必须单独计价。

(3)多次性。在工程建设全过程中的各个阶段需要多次计价,随着工程的逐步深化、细化,工程造价就更接近实际造价。

(4)组合性。一个建筑工程总造价是通过若干个分部、分项工程价格的计算组合而得出的。

(5)方法的多样性。建筑工程各个阶段的工作内容不同,其计价方法也是不同的。

(6)依据的复杂性。建筑工程计价依据种类繁多,主要分为量、价、费三个方面的文件。

(7)模糊性。由于建筑工程项目内容和市场价格的不确定性,工程造价只能说是一个相对准确的数值,具有较大的模糊性。

(8)动态性。建筑工程在实施期间,都会出现一些不可预料的风险因素,必然会导致工程建设项目投资额度的变动,需要随时进行动态跟踪和调整。

(9)兼容性。工程造价既可指固定资产投资,也可指工程承发包价格;既可指招标的标底或控制价,也可指投标报价。另外,不同专业造价在编制方法和手段上有很大的相似性和兼容性,可以融会贯通。

二、工程造价的职能和作用

1.工程造价的职能

(1)预测职能。建筑工程一般都要经过可行性研究、设计、招标投标、工程施工、竣工验收等阶段。每一阶段都必须对工程造价进行预测。

(2)控制职能。一是上一个阶段的工程造价可作为下一个阶段的控制目标;二是在某一个阶段内,要对工程造价指标和技术经济指标进行控制。

(3)评价职能。工程造价是政府部门、金融部门、建设部门和承包商用于评价经济效果、效益、贷款风险和管理水平的重要依据。

(4)调控职能。工程建设对国民经济有着重大影响,国家对建设规模和投资进行结构性调控管理是非常必要的,这些都要用工程造价作为经济杠杆来实现。

2.工程造价的作用

(1)工程造价是项目决策的依据。

(2)工程造价是制订投资计划和控制投资的有效工具。

(3)工程造价是筹集建设资金的依据。

(4)工程造价是合理分配利益和调节产业结构的手段。

(5)工程造价是评价投资效果的重要指标。

三、工程造价改革的内容和任务

(1)改革现行工程定额管理方式。

(2)加强工程造价信息的收集、处理和发布工作。

(3)对政府投资工程和非政府投资工程实行不同的定价方式。

（4）加强对工程造价的监督管理，逐步建立工程造价的监督检查制度。

> **经验提示：**随着工程建设市场化进程的不断推进，统一的定额越来越被淡化，自主定价要求有自己的消耗量定额。因此，要求造价工作者能编制本企业定额。

1.2 建筑工程分类与计价

建筑工程，即建筑产品，是建筑业的物质成果。建设各部门均以建筑工程为对象进行生产、管理、使用。建筑工程和其他产品一样，具有商品的属性，需要计价。区别于其他商品的是，建筑工程的计价是一项预测行为，价格需预先计算，如估算、概算、预算等。

一、建设项目的分解

为便于建设项目管理和确定建筑产品价格，人们将建设项目根据其组成进行科学的分解，划分为若干个单项工程、单位工程、分部工程、分项工程、子项工程。

建设项目的分解

1.建设项目

建设项目是指在一定约束条件下，具有特定目标的工程建设任务，如建一座工厂，建一所学校，建一家医院等。

2.单项工程

单项工程是指在一个建设项目中，具有独立的设计文件，竣工后可以独立发挥生产能力或效益的工程。它是建设项目的组成部分。如车间、办公楼、教学楼、图书馆、实验楼、食堂、住宅等各自成为一个单项工程。

3.单位工程

单位工程是指竣工后一般不能独立发挥生产能力或效益，但具有独立设计，可以独立组织施工的工程。它是单项工程的组成部分。如土建、安装工程等。对于建筑规模较大的单位工程，可将其能形成独立使用功能的部分再分为几个子单位工程。

> **想一想：**工业建设中的厂房是单项工程还是单位工程？

4.分部工程

分部工程是单位工程的组成部分。按照工程部位、设备种类和型号、工种和结构的不同，可将一个单位工程分解为若干个分部工程。如房屋的土建工程可分为土石方工程、砌筑工程、钢筋及混凝土工程、门窗工程等。分部工程还可以再分为子分部工程。

> **想一想：**装饰工程是单位工程还是分部工程？

> **经验提示：**一般大型工程，装饰工程需要单独施工，是单位工程。但小型工程，一般只作为一个分部工程。定额和规范是将装饰工程按分部和子分部工程考虑的。

5.分项工程

分项工程是分部工程的组成部分。按照不同的施工方法、不同的材料、不同的内容，可将一个分部工程分解为若干个分项工程。如砌筑工程（分部工程），可分为砖墙、毛石墙等分项工程。

6.子项工程

子项工程是分项工程的组成部分,是工程中最小单元体。如砖墙分项工程可分为 240 砖外墙、365 砖外墙等。子项工程一般称为定额子目,是计算人工、材料、机械及资金消耗的最基本的构造要素。计价定额中的单价大多是以子项工程为对象计算的。

二、建筑工程的计价

1.建筑产品及生产特点

(1)固定性。建筑产品的固定性,决定了生产的流动性。

想一想:建筑产品生产的流动性是优点还是缺点?怎样做才能减少生产的流动?

(2)单件性。建筑产品的固定性导致了建筑产品必须单件设计、单件施工、单独定价。

(3)露天作业、高空作业。建筑产品由于其固定性,加之体形庞大,其生产一般在露天进行,需进行高空作业,且受自然条件、季节性影响较大,安全性差。

(4)生产周期长。建筑产品生产周期长、环节多、涉及面广、协作关系复杂、价格因素变化大。

2.建筑产品的计价原理

由于建筑产品自身的特点,需采用特殊的计价方式单独计价。其计价的基本原理是将最基本的工程项目作为假定产品计算出单位工程造价。所谓假定产品,是指计价定额中或计价规范中所规定的工程项目。它们是最基本的分项或子项工程,由于它们与完整的工程项目不同,无独立存在的意义,只是建筑安装工程的一种因素,是为了确定建筑安装单位工程产品价格而分解出来的一种假定产品。

确定单位工程建筑产品价格,首先确定单位假定产品(分项或子项工程)的人工、材料、机械台班消耗指标(定额);再用货币形式计算单位假定产品的价格(工程单价),作为建筑产品计价基础(价目表或计价定额);然后根据施工图纸及工程量计算规则分别计算出各工程项目的工程量,再分别乘以工程单价,计算出建筑产品的直接费用成本,并以直接费用成本为基础计算出间接费用成本;最后计算利润和增值税,汇总后构成建筑产品的完全价格。也可以根据工程量清单和综合单价计算工程费用以及规费、增值税,合并构成全部费用。

1.3 建筑工程计价程序

一、建筑工程计价程序

建筑工程计价程序是指工程项目从策划、评估、决策、设计、施工到竣工验收、投入生产或交付使用的整个建设过程中,各项造价工作必须遵循的先后工作次序。

按我国现行规定,工程项目从建设前期工作到建设、投产,一般要经历以下几个阶段的工作程序,如图 1-1 所示。

微课

建筑工程项目
计价程序解读

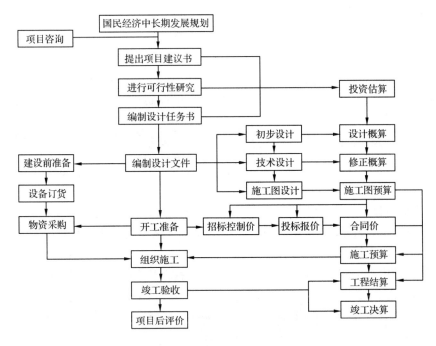

图 1-1　建筑工程计价程序图

二、建筑工程项目计价程序解读

1.投资估算

投资估算一般是指在项目建议书或可行性研究阶段,建设单位向国家或主管部门申请建设项目投资时,为了确定建设项目的投资总额而编制的经济文件。

2.设计概算

设计概算是指在初步设计或扩大初步设计阶段,由设计单位根据初步设计图纸,概算定额或概算指标,材料、设备预算价格,各项费用定额或取费标准,预先计算建设项目由筹建至竣工验收、交付使用全部建设费用的经济文件。

3.修正概算

修正概算是指当采用三阶段设计时,在技术设计阶段,随着设计内容的具体化,建设规模、结构性质、设备类型和数量等与初步设计可能有出入,为此,设计单位应对投资进行具体核算,对初步设计概算进行修正而形成经济文件。

4.施工图预算

施工图预算是指在施工图设计阶段,设计工作全部完成并经过会审,单位工程开工之前,由设计咨询或施工单位根据施工图纸,施工组织设计,预算(消耗量)定额,人工、材料、机械台班单价和各项费用取费标准,预先计算和确定单项工程或单位工程全部建设费用的经济文件。

5.标底或招标控制价

国有资金投资的工程进行招标,根据《中华人民共和国招标投标法》的规定,招标人可以设标底。当招标人不设标底时,为了客观、合理地评审投标报价和避免哄抬标价,造成国有资产流失,招标人必须编制招标控制价。

(1)标底是指业主为控制工程建设项目的投资,根据招标文件、各种计价依据和资料以及有关规定所计算的用于测评各投标单位工程报价的工程造价。标底价格在评标定标过程中起到了控制价格的作用。标底由业主或招标代理机构编制,在开标前是绝对保密的。

（2）招标控制价是指招标人根据国家或省级行业建设主管部门颁发的有关计价依据和规则,按设计施工图纸计算的对招标工程限定的最高工程造价,亦称最高投标限价。它由招标人或受其委托具有相应资质的工程造价咨询人编制,是招标人用于对招标工程发包的最高限价。投标人的投标报价高于招标控制价的,应予废标。招标控制价的作用决定了它不同于标底,无须保密。

> **经验提示:** 标底在开标前是绝对保密的,招标控制价在发布招标文件时公布。两者造价不同,一般招标控制价略高于标底。

6.投标报价

投标报价是指投标人投标时报出的工程造价。它是投标文件的重要组成部分,是投标人希望达成工程承包交易的期望价格。投标报价不能高于招标人设定的招标控制价。

7.合同价

合同价是指发、承包双方在施工合同中约定的工程造价,又称为合同价格。采用招标发包的工程,其合同价应为投标人的中标价,但并不等同于最终结算的实际工程造价。

> **经验提示:** 合同价不等同于投标报价,合同价应为投标人的中标价。合同价也不是实际工程造价。

8.施工预算

施工预算是指施工阶段,在施工图预算的控制下,施工单位根据施工图计算的分项工程量、企业定额或施工定额、单位工程施工组织设计等资料,通过工料分析,计算和确定拟建工程所需的人工、材料、机械台班消耗量及其相应费用的技术经济文件。

9.工程结算

工程结算是指一个单项工程、单位工程、分部工程或分项工程完工并经建设单位及有关部门验收或验收点交后,施工企业根据合同规定,按照施工现场实际情况的记录、设计变更通知书、现场签证、消耗量定额或工程量清单、人工材料机械单价和各项费用取费标准等资料,向建设单位办理结算工程价款,取得收入,用以补偿施工过程中的资金耗费,确定施工盈亏的经济文件。按照合同约定确定的最终工程造价称为竣工结算。

10.竣工决算

竣工决算是指在竣工验收阶段,当一个建设项目完工并经验收后,由建设单位编制的从筹建到竣工验收、交付使用全过程实际支付的建设费用的经济文件。

> **经验提示:** 工程结算和竣工决算作用不同,编制单位不同,时间上也有先后。

综上所述,建设预算的各项技术经济文件均以价值形态贯穿于整个建设过程之中,计价全过程如图 1-2 所示。

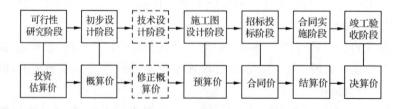

图 1-2　计价全过程

申请工程项目要编估算,设计要编概算,施工前要编预算或招标控制价,在其基础上投标报价、签订合同价,竣工时要编结算和决算。一般情况下,决算不能超过预算,预算不能超过概算,概算不能超过估算。

练习题

一、单选题

1.工程造价(   )特征是一个逐步深化、逐步细化和逐步接近实际造价的过程。
A.单件性计价   B.多次性计价   C.方法多样性   D.组合性计价
2.下列不属于工程造价职能的是(   )。
A.预测职能   B.控制职能   C.评价职能   D.核算职能
3.按照建设项目的分解层次,一幢宿舍楼的土建工程应该是一个(   )。
A.建设项目   B.单位工程   C.单项工程   D.分部工程
4..按照建设项目的分解层次,一幢宿舍楼的土方工程应该是一个(   )。
A.建设项目   B.单位工程   C.单项工程   D.分部工程
5.在建设项目中,具有独立设计文件,竣工后可独立发挥生产能力的或效益的工程是(   )。
A.单项工程   B.单位工程   C.分部工程   D.建设项目
6.预先计算人工、材料、机械台班单价和各项费用的取费标准是以下工程项目计价程序中的哪一项(   )。
A.设计概算   B.投资估算   C.施工图预算   D.施工预算

二、多选题

1.建筑产品的生产特性包括(   )。
A.固定性   B.单件性
C.露天作业、高空作业   D.流动性   E.生产周期长
2.建筑工程的造价职能包括(   )。
A.预测职能   B.控制职能   C.评价职能   D.调控职能   E.核算职能
3.工程造价的计价特征有(   )等。
A.单件性计价   B.多次性计价   C.组合性计价
D.计价方法的多样性   E.计价程序的复杂性

三、判断题

1.建筑产品的固定性决定了建筑产品必须单件设计、单件施工、单独定价。   (   )
2.在工业建设中,建设一个车间就是一个建设项目。   (   )
3.单位工程是指在一个建设项目中,具有独立的设计文件,建成后能够独立发挥生产能力或效益的工程。   (   )
4.工程结算和竣工决算的作用不同,编制单位不同,时间上也有先后顺序。   (   )
5.三阶段设计包括初步设计、技术设计、施工图设计。   (   )
6.单位工程是指竣工后独立发挥生产能力的工程。(   )
7.建筑产品的固定性导致了建筑产品必须单件设计、单件施工、单独定价。   (   )
8.工程各个阶段的工作内容不同,但是计价的方法相同,称为工程造价的多次性。   (   )
9.为便于建设项目管理和确定建筑产品价格,将建设项目分为若干个单项工程、单位工程、分部工程、分项工程、子项工程。   (   )

第2章
建筑工程计价定额

● 知识目标

1.了解建筑工程定额的概念、性质和分类。

2.熟悉建筑工程消耗量定额和计价定额的概念、性质、作用、原则、依据、单位确定和消耗指标的确定。

3.掌握建筑工程消耗量定额和计价定额手册的内容和使用方法。

● 能力目标

学会使用建筑工程消耗量定额和计价定额,能根据定额计算出人工、材料和机械消耗数量以及人工费、材料费、机械费和直接工程费。

引 例 ◎

徐老板开公司,收入颇丰,他准备买块地,建一幢 500 m² 的别墅楼,图纸已找人设计完成。他想让你帮助算一下材料用量,还说算准了劳务费不会少你的,你能答应他吗?

2.1 建筑工程定额概述

一、建筑工程定额的概念

建筑工程定额是指在正常的施工条件、先进合理的施工工艺和施工组织的条件下,采用科学的方法制定每完成一定计量单位的质量合格产品所必须消耗的人工、材料、机械设备及其价值的数量标准。

实行定额的目的,是为了力求用最少的人力、物力和财力的消耗,生产出符合质量标准的合格建筑产品,取得最好的经济效益。

二、建筑工程定额的性质

建筑工程定额具有科学性、系统性、统一性、指导性、群众性、稳定性和时效性等性质。

(1)科学性。建筑工程定额的科学性,表现在定额是在认真研究客观规律的基础上,遵循客观规律的要求,实事求是地运用科学的方法制定的。

（2）系统性。建设工程是一个庞大的实体系统,定额是为这个实体系统服务的。建设工程本身的多种类、多层次就决定了以它为服务对象的定额的多种类、多层次。

（3）统一性。建筑工程定额的统一性,主要是由国家对经济发展有计划的宏观调控职能决定的。为了使国民经济向既定的目标发展,就需要借助某些标准、定额、规范等,对建设工程进行规划、组织、调节、控制。

（4）指导性。企业可在基础定额的基础上,自行编制企业内部定额,逐步走向市场,与国际计价方法接轨。

（5）群众性。建筑工程定额的群众性是指定额来自于群众又贯彻于群众。定额的制定和执行具有广泛的群众基础。

（6）稳定性。建筑工程定额中的任何一种定额都是一定时期技术发展和管理水平的反映,因而在一段时间内都表现为稳定的状态。各专业工程计价定额的使用周期原则上为5年。

（7）时效性。定额具有显著的时效性。新定额一旦诞生,旧定额即停止使用。

三、建筑工程定额的分类

建筑工程定额的种类很多,按其内容、形式、用途等的不同,可进行如下分类:

(1)建筑工程定额按生产要素分为劳动消耗定额、材料消耗定额、机械台班消耗定额。

(2)建筑工程定额按定额的编制程序和用途分为基础定额、企业定额、消耗量定额(或预算定额)、概算定额、概算指标和估算指标。

(3)建筑工程定额按管理权限和执行范围分为全国统一定额、专业专用和专业通用定额、地方统一定额、企业补充定额、临时定额。

(4)建筑工程定额按专业和费用分为建筑工程定额、设备安装工程定额、建筑安装工程费用定额、工器具定额、工程建设其他费用定额。

2.2　消耗量定额

一、消耗量定额的概念、性质和作用

1.消耗量定额的概念

消耗量定额是由建设行政主管部门根据合理的施工工期、施工组织设计、正常施工条件编制的,生产一个规定计量单位分部分项工程合格产品所需人工、材料、机械台班的建筑行业平均消耗量标准。

微课

消耗量定额

2.消耗量定额的性质

消耗量定额是由国家或其授权单位统一组织编制和颁发的一种基础性指标。有关部门必须严格遵守执行,不得任意变动。

> **经验提示:** 建筑工程消耗量定额规定了某一地区统一的消耗量,是固定量,没有调整规定不能改动。

3.消耗量定额的作用

(1)消耗量定额是编制建筑工程预算、确定工程造价、进行工程竣工结算的依据。

(2)消耗量定额是编制招标标底或招标控制价的基础。

(3)消耗量定额是建筑企业贯彻经济核算制、考核工程成本的依据。

(4)消耗量定额是编制地区价目表和概算定额的基础。

（5）消耗量定额是设计单位对设计方案进行技术经济分析比较的依据。

二、消耗量定额的编制原则和依据

1.消耗量定额的编制原则

（1）定额水平平均合理。

（2）内容形式简明适用。

（3）集中领导和分级管理。

2.消耗量定额的编制依据

（1）现行的企业定额和房屋建筑与装饰工程消耗量定额。

（2）现行的设计规范、施工及验收规范、质量评定标准和安全操作规程。

（3）通用标准图集和定型设计图纸,有代表性的设计图纸和图集。

（4）新技术、新结构、新材料和先进经验资料。

（5）有关科学试验、技术测定、统计分析资料。

（6）现行的建设工程工程量清单计价规范、计算规范。

（7）现行的消耗量定额及编制的基础资料和有代表性的地区和行业标准定额。

三、消耗量定额计量单位确定

1.定额的计量单位的确定方法

（1）当物体的截面有一定形状和大小,只是长度有变化（如管线、装饰线、扶手等）时,应以延长米为计量单位。

（2）当物体的厚度一定,只是长度和宽度有变化（如楼地面、墙面、门窗等）时,应以平方米（投影面积或展开面积）为计量单位。

（3）当物体的长度、宽度、高度都变化不定（如土石方、钢筋混凝土工程等）时,应以立方米为计量单位。

（4）有的分项工程虽然体积、面积相同,但重量和价格的差异很大（如金属结构构件的制作、运输与安装等）,应以质量吨或千克为计量单位。

（5）有时还可以采用个、根、组、套等为计量单位,如上人孔、水斗、坐便器、配电箱等。

定额一般都采用扩大单位,以 10、100 等为倍数,以利于定额的编制精确度。

> **经验提示**:定额在单位选择上,建筑工程一般按体积计算,装饰工程一般按面积计算,安装工程一般按长度和个计算。因此,工程量计算建筑最难,装饰次之,安装最简单。

2.人工、材料、机械计量单位及小数位数的取定

（1）人工以工日为单位,取两位小数。

（2）机械以台班为单位,取两位小数。

（3）主要材料及半成品:木料以立方米为单位,取三位小数;红砖以千块为单位,取三位小数;钢材以吨为单位,取三位小数;水泥以千克为单位时取整数,以吨为单位时取三位小数;砂浆、混凝土等半成品,以立方米为单位,取两位小数;其余材料一般取两位小数。

（4）其他材料费及机械费以元为单位,取两位小数。

四、消耗量定额消耗指标的确定

1.人工消耗指标的内容

消耗量定额中人工消耗指标包括了各种用工量,有基本用工、辅助用工、超运距用工和人工幅度差四项,其中后三项综合称为其他用工。

（1）基本用工。它是指完成子项工程的主要用工，如砌墙工程中的砌砖、调制砂浆、运砖、运砂浆的用工。

（2）辅助用工。它是指在施工现场发生的材料加工等用工，如筛砂子、淋石灰膏等增加的用工。

（3）超运距用工。它是指消耗量定额中材料及半成品的运输距离超过劳动定额规定的运距时所需增加的工日数。

（4）人工幅度差。它是指在劳动定额中未包括，而在正常施工中又不可避免的一些零星用工因素。这些因素不能单独列项计算，一般是综合定出一个人工幅度差系数，即增加一定比例的用工量，纳入消耗量定额。国家现行规定人工幅度差系数为 10%，如施工机械在单位工程之间转移及临时水电线路移动所造成的停工，质量检查和隐蔽工程验收工作造成的影响等。

2.材料消耗指标的内容

材料消耗指标包括构成工程实体的材料消耗、工艺性材料损耗和非工艺性材料损耗三部分。

（1）直接构成工程实体的材料消耗是材料的有效消耗部分，即材料净用量。

（2）工艺性材料损耗是材料在加工过程中的损耗（如边角余料）和施工过程中的损耗（如砌墙落地灰）。

（3）非工艺性材料损耗包括材料保管不善、大材小用、材料数量不足和废次品的损耗等。

3.材料消耗指标的种类

消耗量定额中的材料消耗指标包括主要材料、辅助材料、周转性材料和其他材料四项。

（1）主要材料是指构成工程实体的大宗性材料，如砖、水泥、砂子等。

（2）辅助材料是直接构成工程实体、但比重较少的材料，如铁钉、铅丝等。

（3）周转性材料是指在施工中能反复周转使用的工具性材料，如架杆、架板、模板等。

（4）其他材料是指在工程中用量不多、价值不大的材料，如线绳、棉纱等。

> 想一想：工料分析为什么只要求分析主要材料和辅助材料，周转性材料和其他材料为什么可以不分析？

4.机械台班消耗指标的确定

消耗量定额中的机械台班消耗定额指标，是以台班为单位进行计算的，每台班为 8 小时。定额的机械化水平，应以多数施工企业采用和已推广的先进方法为标准。

编制消耗量定额时，以统一劳动定额中各种机械施工项目的台班产量为基础进行计算，还应考虑在合理的施工组织设计条件下机械的停歇因素，增加一定的机械幅度差。

五、消耗量定额手册的内容

《房屋建筑与装饰工程消耗量定额》（编号为 TY 01—31—2015)简称"消耗量定额手册"，主要由目录、总说明、分部说明、工程量计算规则、定额项目表以及有关附录组成。

1.总说明

总说明主要阐述了定额的编制原则、指导思想、编制依据、适用范围以及定额的作用，同时说明了编制定额时已经考虑和没有考虑的因素，使用方法及有关规定等。因此，使用定额前应首先了解和掌握总说明。消耗量定额手册总说明内容如下：

微课
建筑工程
消耗量定额

（1）《房屋建筑与装饰工程消耗量定额》（以下简称本定额），包括：土石方工程，地基处理及边坡支护工程,桩基工程,砌筑工程,混凝土及钢筋混凝土工程,金属结构工程,木结构工程,门窗工程,屋面及防水工程,保温、隔热、防腐工程,楼地面装饰工程,墙、柱面装饰与隔断、幕墙工程,天棚工程,油漆、涂料、裱糊工程,其他装饰工程,拆除工程,措施项目共十七章。

(2)本定额是完成规定计量单位分部分项工程、措施项目所需的人工、材料、施工机械台班的消耗量标准,是各地区、部门工程造价管理机构编制建设工程定额时确定消耗量、编制国有投资工程投资估算、设计概算、最高投标限价(标底)的依据。

(3)本定额适用于工业与民用建筑的新建、扩建和改建房屋建筑与装饰工程。

(4)本定额以国家和有关部门发布的国家现行设计规范、施工验收规范、技术操作规程、质量评定标准、产品标准和安全操作规程,现行工程量清单计价规范、计算规范和有关定额为依据编制。并参考了有关地区和行业标准、定额,以及典型工程设计、施工和其他资料。

(5)本定额按正常施工条件,国内大多数施工企业采用的施工方法、机械化程度和合理的劳动组织及工期进行编制。

(6)本定额未包括的项目,可按其他相应工程消耗量定额计算,如仍缺项的,应编制补充定额,并按有关规定报住建部备案。

(7)关于人工:

①本定额的人工以合计工日表示,并分别列出普工、一般技工和高级技工的工日消耗量。

> **经验提示:**《房屋建筑与装饰工程工程量计算规范》要求编制的定额应区分工种和技术等级,使人工费便于按照定额进行合理的分配,增强定额的实用性。

②本定额的人工包括基本用工、超运距用工、辅助用工和人工幅度差。

③本定额的人工每工日按 8 小时工作制计算。

(8)关于材料:

①本定额采用的材料(包括构配件、零件、半成品、成品)均为符合国家质量标准和相应设计要求的合格产品。

②本定额中的材料包括施工中消耗的主要材料、辅助材料、周转性材料和其他材料。

③本定额中的材料消耗量包括净用量和损耗量。

(9)关于机械:

①本定额中的机械按常用机械、合理机械配备和施工企业的机械化装备程度,并结合工程实际综合确定。

②本定额的机械台班消耗量按正常机械施工工效并考虑机械幅度差综合确定。

(10)本定额中遇有两个或两个以上系数时,按连乘法计算。

(11)本定额中注有"××以内"或"××以下"及"小于"者,均包括××本身;"××以外"或"××以上"及"大于"者,则不包括××本身。

2.分部说明

分部说明主要介绍了分部工程所包括的主要项目及工作内容、编制中有关问题的说明、执行中的一些规定、特殊情况的处理等。它是定额手册的重要部分,是执行定额和进行工程量计算的基准,必须全面掌握。

3.工程量计算规则

工程量计算规则是对计算各分部分项工程的界线划分和工程量计算参数的确定所做出的统一计算规定。消耗量定额的工程量计算规则与计算规范的工程量计算规则基本保持一致,以便于进行清单报价,但不完全一样,前者更具体化。

4.定额项目表

定额项目表是消耗量定额的主要构成部分,一般由工作内容(分节说明)、定额单位、定额项目表和附注组成。

分节(项)说明,是说明该分节(项)中所包括的主要内容,一般列在定额项目表的表头左上方。定额单位一般列在表头右上方。一般为扩大单位,如 10 m³、100 m²、100 m 等。

定额项目表中,竖向排列为该子项工程定额编号、子项工程名称及人工、材料和施工机械消耗量指标,供编制工程预算单价表及换算定额单价等使用。横向排列为名称、单位和消耗量等。附注在定额项目表的下方,说明设计与定额规定不符时进行调整的方法。找平层定额项目见表 2-1。

表 2-1　　　　　　　　　　　　　找平层定额项目

工作内容:(1)清理基层、调运砂浆、抹平、压实。

　　　　　(2)细石混凝土搅拌、捣平、压实。

　　　　　(3)刷素水泥浆。　　　　　　　　　　　　　　　　　　　　　　　　　100 m²

定额编号			11-1	11-2	11-3	11-4	11-5
项　目			平面砂浆找平层			细石混凝土地面找平层	
			混凝土或硬基层上	填充材料上	每增减 1 mm	30 mm	每增减 1 mm
			20 mm				
名　称		单位	消耗量				
人工	合计工日	工日	7.140	8.534	0.195	10.076	0.160
	其中 普工	工日	1.428	1.707	0.039	2.015	0.032
	一般技工	工日	2.499	2.987	0.068	3.527	0.056
	高级技工	工日	3.213	3.840	0.088	4.534	0.072
材料	干混地面砂浆 DS M20	m³	2.040	2.550	0.102	—	—
	预拌细石混凝土 C20	m³	—	—	—	3.030	0.101
	水	m³	0.400	0.400		0.400	
机械	干混砂浆罐式搅拌机	台班	0.340	0.425	0.017	—	—
	双锥反转出料混凝土搅拌机 200 L	台班	—	—	—	0.510	0.017

5.附录

附录列在消耗量定额手册的最后,包括每 10 m³ 混凝土模板用量参考表和混凝土及砂浆配合比表,供定额换算、补充使用。

六、消耗量定额项目的划分和定额编号

1.项目的划分

消耗量定额手册的项目是根据建筑结构、工程内容、施工顺序、使用材料等按章(分部)、节(分项)、项(子项或子目)排列的。

分部工程(章)是将单位工程中某些性质相近、材料大致相同的施工对象归在一起。为了便于清单报价,《房屋建筑与装饰工程消耗量定额》(编号为 TY 01－31－2015)和《山东省建筑工程消耗量定额》(编号为 SD 01－31－2016)与《房屋建筑与装饰工程工程量计算规范》(GB 50854－2013)的项目划分基本相同。

分部工程以下,又按工程性质、工程内容、施工方法、使用材料等分成许多分项(节)。分项以下,再按技术特征、规格、材料的类别等分成若干子项(项)。

2.定额编号

为了使计价项目和定额项目一致,便于查对,章、节、项都应有固定的编号,称为定额编号。定额编号采用二符号或三符号编码,如 2-6-1 表示第 2 章第 6 节第 1 项。

七、消耗量定额的使用方法

要正确理解设计要求和施工做法是否与定额内容相符,只有对消耗量定额和施工图有了确切的了解,才能正确套用定额,防止错套、重套和漏套,真正做到正确使用定额。消耗量定额的使用一般有下列三种情况:

1.消耗量定额的直接套用

工程项目要求与定额内容、做法说明以及设计要求、技术特征和施工方法等完全相符,且工程量的计量单位与定额计量单位相一致时,可以直接套用定额。如果部分特征不相符,必须进行仔细核对。进一步理解定额是正确使用定额的关键。

2.消耗量定额的调整换算

掌握定额的规定和调整换算方法,是对工程造价工作人员的基本要求之一。工程项目要求与定额内容不完全相符合,不能直接套用定额,应根据不同情况分别加以换算,但必须符合定额中有关规定,在允许范围内进行。

消耗量定额的换算可以分为配合比材料换算、用量调整、系数调整、运距调整和厚度调整等。

(1)配合比材料换算。当实际使用的配合比材料与定额不符时,一般允许按不同的配合比材料进行换算,其换算公式为

$$配合比材料用量=工程量×配合比材料定额含量$$
$$各种材料用量=配合比材料用量×定额配合比材料单位含量$$

(2)用量调整。在消耗量定额中,定额与实际消耗量不同时,允许调整其数量。如龙骨不同时可以换算等。换算时不要忘记损耗量。因定额中已考虑了损耗,与定额比较时也必须考虑损耗才有可比性。其换算公式为

$$换算后的用量=工程量×(定额用量±人工、材料、机械用量)$$

(3)系数调整。在消耗量定额中,由于施工条件和方法不同,某些项目可以乘以调整系数。调整系数分定额系数和工程量系数。定额系数是指人工、材料、机械等需要乘的系数;工程量系数用在计算工程量上。其换算公式为

$$换算后的消耗量=工程量×定额数量×调整系数$$

(4)运距调整。在消耗量定额中,对各种项目运输定额,一般分为基础定额和增加定额,即超过基本运距时另行计算。其换算公式为

$$换算后的用量=工程量×(基本运距用量+超运距用量×倍数)$$

(5)厚度调整。消耗量定额中以面积为工程量的项目,由于分项工程厚度的不同,消耗量大多规定允许调整其厚度,如雨篷、阳台、楼梯厚度调整,找平层、面层厚度调整和墙面厚度调整等。这种基本厚度加附加厚度的方法大量减少了定额项目,同时也提高了计算的精度。

3.消耗量定额的补充

设计图纸中的项目在定额中没有的,可做临时性的补充。补充方法一般有两种:

(1)定额代用法。利用性质相似、材料大致相同、施工方法又很接近的定额项目,考虑(估算)一定的系数进行使用。定额代用法是补充定额编制的一种方法,不同于定额换算,定额编号处应写补 1、补 2 等。

(2)补充定额法。材料用量按照图纸的构造做法及相应的计算公式计算,并加入规定的损耗率。人工及机械台班使用量可按劳动定额、机械台班定额及类似定额计算,并经有关技术、定额人员和工人讨论确定,然后乘以人工日工资单价、材料单价及机械台班单价,即得到补充定额单价。

2.3　建筑工程计价定额

一、建筑工程单价的概念及组成

1.直接费单价

直接费单价是根据地区统一的消耗量定额和所在地的工资单价、材料预算单价、机械台班单价确定的直接工程费单价。这种定额的直接费单价,也叫基价或工料机单价。

直接费单价的编制过程,实质就是人工、材料、机械的消耗量和人工、材料、机械台班单价的结合过程。

分部分项工程直接工程费单价(基价)＝分部分项工程人工费＋材料费＋机械使用费

措施项目直接费单价(基价)＝措施项目人工费＋材料费＋机械使用费

其中
$$人工费＝\sum(工日消耗量×人工日工资单价)$$
$$材料费＝\sum(材料消耗量×材料单价)$$
$$施工机械使用费＝\sum(施工机械台班消耗量×机械台班单价)$$

2.综合单价

综合单价是指完成工程量清单中一个规定计量单位项目所需的人工费、材料费、机械使用费、管理费和利润,并考虑一定风险因素。

综合单价不仅适用于分部分项工程量清单,也适用于措施项目清单和其他项目清单。

分项工程的综合单价可以在工料机单价的基础上综合计算管理费和利润生成。

$$综合单价＝工料机单价＋管理费＋利润＋风险费$$

3.全费用单价

全费用单价是指构成工程造价的全部费用均包括在分项工程单价中。在全费用单价下,工程造价的计算表现得非常简洁,是真正意义上的市场计价。因为管理费、利润、规费和增值税的计算基数和方法的不同,实行全费用单价计价还有一定困难。当然,利用造价软件也是可以实现的。

$$全费用单价＝工料机单价＋管理费＋利润＋规费＋增值税＋风险费$$

或
$$全费用单价＝工料机单价×(1＋综合费率)$$

二、建筑工程价目表的概念及组成

1.建筑工程价目表的概念

建筑工程价目表又称为地区单位估价汇总表,简称价目表。建筑工程价目表是依据消耗量定额中的人工、材料、施工机械台班消耗数量,乘以某一地区现行人工、材料、施工机械台班单价,计算出以货币形式表现的完成单位子项工程或结构构件合格产品的单位价格。

2.建筑工程价目表的组成

建筑工程价目表主要由定额编号、工程项目名称、定额单位、直接费单价、人工费、材料费、机械费和地区单价组成。建筑工程价目表分为省价目表和地区价目表两种。省价目表中的人工费、机械费作为企业管理费和利润的计算基础,全省统一调整,适时发布。地区价目表因地区材料价格不同,各地区不一样,发布时间也不统一,一般一个季度调整一次,与市场价格比较接近。

建筑工程价目表中的直接费单价、人工费、材料费、机械费和地区直接费单价,分别与工程量相乘就可得出每个子项工程的直接费、人工费、材料费、机械费和地区直接费。

3.建筑工程价目表的形式

建筑工程价目表的形式见表2-2。

表 2-2　　　　　　　　　　建筑工程价目表的形式　　　　　　　　　　元

| 定额编码 | 项目名称 | 定额单位 | 增值税(一般计税)省价 | | | | 地区价 |
			直接费单价(除税)	人工费	材料费(除税)	机械费(除税)	直接费单价(除税)
5-1-14	C30 矩形柱	10 m²	7 001.24	2 204.16	4 783.56	13.52	7 001.24
5-1-15	C30 圆形柱	10 m²	7 222.98	2 434.56	4 774.90	13.52	7 222.98

| 定额编码 | 项目名称 | 定额单位 | 增值税(简易计税)省价 | | | | 地区价 |
			直接费单价(含税)	人工费	材料费(含税)	机械费(含税)	直接费单价(含税)
5-1-14	C30 矩形柱	10 m²	7 156.22	2 204.16	4 937.93	14.13	7 156.22
5-1-15	C30 圆形柱	10 m²	7 376.98	2 434.56	4 928.29	14.13	7 376.98

注:表中数据取自 2020 年《山东省建筑工程价目表》,地区价暂为省价。

三、建筑工程价目表的形成

1.单位估价表的概念

单位估价表又称工程计价定额,是以货币形式确定定额计量单位分部分项工程或结构构件和施工技术措施项目的费用文件。它是根据消耗量定额所确定的人工、材料和机械台班消耗数量乘以人工日工资单价、材料单价和机械台班单价汇总而成的。也就是说,全国或地区统一的消耗量定额,如果套用某个工程或某个地区的建筑安装工人日工资单价、材料单价和施工机械台班单价,就形成了个别工程综合单价表或地区单位估价表。

2.单位估价表的内容组成

单位估价表的内容由两部分组成:一是相应消耗量定额规定的人工、材料、机械数量;二是与上述三种量相适应的人工日工资单价、材料单价和机械台班单价。混凝土找平层地区单位估价见表2-3。

表 2-3　　　　　　　　　　混凝土找平层地区单位估价

工作内容:清理基层、刷素水泥浆、混凝土搅拌、捣平、压实　　　　　　　　　　　　　　　10 m²

定额编号			11-1-4	11-1-5
项目			细石混凝土	
			40 mm	每增减 5 mm
直接费单价		元	291.01	34.11
其中	人工费	元	99.36	11.04
	材料费	元	191.46	23.04
	机械费	元	0.19	0.03
名　称		单位	单价	数量
人工	综合工日	工日	138.00	0.72
材料	素水泥浆	m³	688.00	0.010 0
	细石混凝土 C20	m³	456.24	0.404 0
	水	m³	4.40	0.060 0
机械	混凝土振捣器(平板式)	台班	7.92	0.024 0

表中 11-1-5 列数量: 综合工日 0.08, 细石混凝土 C20 0.050 5, 混凝土振捣器 0.004 0, 其余为 —

编制单位估价表就是把三种量与价分别结合起来,得出分项工程的人工费、材料费和施工机械台班使用费,三者汇总即为直接费单价。用公式表示为

$$每一分项工程直接费单价＝人工费＋材料费＋施工机械使用费$$

其中　　　　$$人工费＝相应等级日工资标准×人工工日数量$$

$$材料费＝\sum(相应的材料单价×材料消耗量)$$

$$施工机械使用费＝\sum(相应的施工机械台班单价×施工机械台班使用量)$$

3.建筑工程价目表的形成

建筑工程价目表又称单位估价汇总表,即将单位估价表中的三种量去掉,实行量与价的分离,只保留工程单价部分,就形成了建筑工程价目表。这种做法符合统一量与指导价或市场价的量价分离要求,由于价格的变动,只调整单价即可。将建筑工程价目表和人工、材料、机械单价分开编制文件,今后只公布人工、材料、机械单价,借助于计算机造价软件,相关单位便可自行调整建筑工程价目表中的预算单价。

4.工程综合单价表的形成

为了便于清单报价,也可在直接费单价(或人工费)的基础上计算出管理费和利润,编制出工程综合单价表。管理费和利润的计算用公式表示为

$$管理费＝每一分项工程直接货单价(或人工费)×管理费费率$$

$$利润＝每一分项工程直接货单价(或人工费)×利润率$$

工程综合单价(混凝土现浇梁)见表 2-4。

表 2-4　　　　　　　　**工程综合单价(混凝土现浇梁)**

工作内容:混凝土浇注、振捣、养护等　　　　　　　　　　　　　　　　　　　　10 m³

定额编号				5-1-18		5-1-19	
项　目	单位	单价		基础梁		框架梁、连续梁	
				数量	合价	数量	合价
综合单价	元	—		6 623.16		6 708.81	
其中	人工费	元	—		1 127.68		1 192.96
	材料费	元	—		5 032.27		5 026.14
	机械费	元	—		5.37		5.37
	管理费	元	—		288.69		305.40
	利润	元	—		169.15		178.94
人工	综合工日	工日	128.00	8.81	1 127.68	9.32	1 192.96
材料	C30 现浇混凝土碎石<31.5	m³	465.75	10.100 0	4 704.08	10.100 0	4 704.08
	塑料薄膜	m²	1.74	31.353 0	54.55	29.750 0	51.77
	阻燃毛毡	m²	44.13	6.030 0	266.10	5.950 0	262.57
	水	m³	4.40	1.710 0	7.52	1.750 0	7.70
机械	混凝土振捣器(插入式)	台班	8.01	0.670 0	5.37	0.670 0	5.37

注:编制和使用工程综合单价表时,应考虑信息价、市场价(含风险费)、工程类别和计量单位等因素。

想一想:按人工、材料和机械的市场价格,怎样编制工程综合单价表?

四、人工日工资单价的确定

1.人工日工资单价的组成

人工日工资单价由计时工资或计件工资、奖金、津贴补贴、加班加点工资和特殊情况下支付的工资等组成。

2.影响人工日工资单价的因素

(1)影响人工日工资单价的因素首先是社会平均工资水平,它取决于经济发展水平。经济增长速度越快,社会平均工资涨幅也就越大。

(2)生活消费指数的提高会影响人工日工资单价的提高,以不降低生活水平,或维持原来的生活水平。生活消费指数的变动决定于物价的变动,尤其决定于生活消费品物价的变动。

(3)人工日工资单价组成内容中的医疗保险、失业保险、住房消费等都列入人工日工资单价,就会提高人工日工资单价。

(4)劳动力市场供需变化。劳动力市场供大于求,人工日工资单价就会下降,反之就会提高。

(5)政府推行的社会保障和福利政策等。

想一想:为什么定额规定的人工日工资单价与市场上的实际人工日工资单价相差较大?

五、材料价格的确定

1.材料价格的概念及组成

材料价格是指材料(包括构件、成品及半成品等)从其来源地(或交货地点)到达施工工地仓库或堆放场地后的出库价格。材料价格一般由材料原价(或供应价格)、运杂费、运输损耗费、采购及保管费等组成。

2.影响材料价格的因素

(1)市场材料供需的变化会影响材料价格的涨落。

(2)材料生产成本的变动会直接影响材料价格。

(3)流通环节的多少和材料供应体制也会影响材料价格。

(4)运输距离和运输方法会影响材料运输费用,从而影响材料价格。

(5)国际市场行情会对进口材料的价格产生影响,有时也会对国内同类产品价格产生影响。

六、机械台班单价的确定

1.机械台班单价的概念及其组成

施工机械台班单价是指一台施工机械在正常运转条件下一个工作班中所发生的分摊和支出的费用。机械台班单价由折旧费、大修理费、经常修理费、安拆费及场外运输费、人工费、燃料动力费、税费等七部分组成。

2.影响机械台班单价变动的因素

(1)施工机械的价格是影响机械台班单价的重要因素。

(2)机械使用年限会影响到折旧费的提取和经常修理费、大修理费的开支。

(3)机械的供求关系、使用效率和管理水平直接影响机械台班单价。

(4)政府征收税费的规定等。

七、建筑工程计价定额单价的调整换算

工程项目要求与定额单价不完全相符合,不能直接套用价目表,应根据不同情况分别加以换算,但必须符合计价的有关规定,在允许范围内进行。

定额单价的调整换算可以分为半成品单价换算、增减费用调整、系数调整、运距调整、厚度调整和材料单价换算等。

1.半成品单价换算

当实际使用的砌筑砂浆、混凝土强度等级和现浇保温材料等在定额内无法查到时,根据定额规定可以进行半成品单价换算,此种换算半成品量不变,只调整半成品单价即可,其换算公式为

换算后定额基价＝原定额基价＋(换入半成品单价－换出半成品单价)×相应半成品定额用量

2.增减费用调整

在消耗量定额中,定额与实际消耗量不同时,允许调整数量。换算时不要忘记损耗量。因定额中已考虑了损耗,与定额比较时也必须考虑损耗才有可比性。其换算公式为

换算后的基价＝定额基价±人工、材料、机械数量×相应单价

3.系数调整

在消耗量定额中,由于施工条件和方法不同,某些项目可以乘调整系数。调整系数分定额系数和工程量系数。定额系数是指人工、材料、机械定额等需乘的系数;工程量系数用在计算工程量上。

4.运距调整

在消耗量定额中,对各种项目运输距离,一般分为基本运距和增加运距,即超过基本运距时另行计算超运距费用。

5.厚度调整

消耗量定额中以面积为工程量的项目,由于分项工程厚度的不同,消耗量大多规定允许调

整其厚度,如雨篷、阳台、楼梯厚度调整,找平层、面层厚度调整和墙面厚度调整等。这种基本厚度加附加厚度的方法大量减少了定额项目,同时也提高了计算的精度。

6.材料单价换算

当实际使用的材料与定额规定的规格不同时,定额对主要材料一般都规定可以进行换算,此种换算材料用量不变,只调整材料单价即可。其换算公式为

换算后定额基价＝原定额基价＋(换入材料单价－换出材料单价)×相应材料定额用量

想一想:上述调整换算是要求按地区价目表进行换算,还是按市场价格进行换算?

练 习 题

一、单选题

1.时间定额与产量定额的关系是( )。
A.正比　　　　　B.反比　　　　　C.倒数　　　　　D.没有关系

2.人工消耗指标中砌墙工程中的砌砖、调制砂浆、运砖和砂浆属于以下哪一项。( )
A.辅助用工　　　B.人工幅度差　　C.基本用工　　　D.超运距用工

3.一砖半厚的墙体其标准砖、砂浆净用量是( )。
A.529,0.254　　B.522,0.236　　C.529,0.236　　D.522,0.254

二、多选题

1.工程建设定额中属于计价性定额的有( )。
A.费用定额　　B.概算定额　　C.预算定额　　D.施工定额　　E.投资估算定额

2.根据建筑安装工程定额的编制原则,按社会平均水平编制的有( )。
A.预算定额　　B.估算指标　　C.概算定额　　D.施工定额　　E.企业定额

3.在确定人工定额消耗量时,人工消耗量指标包括( )。
A.基本用工　　B.辅助用工　　C.超运距用工　　D.人工幅度差　　E.其他用工

4.建筑工程定额按专业和费用分定额有( )。
A.建筑工程定额　　　　　　　B.设备安装工程定额
C.建筑安装工程费用定额　　　D.工器具定额
E.工程建设其他费用定额

5.消耗量定额的作用有( )。
A.确定工程造价　　　　　　　B.是考核工程成本的依据
C.是竣工结算的依据　　　　　D.是招标控制价的基础
E.是进行工程竣工结算的依据

三、判断题

1.劳动定额的作用主要表现在组织生产和按劳分配两个方面。　　　　　( )
2.材料的消耗量＝材料的净用量＋材料损耗率。　　　　　　　　　　( )
3.周转性材料是指在建筑安装工程中不直接构成工程实体,可多次周转使用的工具材料。

　　　　　　　　　　　　　　　　　　　　　　　　　　　　　( )
4.机械时间定额与机械台班产量定额互为倒数关系。　　　　　　　　( )
5.施工定额一般由文字说明、定额项目表及附录三部分组成。　　　　( )

第3章
工程量清单计价计量规范

知识目标

1.了解计价计量规范的主要内容及特点。

2.熟悉建设工程工程量清单计价计量规范总则与术语。

3.掌握招标工程量清单、工程量清单计价的编制方法。

能力目标

能进行建筑与装饰工程工程量清单的编制和招标控制价及投标报价的编制。

引 例

规范规定招标人招标时必须编制工程量清单,投标人应按照招标人提供的工程量清单进行投标报价。招标人和投标人应怎么样进行操作?

3.1 建设工程工程量清单计价计量规范概述

为了规范建设工程工程量清单计价行为,统一建设工程工程量清单的编制和计价方法,按照工程造价管理改革的要求,住房和城乡建设部于 2012 年 12 月 25 日发布了新的国家标准《建设工程工程量清单计价规范》(GB 50500—2013),以及《房屋建筑与装饰工程工程量计算规范》(GB 50854—2013)、《仿古建筑工程工程量计算规范》(GB 50855—2013)等九部工程量计算规范,共 10 本规范,自 2013 年 7 月 1 日起实施。原《建设工程工程量清单计价规范》(GB 50500—2008)同时作废。

想一想:《建筑工程工程量清单计价规范》的颁布具有什么样的指导意义?

一、计价计量规范的主要内容及特点

2013 版国标清单规范包括计价规范和计量规范两大部分,共 10 本规范。

经验提示:工程量计算规范是标准称呼,但专业人士均称计量规范,为了符合专业习惯,以下均称计量规范。

1.“计价规范”的主要内容

"计价规范"共十六章,包括总则、术语、一般规定、工程量清单编制、招标控制价、投标报价、合同价款约定、工程计量、合同价款调整、合同价款期中支付、竣工结算与支付、合同解除的价款结算与支付、合同价款争议的解决、工程造价鉴定、工程计价资料与档案和工程计价表格。

2.“计量规范”的专业分类

01—房屋建筑与装饰工程;02—仿古建筑工程;03—通用安装工程;04—市政工程;05—园林绿化工程;06—矿山工程;07—构筑物工程;08—城市轨道交通工程;09—爆破工程。

每个专业"计量规范"附录中均包括项目编码、项目名称、项目特征、计量单位、工程量计算规则和工程内容六部分。其中项目编码、项目名称、项目特征、计量单位和工程量作为分部分项工程量清单的五个要件,要求招标人在编制工程量清单时必须执行,缺一不可。

3.“计量规范”的主要内容

(1)计量规范正文内容包括总则、术语、工程计量、工程量清单编制。

(2)《房屋建筑与装饰工程工程量计算规范》附录内容包括:附录 A 土石方工程;附录 B 地基处理与边坡支护工程;附录 C 桩基工程;附录 D 砌筑工程;附录 E 混凝土及钢筋混凝土工程;附录 F 金属结构工程;附录 G 木结构工程;附录 H 门窗工程;附录 J 屋面及防水工程;附录 K 保温、隔热、防腐工程;附录 L 楼地面装饰工程;附录 M 墙、柱面装饰与隔断、幕墙工程;附录 N 天棚工程;附录 P 油漆、涂料、裱糊工程;附录 Q 其他装饰工程;附录 R 拆除工程;附录 S 措施项目。以上应作为编制房屋建筑与装饰工程工程量清单的依据。

> 想一想:《房屋建筑与装饰工程工程量计算规范》附录为什么不列附录 I、附录 O、附录 Z 呢?

4.“计价规范”的特点

"计价规范"具有强制性、统一性、实用性、竞争性和通用性的特点。

二、计价规范总则、术语

1.“计价规范”总则

(1)制定"计价规范"的目的和法律依据。为规范工程造价计价行为,统一建设工程计价文件的编制和计价方法,根据《中华人民共和国建筑法》《中华人民共和国民法典》《中华人民共和国招标投标法》等法律、法规,制定"计价规范"。

(2)"计价规范"适用的计价活动范围。"计价规范"适用于建设工程施工发承包及实施阶段的计价活动。"计价规范"所指的计价活动包括:招标工程量清单、招标控制价、投标报价的编制、工程合同价款的约定、竣工结算的办理以及施工过程中的工程计量、合同价款支付、施工索赔与现场签证、合同价款调整、合同价款争议处理和资料与档案管理等活动。

> 想一想:为什么将原规定适用于工程量清单的计价活动,修改为适用于建设工程发承包及实施阶段的计价活动?

(3)建设工程造价的组成。建设工程施工发承包及实施阶段的工程造价应由分部分项工程费、措施项目费、其他项目费、规费和增值税组成。

(4)工程造价文件的编制与核对资格。招标工程量清单、招标控制价、投标报价、工程计量、合同价款调整、合同价款结算与支付以及工程造价鉴定等工程造价文件的编制与核对,应由具有资格的工程造价专业人员承担。

(5)工程造价文件编制与核对的质量责任主体。承担工程造价文件的编制与核对的工程造价人员及其所在单位,应对工程造价文件的质量负责。

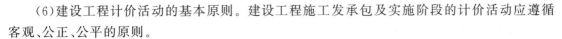

（6）建设工程计价活动的基本原则。建设工程施工发承包及实施阶段的计价活动应遵循客观、公正、公平的原则。

2.计价规范术语

（1）招标工程量清单。是指招标人依据国家标准、招标文件、设计文件以及施工现场实际情况编制的,随招标文件发布供投标报价的工程量清单,包括对其的说明和表格。

（2）已标价工程量清单。是指构成合同文件组成部分的投标文件中已标明价格,经算术性错误修正（如有）且承包人已确认的工程量清单,包括对其的说明和表格。

（3）风险费用。是指隐含于已标价工程量清单综合单价中,用于化解发承包双方在工程合同中约定内容和范围内的市场价格波动风险的费用。

（4）工程成本。是指承包人为实施合同工程并达到质量标准,必须消耗或使用的人工、材料、工程设备、施工机械台班及其管理等方面发生的费用。

（5）单价合同。是指发承包双方约定以工程量清单及其综合单价进行合同价款计算、调整和确认的建设工程施工合同。

（6）总价合同。是指发承包双方约定以施工图及其预算和有关条件进行合同价款计算、调整和确认的建设工程施工合同。

（7）成本加酬金合同。是指发承包双方约定以施工工程成本加酬金的施工合同。

（8）工程造价信息。是指工程造价管理机构根据调查和测算发布的建设工程人工、材料、工程设备、施工机械台班的价格信息,以及各类工程的造价指数、指标。

（9）工程造价指数。反映一定时期的工程造价相对于某一固定时期的工程造价变化程度的比值或比率。包括按单位或单项工程划分的造价指数,按工程造价构成要素划分的人工、材料、机械等价格指数。

（10）工程变更。是指合同工程实施过程中由发包人提出或由承包人提出,经发包人批准的合同工程任何一项工作的增、减、取消或施工工艺、顺序、时间的改变；设计图纸的修改；施工条件的改变；招标工程量清单的错、漏从而引起合同条件的改变或工程量的增减变化。

（11）工程量偏差。是指承包人按照合同工程的图纸（含经发包人批准由承包人提供的图纸）实施,按照现行国家计量规范规定的工程量计算规则计算得到的完成合同工程项目应予计量的工程量与相应的招标工程量清单项目列出的工程量之间出现的量差。

（12）索赔。是指在工程合同履行过程中,合同当事人一方因非己方的原因而遭受损失,按合同约定或法规规定应由对方承担责任,从而向对方提出补偿的要求。

（13）现场签证。是指发包人现场代表（或其授权的监理人、工程造价咨询人）与承包人现场代表就施工过程中涉及的责任事件所制作的签认证明。

（14）提前竣工（赶工）费。是指承包人应发包人的要求,采取加快工程进度的措施,使合同工程工期缩短产生的,应由发包人支付的费用。

（15）误期赔偿费。是指承包人未按照合同工程的计划进度施工,导致实际工期超过合同工期（包括经发包人批准的延长工期）,承包人应向发包人赔偿损失发生的费用。

（16）不可抗力。是指发、承包双方在工程合同签订时不能预见的,对其发生的后果不能避免,并且不能克服的自然灾害和社会性突发事件。

（17）缺陷责任期。是指承包人对已交付使用的合同工程承担合同约定的缺陷修复责任的期限。

（18）质量保证金。是指承包人用于保证在缺陷责任期内履行缺陷修复义务的金额。

(19)单价项目。是指工程量清单中以单价计价的项目,即根据合同工程图纸(含设计变更)和国家现行相关工程计量规范规定的工程量计算规则进行计量,与已标价工程量清单相应综合单价进行价款计算的项目。

(20)总价项目。是指工程量清单中以总价计价的项目,即此类项目在现行国家计量规范中无工程量计算规则,以总价(或计算基础乘以费率)计算的项目。

(21)工程计量。是指发、承包双方根据合同约定,对承包人完成合同工程的数量进行的计算和确认。

(22)工程量计算。是指建设工程项目以工程设计图纸、施工组织设计和施工方案及有关技术经济文件为依据,按照相关工程国家标准的计算规则、计量单位等规定,进行工程数量的计算活动,在工程建设中简称工程计量。

(23)预付款。是指发包人按照合同约定,在开工前预先支付给承包人用于购买合同工程施工所需的材料、工程设备,以及组织施工机械和人员进场等的款项。

(24)进度款。是指发包人在合同工程施工过程中,按照合同约定对付款周期内承包人完成的合同价款给予支付的款项,也是合同价款期中结算支付。

(25)合同价款调整。是指发、承包双方根据合同约定,对发生的合同价款调整事项,提出、确认调整合同价款的行为。

(26)工程造价鉴定。是指工程造价咨询人接受人民法院、仲裁机关委托,对施工合同纠纷案件中的工程造价争议进行的鉴别和评定,亦称工程造价司法鉴定。

三、"计价规范"的一般规定

1.计价方式的一般规定

(1)使用国有资金投资的建设工程发承包,必须采用工程量清单计价。非国有资金投资的建设工程,宜采用工程量清单计价。不采用工程量清单计价的建设工程,应执行除工程量清单等专门性规定外的其他规定。

(2)分部分项工程、措施项目和其他项目清单应采用综合单价计价。

(3)措施项目清单中的安全文明施工费必须按照国家或省级、行业建设主管部门的规定计算,不得作为竞争性费用。

想一想:"计价规范"的强制性条文有多少条?为什么要强制执行?

2.计价风险的一般规定

(1)建设工程发承包,必须在招标文件、合同中明确计价中的风险内容及其范围(幅度),不得采用无限风险、所有风险或类似语句规定计价中的风险内容及其范围(幅度)。

(2)由于下列因素出现,影响合同价款调整的,应由发包人承担:

①国家法律、法规、规章和政策发生变化。

②省级或行业建设主管部门发布的人工费调整,但承包人对人工费或人工单价的报价高于发布的除外。

③由政府定价或政府指导价管理的原材料等价格进行了调整。

(3)由于市场物价波动影响合同价款,应由发、承包双方合理分摊。

①人工、材料、工程设备、机械台班价格波动影响合同价款时,应根据合同约定,按"计价规范"附录A规定的方法调整合同价款。

②承包人采购材料在合同没有约定的,且材料、工程设备单价变化涨幅超过5%时,超过

部分的价格应按照规范规定的方法调整合同价款。

(4)由于承包人使用机械设备、施工技术以及组织管理水平等影响工程价款的,由承包人全部承担。

(5)不可抗力发生时,影响合同价款的,按下列规定执行:

①工程本身的损害、因工程损害导致第三方人员伤亡和财产损失以及运至施工场地用于施工的材料和待安装的设备的损害,由发包人承担。

②发包人、承包人人员伤亡由其所在单位负责,并承担相应费用。

③承包人的施工机械设备损坏及停工损失,由承包人承担。

④停工期间,承包人应发包人要求留在施工场地的必要的管理人员及保卫人员的费用由发包人承担。

⑤工程所需清理、修复费用,由发包人承担。

3.2 招标工程量清单的编制

一、招标工程量清单编制的一般规定

1.招标工程量清单编制人

招标工程量清单应由具有编制能力的招标人或受其委托、具有相应资质的工程造价咨询人编制。

2.招标工程量清单编制的责任主体

采用工程量清单方式招标,招标工程量清单必须作为招标文件的组成部分,连同招标文件一并发(或售)给投标人,其准确性和完整性应由招标人负责。

招标工程量
清单的编制

3.工程量清单的作用

招标工程量清单是工程量清单计价的基础,应作为编制招标控制价、投标报价、计算或调整工程量、索赔等的依据之一。

4.工程量清单的组成

招标工程量清单应以单位(项)工程为单位编制,应由分部分项工程项目清单、措施项目清单、其他项目清单、规费、增值税项目清单组成。

5.编制招标工程量清单的依据

(1)"计价规范"和相关工程的国家计量规范。

(2)国家或省级、行业建设主管部门颁布的计价定额和办法。

(3)建设工程设计文件及相关资料。

(4)与建设工程项目有关的标准、规范、技术资料。

(5)拟定的招标文件。

(6)施工现场情况、地勘水文资料、工程特点及常规施工方案。

(7)其他相关资料。

二、分部分项工程项目清单

1.分部分项工程项目清单五要件

分部分项工程项目清单必须载明项目编码、项目名称、项目特征、计量单位和工程量。规

定了构成一个分部分项工程量清单的五个要件——项目编码、项目名称、项目特征、计量单位和工程量,这五个要件在分部分项工程项目清单的组成中缺一不可。

> **经验提示:** 这里提出五要件而不是五统一。其中项目名称是可以改动的,如雨篷、悬挑板、阳台板清单项目名称可以直接输入雨篷或悬挑板等。项目特征描述的目的是确定综合单价,与单价无关的内容不需要描述。

2.分部分项工程项目清单的编制依据

房屋建筑与装饰工程的分部分项工程项目清单,应根据《房屋建筑与装饰工程工程量计算规范》规定的项目编码、项目名称、项目特征、计量单位和工程量计算规则进行编制,该编制依据主要体现了对分部分项工程项目清单内容规范管理的要求。

3.分部分项工程量清单的项目编码

分部分项工程量清单的项目编码,应采用十二位阿拉伯数字表示,如(010302001001)。第一至九位应按"计量规范"附录的规定设置,全国统一编码,不得变动。第十至十二位应根据拟建工程的工程量清单项目名称和项目特征设置,同一招标工程的项目编码不得有重码。

各位数字的含义是:第一、二位为专业工程代码;第三、四位为"计量规范"附录分类顺序码;第五、六位为分部工程顺序码;第七、八、九位为分项工程项目名称顺序码;第十至十二位为清单项目名称顺序码。

4.分部分项工程量清单的项目名称

分部分项工程量清单的项目名称应按"计量规范"附录的项目名称,结合拟建工程的实际确定。

5.分部分项工程量清单的项目特征描述

分部分项工程量清单项目特征应按"计量规范"附录中规定的项目特征,结合拟建工程项目的实际予以描述。

工程量清单的项目特征是确定一个清单项目综合单价不可缺少的重要依据,在编制工程量清单时,必须对项目特征进行准确和全面的描述。

(1)工程量清单项目特征描述的重要意义。工程量清单项目特征描述的重要意义在于:

①项目特征是区分清单项目的依据。没有项目特征的准确描述,就无从区分相同或相似的清单项目名称。

②项目特征是确定综合单价的前提。工程量清单项目特征描述得准确与否,直接关系到工程量清单项目综合单价的确定是否准确。

③项目特征是履行合同义务的基础。如果工程量清单项目特征的描述不清楚,甚至漏项、错误,从而引起在施工过程中的更改,就会引起分歧,导致纠纷。

(2)工程量清单项目特征描述的原则。

①项目特征描述的内容应按"计量规范"附录中的规定,结合拟建工程的实际,能满足确定综合单价的需要。特征描述分为问答式和简约式两种,提倡简约式描述。

> **经验提示:** 问答式描述显得啰唆,打印用纸较多;而简约式描述简洁明了,打印用纸较少。问答式描述比较教条,从节能、低碳的原则来说,应大力提倡简约式描述。

②若采用标准图集或施工图纸能够全部或部分满足项目特征描述的要求,则项目特征描述可直接采用详见××图集或××图号的方式;对不能满足项目特征描述要求的部分,仍应用文字描述。

6.分部分项工程量清单的计量单位

分部分项工程项目的计量单位应按"计量规范"附录中规定的计量单位确定。"计量规范"附录中有两个或两个以上计量单位的,应结合拟建工程项目的实际情况,确定其中一个为计量单位,如樘与 m² 只能选择一个。同一工程项目的计量单位应一致。

7.分部分项工程量清单的工程量计算

房屋建筑与装饰工程计价,必须按《房屋建筑与装饰工程工程量计算规范》附录中规定的工程量计算规则进行工程计量。

(1)工程量计算依据。工程量计算除依据"计量规范"各项规定外,尚应依据以下文件:

①经审定的施工设计图纸及其说明。

②经审定的施工组织设计或施工技术措施方案。

③经审定的其他有关技术经济文件。

(2)工程量计算有效位数保留的规定。工程计量时,每一项目汇总的有效位数应遵守下列规定:

①以"t"为单位,应保留三位小数,第四位小数四舍五入。

②以"m³""m²""m""kg"为单位,应保留两位小数,第三位小数四舍五入。

③以"个""根""套""榀""樘"等为单位,应取整数。

8.分部分项工程量清单包括的工作内容

"计量规范"附录中的工作内容项目,仅列出了主要工作内容,除另有规定和说明者外,应视为已经包括完成该项所列或未列的全部工作内容。

(1)"计量规范"附录的现浇混凝土工程项目"工作内容"中包括模板工程的内容,同时又在措施项目中单列了现浇混凝土模板工程项目。对此,由招标人根据工程实际情况选用,若招标人在措施项目清单中未编列现浇混凝土模板项目清单,即表示现浇混凝土模板项目不单列,现浇混凝土工程项目的综合单价中应包括模板工程费用。

(2)"计量规范"对预制混凝土构件按现场制作编制项目,"工作内容"中包括模板工程,不再另列。若采用成品预制混凝土构件,则构件成品价(包括模板、钢筋、混凝土等所有费用)应计入综合单价中。

(3)金属结构构件按成品编制项目,构件成品价格应计入综合单价中,若采用现场制作,则包括制作的所有费用。

(4)门窗(橱窗除外)按成品编制项目,门窗成品价应计入综合单价中。若采用现场制作,则包括制作的所有费用。

9.编制补充工程量清单项目

编制工程量清单出现"计量规范"附录中未包括的项目,编制人应做补充,并报省级或行业工程造价管理机构备案,省级或行业工程造价管理机构应汇总报住房和城乡建设部标准定额研究所。

补充项目的编码由《房屋建筑与装饰工程工程量计算规范》的代码 01 与 B 和三位阿拉伯数字组成,并应从 01B001 起顺序编制,同一招标工程的项目不得重码。补充的工程量清单中,需附有补充项目编码、项目名称、项目特征、计量单位、工程量计算规则、工程内容。

三、措施项目清单

1.措施项目清单必须根据相关工程现行国家计量规范的规定编制

《房屋建筑与装饰工程工程量计算规范》措施项目清单编制有以下规定:

（1）措施项目中列出了项目编码、项目名称、项目特征、计量单位、工程量计算规则的项目，编制工程量清单时，应按照"计量规范"分部分项工程的规定执行。

（2）措施项目仅列出项目编码、项目名称，未列出项目特征、计量单位和工程量计算规则的项目，编制工程量清单时，应按"计量规范"附录S措施项目规定的项目编码、项目名称确定。

2.措施项目应根据拟建工程的实际情况列项

若出现"计量规范"未列的项目，则可根据工程实际情况补充。单价项目补充的工程量清单中，需附有补充项目编码、项目名称、项目特征、计量单位、工程量计算规则、工程内容。不能计量的总价措施项目以"项"计价，需附有补充项目编码、项目名称、工程内容及包含范围。

四、其他项目清单

1.其他项目清单内容的组成

其他项目清单应按照下列内容列项：

（1）暂列金额。

（2）暂估价：包括材料暂估单价、工程设备暂估单价、专业工程暂估价。

（3）计日工。

（4）总承包服务费。

2.其他项目清单的编制

（1）暂列金额应根据工程特点、工期长短，按有关计价规定估算，一般可以分部分项工程费的10%～15%为参考。

（2）暂估价中的材料、工程设备暂估价应根据工程造价信息或参照市场价格估算，列出明细表；专业工程暂估价应分不同专业，按有关计价规定估算，列出明细表。为了方便合同管理，需要纳入分部分项工程量清单综合单价中的暂估价应只是材料、工程设备费；专业工程的暂估价应是综合单价。

（3）计日工应列出项目名称、计量单位和暂估数量。

（4）总承包服务费应列出服务项目及其内容等。

（5）出现"计价规范"未列的项目，应根据工程实际情况补充。

五、规费和增值税项目清单

1.规费项目清单的编制

（1）规费项目清单应按照下列内容列项：社会保险费，包括养老保险费、失业保险费、医疗保险费、工伤保险费、生育保险费；住房公积金。以定额人工费为计算基础。

（2）出现"计价规范"未列的规费项目，应根据省政府或省级有关部门的规定列项。

2.增值税项目清单的编制

（1）增值税项目清单只包括增值税一项内容。

（2）出现"计价规范"未列的税收项目，应根据税务部门的规定列项。

3.3　招标控制价

招标控制价，《中华人民共和国招标投标法实施条例》中又称其为最高投标限价，是招标人根据国家或省级、行业建设主管部门颁发的有关计价依据和办法，以及拟定的招标文件和招标工程量清单，结合工程具体情况发布的对投标人的投标报价进行控制的最高价格。

一、招标控制价编制的基本要求

1.招标控制价编制的一般规定

(1)国有资金投资的建设工程招标,招标人必须编制招标控制价。

(2)招标控制价应由具有编制能力的招标人或受其委托具有相应资质的工程造价咨询人编制和复核。

(3)工程造价咨询人接受招标人委托编制招标控制价,不得再就同一工程接受投标人委托编制投标报价。

(4)招标控制价应按照编制依据进行编制与复核,不应上调或下浮。

(5)当招标控制价超过批准的概算时,招标人应将其报原概算审批部门审核。

(6)招标人应在发布招标时公布招标控制价,同时应将招标控制价及有关资料报送工程所在地或有该工程管辖权的行业管理部门工程造价管理机构备查。

2.综合单价中应包括风险费用

综合单价中应包括招标文件中划分的应由投标人承担的风险范围及其费用。招标文件没有明确的,如果是工程造价咨询人编制,应提请招标人明确;如果是招标人编制,应予明确。

二、招标控制价的编制与复核

1.招标控制价编制与复核的依据

(1)建设工程工程量清单计价规范。

(2)国家或省级、行业建设主管部门颁布的计价定额和计价办法。

(3)建设工程设计文件及相关资料。

(4)拟定的招标文件及招标工程量清单。

(5)与建设项目相关的标准、规范、技术资料。

(6)施工现场情况、工程特点及常规施工方案。

(7)工程造价管理机构发布的工程造价信息,当工程造价信息没有发布时,参照市场价。

(8)其他的相关资料。

> **经验提示:**计算综合单价大都采用了正算,即直接用一个清单单位的定额量计算;由于正算不精确而且不易理解,有时采用反算(用定额量计算出合价后,再被清单量相除)反求出综合单价。正算与反算结果不同,均可采用,但反算要重新计算合价。

2.分部分项工程和措施项目编制规定

(1)分部分项工程和措施项目中的单价项目,应根据拟定的招标文件和招标工程量清单项目中的特征描述及有关要求确定综合单价计算。

(2)措施项目中的总价项目应根据拟定的招标文件和常规施工方案,采用综合单价计价,其中的安全文明施工费必须按照国家或省级、行业建设主管部门的规定计价。

3.其他项目编制规定

其他项目应按下列规定计价:

(1)暂列金额应按招标工程量清单中列出的金额填写。

(2)暂估价中的材料、工程设备单价应按招标工程量清单中列出的单价计入综合单价。

(3)暂估价中的专业工程金额应按招标工程量清单中列出的金额填写。

(4)计日工应按招标工程量清单中列出的项目根据工程特点和有关计价依据确定综合单价计算。

（5）总承包服务费应根据招标工程量清单列出的内容和要求估算。招标人应预计该项费用并按投标人的投标报价向投标人支付该项费用。招标人仅要求对分包的专业工程进行总承包管理和协调时，按分包的专业工程估算造价的1.5％计算；招标人要求对分包的专业工程进行总承包管理和协调并同时要求提供配合服务时，根据招标文件中列出的配合服务内容和提出的要求按分包的专业工程估算造价的3％～5％计算；招标人自行供应材料的，按招标人供应材料价值的1％计算。

三、投诉与处理

1.对投诉人的投诉要求

（1）投标人经复核认为招标人公布的招标控制价未按照"计价规范"的规定进行编制的，应在招标控制价公布后5日内向招投标监督机构和工程造价管理机构投诉。

（2）投诉人投诉时，应当提交由单位盖章和法定代表人或其委托人的签名或盖章的书面投诉书。

投诉书应包括以下内容：

①投诉人与被投诉人的名称、地址及有效联系方式。

②投诉的招标工程名称、具体事项及理由。

③投诉依据及有关证明材料。

④相关的请求及主张。

（3）投诉人不得进行虚假、恶意投诉，阻碍投标活动的正常进行。

2.对工程造价管理机构受理投诉的要求

（1）工程造价管理机构在接到投诉书后应在2个工作日内进行审查，对有下列情况之一的，不予受理：

①投诉人不是所投诉招标工程招标文件的收受人。

②投诉书提交的时间超过招标控制价公布5日以后的。

③投诉书不符合投诉文件要求规定的。如不是书面投诉书或没有签名或盖章等。

④投诉事项已进入行政复议或行政诉讼程序的。

（2）工程造价管理机构应在不迟于结束审查的次日将是否受理投诉的决定书面通知投诉人、被投诉人以及负责该工程招投标监督的招投标管理机构。

（3）工程造价管理机构受理投诉后，应立即对招标控制价进行复查，组织投诉人、被投诉人或其委托的招标控制价编制人等单位人员对投诉问题逐一核对。有关当事人应当予以配合，并保证所提供资料的真实性。

（4）工程造价管理机构应当在受理投诉的10日内完成复查，特殊情况下可适当延长，并做出书面结论通知投诉人、被投诉人及负责该工程招投标监督的招投标管理机构。

（5）当招标控制价复查结论与原公布的招标控制价误差大于±3％时，应当责成招标人改正。

（6）招标人根据招标控制价复查结论需要重新公布招标控制价的，其最终公布的时间到招标文件要求提交投标文件截止时间不足15日的，应相应延长投标文件的截止时间。

课堂互动：招标人恶意将工程量提高1倍，而将单价降低一半，分部分项工程合价和工程总造价不变。投标单位是否可以改动工程量？如压低单价，又会低于企业的成本价，这时施工企业应该怎么做？

3.4　投标报价

投标报价是投标人投标时响应招标文件要求所报出的,对已标价工程量清单汇总后标明的总价,是投标人希望达成工程承包交易的期望价格。

一、投标报价编制的基本要求

1.投标报价编制的一般规定

(1)投标报价应由投标人或受其委托具有相应资质的工程造价咨询人编制。

(2)除"计价规范"强制性规定外,投标人应依据招标文件及其工程量清单等相关资料自主确定投标报价。

(3)投标报价不得低于工程成本。

> 想一想:成本和工程成本有区别吗? 工程成本包括哪些内容?

(4)投标人必须按招标工程量清单填报价格。项目编码、项目名称、项目特征、计量单位、工程量必须与招标工程量清单一致。

(5)投标人的投标报价高于招标控制价的应予废标。

2.综合单价中应包括风险费用

综合单价中应包括招标文件中划分的应由投标人承担的风险范围及其费用,招标文件中没有明确的,应提请招标人明确。

二、投标报价的编制与复核

1.投标报价编制与复核的依据

(1)《建设工程工程量清单计价规范》。

(2)国家或省级、行业建设主管部门颁发的计价办法。

(3)企业定额,国家或省级、行业建设主管部门颁发的计价定额。

(4)招标文件、工程量清单及其补充通知、答疑纪要。

(5)建设工程设计文件及相关资料。

(6)施工现场情况、工程特点及拟订的投标施工组织设计或施工方案。

(7)与建设项目相关的标准、规范等技术资料。

(8)市场价格信息或工程造价管理机构发布的工程造价信息。

(9)其他的相关资料。

> 想一想:投标报价编制与复核的依据与招标控制价编制与复核的依据有什么不同?

2.投标报价的编制规定

(1)分部分项工程和措施项目中的单价项目,应根据招标文件和招标工程量清单项目中的特征描述确定综合单价计算。

(2)措施项目中的总价项目金额应根据招标文件及投标时拟订的施工组织设计或施工方案,采用综合单价计价自主确定,其中的安全文明施工费应按照国家或省级、行业建设主管部门的规定计价。

(3)其他项目费应按下列规定报价:

①暂列金额应按招标工程量清单中列出的金额填写。

②材料、工程设备暂估价应按招标工程量清单中列出的单价计入综合单价。

③专业工程暂估价应按招标工程量清单中列出的金额填写。

④计日工应按招标工程量清单中列出的项目和数量,自主确定综合单价并计算计日工

金额。

⑤总承包服务费根据招标工程量清单中列出的内容和提出的要求自主确定。

（4）规费和增值税必须按国家或省级、行业建设主管部门的规定计算，不得作为竞争性费用。

（5）招标工程量清单与计价表中列明的所有需要填写的单价和合价的项目，投标人均应填写且只允许有一个报价。未填写单价和合价的项目，可视为此项费用已包含在已标价工程量清单中其他项目的单价和合价之中。竣工结算时，此项目不得重新组价予以调整。

（6）投标总价应当与分部分项工程费、措施项目费、其他项目费的合计金额一致。在进行工程量清单招标的投标报价时，不能进行投标总价优惠（或降价、让利），投标人对招标人的任何优惠（或降价、让利）均应反映在相应清单项目的综合单价中。

3.5   建筑工程工程量清单计价

一、工程量清单计价流程

1.工程量清单计价流程图

工程量清单项目比较多，计算过程也较复杂，根据实际承包的项目不同，所填报的表格也不同，工程量清单计价流程是一个完整的过程，工程量清单计价时，可根据实际情况选用。工程量清单计价流程如图 3-1 所示。

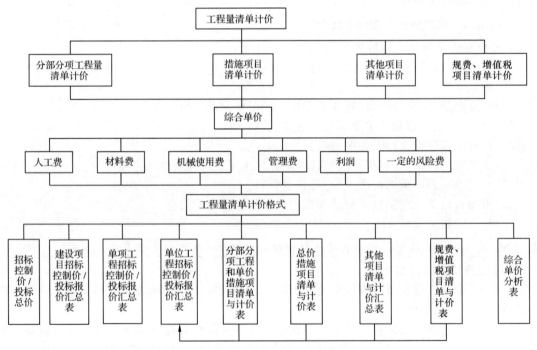

图 3-1　工程量清单计价流程

2.工程量清单综合单价的计算方式

工程量清单综合单价的计算方式，主要有以下三种：

（1）以消耗量定额为依据，结合竞争需要的政府定额定价（清单计价规则）。

（2）以企业定额为依据，结合竞争需要的企业成本定价（编制企业定额）。

（3）以分包商报价为依据，结合竞争需要的实际成本定价（按市场定价）。

3.分部分项工程量清单项目综合单价的计算顺序

(1)确定工程内容。根据工程量清单项目和实际拟建工程的工作内容,或参照分部分项工程量清单项目设置及其消耗量定额表中的工程内容,确定该清单项目的主体及其相关工程内容,并选用相应定额。

(2)计算工程量。按现行定额建筑工程量计算规则的规定,分别计算工程量清单项目所包含的每项工程内容的工程量。

(3)计算单位含量。分别计算工程量清单项目的每计量单位应包含的各项工程内容的工程量。

每计量单位含量＝计算的各项工程内容的工程量÷相应清单项目的工程量

> **经验提示:** 清单计价分为正算法和反算法两种。上述方法为正算法,虽不好理解,精确度不高,但能直接得出工程单价;反算法方便,但往往计算出的单价与工程量相乘又不等于合价。

> **课堂互动:** 反算法计算出的单价与工程量相乘不等于合价是什么原因造成的?

(4)选择定额。根据确定的工程内容,参照分部分项工程量清单项目设置及其消耗量定额表中定额名称及其编号,分别选定定额,确定人工、材料、机械台班消耗量。

(5)选择单价。应根据建设工程工程量清单计价规则规定的费用组成(考虑一定的风险费),参照其计算方法和市场价格,或参照工程造价管理机构发布的人工、材料、机械台班价格信息,确定相应单价。

(6)计算清单项目每计量单位所含某项工程内容的人工、材料、机械台班价款。

工程内容的人工、材料、机械台班价款＝∑[人工、材料、机械消耗量×人工、材料、机械台班单价]×每计量单位含量

(7)计算工程量清单项目每计量单位人工、材料、机械台班价款。

工程量清单项目人工、材料、机械台班价款＝工程内容的人工、材料、机械台班价款之和

(8)选定费率。应根据建设工程工程量清单计价规则规定的费用项目组成,参照其计算方法,或参照工程造价主管部门发布的相关费率,结合本企业和市场竞争的情况,确定管理费费率、利润率、规费费率和增值税税率。

(9)计算综合单价与合价。

建筑工程综合单价＝工程量清单项目人工、材料、机械台班价款＋定额人工费×(管理费费率＋利润率)＋规费＋增值税

合价＝综合单价×相应清单项目工程量

4.单价措施项目综合单价计价的顺序

(1)应根据措施项目清单和拟建工程的施工组织设计,确定措施项目。

(2)确定该措施项目所包含的工程内容。

(3)以现行定额的建筑工程量计算规则,分别计算该措施项目所含每项工程内容的工程量。

(4)根据确定的工程内容,参照措施项目设置及其消耗量定额表中的消耗量定额,确定人工、材料、机械台班消耗量。

（5）应根据建筑工程工程量清单计价规则规定的费用组成，参照其计算方法，根据市场价格信息（考虑一定的风险费）或参照工程造价主管部门发布的价格信息，确定相应单价。

（6）计算措施项目所含某项工程内容的人工、材料、机械台班的价款。

措施项目所含某项工程内容人工、材料、机械台班价款

$$= \sum [人工、材料、机械台班消耗量 \times 人工、材料、机械台班单价] \times 措施项目所含每项工程内容的工程量$$

（7）措施项目人工、材料、机械台班价款。

$$措施项目人工、材料、机械台班价款 = \sum 措施项目所含某项工程内容的人工、材料、机械台班的价款$$

（8）应根据建筑工程工程量清单计价规则规定的费用项目组成，参照其计算方法，或参照工程造价主管部门发布的相关费率，结合本企业和市场的情况，确定管理费费率、利润率、规费费率和增值税税率。

（9）措施项目费（包括人工、材料、机械台班费和管理费、利润、规费和增值税）计算如下：

$$措施项目费 = 措施项目人工、材料、机械台班价款 + 定额人工费 \times (管理费费率 + 利润率) + 规费 + 增值税$$

二、案例计价说明

案例中人工单价：土建暂取 128 元/工日，装饰暂取 138 元/工日。材料价格、机械台班单价为市场价格或主管部门发布的市场信息（指导）价；人工、材料、机械的消耗量以社会平均消耗量定额进行编制；建筑与装饰工程管理费、利润以人工费为基数计取，即

$$综合费用 = 人工、材料、机械合价 + 人工费 \times (管理费费率 + 利润率)$$

$$综合单价 = 综合费用/清单项目工程量$$

管理费费率和利润率参照费用定额结合实际确定，案例中一般未考虑风险因素对工程造价的影响；若是承包商投标报价，则可根据合同或计价规范规定的风险范围和当时、当地市场供需和竞争情况，结合具体工程类别和企业实际情况进行调整，作为企业报价的依据。为了节约篇幅，在案例中不再赘述。

练习题

一、单选题

1.建筑工程中工程量清单计价活动应遵循（　　）的原则。

A.公平、公正、科学　　　　　　　　B.公平、公正、择优

C.客观、公正、公平　　　　　　　　D.公开、公正、公平

2.工程量清单与计价表中项目编码三、四位是（　　）。

A.分项工程项目名称顺序码　　　　B.分部工程顺序码

C.附录分类顺序码　　　　　　　　D.专业工程代码

3.招标工程量清单应以（　　）为单位编制。

A.整体工程　　　B.单位工程　　　C.分部分项工程　　D.群体项目工程

4."计价规范"具有（　　）特点。

A.强制性、不同性、实用性、竞争性、通用性

B.任意性、通用性、可靠性、竞争性、强制性

C.规范性、实用性、认可性、广泛性、强制性

D.强制性、统一性、实用性、竞争性、通用性

5.投标总价应与（　　）的合计金额一致。

1.分部分项工程费　B.措施项目费　　C.其他项目费　　　D.以上都对

6. 在分部分项工程量计算当中"m³、m²、m、kg"为单位，应保留（　　）位小数，第（　　）位小数四舍五入。

1.3、1　　　　　　　B. 2、3　　　　　　C.4、2　　　　　　D.1、1

二、多选题

1.每个专业"计量规范"附录中均包括（　　）。

A.项目编码　　　B.项目名称　　　C.项目特征　　　D.计量单位

E.工程量计算规则

2.在工程中（　　）应采用综合单价计价。

A.分部分项工程　B.规费项目　　　C.措施项目

D.其他项目清单　E.税金项目

3.构成一个分部分项工程量清单的五个要件为（　　），同时也是组成中缺一不可的。

A.工程量　　　　B.项目特征　　　C.项目规范　　　D.项目名称

E.计量单位　　　F.项目编码

4.应由具有资格的专业工程造价人员承担的工程造价的编制与核对项目以下正确的有（　　）。

A.招标工程量清单　　　　　　　B.合同价款结算与支付

C.合同价款的调整　　　　　　　D.招标控制价与投标报价　　　E.工程计量

5.在建筑工程计算工程量中，综合单价所计算的内容有哪些（　　）。

A.人工费　　　　B.材料费　　　　C.机械费　　　　D.管理费

E.利润　　　　　F.风险费

三、判断题

1.在计量规范中，项目编码、项目名称、项目特征、计量单位和工程量作为分部分项工程中的五个要件，要求招标人在编制工程量清单时必须执行，缺一不可。　　　　　　（　　）

2.使用国有资金投资的建设工程发承包，可以不使用工程量清单进行计价。　　（　　）

3 招标工程量清单是工程量清单计价的基础，应作为编制招标控制价、投标报价、计算或调整工程量、索赔等的依据之一。　　　　　　　　　　　　　　　　　　　（　　）

4.项目特征是确定综合单价的前提。　　　　　　　　　　　　　　　　　　（　　）

5.综合单价中应包括招标文件中划分的应由招标人承担的风险范围及费用。　（　　）

6.计价规范是为规范工程造价计价行为，统一建设工程计价文件的编制和计算方法。

（　　）

第4章

建筑工程费用项目组成

知识目标

1. 熟悉建筑安装工程费用项目组成内容,掌握按造价形成划分的费用项目。

2. 掌握工程类别划分的标准,正确确定工程类别。

3. 熟悉建筑工程费用计算程序,能应用建筑工程费用计算程序确定工程造价。

能力目标

能根据建筑工程计价程序计算单位工程造价。

引 例

某市区内某小区中一幢住宅楼,框架结构,檐高为 36 m,建筑面积为 4 200 m²。其中,按市场价计算的分部分项工程费合计为 2 880 576.31 元,按价目表计算的 JD₁ 分部分项工程省价人工费合计为 783 566.52 元,按定额规定和市场价格计取的措施费合计为 356 655.32 元,按价目表和费用定额计算的措施费中的省价人工费合计为 46 457.51 元(计算计费基础 JD₂ 时用),其他项目费合计为 36 922.98 元,规费假设文件规定综合费率为 3.21%,增值税税率为 3%。确定建筑工程的费用。

4.1 建筑安装工程费用项目组成

2016 年,山东省住房和城乡建设厅根据建设工程计价的需要,在住房和城乡建设部发布的《建筑安装工程费用项目组成》的基础上,组织制定了《山东省建设工程费用项目组成及计算规则》,文件规定建筑安装工程费用项目组成有两种划分方式。

根据《财政部 国家发展和改革委员会 环境保护部 国家海洋局关于停征排污费等行政事业性收费有关事项的通知》(财税〔2018〕4 号),原列入规费的工程排污费已于 2018 年 1 月停止征收。根据《山东省住房和城乡建设厅关于调整建设工程规费项目组成的通知》(鲁建标字〔2019〕22 号)文件,山东省建筑安装工程费用规费项目中暂列环境保护税,同时增加优质优价费。

微课

建筑安装工程
费用项目组成

根据营改增的需要,修改了税金项目内容和相关费率。税金项目清单只包括增值税,税金改称增值税更直观,也有别于企业管理费中的税金。但山东省建筑安装工程费用组成中仍沿用税金称谓,好处是可扩展税收项目。

一、按费用构成要素划分的费用项目

建筑安装工程费由人工费、材料(包含工程设备,下同)费、施工机具使用费、企业管理费、利润、规费和增值税(税金)组成。其中人工费、材料费、施工机具使用费、企业管理费和利润包含在分部分项工程费、措施项目费、其他项目费中。建筑安装工程费用项目组成如图 4-1 所示。

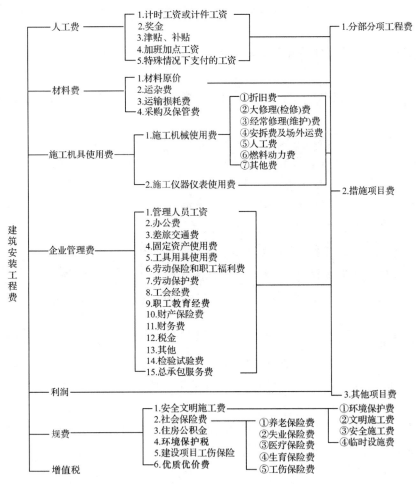

图 4-1　建筑安装工程费用项目组成(按费用构成要素划分)

1.人工费

人工费是指按工资总额构成规定,支付给从事建筑安装工程施工的生产工人和附属生产单位工人的各项费用。内容包括:

(1)计时工资或计件工资。是指按计时工资标准和工作时间或对已做工作按计件单价支付给个人的劳动报酬。

(2)奖金。是指对超额劳动和增收节支支付给个人的劳动报酬。如节约奖、劳动竞赛奖等。

(3)津贴、补贴。是指为了补偿职工特殊或额外的劳动消耗和因其他特殊原因支付给个人的津贴,以及为了保证职工工资水平不受物价影响支付给个人的物价补贴。如流动施工津贴、

特殊地区施工津贴、高温(寒)作业临时津贴、高空津贴等。

(4)加班加点工资。是指按规定支付的在法定节假日工作的加班工资和在法定日工作时间外延时工作的加点工资。

(5)特殊情况下支付的工资。是指根据国家法律、法规和政策规定,因病、工伤、产假、计划生育假、婚丧假、事假、探亲假、定期休假、停工学习、执行国家或社会义务等原因按计时工资标准或计时工资标准的一定比例支付的工资。

> **经验提示:** 为了适应现行的工资制度,人工费的构成和内容变化最大,人工费用增长也最快。

《住房和城乡建设部关于加强和改善工程造价监管的意见》(建标〔2017〕209号)文件中提出,人工单价构成调整为工资、津贴、职工福利费、劳动保护费、社会保险费、住房公积金、工会经费、职工教育经费以及特殊情况下工资性费用。

2.材料费

材料费是指施工过程中耗费的原材料、辅助材料、构配件、零件、半成品或成品、工程设备的费用。内容包括:

(1)材料原价。是指材料、工程设备的出厂价格或商家供应价格。

(2)运杂费。是指材料、工程设备自来源地运至工地仓库或指定堆放地点所发生的全部费用。

(3)运输损耗费。是指材料在运输、装卸过程中不可避免的损耗。

(4)采购及保管费。是指为组织采购、供应和保管材料、工程设备的过程中所需要的各项费用。包括采购费、仓储费、工地保管费、仓储损耗。

> **经验提示:** 将材料检验试验费纳入管理费中,主要考虑其作为直接费用的确定困难。为了简化材料费的确定和计算,将材料检验试验费进行了转移,以间接费用计取。

工程设备是指构成或计划构成永久工程一部分的机电设备、金属结构设备、仪器装置及其他类似的设备和装置。

3.施工机具使用费

施工机具使用费是指施工作业所发生的施工机械、仪器仪表使用费或其租赁费。

(1)施工机械使用费。以施工机械台班耗用量乘以施工机械台班单价表示。施工机械台班单价应由下列七项费用组成:

①折旧费。是指施工机械在规定的使用年限内,陆续收回其原值的费用。

②大修理(检修)费。是指施工机械按规定的大修理间隔台班进行必要的大修理,以恢复其正常功能所需的费用。

③经常修理(维护)费。是指施工机械除大修理以外的各级保养和临时故障排除所需的费用。包括为保障机械正常运转所需替换设备与随机配备工具附具的摊销和维护费用,机械运转中日常保养所需润滑与擦拭的材料费用及机械停滞期间的维护和保养费用等。

④安拆费及场外运费。安拆费是指施工机械(大型机械除外)在现场进行安装与拆卸所需的人工、材料、机械和试运转费用以及机械辅助设施的折旧、搭设、拆除等费用;场外运费是指施工机械整体或分体自停放地点运至施工现场或由一施工地点运至另一施工地点的运输、装卸、辅助材料及架线等费用。

⑤人工费。是指机上司机(司炉)和其他操作人员的人工费。

⑥燃料动力费。是指施工机械在运转作业中所消耗的各种燃料及水、电等费用。

⑦其他费。是指施工机械按照国家规定应缴纳的车船使用税、保险费及年检费等。

（2）施工仪器仪表使用费。是指工程施工所需使用的仪器仪表的摊销及维修费用。

> **经验提示**：施工措施费也应以人工费、材料费和机械费的形式表现出来。

4.企业管理费

企业管理费是指建筑安装企业组织施工生产和经营管理所需的费用。内容包括：

（1）管理人员工资。是指按规定支付给管理人员的计时工资、奖金、津贴补贴、加班加点工资及特殊情况下支付的工资等。

（2）办公费。是指企业管理办公用的文具、纸张、账表、印刷、邮电、书报、办公软件、现场监控、会议、水电、烧水和集体取暖降温（包括现场临时宿舍取暖降温）等费用。

（3）差旅交通费。是指职工因公出差、调动工作的差旅费、住勤补助费，市内交通费和误餐补助费，职工探亲路费，劳动力招募费，职工退休、退职一次性路费，工伤人员就医路费，工地转移费以及管理部门使用的交通工具的油料、燃料等费用。

（4）固定资产使用费。是指管理和试验部门及附属生产单位使用的属于固定资产的房屋、设备、仪器等的折旧、大修、维修或租赁费。

（5）工具用具使用费。是指企业施工生产和管理使用的不属于固定资产的工具、器具、家具、交通工具和检验、试验、测绘、消防用具等的购置、维修和摊销费。

（6）劳动保险和职工福利费。是指由企业支付的职工退职金、按规定支付给离休干部的经费、集体福利费、夏季防暑降温、冬季取暖补贴、上下班交通补贴等。

（7）劳动保护费。是指企业按规定发放的劳动保护用品的支出。如工作服、手套、防暑降温饮料以及在有碍身体健康的环境中施工的保健费用等。

（8）工会经费。是指企业按《中华人民共和国工会法》规定的全部职工工资总额比例计提的工会经费。

（9）职工教育经费。是指按职工工资总额的规定比例计提，企业为职工进行专业技术和职业技能培训，专业技术人员继续教育、职工职业技能鉴定、职业资格认定以及根据需要对职工进行各类文化教育所发生的费用。

（10）财产保险费。是指施工管理用财产、车辆等的保险费用。

（11）财务费。是指企业为施工生产筹集资金或提供预付款担保、履约担保、职工工资支付担保等所发生的各种费用。

（12）税金。是指企业按规定缴纳的房产税、车船使用税、土地使用税、印花税、城市维护建设税、教育费附加以及地方教育附加、水利建设基金等。

（13）其他。包括技术转让费、技术开发费、投标费、业务招待费、绿化费、广告费、公证费、法律顾问费、审计费、咨询费、保险费等。

（14）检验试验费。是指施工企业按照有关标准规定，对建筑以及材料、构件和建筑安装物进行一般鉴定、检查所发生的费用，包括自设试验室进行试验所耗用的材料等费用。不包括新结构、新材料的试验费，对构件做破坏性试验及其他特殊要求检验试验的费用和建设单位委托检测机构进行检测的费用，对此类检测发生的费用，由建设单位在工程建设其他费用中列支。但对施工企业提供的具有合格证明的材料进行检测不合格的，该检测费用由施工企业支付。

（15）总承包服务费。是指总承包人为配合、协调建设单位进行的专业工程发包，对建设单位自行采购的材料、工程设备等进行保管以及施工现场管理、竣工资料汇总整理等服务所需的费用。

5.利润

利润是指施工企业完成所承包工程获得的盈利。

6.规费

规费是指按国家法律、法规规定,由省级政府和省级有关权力部门规定必须缴纳或计取的费用。包括:

(1)安全文明施工费。

①环境保护费:是指施工现场为达到环保部门要求所需要的各项费用。

②文明施工费:是指施工现场文明施工所需要的各项费用。

③安全施工费:是指施工现场安全施工所需要的各项费用。

④临时设施费:是指施工企业为进行建设工程施工所必须搭设的生活和生产用的临时建筑物、构筑物和其他临时设施费用。包括临时设施的搭设、维修、拆除、清理费或摊销费等。

(2)社会保险费。

①养老保险费。是指企业按照规定标准为职工缴纳的基本养老保险费。

②失业保险费。是指企业按照规定标准为职工缴纳的失业保险费。

③医疗保险费。是指企业按照规定标准为职工缴纳的基本医疗保险费。

④生育保险费。是指企业按照规定标准为职工缴纳的生育保险费。

⑤工伤保险费。是指企业按照规定标准为职工缴纳的工伤保险费。

(3)住房公积金。是指企业按规定标准为职工缴纳的住房公积金。

(4)环境保护税。是指按规定缴纳的施工现场工程排污费的费改税。

(5)建设项目工伤保险:按鲁人社发〔2015〕15号《山东省人力资源和社会保障厅 山东省住房和城乡建设厅 山东省安全生产监督管理局 山东省总工会关于转发人社部发〔2014〕103号文件明确建筑业参加工伤保险有关问题的通知》在工程开工前向社会保险经办机构交纳,应在建设项目所在地参保。而社会保险费在工程开工前由建设单位向建筑企业劳保机构交纳。

(6)优质优价费。是指按该工程获得最高级别的优质工程奖项规定的费率计算的费用。

其他应列而未列入的规费,按实际发生计取。

7.增值税

建筑安装工程中的增值税是指国家税法规定的应计入建筑安装工程造价内的增值税额。增值税的计税方法有两种,包括一般计税方法和简易计税方法。一般计税方法适用于销售收入在 500 万元以上的一般纳税人;简易计税方法适用于小规模纳税人和一般纳税人发生的以清包工方式或为甲供工程提供的建筑服务。其中甲供材料、甲供设备不作为增值税计税基础。一般纳税人为甲供工程提供的建筑服务,可以选择简易计税方法计税,税前造价可以扣除支付的分包款和甲供不含税价款。

二、按造价形成划分的费用项目

建筑安装工程费由分部分项工程费、措施项目费、其他项目费、规费和增值税组成,分部分项工程费、措施项目费、其他项目费包含人工费、材料费、施工机具使用费、企业管理费和利润。建筑安装工程费用项目组成如图 4-2 所示。

1.分部分项工程费

分部分项工程费是指各专业工程的分部分项工程应予列支的各项费用。

(1)专业工程。是指按现行国家计量规范划分的房屋建筑与装饰工程、通用安装工程、市政工程、园林绿化工程、构筑物工程、爆破工程、仿古建筑工程、矿山工程、城市轨道交通工程等

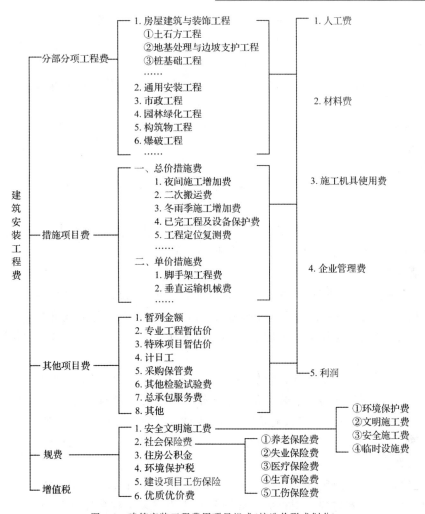

图 4-2 建筑安装工程费用项目组成(按造价形成划分)

各类工程。

(2)分部分项工程。是指按现行国家计量规范对各专业工程划分的项目。如房屋建筑与装饰工程划分的土石方工程、地基处理与边坡支护工程、桩基础工程、砌筑工程、混凝土及钢筋混凝土工程等。

各类专业工程的分部分项工程划分见现行国家或行业计量规范。

2.措施项目费

措施项目费是指为完成建设工程施工,发生于该工程施工前和施工过程中的技术、生活、安全、环境保护等方面的费用。内容包括两类费用:

第一类为总价措施费:是指建设行政主管部门根据建筑市场状况和多数企业经营管理情况、技术水平等测算发布了费率的措施项目费用。总价措施费的主要内容包括:

(1)夜间施工增加费。是指因夜间施工所发生的夜班补助费、夜间施工降效、夜间施工照明设备摊销及照明用电等费用。

(2)二次搬运费。是指因施工场地条件限制而发生的材料、构配件、半成品等一次运输不能到达堆放地点,必须进行二次或多次搬运所发生的费用。必须场外存料或场内立体架构存料时,其场外到场内的运输费或立体架构搭设费,可按实另计。

（3）冬雨季施工增加费。是指在冬季或雨季施工需增加临时设施保温、防雨、防滑、排除雨雪，所增加的人工费、材料费、设施费及施工机械效率降低所增加的费用。不包括混凝土、砂浆骨料炒拌、提高强度等级以及掺加于其中的早强剂、抗冻剂等外加剂的费用。

（4）已完工程及设备保护费。是指竣工验收前，对已完工程及设备采取的必要保护措施所发生的费用。

（5）工程定位复测费。是指工程施工过程中进行全部施工测量放线和复测工作的费用。

第二类为单价措施费：是指消耗量定额中列有子目、并规定了计算方法的措施项目费用。单价措施费的主要内容包括：

（1）脚手架工程费。是指施工需要的各种脚手架的搭、拆、运输费用以及脚手架购置费的摊销（或租赁）费用。

（2）垂直运输机械费。是指施工工程在合理工期内所需的垂直运输机械的费用。

（3）其他单价措施项目见"专业工程措施项目一览表"。

3.其他项目费

（1）暂列金额。是指建设单位在工程量清单中暂定并包括在工程合同价款中的一笔款项。用于施工合同签订时尚未确定或者不可预见的所需材料、工程设备、服务的采购，施工中可能发生的工程变更、合同约定调整因素出现时的工程价款调整以及发生的索赔、现场签证确认等的费用。

（2）专业工程暂估价。是指建设单位根据国家相应规定、预计需由专业承包人另行组织施工、实施单独分包（总包人仅对其进行总承包服务），但暂时不能确定准确价格的专业工程价款。该项费用仅作为计取总承包服务费的基础，不计入总承包人的工程总造价。

（3）计日工。是指在施工过程中，施工企业完成建设单位提出的施工图纸以外的零星项目或工作所需的费用。

（4）其他项目费。按规定计取。应列而未列入的其他项目费，按实际发生计取。

规费、增值税的内容与按费用构成要素划分的建筑安装工程费用项目组成（图 4-1）相同，此处略。

4.2　建筑工程费率及计算程序

一、建筑工程类别划分标准

建筑工程类别按工业建筑工程、民用建筑工程、构筑物工程、桩基础工程、单独土石方工程和装饰工程分列，并分若干类别。

1.使用说明

（1）建筑工程类别的确定，以单位工程为划分对象。

> **经验提示**：工程类别划分是确定各项费用的基础，不同分项的间接费率和利润率是不同的。费率是以单位工程为对象综合考虑的。

（2）建筑物檐高，是指设计室外地坪至檐口滴水线（或屋面板板顶）的高度。凸出建筑物主体的屋面楼梯间、电梯间、水箱间部分高度不计算檐口高度。建筑物的面积，按建筑面积计算规范的规定计算。建筑物的跨度，按设计图示尺寸标注的轴线跨度计算。

（3）同一建筑物结构形式不同时，按建筑面积大的结构形式确定工程类别。

(4)建筑工程类别划分标准中有两个指标者,确定类别时需满足其中一个指标。

2.建筑工程类别划分标准

建筑工程类别划分标准见表 4-1。

表 4-1　　　　　　　　　　　　建筑工程类别划分标准

工程特征			单位	工程类别		
				I	II	III
工业建筑工程	钢结构	跨度	m	>30	>18	≤18
		建筑面积	m²	>25 000	>12 000	≤12 000
	其他结构	单层 跨度	m	>24	>18	≤18
		单层 建筑面积	m²	>15 000	>10 000	≤10 000
		多层 檐高	m	>60	>30	≤30
		多层 建筑面积	m²	>20 000	>12 000	≤12 000
民用建筑工程	钢结构	檐高	m	>60	>30	≤30
		建筑面积	m²	>30 000	>12 000	≤12 000
	混凝土结构	檐高	m	>60	>30	≤30
		建筑面积	m²	>20 000	>10 000	≤10 000
	其他结构	层数	层	—	>10	≤10
		建筑面积	m²	—	>12 000	≤12 000
	别墅工程 (≤3 层)	栋数	栋	≤5	≤10	>10
		建筑面积	m²	≤500	≤700	>700
构筑物工程	烟囱	混凝土结构高度	m	>100	>60	≤60
		砖结构高度	m	>60	>40	≤40
	水塔	高度	m	>60	>40	≤40
		容积	m³	>100	>60	≤60
	筒仓	高度	m	>35	>20	≤20
		容积(单体)	m³	>2 500	>1 500	≤1 500
	贮池	容积(单体)	m³	>3 000	>1 500	≤1 500
桩基础工程		桩长	m	>30	>12	≤12
单独土石方工程		土石方	m³	>30 000	>12 000	5 000<体积 ≤12 000
装饰工程	工业与民用建筑装饰			特殊公共建筑,包括观演展览建筑、交通建筑、体育场馆、高级会堂等	一般公用建筑,包括办公建筑、文教卫生建筑、科研建筑、商业建筑等	居住建筑、工业厂房工程
				四星级及以上宾馆	三星级宾馆	二星级以下宾馆
	单独外墙装饰 (包括幕墙、各种外墙干挂工程)			幕墙高度>50 m	幕墙高度>30 m	幕墙高度≤30 m
	单独招牌、灯箱、美术字等工程			—	—	单独招牌、灯箱、美术字等工程

二、建筑工程费费率

企业管理费、利润费率见表 4-2,措施项目费、规费、增值税费率见表 4-3。

表 4-2 　　　　　　　　　　　　　　　（一）企业管理费、利润费率表 　　　　　　　　　　　　　　%

专业名称	费用名称及类别											
	企业管理费						利润					
	Ⅰ		Ⅱ		Ⅲ		Ⅰ		Ⅱ		Ⅲ	
	一般	简易	一般	简易	一般	简易	一般	简易	一般	简易	一般	简易
建筑工程	43.4	43.2	34.7	34.5	25.6	25.4	35.8	35.8	20.3	20.3	15.0	15.0
装饰工程	66.2	65.9	52.7	52.4	32.2	32.0	36.7	36.7	23.8	23.8	17.3	17.3
构筑物工程	34.7	34.5	31.3	31.2	20.8	20.7	30.0	30.0	24.2	24.2	11.6	11.6
单独土石方工程	28.9	28.8	20.8	20.7	13.1	13.0	22.3	22.3	16.0	16.0	6.8	6.8
桩基础工程	23.2	23.1	17.9	17.9	13.1	13.0	16.9	16.9	13.1	13.1	4.8	4.8

注:企业管理费费率中,不包括总承包服务费费率。总承包服务费费率为 3%,材料采购保管费费率为 2.5%。

表 4-3 　　　　　　　　　　　　　　（二）措施项目费、规费、增值税费率 　　　　　　　　　　　　　　%

费用名称			工程名称			
			建筑工程		装饰工程	
			一般计税	简易计税	一般计税	简易计税
措施项目费	夜间施工增加费		2.55	2.80	3.64	4.00
	二次搬运费		2.18	2.40	3.28	3.60
	冬雨季施工增加费		2.91	3.20	4.10	4.50
	已完工程及设备保护费		0.15	0.15	0.15	0.15
规费	安全文明施工费		3.70	3.52	4.15	3.97
	安全文明施工费	(1)安全施工费	2.34	2.16	2.34	3.16
		(2)环境保护费	0.11	0.11	0.12	0.12
		(3)文明施工费	0.54	0.54	0.10	0.10
		(4)临时设施费	0.71	0.71	1.59	1.59
	社会保险费		1.52	1.40	1.52	1.40
	住房公积金		3.80	3.80	3.80	3.80
	环境保护税		0.30	0.30	0.30	0.30
	建设项目工伤保险		1.52	1.40	1.52	1.40
	优质优价费		0.93	0.88	0.93	0.88
增值税			9.00	3.00	9.00	3.00

注:措施项目费中人工费包括:夜间施工增加费、冬雨季施工增加费及二次搬运费 25%;已完工程及设备保护费 10%,其计费基础为省价人材机之和。住房公积金、环境保护税和建设项目工伤保险按工程所在地设区市(青岛地区)相关费率规定。

三、建筑工程预结算费用计算程序

1.建筑工程定额计价计算程序

建筑工程定额计价计算程序见表 4-4。

表 4-4 　　　　　　　　　　　　　　建筑工程定额计价计算程序

序号	费用名称	计算方法
一	分部分项工程费	$\sum\{[$ 定额 $\sum($ 工日消耗量×人工单价 $)+\sum($ 材料消耗量×材料单价 $)+\sum($ 机械台班消耗量×台班单价 $)]$×分部分项工程量 $\}$
	计费基础 JD₁	详见附注计算基础说明

续表

序号	费用名称	计算方法
二	措施项目费	2.1＋2.2
	2.1 单价措施费	$\sum\{[$定额$\sum($工日消耗量×人工单价$)+\sum($材料消耗量×材料单价$)+\sum($机械台班消耗量×台班单价$)]$×单价措施项目工程量$\}$
	2.2 总价措施费	计费基础 JD_1×相应费率
	计费基础 JD_2	详见附注计算基础说明
三	其他项目费	3.1＋3.3＋3.4＋3.5＋3.6＋3.7＋3.8
	3.1 暂列金额	按分部分项工程费的 10%～15% 估列
	3.2 专业工程暂估价	按有关规定估价,不计入总承包人工程总造价
	3.3 特殊项目暂估价	按有关规定估价
	3.4 计日工	按计价规范规定计算
	3.5 采购保管费	按相应规定计算
	3.6 其他检验试验费	按相应规定计算
	3.7 总承包服务费	专业分包工程费(不包括设备费)×费率
	3.8 其他	按相应规定计算
四	企业管理费	$[JD_1+JD_2]$×管理费费率
五	利润	$[JD_1+JD_2]$×利润率
六	规费	6.1＋6.2＋6.3＋6.4＋6.5＋6.6
	6.1 安全文明施工费	(一＋二＋三＋四＋五)×费率
	6.2 社会保险费	(一＋二＋三＋四＋五)×费率
	6.3 住房公积金	$[JD_1+JD_2]$×费率
	6.4 环境保护税	(一＋二＋三＋四＋五)×费率
	6.5 建设项目工伤保险费	(一＋二＋三＋四＋五)×费率
	6.6 优质优价费	(一＋二＋三＋四＋五)×费率
七	设备费	$\sum($设备单价×设备工程量$)$
八	增值税	(一＋二＋三＋四＋五＋六＋七)×税率
九	建筑工程费用合计	一＋二＋三＋四＋五＋六＋七＋八

注:计费基础 JD_1 为分部分项工程的省价人工费之和,计算式为$\sum[$分部分项工程定额$\sum($工日消耗量×省价人工单价$)$×分部分项工程量$]$;计费基础 JD_2 为单价措施项目的省价人工费之和＋总价措施费中的省价人工费之和,计算式为$\sum[$单价措施项目定额$\sum($工日消耗量×省人工单价$)$×单价措施项目工程量$]+\sum[JD_1$×省发措施费费率×总价措施费中人工费含量$(\%)]$。

2.建筑工程工程量清单计价的计算程序

建筑工程工程量清单计价的计算程序见表 4-5。

表 4-5 建筑工程工程量清单计价的计算程序

序号	费用名称	计算方法
一	分部分项工程费	$\Sigma(J_1 \times$分部分项工程量$)$
	分部分项工程综合单价	$J_1 = 1.1 + 1.2 + 1.3 + 1.4 + 1.5$
	1.1 人工费	每计量单位$\Sigma($工日消耗量$\times$人工单价$)$
	1.2 材料费	每计量单位$\Sigma($材料消耗量$\times$材料单价$)$
	1.3 施工机械使用费	每计量单位$\Sigma($施工机械台班消耗量$\times$台班单价$)$
	1.4 企业管理费	$JQ_1 \times$管理费费率
	1.5 利润	$JQ_1 \times$利润率
	计费基础 JQ_1	详见附注计算基础说明
二	措施项目费	$2.1 + 2.2$
	2.1 单价措施费	$\Sigma\{[$每计量单位$\Sigma($工日消耗量$\times$人工单价$)+\Sigma($材料消耗量$\times$材料单价$)+\Sigma($机械台班消耗量$\times$台班单价$)+JQ_2\times($管理费费率$+$利润率$)]\times$单价措施项目工程量$\}$
	计费基础 JQ_2	详见附注计算基础说明
	2.2 总价措施费	$\Sigma[(JQ_1\times$分部分项工程量$)\times$措施费费率$+(JQ_1\times$分部分项工程量$)\times$省发措施费费率$]\times H\times($管理费费率$+$利润率$)$
三	其他项目费	$3.1 + 3.3 + 3.4 + 3.5 + 3.6 + 3.7 + 3.8$
	3.1 暂列金额	按分部分项工程费的$10\%\sim15\%$估列
	3.2 专业工程暂估价	按有关规定估价,不计入总承包人工程总造价
	3.3 特殊项目暂估价	按有关规定估价
	3.4 计日工	按计价规范规定计算
	3.5 采购保管费	按相应规定计算
	3.6 其他检验试验费	按相应规定计算
	3.7 总承包服务费	专业分包工程费(不包括设备费)$\times$费率
	3.8 其他	按相应规定计算
四	规费	$4.1 + 4.2 + 4.3 + 4.4 + 4.5 + 4.6$
	4.1 安全文明施工费	(一+二+三)$\times$费率
	4.2 社会保险费	(一+二+三)$\times$费率
	4.3 住房公积金	$[JD_1 + JD_2]\times$费率
	4.4 环境保护税	(一+二+三+四+五)$\times$费率
	4.5 建设项目工伤保险费	(一+二+三+四+五)$\times$费率
	4.6 优质优价费	(一+二+三+四+五)$\times$费率
五	设备费	$\Sigma($设备单价$\times$设备工程量$)$
六	增值税	(一+二+三+四+五)$\times$税率
七	建筑工程费用合计	一+二+三+四+五+六

注:计费基础 JQ_1 为分部分项工程每计量单位的省价人工费之和,计算式为分部分项工程每计量单位(工日消耗量$\times$省人工单价);计费基础 JQ_2 为单价措施项目每计量单位的省价人工费之和,计算式为单价措施项目每计量单位$\Sigma($工日消耗量$\times$省人工单价);H 为总价措施费中人工费含量(%)。

练习题

一、单选题

1.砂石散装材料堆放地面的硬化所产生的费用属于(　　)。

A.材料费　　　　B.环境保护费　　C.措施费　　　　D.文明施工费

2.支付给建筑安装工程施工的工人和附属生产单位工人的费用属于以下哪项费用(　　)。

A.企业管理费　　B.规费　　　　　C.人工费　　　　D.其他费用

3.在工程施工现场所建设的工人宿舍及办公室属于哪项费用里的支出(　　)。

A.临时设施费　　B.文明施工费　　C.环境保护费　　D.安全施工费

4.工程类别的确定是以(　　)为划分对象的。

A.单项工程　　　B.单位工程　　　C.分部分项工程　D.群体项目工程

二、多选题

1.下列项目中,应列入建设工程安装工程人工费的有(　　)。

A.生产工人停工费　B.劳动保护费　C.工会经费　　　D.奖金　　E.劳动保险费

2.材料费应包括为(　　)。

A.材料原价　　　B.检验试验费　　C.已完成工程及设备保护费

D.运输损耗费　　E.采购及保管费

3.以下属于分部分项工程的是(　　)。

A.桩基础　　　　　　　　　　　B.地基处理及边坡支护

C.市政工程　　　　　　　　　　D.砌筑工程　E.安装工程

4.下列费用中,属于企业管理费的有(　　)。

A.劳动保护费　　　　　　　　　B.劳动保险费

C.失业保险费　　　　　　　　　D.工会经费　E.职工教育经费

三、判断题

1.工程类别划分标准是根据不同的单项工程,按其施工难易程度,结合建筑市场的实际情况确定的。　　　　　　　　　　　　　　　　　　　　　　　　　　　　(　　)

2.措施项目费是指为完成建设项目施工过程中所发生的技术、生活、安全、环保所产生的费用。　　　　　　　　　　　　　　　　　　　　　　　　　　　　　　　　(　　)

3.工程中的安全文明施工费、社会保险费用、住房公积金均属于规费。　　　　(　　)

4.奖金是为了补偿员工额外的劳动消耗支付给个人的津贴。　　　　　　　　　(　　)

第5章

建筑工程计量计价方法

1.掌握建筑工程计价依据和步骤;掌握建筑工程造价的计价方法。

2.掌握工程量计算要求,工程量计算顺序、方法技巧;掌握统筹计算工程量的方法。

能力目标

能根据工程量计算的基本要求,计算一般建筑工程图纸的基本数据。

引 例

李院长是造价方面的专家,他给我们上了一次专业教育课。他在课堂上讲,造价专业可到建设单位、设计单位、施工单位和咨询单位工作,但施工单位用人最多。但是我不清楚到施工单位能做什么,具体怎么做。学完本堂课我能知道答案吗?

课堂互动:大家毕业后到哪些单位工作好呢?很多建筑公司都缺造价方面的业务骨干!

5.1 建筑工程计价依据、步骤和方法

一、建筑工程计价依据和步骤

1.建筑工程计价的依据

(1)经过批准和会审的全部施工图设计文件。

(2)经过批准的工程设计概算文件。

(3)经过批准的项目管理实施规划或施工组织设计文件。

(4)建筑工程消耗量定额或计价计量规范。

(5)单位估价表或价目表。

(6)人工日工资单价、材料价格、施工机械台班单价。

(7)建筑工程费用定额。

(8)造价工作手册。

(9)工程承发包合同文件。

2.建筑工程定额计价的步骤

(1)收集计价的基础文件和资料。

(2)熟悉施工图。

(3)熟悉项目管理实施规划和施工现场情况。

(4)合理划分工程项目。

(5)正确计算工程量。

(6)进行消耗量计算。

(7)计算各项费用。

(8)编制说明、填写封面。

(9)复核、装订、审批。

3.工程量清单计价的步骤

(1)熟悉工程量清单。了解清单项目、项目特征以及所包含的工程内容等,以保证正确计价。

(2)了解招标文件的其他内容

①了解有关工程承发包范围、内容、合同条件、材料设备采购供应方式等。

②对照施工图纸,计算复核工程量清单。

③正确理解招标文件的全部内容,保证招标人要求完成的全部工作和工程内容都能准确地反映到清单报价中。

(3)熟悉施工图纸。全面、系统地读图,以便了解设计意图,为准确计算工程造价做好准备。

(4)了解施工方案、施工组织设计。施工方案和施工组织设计中的技术措施、安全措施、机械配置、施工方法的选用等会影响工程综合单价,关系到措施项目的设置和费用内容。

(5)计算计价工程量。一个清单项目可能包含多个子项目,计价前应确定每个子项目的工程量,以便综合确定清单项目的综合单价。

> **想一想:**综合单价除纵向的费用综合(计量单位清单项目所需的人工费、材料费、机械使用费、管理费和利润的综合)集成外,还包括横向多个子目的费用综合集成。实践证明,做到两个方面的完整无缺是很难的,即纵向不漏钱,横向不漏项。

(6)计算分部分项工程量清单综合单价。编制招标控制价时,综合单价应以消耗量定额、信息价格、规定费率为基础综合计算。而进行投标报价时,综合单价应以企业定额、市场价格为基础,并考虑竞争因素和风险费用综合计算。

(7)计算分部分项工程费。根据分部分项工程量清单综合单价和清单工程量,可以计算分部分项工程费,即

$$分部分项工程费 = \sum (分部分项工程量 \times 综合单价)$$

计算时常采用列表的方式进行。

(8)计算措施项目费。编制招标控制价时,措施项目费应根据施工组织设计和工程实际情

况,结合计算规范项目计算。投标报价时,措施项目费由投标人根据自己企业的情况自行计算。

> **经验提示**:投标人没有计算或少计算的费用,视为此费用已包括在其他费用项目内,额外的费用除招标文件和合同约定外,一般不予支付,这一点要特别注意。

(9)其他项目费。应按招标工程量清单列出的金额和单价并参考各地制定的费用项目和计算方法进行计算。

五项费用(分部分项工程费、措施项目费、其他项目费、规费、增值税)汇总即为单位工程造价。

二、建筑工程造价的计价方法

单位工程造价的计价方法,目前主要分为工料单价法和综合单价法两大类。

1.工料单价法

工料单价法可分为计价定额单价法和实物法两种。

(1)计价定额单价法。计价定额单价法编制单位工程造价的步骤如图 5-1 所示。

图 5-1　计价定额单价法编制单位工程造价的步骤

(2)实物法。实物法计算单位工程造价的步骤如图 5-2 所示。

图 5-2　实物法计算单位工程造价的步骤

2.综合单价法

综合单价法计算式表达如下:

(1)分部分项工程费 $=\sum$(分部分项工程量×综合单价)

(2)措施项目费 $=\sum$(单价措施项目工程量×措施项目综合单价+总价措施费)

(3)单位工程报价=分部分项工程费+措施项目费+其他项目费+规费+增值税

(4)单项工程报价 $=\sum$ 单位工程报价

(5)建设项目总报价 $=\sum$ 单项工程报价

工程量清单计价方式如图 5-3 所示。

5.2　工程量计算基本要求

一、工程量计算的作用和要求

1.工程量计算的作用

工程量是以规定的计量单位表示的工程量。它是编制建设工程招投标文件和编制建筑工

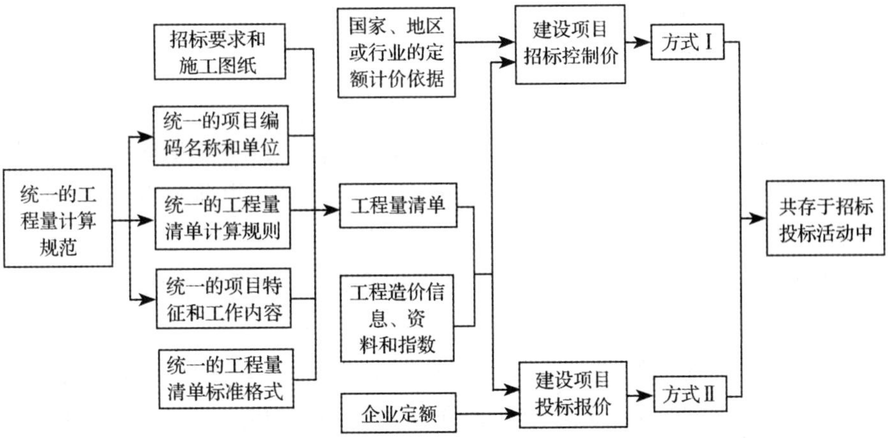

图 5-3　工程量清单计价方式

程预算、项目管理实施规划(或施工组织设计)、施工作业计划、材料供应计划、建筑统计和经济核算的依据,也是编制基本建设计划和基本建设财务管理的重要依据。

在编制单位工程造价的过程中,计算工程量是既费力又费时的工作,其计算快慢和准确程度直接影响工程造价的速度和质量。因此,必须认真、准确、迅速地进行工程量计算。

2.工程量计算的要求

(1)严格按照工程量计算规则计算。必须在熟悉和审查图纸的基础上进行,严格按照规范和定额规定的工程量计算规则,并以施工图所注位置与尺寸作为依据进行计算,不能人为地加大或缩小构件的尺寸,以免影响工程量计算的准确性。

(2)计算格式要规范。工程量计算应采取表格形式,项目编码要正确,项目名称要完整,单位要与定额或规范单位保持一致,在工程量计算表中列出计算公式。

(3)要按一定的顺序计算。计算工程量时,除按定额或规范项目的顺序进行计算外,对于每一个分部分项工程也要按照一定的顺序进行计算。在计算过程中,如发现新项目,要随时补进去,以免遗忘。

(4)要结合图纸,尽量做到结构分层计算,内装饰分层分房间计算,外装饰分立面计算或按施工方案的要求分段计算;有些项目要按使用材料的不同分别列项,分别计算。

(5)简化计算过程。较大工程宜分单元、分区、分层进行计算。分项工程量计算应先分后合,先零后整。分别计算工程量后,如果各部分均套同一定额或同一清单项目,进行合并。

(6)列式顺序要统一。各项数据应按宽、高(厚)、长、数量、系数的顺序填写,尺寸一般要取图纸所注的尺寸或可读尺寸。计算式不要太长,数据多的情况下,几部分(如长、宽、高)分别列式计算。计算式应注明轴线或部位等简约说明。在列计算式时,应将图纸上标明的毫米数换算成米数。

(7)数字计算要精确。在计算过程中,以 m^3、m^2、m、kg 等为单位,计算结果要严格按工程量计算规则和规范保留小数位。

(8)计算底稿要整齐,数字清楚,数值准确,切忌草率零乱,辨认不清。工程量计算表是造价的原始单据,计算时要考虑可装订、修改和补充的余地,一般每一个分部工程计算完成后,可留一部分空白,不要各部分工程量之间挤得太紧。

二、工程量计算顺序

1.单位工程工程量计算顺序

(1)按图纸顺序计算。根据图纸排列的先后顺序,由建施到结施,每个专业图纸由前到后,先算平面,后算立面,再算剖面;先算基本图,再算详图。最后按章节整理汇总工程量。

(2)按定额的分部分项顺序计算。按定额的章、节、项次序,由前到后,逐项对照,定额项与图纸设计内容能对上号时就计算。

(3)按施工顺序计算。先施工的先算,后施工的后算,即由平整场地、基础挖土算起,直到装饰工程等全部施工内容结束为止。

(4)按统筹图计算。统筹图一般采用网络图的形式表示。按统筹图计算能大量减少重复计算的工作量,加快计算进度,提高运算质量,缩短造价的编制时间。

(5)按造价软件程序计算。计算机计算工程量的优点是快速、准确、简便、完整。现在的造价软件大多都能计算工程量。

此外,计算工程量还可以先计算平面,后计算立面;先地下,后地上;先主体,后一般;先内墙,后外墙;住宅也可按建筑设计对称规律及单元个数计算。

2.分项工程量计算顺序

(1)按照顺时针方向计算。它是从施工图纸左上角开始按顺时针方向计算,当计算路线绕图一周后再重新回到施工图纸左上角的计算方法。如图 5-4 所示。这种方法适用于外墙挖地槽、外墙墙基垫层、外墙基础、外墙、圈梁、过梁、楼地面、天棚、外墙粉饰、内墙粉饰等。

(2)按照横竖分割计算。内墙净长采集数据顺序是先横后竖、先左后右、先上后下的计算顺序,如图 5-5 所示。丁角通长部分可以不断开合并计算。这种方法适用于内墙挖地槽、内墙墙基垫层、内墙基础、内墙、间壁墙、内墙面抹灰等。

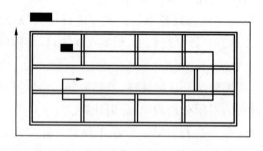

图 5-4 按照顺时针方向计算分项工程量

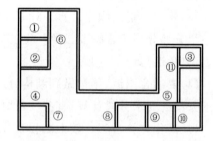

图 5-5 按照横竖分割计算分项工程量

(3)按照图纸注明编号、分类计算。它适用于图纸上进行分类编号的钢筋混凝土结构、金属结构、门窗、钢筋等构件工程量的计算,如图 5-6 所示。基础、桩、框架、柱、梁、板等构件都可按图纸注明编号、分类计算。

(4)按照图纸轴线编号计算。对于造型或结构复杂的工程,可以根据施工图纸轴线编号,先数字轴后字母轴,由小到大,同一轴线数据按编号顺序计算,如图 5-7 所示。

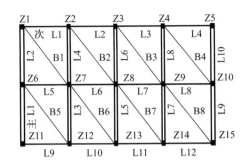

图 5-6　按照图纸注明编号、分类计算分项工程量

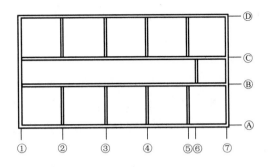

图 5-7　按照图纸轴线编号计算分项工程量

三、工程量计算的方法和技巧

1.工程量计算的一般方法

工程量计算的一般方法有分段法、分层法、分块法、补加补减法、平衡法和近似法。

2.工程量计算技巧

(1)熟记消耗量定额说明和工程量计算规则。这样既可以保证准确性,也可以加快计算速度。

(2)准确而详细地填列工程内容。在计算工程量的同时,要准确而详细地填列各项目工程名称。

(3)结合设计说明看图纸。找出设计与定额不相符的部分,在采项的同时将定额或价格换算过来,防止漏换。

(4)统筹主体,兼顾其他工程。在计算主体工程量时,要积极地为其他工程量计算提供基本数据,例如计算现浇钢筋混凝土板的同时,计算出混凝土、钢筋、模板、天棚抹灰、满堂脚手架等工程量。

(5)应用技巧,统筹计算。

①结合心算,采集数据。数据采集要心算与计算器计算相结合,简化计算式。

②整体减小,少列算式。如先算小面积,然后用整体面积扣减小面积的方法计算剩余面积;又如以圈代过,先计算过梁体积,从总体积中减去过梁体积就是剩余圈梁体积等。

③外围长度,增凸加凹。计算外围总长度时,要用平面长度加宽度加凸凹的单边长度总和的双倍简化计算。

④利用基数,导出基数。如外墙中心线长度,一般可利用外墙外边线长度扣减 4 倍墙厚导出;反之,外墙外边线可利用外墙中心线长度加 4 倍墙厚导出。又如结构面积可用建筑面积减去房心面积导出等。

> **经验提示**:计算工程量时,要求眼看图纸,左手打计算器,右手写数,三位一体,"准、全、快"计算。算量结果必须进行"封闭"校核;套价必须进行"直角对缝"校核,防止错算。

四、统筹计算工程量的方法

1.统筹法在工程量计算中的运用

统筹法是按照事物内部固有的规律性,逐步地、系统地、全面地加以解决问题的一种方法。利用统筹法原理计算工程量,使计算工作快、准、好,即抓住工程量计算的主要矛盾加以解决问题。

　　工程量计算中有许多共性的因素,如外墙条形基础垫层工程量按外墙中心线长度乘以垫层断面计算,而条形基础工程量按外墙中心线长度乘以设计断面计算;地面垫层按室内主墙间净面积乘以设计厚度以立方米计算,而楼地面找平层和整体面层均按主墙间净面积以平方米计算;等等。可见,有许多子项工程量的计算都会用到外墙中心线长度和主墙间净面积等,即线、面可以作为许多工程量计算的基本数据,它们在整个工程量计算过程中要反复多次被使用。在工程量计算之前,就可以根据工程图纸尺寸将这些基本数据先计算好,在工程量计算时,利用这些基本数据分别计算与它们各自有关的项目工程量。各种型钢、圆钢,只要计算出长度,就可以查表求出其质量;混凝土标准构件,只要列出其型号,就可以查标准图,知道其构件的质量、体积和各种材料的用量等,都可以列册表示。总之,利用线、面、册计算工程量,就是在定额或清单计价中运用统筹法的原理来减少不必要的重复工作的一种简捷方法,亦称"五线""三面""一册"计算法。

> **经验提示**:线、面、册计算要灵活使用,不限"几线几面",凡一项数据重复使用三次以上,都可以作为基数使用。

　　所谓"五线",是指:在建筑设计平面图中外墙中心线的总长度($L_中$);外墙外边线的总长度($L_外$);内墙净长度($L_内$);内墙基槽或垫层底部净长度($L_净$);室内墙面周围总长度($L_周$)。

　　"三面"是指在建筑设计平面图中底层建筑面积($S_底$)、房心净面积($S_房$)和结构面积($S_结$)。

　　"一册"是指各种计算工程量有关系数,标准钢筋混凝土构件、标准木门窗等个体工程量计算手册(造价手册)。它是根据各地区具体情况自行编制的,以补充"五线""三面"的不足,扩大统筹范围。

　　2.统筹法计算工程量的基本要点

　　统筹法计算工程量的基本要点是:统筹程序,合理安排;利用基数,连续计算;一次算出,多次应用;结合实际,灵活机动。

　　(1)统筹程序,合理安排。按以往的习惯,工程量大多数是按施工顺序或定额顺序进行计算,而统筹法是突破了这种习惯的计算方法。如按定额顺序应先计算墙体,后计算门窗。在计算墙体时要扣除门窗面积,在计算门窗时又要重新计算。计算顺序不应该受到定额顺序和施工顺序的约束,可以先计算门窗,后计算墙体,合理安排顺序,避免重复劳动,加快计算速度。

　　(2)利用基数,连续计算。所谓基数,是指在工程量计算中需要反复使用的基本数据。为了避免重复计算,一般都事先把它们计算出来,随用随取。即根据图纸的尺寸把"五线""三面"的长度和面积先算好作为基数,然后利用基数分别计算与它们各自有关的分项工程量,如与外墙中心线长度计算有关的分项工程有外墙基础垫层、外墙基础、外墙现浇混凝土圈梁、外墙砌筑等项目。

　　利用基数把与它有关的许多计算项目串起来,使前面的计算项目为后面的计算项目创造条件,后面的计算项目利用前面的计算项目的数值连续计算,彼此衔接,就能减少许多重复劳动,提高计算速度。另外,还可以通过基数之间的关联性来验证各基数的正确性。

　　(3)一次算出,多次应用。就是把不能用线、面基数进行连续计算的项目,如常用的定型混凝土构件和建筑构件项目的工程量,以及那些有规律性的项目的系数,预先组织力量,一次编好,汇编成工程量计算手册,供计算工程量时使用。如某一型号的混凝土板的块数已知,就可以用块数乘以系数得出砂子、石子、水泥、钢筋的用量;又如定额需要换算的项目一次换算出来,以后就可以多次使用,因此这种方法方便易行。

(4)结合实际,灵活机动。由于建筑物的造型、各楼层面积大小以及它的墙厚、基础断面、砂浆强度等级、各部位的装饰标准等都可能不同,不一定都能用上线、面、册进行计算,在具体的计算中要结合图纸的情况,分段、分层等灵活计算。

3.工程量计算统筹

工程量计算统筹如图 5-8 所示。

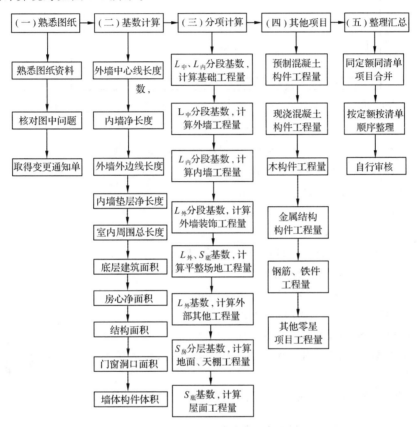

图 5-8　工程量计算统筹

工程量计算统筹图的优点是既能反映一个单位工程中工程量计算的全部概况和具体的计算方法,又做到了简化适用、有条不紊、前后呼应、规律性强,有利于具体计算工作,提高工作效率。

4.基数计算

(1)一般线面基数的计算。五线三面代号规定如下:

$L_中$——建筑平面图中外墙中心线的总长度;

$L_内$——建筑平面图中内墙净长度;

$L_外$——建筑平面图中外墙外边线的总长度;

$L_净$——建筑基础平面图中内墙基槽或垫层底部净长度;

$L_周$——建筑平面图中室内墙面周围总长度;

$S_底$——建筑物底层建筑面积;

微课

一般线面
基数的计算

$S_房$——建筑平面图中房心净面积；

$S_结$——建筑平面图中墙身和柱等结构面积。

【案例 5-1】 计算平面图一般线面基数，如图 5-9 所示。

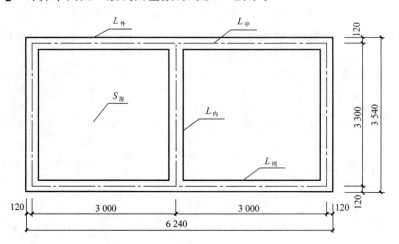

图 5-9　一般线面基数的计算

解　　$L_中=(3\times2+3.3)\times2=18.6$ m

　　　　$L_外=(6.24+3.54)\times2=19.56$ m

或　　　$L_外=18.6+0.24\times4=19.56$ m

　　　　$L_内=3.3-0.24=3.06$ m

　　　　$L_周=(3-0.24+3.3-0.24)\times2\times2=23.28$ m

　　　　$S_底=6.24\times3.54=22.09$ m^2

　　　　$S_房=(3\times2-0.24\times2)\times3.06=16.89$ m^2

　　　　$S_结=(18.6+3.06)\times0.24=5.20$ m^2

或　　　$S_结=S_底-S_房=22.09-16.89=5.20$ m^2

（2）偏轴线基数的计算。当轴线与中心线不重合时，可以根据两者之间的关系计算各基数。

【案例 5-2】 计算图 5-10 所示基础平面图的各个基数。

微课

偏轴线基数的
计算

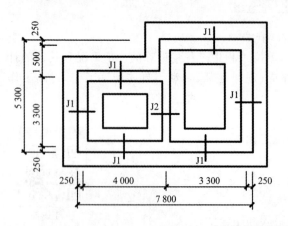

图 5-10　偏轴线基数的计算

解　$L_{外}=(7.8+5.3)\times2=26.2$ m

$L_{中}=(7.8-0.37)\times2+(5.3-0.37)\times2=24.72$ m

或　　$L_{中}=L_{外}-$墙厚$\times4=26.2-0.37\times4=24.72$ m

$L_{内}=3.3-0.24=3.06$ m

（垫层）$L_{净}=L_{内}+$墙厚$-$垫层宽度$=3.06+0.37-1.5=1.93$ m

$S_{底}=7.8\times5.3-4\times1.5=35.34$ m^2

$S_{房}=(4-0.24)\times(3.3-0.24)+(3.3-0.24)\times(3.3+1.5-0.24)=25.46$ m^2

或　　$S_{房}=S_{底}-L_{中}\times$墙厚$-L_{内}\times$墙厚$=35.34-24.72\times0.37-3.06\times0.24=25.46$ m^2

（3）基数的扩展计算。某些工程项目的计算不能直接使用基数，但与基数之间有着必然的联系，可以利用基数扩展计算。

【案例 5-3】　如图 5-11 所示，利用基数 $L_{外}$ 扩展计算散水、女儿墙工程量。

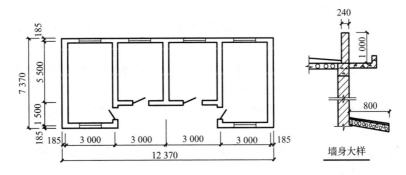

图 5-11　基数的扩展计算

解　$L_{外}=(12.37+7.37+1.5)\times2=42.48$ m

女儿墙中心线长度$=L_{外}-$女儿墙厚度$\times4=42.48-0.24\times4=41.52$ m

女儿墙工程量$=$女儿墙中心线长度$\times$女儿墙厚度$\times$女儿墙高度$=41.52\times0.24\times1=9.96$ m^3

散水中心线长度$=L_{外}+$散水宽度$\times4=42.48+0.8\times4=45.68$ m

散水工程量$=$散水中心线长度$\times$散水宽度$=45.68\times0.8=36.54$ m^2

利用基数直接或间接计算的项目很多，在此不一一列举。

> **经验提示：** 基数计算非常重要，一个项目的工程量计算，面积需要计算 2 个参数，体积需要计算 3 个参数，算出基数就完成了 1/3、1/2 或全部的工作量了！

练 习 题 --------------------------------------

一、单选题

1.招标控制价的编制依据一般选用（　　）。

A.概算定额　　　　　B.消耗量定额　　　　　C.计价定额　　　　　D.企业定额

2.规费、税金必须按（　　）计取，不得增减。

A.合同约定　　　　　B.合同规定　　　　　C.相关规定　　　　　D.相关约定

二、多选题

1.建筑工程计价的依据（　　）。

A.计价规范　　　　B.计量规范　　　　C.价目表　　　　D.人工日工资单价

E.材料价格

2.工程量计算的一般方法有（　　　）。

A.分段法　　　　B.分层法　　　　C.分块法　　　　D.补加补减法

E.平衡法和近似法

三、判断题

1.建筑工程量计算规则的计算尺寸，以设计图纸表示的尺寸或设计图纸能读出的尺寸为准。（　　）

2.采用实物法计算工程费用时，所有人工、材料、机械消耗量都要进行计算。（　　）

3.在列工程量计算式时，应将图纸上标明的毫米换算成米数。各个数据应按宽、高（厚）、长、数量、系数的次序填写。（　　）

4.工程量是以规定的计量单位表示的工程数量。（　　）

5.在计算外围总长度时，要用平面长度加宽度加凸凹的单边长度总和的双倍简化计算。（　　）

6.在计算外墙中心线长度时，一般可利用外墙外边线长度扣减 4 倍墙厚导出。（　　）

7.L净是指建筑平面图中内墙净长度。（　　）

8.一个清单项目可能包含多个子项目，计价前应确定每个子项目的工程量，以便综合确定清单项目的综合单价。（　　）

9.编制招标控制价时，措施项目费应根据施工组织设计和工程实际情况，结合计算规范项目计算。（　　）

10.进行投标报价时，综合单价应以企业定额、市场价格为基础，并考虑竞争因素和风险费用综合计算。（　　）

第6章
建筑面积计算规范

知识目标

1.掌握计算建筑面积(含计算一半面积)与不计算建筑面积的具体规定。
2.掌握常见建筑物建筑面积的计算方法。

能力目标

能准确计算常见建筑物的建筑面积。

引 例

某住宅小区房屋设计建筑面积有三种规格,分别为 90 m²、120 m² 和 150 m²。最后售房面积开发商分别计算成 100 m²、130 m² 和 180 m²,业主产生了不满,与开发商发生了纠纷,问题出在哪呢?

想一想:你所在的教学楼建筑面积是多少平方米? 买商品房时,建筑面积应如何计算?

6.1 建筑面积计算规则

《建筑工程建筑面积计算规范》为国家标准,编号为 GB/T 50353—2013,自 2014 年 7 月 1 日起实施。《建筑工程建筑面积计算规范》适用于新建、扩建、改建的工业与民用建筑工程建设全过程的面积计算。

一、计算建筑面积和计算一半建筑面积的规定

1.单层、多层建筑物

(1)建筑物的建筑面积应按自然层外墙结构外围水平面积之和计算。结构层高在 2.20 m 及以上的,应计算全面积;结构层高在 2.20 m 以下的,应计算 1/2面积,如图 6-1 所示。2.20 m 是取标准层高 3.30 m 的 2/3 高度。

主体结构外的室外阳台、雨篷、檐廊、室外走廊、室外楼梯单独计算面积。

(2)建筑物内设有局部楼层时,对于局部楼层的二层及以上楼层,有围护结构的应按其围护结构外围水平面积计算,如图 6-2(a)所示;无围护结构的应

微课

建筑面积
计算规则

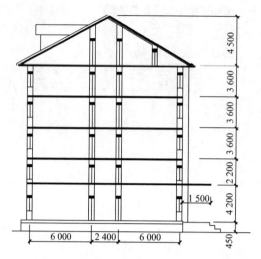

图 6-1   自然层外墙结构外围水平面积示意图

按其结构底板水平面积计算。且结构层高在 2.20 m 及以上的,应计算全面积;结构层高在 2.20 m 以下的,应计算 1/2 面积,如图 6-2(b)所示。局部楼层的墙厚部分应包括在局部楼层面积内。

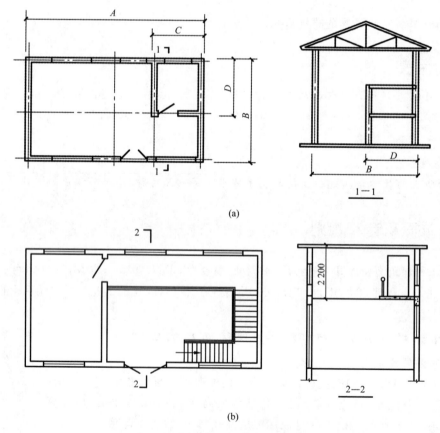

(a)

(b)

图 6-2   建筑物内设有局部楼层示意图

(3)形成建筑空间的坡屋顶,结构净高在 2.10 m 及以上的部位应计算全面积;结构净高在 1.20 m 及以上至 2.10 m 以下的部位应计算 1/2 面积;结构净高在 1.20 m 以下的部位不应计算面积,如图 6-3 所示。

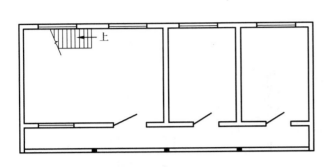 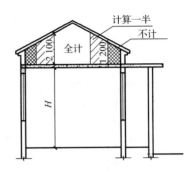

图 6-3　利用坡屋顶内空间示意图

(4)场馆看台下的建筑空间,结构净高在 2.10 m 及以上的部位应计算全面积;结构净高在 1.20 m 及以上至 2.10 m 以下的部位应计算 1/2 面积;结构净高在 1.20 m 以下的部位不应计算面积。图 6-4 为场馆看台下的空间示意图。室内单独设置的有围护设施的悬挑看台,应按看台结构底板水平投影面积计算建筑面积。有顶盖无围护结构的场馆看台应按其顶盖水平投影面积的 1/2 计算面积。

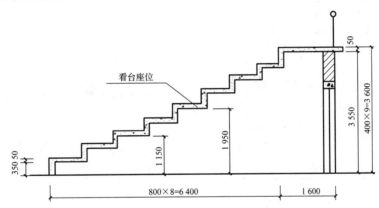

图 6-4　场馆看台下的空间示意图

2.地下室、坡地架空的建筑物

(1)地下室、半地下室应按其结构外围水平面积计算。结构层高在 2.20 m 及以上的,应计算全面积;结构层高在 2.20 m 以下的,应计算 1/2 面积,如图 6-5 所示。

地下室作为设备管道层的按设备管道层的相关规定计算;地下室各种竖井按竖井的相关规定计算;地下室的围护结构不垂直于水平面的按不垂直斜墙的相关规定计算。

(2)出入口外墙外侧坡道有顶盖的部位,应按其外墙结构外围水平面积的 1/2 计算面积。

出入口坡道分为有顶盖出入口坡道和无顶盖出入口坡道,出入口坡道的挑出长度,为顶盖结构外边线至外墙结构外边线的长度;顶盖以设计图纸为准,对后增加及建设单位自行增加的顶盖等不计算建筑面积。顶盖不分材料种类(如钢筋混凝土顶盖、彩钢板顶盖、阳光板顶盖等)。

(3)建筑物架空层及坡地建筑物吊脚架空层,应按其顶板水平投影面积计算建筑面积。且结构层高在 2.20 m 及以上的,应计算全面积;结构层高在 2.20 m 以下的,应计算 1/2 面积。

建筑物架空层适用于深基础架空层、建筑物底层架空层、二楼或以上某个或多个楼层架空层,作为公共活动、停车、绿化等空间的建筑面积计算。架空层中有围护结构的建筑空间按相关规定计算。有围护结构的坡地建筑物吊脚架空层如图 6-6 所示;有围护结构的深基础架空层如图 6-7 所示。

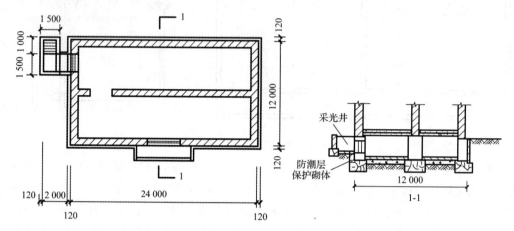

图 6-5　地下室、半地下室示意图

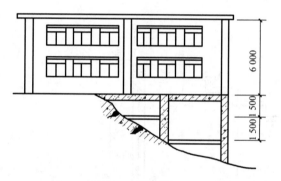

图 6-6　坡地的建筑物吊脚架空层示意图

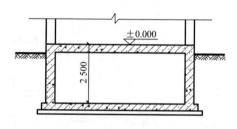

图 6-7　深基础架空层示意图

3.门厅、大厅、架空走廊、库房等

(1)建筑物的门厅、大厅应按一层计算建筑面积,门厅、大厅内设置的走廊应按走廊结构底板水平投影面积计算建筑面积。结构层高在 2.20 m 及以上的,应计算全面积;结构层高在 2.20 m 以下的,应计算 1/2 面积。图 6-8 为建筑物大厅走廊示意图。

宾馆、大会堂、教学楼等大楼内的门厅或大厅,往往要占建筑物的二层或二层以上的层高,只能计算一层面积。

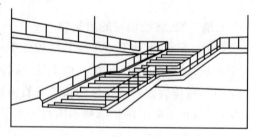

图 6-8　建筑物大厅走廊示意图

(2)建筑物间的架空走廊,有顶盖和围护结构的,应按其围护结构外围水平面积计算全面积;无围护结构、有围护设施的,应按其结构底板水平面积计算 1/2 面积。有顶盖和围护结构的架空走廊如图 6-9 所示。

(3)立体书库、立体仓库、立体车库,有围护结构的,应按其围护结构外围水平面积计算建筑面积;无围护结构、有围护设施的,应按其结构底板水平投影面积计算建筑面积。无结构层的应按一层计算,有结构层的应按其结构层面积分别计算。结构层高在 2.20 m 及以上的,应计算全面积;结构层高在 2.20 m 以下的,应计算 1/2 面积,图 6-10 为立体书库示意图。

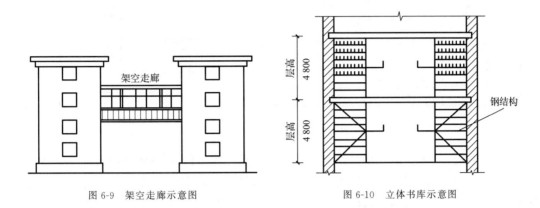

图 6-9　架空走廊示意图　　　　　　图 6-10　立体书库示意图

起局部分隔、存储等作用的书架层、货架层或可升降的立体钢结构停车层均不属于结构层,故该部分分层不计算建筑面积。

(4)有围护结构的舞台灯光控制室,应按其围护结构外围水平面积计算,结构层高在 2.20 m 及以上的,应计算全面积;结构层高在 2.20 m 以下的,应计算 1/2 面积,如图 6-11 所示。

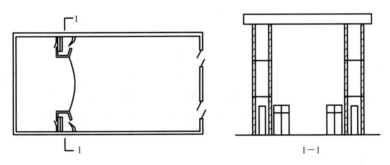

1—1

图 6-11　舞台灯光控制室示意图

> **案例分析:**图 6-11 所示舞台灯光控制室的底层已包括在总面积内,不另计算。两侧二和三层应另行计算,包括外墙结构部分面积。

4.橱窗、走廊、门斗、门廊、雨篷

(1)附属在建筑物外墙的落地橱窗,应按其围护结构外围水平面积计算,结构层高在 2.20 m 及以上的,应计算全面积;结构层高在 2.20 m 以下的,应计算 1/2 面积。

(2)窗台与室内楼地面高差在 0.45 m 以下且结构净高在 2.10 m 及以上的凸(飘)窗,应按其围护结构外围水平面积计算 1/2 面积。

(3)有围护设施的室外走廊(挑廊),应按其结构底板水平投影面积计算 1/2 面积;有围护设施(或柱)的檐廊,应按其围护设施(或柱)外围水平面积计算 1/2 面积,如图 6-12 所示。

(4)门斗应按其围护结构外围水平面积计算建筑面积。结构层高在 2.20 m 及以上的,应计算全面积;结构层高在 2.20 m 以下的,应计算 1/2 面积,如图 6-13 所示。

图 6-12　室外走廊、檐廊示意图

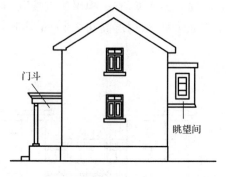

图 6-13　门斗示意图

（5）门廊应按其顶板的水平投影面积的 1/2 计算建筑面积；有柱雨篷应按其结构板水平投影面积的 1/2 计算建筑面积；无柱雨篷的结构外边线至外墙结构外边线的宽度在2.10 m 及以上的，应按雨篷结构板的水平投影面积的 1/2 计算。图 6-14 为雨篷示意图。

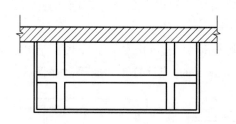
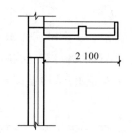

图 6-14　雨篷示意图

雨篷分为有柱雨篷和无柱雨篷，有柱雨篷没有出挑宽度的限制，也不受跨越层数的限制，均计算面积。无柱雨篷结构不能跨层，并受出挑宽度的限制，设计出挑宽度大于等于 2.10 m 时才计算建筑面积。出挑宽度，系指雨篷结构外边线至外墙结构外边线的宽度在 2.10 m 及以上的宽度，弧形或异形时，取最大宽度。

5.楼梯、电梯、阳台、车棚

（1）设在建筑物顶部的、有围护结构的楼梯间、水箱间、电梯机房等，结构层高在 2.20 m 及以上的应计算全面积；结构层高在 2.20 m 以下的，应计算 1/2 面积。图 6-15 为屋顶水箱间示意图。

如果建筑物屋顶的楼梯间是坡屋顶，那么应按坡屋顶的相关规定计算面积。单独放在建筑物屋顶上没有围护结构的混凝土水箱或钢板水箱，不计算面积。

（2）围护结构不垂直于水平面的楼层，应按其底板面的外墙外围水平面积计算。结构净高在 2.10 m 及以上的部位，应计算全面积；结构净高在 1.20 m 及以上至 2.10 m 以下的部位，应计算 1/2 面积；结构净高在 1.20 m 以下的部位，不应计算面积。图 6-16 为围护结构不垂直于水平面的建筑物示意图。

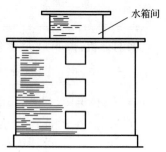

图 6-15　屋顶水箱间示意图

案例分析：围护结构不垂直于水平面的，向外、向内倾斜的都适用于本条款，如图 6-16 所示。如果有向建筑物内倾斜的围护结构，应视为坡屋面，应按坡屋顶的有关规定计算面积，如图 6-16(b)所示。

(a) 超出地板外沿外倾斜的围护结构

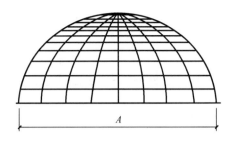

(b) 不超出地板外沿内倾斜的围护结构

图 6-16 围护结构不垂直于水平面的建筑物示意图

(3)建筑物内的室内楼梯、电梯井、提物井、管道井、通风排气竖井、烟道,应并入建筑物的自然层计算建筑面积。图 6-17 为室内电梯井示意图。有顶盖的采光井应按一层计算建筑面积,结构净高在 2.10 m 及以上的,应计算全面积;结构净高在 2.10 m 以下的,应计算 1/2 面积。

有顶盖的采光井包括建筑物中的采光井和地下室的采光井。

(4)室外楼梯应并入所依附建筑物自然层,并应按其水平投影面积的 1/2 计算建筑面积,如图6-18 所示。

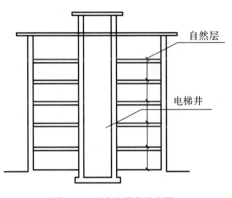

图 6-17 室内电梯井示意图

室外楼梯层数为所依附的楼层数,即梯段部分投影到建筑物范围的层数。利用室外楼梯下部的建筑空间不得重复计算建筑面积;利用地势砌筑的为室外踏步,不计算建筑面积。

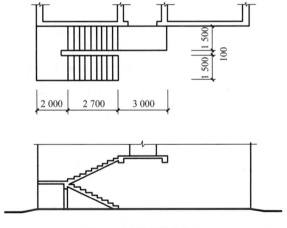

图 6-18 室外楼梯示意图

(5)在主体结构内的阳台,应按其结构外围水平面积计算全面积;在主体结构外的阳台,应按其结构底板水平投影面积计算 1/2 面积,如图 6-19 所示。

经验提示:建筑物的阳台,不论其形式如何,均以建筑物主体结构为界分别计算建筑面积,主体结构以外的阳台均按其水平投影面积的 1/2 计算建筑面积。

(6)有顶盖无围护结构的车棚、货棚、站台、加油站、收费站等,应按其顶盖水平投影面积的 1/2 计算建筑面积。图 6-20 为单排柱站台示意图。

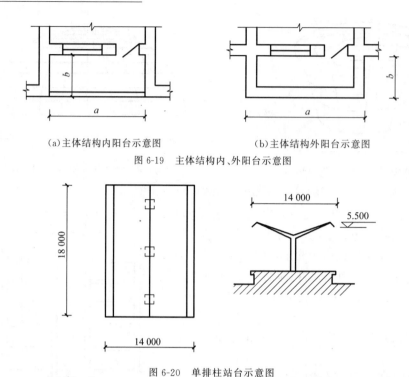

(a)主体结构内阳台示意图　　　　　(b)主体结构外阳台示意图

图 6-19　主体结构内、外阳台示意图

图 6-20　单排柱站台示意图

> **经验提示**：在车棚、货棚、站台、加油站、收费站内设有带围护结构的管理房间、休息室等，应另按有关规定计算建筑面积。

6.其他

（1）以幕墙作为围护结构的建筑物，应按幕墙外边线计算建筑面积。设置在建筑物墙体外起装饰作用的幕墙，不计算建筑面积。

（2）建筑物的外墙外保温层，应按其保温材料的水平截面积计算，并入自然层建筑面积。

建筑物的外墙外侧有保温隔热层的，保温隔热层以保温材料的净厚度乘以外墙结构外边线长度按建筑物的自然层计算建筑面积，其外墙外边线长度不扣除门窗和建筑物外已计算建筑面积构件（如阳台、室外走廊、门斗、落地橱窗等部件）所占长度。当建筑物外已计算建筑面积构件（如阳台、室外走廊、门斗、落地橱窗等部件）有保温隔热层时，其保温隔热层也不再计算建筑面积。外墙是斜面的按楼面楼板处的外墙外边线长度乘以保温材料净厚度计算。外墙外保温以沿高度方向满铺为准，某层外墙外保温铺设高度未达到全部高度时（不包括阳台、室外走廊、门斗、落地橱窗、雨篷、飘窗等），不计算建筑面积。保温隔热层的建筑面积是以保温隔热材料的厚度来计算的，不包含抹灰层、防潮层、保护层（墙）的厚度。

（3）与室内相通的变形缝，应按其自然层合并在建筑物建筑面积内计算。对于高低联跨的建筑物，当高低跨内部连通时，其变形缝应计算在低跨面积内，如图 6-21 所示。

与建筑物相通的变形缝，是指暴露在建筑物内，在建筑物内可以看得见的变形缝。

（4）对于建筑物内的设备层、管道层、避难层等有结构层的楼层，结构层高在 2.20 m 及以上的，应计算全面积；结构层高在 2.20 m 以下的，应计算 1/2 面积。

高层建筑的宾馆、写字楼等，通常在建筑物高度的中间部位设置设备及管道的夹层，主要用于集中放置水、暖、电、通风管道及设备。这一设备管道层应计算建筑面积。设备层、管道层虽然其具体功能与普通楼层不同，但在结构及施工消耗上并无本质区别，且规范定义自然层为"按楼地面结构分层的楼层"，因此设备层、管道层归为自然层，其计算规则与普通楼层相同。

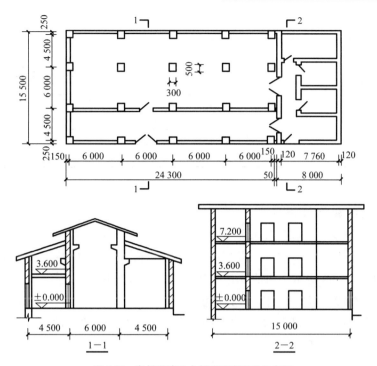

图 6-21　高低联跨及内部连通变形缝示意图

在吊顶空间内设置管道的,则吊顶空间部分不能被视为设备层、管道层。

二、不计算建筑面积的范围

1.建筑部件、骑楼、过街楼和建筑物通道

(1)与建筑物内不相连通的建筑部件。不相连通的建筑部件指的是依附于建筑物外墙外不与户室开门连通,起装饰作用的敞开式挑台(廊)、平台以及不与阳台相通的空调室外机搁板(箱)等设备平台部件。

(2)骑楼、过街楼底层的开放公共空间和建筑物通道,如图 6-22 所示。

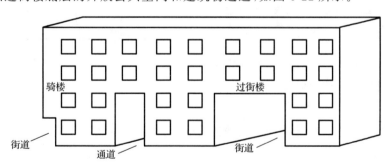

图 6-22　骑楼、过街楼、建筑物通道示意图

2.舞台、露台、操作平台、上料平台

(1)舞台及后台悬挂幕布和布景的天桥、挑台等。天桥、挑台指的是影剧院的舞台及为舞台服务的可供上人维修、悬挂幕布、布置灯光及布景等搭设的天桥和挑台等构件设施。

(2)露台、花架、屋顶水箱及雨篷、凉棚等装饰性结构构件(图 6-23)及露天游泳池。

(3)建筑物内的操作平台、上料平台、安装箱和罐体的平台。建筑物内不构成结构层的操作平台、上料平台(包括工业厂房、搅拌站和料仓等建筑中的设备操作控制平台、上料平台等),其用作室内构筑物或设备服务的独立上人设施,因此不计算建筑面积。

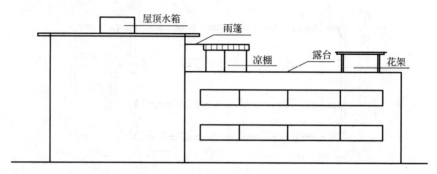

图 6-23　露台、花架、屋顶水箱、凉棚、雨篷示意图

3.附墙柱、垛、台阶、墙面抹灰等

附墙柱、垛、台阶、墙面抹灰、装饰面、镶贴块料面层、装饰性幕墙,窗台与室内楼地面高差在 0.45 m 以下且结构净高在 2.10 m 以下的凸(飘)窗,窗台与室内楼地面高差在 0.45 m 及以上的凸(飘)窗,如图 6-24 所示。附墙柱是指非结构性的装饰柱。

4.雨篷、勒脚、爬梯、消防钢楼梯、观光电梯等

(1)挑出宽度在 2.10 m 以下的无柱雨篷和顶盖高度达到或超过两个楼层的无柱雨篷,以及勒脚、爬梯等如图 6-25 所示。

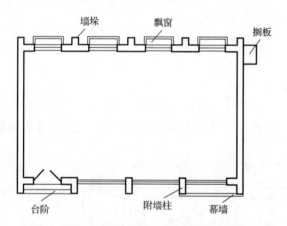

图 6-24　附墙柱、垛、台阶、搁板、飘窗、幕墙等的示意图

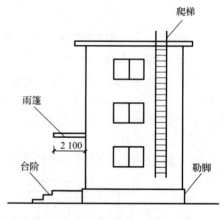

图 6-25　雨篷、勒脚、爬梯等的示意图

(2)消防钢楼梯、无围护结构的观光电梯。

5.构筑物

建筑物以外的地下人防通道,独立的烟囱、烟道、地沟、油(水)罐、气柜、水塔、贮油(水)池、贮仓、栈桥等构筑物。

> **经验提示**:建筑面积分为全算、计算一半和不计算三种,没有 1/4 和 1/3 之说。总之,使用功能全面,计算全面积;使用功能受限,计算一半面积。层高在 2.20 m 以内或净高在 1.20～2.10 m,建筑面积算一半。

6.2　典型案例分析

【案例 6-1】　某民用住宅楼工程如图 6-26 所示,雨篷水平投影面积为 3 300 mm ×

1 500 mm,计算该住宅建筑面积。

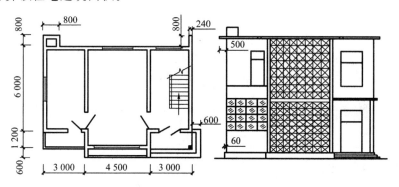

图 6-26 某民用住宅楼工程

解 建筑面积＝[(3＋4.5＋3)×6＋4.5×1.2＋0.8×0.8＋3×1.2÷2]×2＋3.3×
1.5÷2＝144.16 m²

【**案例 6-2**】 图 6-27 为某小学教学办公楼平面图、剖面图。计算该工程的建筑面积。

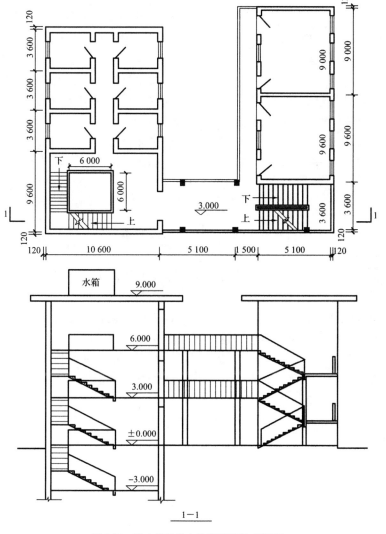

图 6-27 某小学教学办公楼平面图、剖面图

解 (1)办公区面积＝(9.6＋3.6×3＋0.24)×(10.6＋0.24)×4－6×6×3＝786.95 m²

(2)教室面积＝(9×2＋0.24)×(5.1＋0.24)×3＝292.20 m²

(3)通廊、挑廊、室外楼梯面积＝(5.1＋1.5－0.24)×(3.6＋0.24)×3/2＋9×2×(1.5－0.12)×2/2＋(5.1＋0.24)×3.6×2/2＝80.69 m²

建筑面积＝786.95＋292.20＋80.69＝1 159.84 m²

练习题

一、单选题

1.单层建筑物高度不足 2.20 m 者,(　　)建筑面积。

A.计算 1/2　　　　B.不计算　　　　C.但高度大于 1.2m 时计算 1/2　　　D.全算

2. 在主体结构外的阳台,应(　　)建筑面积。

A.不计算　　　　　　　　　　B.按其结构底板水平投影面积的 1/2 计算

C.按其结构底板水平投影面积计算　　　D.按其结构底板水平投影面积的 1/4 计算

3.建筑物外有围护结构的挑廊,(　　)建筑面积。

A.不计算　　　　　　　　　　B.按其结构底板水平面积计算 1/2 的面积

C.按其结构底板水平面积计算　　　D.按其顶板水平投影面积计算

4.室外楼梯,(　　)建筑面积。

A.不计算　　　　　　　　　　B.按建筑物自然层投影面积的 1/2 计算

C.按建筑物自然层投影面积计算　　　D.仅计算一层楼梯的投影面积,算作

5.下列项目应该计算建筑面积的是(　　)。

A.地下室采光井　　　　　　　B.室外台阶

C.建筑物内操作平台　　　　　D.勒脚

二、多选题

1.下列各项,计算建筑面积的是(　　)。

A.室内楼梯间　　　B.室内电梯井　　　C.独立烟囱　　　D.室内烟道

E.地下人防通道

2.下列各项中,层高不足 2.2m 者应计算 1/2 建筑面积的是(　　)。

A.多层建筑物　　　　　　　　B.场馆看台

C.多层建筑坡屋顶　　　　　　D.大厅内设置的走廊　　　E.地下室

3.按顶盖水平投影面积的一半计算建筑面积的有(　　)。

A.无柱的雨篷　　　　　　　　B.有围护结构的电梯间

C.有顶盖围护结构的单排柱站台　　　D.有围护结构的眺望间

E.有顶盖无围护结构的单排柱货棚

4.计算建筑面积规定中按自然层计算的内容有(　　)。

A.室外楼梯　　　　　　　　　B.电梯井、管道井

C.门厅、大厅　　　　　　　　D.楼梯间　　E.变形缝

5.以下不应计算建筑面积的有(　　)。

A.深基础架空层　　　　　　　B.在主体结构外的阳台

C.附墙柱　　　　　　　　　　D.消防钢楼梯　　　　　E.室外楼梯

第2部分
建筑与装饰工程计量计价实务

第7章

土石方工程

知识目标

1. 熟悉场地平整、土石方开挖、槽坑开挖、回填、土石方运输等分项工程的说明。

2. 掌握平整场地、竣工清理工程量计算方法；掌握沟槽、基坑工程量计算方法；掌握回填土和运土工程量计算方法。

3. 掌握土石方工程的工程量计算规则、项目特征描述方法和工程量清单编制的方法。

能力目标

1. 能应用土石方工程有关分项工程量的计算方法，结合实际进行土石方工程各分项工程量计算和定额的应用。

2. 懂得土石方工程工程量清单的编制过程，能编制土石方工程工程量清单。

引 例

小张刚毕业就被一家造价咨询公司聘用了。他参加工作的第一项任务是给某建设单位编制一份土石方工程工程量清单。小张经过认真学习后，较好地完成了任务。你认为小张都学习了哪些知识？

7.1 定额工程量计算

一、定额项目界线及土类划分

1. 单独土石方与基础土石方的界线

单独土石方定额项目，适用于自然地坪与设计室外地坪之间、挖方或填方工程量＞5 000 m³的土石方工程（也适用于市政、安装、修缮工程中的单独土石方工程）。基础土石方定额项目，适用于设计室外地坪以下的基础土石方工程，以及自然地坪与设计室外地坪之间、挖方或填方工程量≤5 000 m³的土石方工程。单独土石方项目不能满足施工需要时，可借用基础土石方子目，但应乘以系数0.9。

微课

土石方工程量
计算

2.土壤及岩石类别的划分

《房屋建筑与装饰工程消耗量定额》(以下简称国家定额)将土壤分为一、二类土,三类土和四类土;将岩石分为极软岩、软岩、较软岩、较硬岩、坚硬岩。《山东省建筑工程消耗量定额》(以下简称省定额)将土壤及岩石按普通土、坚土、松石、坚石分类,与国家定额的分类不同。具体分类参见土壤及岩石分类表,其对应关系是普通土(一、二类土)、坚土(三、四类土)、松石(极软岩、软岩)、坚石(较软岩、较硬岩、坚硬岩)。

3.干土、湿土、淤泥的划分

干土、湿土的划分,以地质勘测资料的地下常水位为准。地下常水位以上为干土,以下为湿土。地表水排出后,土壤含水率≥25%时为湿土。含水率超过液限,土和水的混合物呈现流动状态时为淤泥。

4.沟槽、基坑、一般土石方的界线

底宽(设计图示垫层或基础的底宽,下同)≤7 m(省定额规定底宽≤3 m),且底长>3倍底宽的为沟槽;底长≤3倍底宽,且底面积≤150 m²(省定额规定底面积≤20 m²)的为基坑;超出上述范围,又非平整场地的,为一般土石方。

> **经验提示**:沟槽、基坑、土石方的长、宽是指设计图示的基础或垫层的宽度,比较直观,而不是挖土的实际长、宽。

二、人工、机械土石方定额说明

1.挖掘机挖土

挖掘机(含小型挖掘机)挖土方项目,国家定额已综合了挖掘机挖土方和挖掘机挖土后基槽底和边坡遗留厚度≤0.3 m的人工清理修整,使用时不得调整。省定额将机械挖土、人工清理和修整分为两项,均以挖方总量乘以相应系数分别套定额计价。机械挖土及人工清理修整系数见表7-1。

表7-1　　　　　　　　　机械挖土及人工清理修整系数

基础类型	机械挖土		人工清理修整	
	执行子目	系数	执行子目	系数
一般土方	相应子目	0.95	1-2-3	0.063
沟槽土方		0.90	1-2-8	0.125
基坑土方		0.85	1-2-13	0.188

> **想一想**:为什么机械挖土及人工清理修整系数表中,机械挖土系数与人工清理修整系数之和不等于1?

2.人工、机械土方系数调整规定

(1)土方项目按干土编制。人工挖、运湿土时,相应项目人工乘以系数1.18;机械挖、运湿土时,相应项目人工、机械乘以系数1.15。采取降水措施后,人工挖、运土时,相应项目人工乘以系数1.09;机械挖、运土时,不再乘以系数。

(2)挡土板内人工挖槽、坑时,相应项目人工乘以系数1.43。

(3)桩间挖土,相应项目人工、机械乘以系数1.50。

(4)满堂基础垫层底以下局部加深的槽、坑,按槽、坑相应规则计算工程量,相应项目人工、机械乘以系数1.25。

（5）推土机推土，当土层平均厚度≤0.30 m 时，相应项目人工、机械乘以系数1.25。

（6）挖掘机在垫板上作业时，相应项目人工、机械乘以系数1.25。挖掘机下铺设垫板、汽车运输道路上铺设材料时，其费用另行计算。

（7）场区（含地下室顶板以上）回填，相应项目人工、机械乘以系数0.90。

三、平整场地与竣工清理及回填定额说明

1.平整场地与竣工清理

（1）平整场地，系指建筑物（构筑物）所在现场厚度在±300 mm以内的就地挖、填及平整。挖填土方厚度超出±300 mm范围时，全部厚度按一般土方相应规定另行计算，但仍应计算平整场地。图7-1为平整场地示意图。

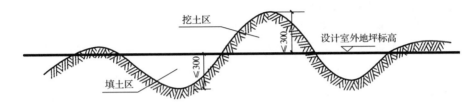

图 7-1　平整场地示意图

（2）竣工清理，系指建筑物（构筑物）内和建筑物（构筑物）外围四周2 m范围内建筑垃圾的清理、场内运输和指定地点的集中堆放，建筑物（构筑物）竣工验收前的清理、清洁等工作内容。不包括建筑垃圾的装车和场外运输。

2.回填

基础（地下室）周边回填材料时，执行第8章地基处理相应项目，人工、机械乘以系数0.90。

四、土石方的挖、填、运计算

1.土石方的挖、填、运一般规定

土石方的开挖、运输，均按开挖前的天然密实体积计算。土石方回填，按回填后的竣工体积计算。不同状态的土石方体积按表7-2换算。

表 7-2　　　　　　　　　　　　　　　　　土石方体积换算系数

虚土	松填土	天然密实土	夯实土
1.00	0.83	0.77	0.67
1.20	1.00	0.92	0.80
1.30	1.08	1.00	0.87
1.50	1.25	1.15	1.00

经验提示：①定额中的"虚土"是指未经填压自然堆成的土；天然密实土是指未经扰动的自然土（天然土）；夯实土是指按规范要求经过分层碾压、夯实的土；松填土是指挖出的自然土，自然堆放未经夯实填在槽、坑中的土。②土方开挖（包括运输）一律以挖掘前的天然密实体积为准计算，按自然体积以立方米计量。

2.单独土石方工程量计算

自然地坪与设计室外地坪之间的单独土石方，依据设计土石平衡竖向布置图，以立方米计量。

【案例 7-1】　某工程施工前土石方施工。反铲挖掘机挖坚土 5 200 m³,自卸汽车运土,运距 3 000 m,部分土石方填入大坑内,其体积为 2 500 m³,机械碾压,确定定额项目。

解　①反铲挖掘机挖坚土工程量＝5 200 m³

反铲挖掘机挖坚土,自卸汽车运土 1 km 内,套国家定额(下同)1-47、1-65 或省定额(下同)1-1-15。

②自卸汽车运土每增运 1 km,套定额 1-66 或 1-1-16(共需增运 2 km)。

自卸汽车运土工程量＝5 200×2＝10 400 m³

经验提示: 因为定额库里的数据是每增运 1 km 的量和价,现需增运 2 km,因而工程量应乘以 2。定额内其他增加项目的套用也应增加工程量的倍数或单价的倍数。

③机械填土碾压工程量＝2 500 m³

机械填土碾压(两遍),套定额 1-135 或 1-1-18。

【案例 7-2】　某工程设计室外地坪以上有石方(松石)5 290 m³ 需要开挖,因周围有建筑物,采用液压锤破碎岩石,计算液压锤破碎岩石工程量,确定定额项目。

解　工程量＝5 290×0.9＝4 761.00 m³

液压锤破碎松石,套定额 1-108 或 1-3-22。

注意:单独土石方项目不能满足施工需要时,可借用基础土石方子目,但应乘以系数 0.9。

想一想: 工程量≤5 555.56 m³ 的单独土石方工程将存在(不如工程量＜5 000 m³ 的价格高)不合理的价格状态,有时候多干了或多算了不一定多得。

五、基础土石方计算规定

1.基础土石方开挖深度

(1)基础土石方的开挖深度,应按基础(含垫层)底标高至设计室外地坪之间的高度计算。如图 7-2 所示,图中 H 为开挖深度。

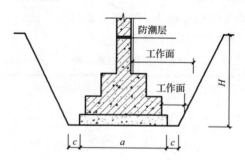

图 7-2　基础土石方开挖深度及基础施工工作面

(2)交付施工场地标高与设计室外地坪标高不同时,应按交付施工场地标高确定。如遇爆破岩石,其深度应包括岩石的允许超挖深度。

2.基础施工工作面

基础施工工作面是指基础或垫层施工时的操作面。如图 7-2(a)所示,c 为单边的工作面宽度。基础土方开挖需要放坡时,单边的工作面宽度是指该部分基础底坪外边线至放坡后同标高的土方边坡之间的水平宽度,如图 7-2(b)所示。

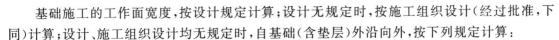

基础施工的工作面宽度,按设计规定计算;设计无规定时,按施工组织设计(经过批准,下同)计算;设计、施工组织设计均无规定时,自基础(含垫层)外沿向外,按下列规定计算:

(1)当组成基础的材料不同或施工方式不同时,其工作面宽度按表 7-3 计算,并满足下列要求:

①构成基础的各个台阶(各种材料),均应按相应规定,满足其各自工作面宽度的要求。

②基础的工作面宽度,是指基础的各个台阶(各种材料)要求的工作面宽度的"最大者"(使得土方边坡最外者)。

③在考查基础上一个台阶的工作面宽度时,要考虑由于下一个台阶的厚度所带来的土方放坡宽度。

④土方的每一面边坡(含直坡),均应为连续坡(边坡上不出现错台)。

表 7-3 基础施工单边工作面宽度计算表

基础材料	每边各增加工作面宽度/mm
砖基础	200
毛石、方整石基础	250
混凝土基础(支模板)	400
混凝土基础垫层(支模板)	150
基础垂直面做砂浆防潮层	400(自防潮层面)
基础垂直面做防水层或防腐层	1 000(自防水层或防腐层面)
支挡土板	100(另加)

(2)槽坑开挖需要支挡土板时,单边的开挖增加宽度,应为按基础材料确定的工作面宽度与支挡土板的工作面宽度之和。

(3)基础施工需要搭设脚手架时,基础施工的工作面宽度,条形基础按 1.50 m 计算(只计算一面),独立基础按 0.45 m 计算(四面均计算)。

(4)基坑土方大开挖需做边坡支护时,基础施工的工作面宽度按 2.00 m 计算。

(5)基坑内施工各种桩时,基础施工的工作面宽度按 2.00 m 计算。

(6)管道施工单边工作面宽度按表 7-4 计算。

表 7-4 管道施工单边工作面宽度计算表

管道材质	管道基础外沿宽度(无基础时管道外径)/mm			
	≤500	≤1 000	≤2 500	>2 500
混凝土管、水泥管	400	500	600	700
其他管道	300	400	500	600

3.基础土方的放坡

(1)土方放坡的起点深度和放坡坡度,按设计规定计算。设计、施工组织设计无规定时,按表 7-5 计算。

表 7-5   土方放坡起点深度和放坡坡度表

定额	土壤类别	放坡起点深度/m	放坡坡度			
			人工挖土	机械挖土		
				在坑内作业	在坑上作业	顺沟槽在坑上作业
国家	一、二类土	1.20	1:0.50	1:0.33	1:0.75	1:0.50
	三类土	1.50	1:0.33	1:0.25	1:0.67	1:0.33
	四类土	2.00	1:0.25	1:0.10	1:0.33	1:0.25
省	普通土	1.20	1:0.50	1:0.33	1:0.75	1:0.50
	坚土	1.70	1:0.30	1:0.20	1:0.50	1:0.30

（2）基础土方放坡，自基础（含垫层）底标高算起。

（3）混合土质的基础土方，其放坡的起点深度和放坡坡度，按不同土类厚度加权平均计算。其中，放坡坡度按不同土类厚度加权平均计算综合放坡系数，如图 7-3 所示。

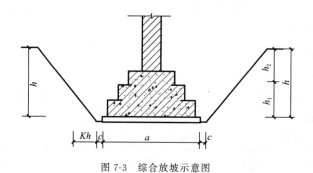

图 7-3 综合放坡示意图

综合放坡系数计算公式为

$$K = (K_1 h_1 + K_2 h_2)/h$$

式中 K——综合放坡系数；

K_1、K_2——不同土类放坡系数；

h_1、h_2——不同土类的厚度；

h——放坡总深度。

（4）计算基础土方放坡时，不扣除放坡交叉处的重复工程量，如图 7-4 所示。若单位工程中计算的沟槽工程量超出大开挖工程量，则按大开挖工程量，执行地槽开挖的相应子目。

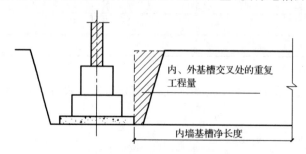

图 7-4 放坡交叉处的重复工程量示意图

经验提示：若实际不放坡或放坡小于定额规定时，仍按规定的放坡系数计算工程量（设计有规定除外）。

（5）基础土方支挡土板时，土方放坡不另行计算。

六、基础土石方工程量计算

1.沟槽土石方

沟槽土石方按设计图示沟槽长度乘以沟槽断面面积，以体积计算。

（1）条形基础的沟槽长度按设计规定计算；设计无规定时，按下列规定计算：

①外墙沟槽按外墙中心线长度计算。凸出墙面的墙垛，按墙垛凸出墙面的中心线长度，并入相应工程量内计算。

②内墙沟槽、框架间墙沟槽按基础（含垫层）之间垫层（或基础底）的净长度计算（不考虑工作面和超挖宽度等因素）。

（2）管道的沟槽长度按设计规定计算；设计无规定时，以设计图示管道中心线（省定额规定以管道垫层中心线，无垫层以管道中心线）长度（不扣除下口直径或边长≤1.5 m的井池）计算。下口直径或边长>1.5 m的井池的土石方，另按基坑的相应规定计算。

（3）沟槽的断面面积应包括工作面宽度、放坡宽度或土石方允许超挖量的面积。

【案例7-3】 图7-5为某建筑物基础平面图及剖面图。已知设计室外地坪以下砖基础体积量为15.85 m³，混凝土垫层体积为2.86 m³，土质为普通土，放坡系数 $K=0.35$。试计算基数和人工挖沟槽工程量。

微课

土方工程量
的计算

解 从图中可以看出，挖土的槽底宽度（垫层宽度）为0.8 m，小于3 m，槽长>3×槽宽，故挖土应执行挖地槽项目。因定额包括槽底打夯，故原土打夯项目不再单独列项。

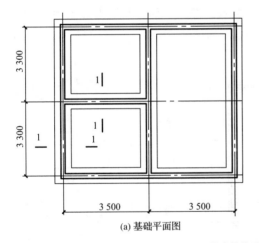

(a) 基础平面图

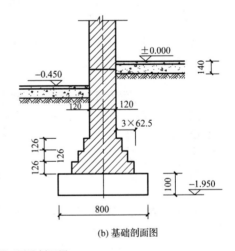

(b) 基础剖面图

图7-5　某建筑物基础平面图及剖面图

①基数计算。为节约时间，提高工效，利用基数计算工程量。

$L_{外}=(3.5×2+0.24+3.3×2+0.24)×2=28.16$ m

$L_{中}=(3.5×2+3.3×2)×2=27.2$ m

$L_{内}=3.3×2-0.24+3.5-0.24=9.62$ m

$L_{净}=3.3×2-0.8+3.5-0.8=8.5$ m

$S_{底}=(3.5×2+0.24)×(3.3×2+0.24)=49.52$ m²

②挖沟槽。如图7-5所示，放坡深度=1.95-0.45=1.5 m>1.20 m，故需放坡开挖沟槽。

人工挖沟槽工程量=(0.8+2×0.15+0.35×1.5)×1.5×(27.2+8.5)=87.02 m³

2.基坑土石方

基坑土石方按设计图示基础(含垫层)尺寸,另加工作面宽度、土方放坡宽度或石方允许超挖量,再乘以开挖深度,以体积计算。

挖土方、基坑工程量计算公式为

$$圆台工程量=1/3\pi H(r^2+rR+R^2)$$

式中各符号含义如图7-6所示。

$$四棱台工程量=(a+2c+Kh)\times(b+2c+Kh)h+1/3K^2h^3$$

式中各符号含义如图7-7所示。

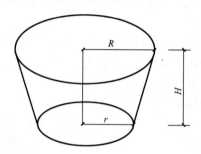
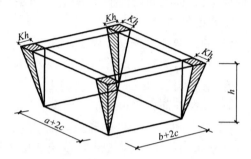

图7-6 计算圆台工程量各符号含义   图7-7 计算四棱台工程量各符号含义

3.一般土石方

一般土石方按设计图示基础(含垫层)尺寸,另加工作面宽度、土方放坡宽度或石方允许超挖量,再乘以开挖深度,以体积计算。机械施工坡道的土石方工程量,并入相应工程量内计算。

【案例7-4】 某地槽工程如图7-8所示,挖掘机基础部分全部大开挖土方工程,坑上作业,放坡系数按0.5计算。垫层部分人工挖地槽,不放坡,不留工作面。土质为(三类)坚土,自卸汽车运土,运距400 m,计算挖土工程量,确定定额项目。

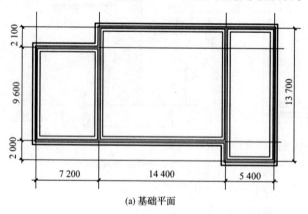
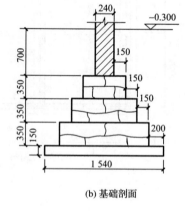

(a)基础平面   (b)基础剖面

图7-8 某地槽工程

解 ①基础部分大开挖总体积＝[(13.7+1.14+0.25×2+0.5×1.75)×(7.2+14.4+5.4+1.14+0.25×2+0.5×1.75)−2×(7.2+14.4)−2.1×7.2]×1.75+0.5²×1.75³÷3＝735.91 m³

挖掘机挖装一般土方三类土,套定额1-47。

其中机械挖土工程量＝735.91×0.95＝699.11 m³

挖掘机挖装一般土方坚土,套定额1-2-42。

其中人工挖土工程量＝735.91×0.063＝46.36 m³

人工挖一般土方(基深)2 m 以内坚土,套定额 1-2-3。

②垫层部分人工挖地槽工程量＝[(7.2＋14.4＋5.4＋13.7)×2＋9.6－1.54＋9.6＋2.1－1.54]×1.54×0.15＝23.01 m³

人工挖沟槽(槽深)2 m 以内(三类)坚土,套定额 1-11(换)或 1-2-8(换)。

> **经验提示:** 为了节约材料,保证灰土垫层工程质量,减少室内回填土工程量,通常垫层部分土方开挖成槽。基础土方大开挖以后,局部再加深的槽坑,其施工难度加大。因此,满堂基础垫层底以下局部加深的槽坑,按槽坑相应规则计算工程量,相应项目人工、机械乘以系数1.25。

③挖掘机装车工程量＝735.91－699.11＋23.01＝59.81 m³

挖掘机装土方,套定额 1-62 或 1-2-53。

④自卸汽车运土方工程量＝735.91＋23.01＝758.92 m³

自卸汽车运土方,运距 1 km 内,套定额 1-65 或 1-2-58。

4.挖淤泥、流砂及其他

(1)挖淤泥、流砂,以实际挖方体积计算。

(2)人工挖(含爆破后挖)冻土,按设计图示尺寸,另加工作面宽度,以体积计算。

(3)岩石爆破后人工清理基槽底与修整边坡,按岩石爆破的规定尺寸(含工作面宽度和允许超挖量),以面积计算。

七、平整场地与竣工清理工程量计算

1.平整场地与竣工清理

(1)平整场地按设计图示尺寸,以建筑物首层建筑面积(构筑物首层结构外围面积)计算。建筑物(构筑物)地下室结构外边线凸出首层结构外边线时,其凸出部分的建筑面积合并计算。

> **经验提示:** 建筑物首层结构外围,若计算1/2面积,或不计算建筑面积的构造需要配置基础,且需要与主体结构同时施工,计算了1/2面积的(如主体结构外的阳台、有柱混凝土雨篷等),应补齐全面积;不计算建筑面积的(如装饰性阳台等),应按其基准面积合并于首层建筑面积内,一并计算平整场地。

【案例 7-5】 图 7-9 为某建筑平面图。计算建筑物人工平整场地的工程量,确定定额项目。

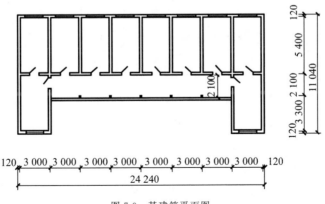

图 7-9　某建筑平面图

解　平整场地工程量,计算规范、国家定额、省定额统一规定按建筑物首层建筑面积计算。建筑面积是许多工程量计算的基数,最好提前算出,一量多用。其计算方法有:

①大扣小计算法

人工平整场地工程量＝24.24×11.04－(3×6－0.24)×3.3＝209.00 m²

②分块计算法

人工平整场地工程量＝24.24×(11.04－3.3)＋(3＋0.24)×3.3×2＝209.00 m²

> **经验提示**：工程量计算暂无统一的计算规范，手算、机算都可以。计算工程量时，建议采用统筹法，计算式尽量简单扼要。计算过程不同，但结果相同，多种方案应选最佳的。因此，应先筹划，后计算。

人工平整场地，套定额1-123或1-4-1。

(2)竣工清理按设计图示尺寸，以建筑物(构筑物)结构外围内包空间体积计算。

> **经验提示**：竣工清理工作内容包括建筑物四周2 m以内的建筑垃圾清理，工程量按建筑体积计算；计算1/2建筑面积的建筑空间应计算全部竣工清理体积；不计算建筑面积的建筑空间、构筑物应计算竣工清理体积；不能形成建筑空间仅计算面层的工程量乘以系数2.5，计算竣工清理体积。

【案例7-6】 图7-10为某工程平面图及剖面图。计算竣工清理工程量，确定定额项目。

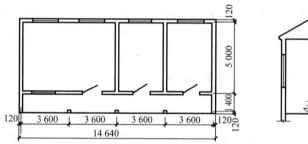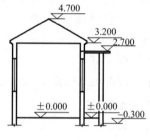

图7-10　某工程平面图及剖面图

解　竣工清理工程量＝14.64×(5＋0.24)×(3.2＋1.5÷2)＋14.64×1.4×2.7

＝358.36 m³

竣工清理，套定额1-4-3。

2.钎探、夯实与碾压

(1)基槽底钎探，以垫层(或基础)底面积计算。

(2)原土夯实与碾压，按施工组织设计规定的尺寸，以面积计算。

【案例7-7】 某工程基槽底宽1.5 m，设计每米打2个钎，基槽总长度为285 m，计算钎探工程量，确定定额项目。

解　钎探工程量＝285×2＝570眼

条形基础钎探，套定额1-125或1-4-4。

八、土方回填及运输工程量计算

1.土方回填

土方回填按下列规定以体积计算：

(1)沟槽、基坑回填，按挖方体积减去设计室外地坪以下建筑物(构筑物)、基础(含垫层)的体积计算。槽坑回填体积计算公式为

槽坑回填体积＝挖土体积－设计室外地坪以下埋设的垫层、基础体积

【案例7-8】 某地槽工程如图7-8所示，灰土垫层，人工挖地槽，四类土，不放坡。计算机

械回填土工程量,确定定额项目。已知设计室外地坪以下垫层体积为 23.01 m³,毛石基础体积为 88.57 m³,砖基础体积为 17.17 m³。

解 ①人工挖地槽总体积＝[(7.2+14.4+5.4+13.7)×2+9.6−1.54+9.6+2.1− 1.54]×(1.54×0.15+1.64×1.75)＝308.92 m³

②槽坑回填工程量＝挖土总体积−设计室外地坪以下基础及垫层总体积

$$＝308.92−(23.01+88.57+17.17)＝180.17 \text{ m}^3$$

槽坑机械夯填土,套定额 1-133 或 1-4-13。

(2)管道沟槽回填,按挖方体积减去管道基础和表 7-6 所列管道折合回填体积计算。管道沟槽回填体积计算公式为

$$管道沟槽回填体积＝挖方体积−管道折合回填体积系数×管道长度$$

表 7-6　　　　　　　　　　**管道折合回填体积系数**　　　　　　　　　m³·m⁻¹

管道	管道基础外沿宽度(无基础时管道外径)/mm					
	500	600	800	1 000	1 200	1 500
混凝土管及钢筋混凝土水泥管	—	0.33	0.60	0.92	1.15	1.45
其他材质管道	—	0.22	0.46	0.74	—	—

【案例 7-9】 某厂区铺设混凝土排水管道 2 000 m,管道公称直径 800 mm,用挖掘机挖沟槽深度 1.5 m,土质为(三类)坚土,自卸汽车全部运至 1.8 km 处,管道铺设后全部用石屑回填。计算挖土及回填工程量,确定定额项目。

解 ①混凝土管道管沟施工单边工作面宽度查表为 500 mm,土质为坚土,挖土深 1.5 m 小于 1.7 m,故不用放坡。

$$挖土工程量＝(0.8+0.5×2)×1.5×2 000＝5 400 \text{ m}^3$$

挖掘机挖装槽坑土方(三类)坚土,套定额 1-53 或 1-2-46;自卸汽车运土方,运距 1 km 内,套定额 1-65 或 1-2-58;增运距部分,套定额 1-66 或 1-2-59。

②石屑回填工程量＝5 400−0.6×2 000＝4 200 m³

石屑回填,套定额 2-7 或 2-1-36。

经验提示:基础(地下室)周边回填材料时,执行第 8 章地基处理相应项目,人工、机械乘以系数 0.90。

(3)房心(含地下室内)回填,按主墙间净面积(扣除连续底面积>2 m² 的设备基础等面积)乘以回填厚度以体积计算。房心回填体积计算公式为

$$房心回填体积＝房心面积×回填土设计厚度$$

(4)场区(含地下室顶板以上)回填,按回填面积乘以平均回填厚度以体积计算。

2.土方运输

(1)土方运输工程量,按挖土总体积减去回填土(折合天然密实)总体积,以体积计算。运土体积计算公式为

$$运土体积＝挖土总体积−回填土(天然密实)总体积$$

想一想:为什么运用上述公式计算运土体积,需将回填土体积折算成天然密实的回填土体积?

经验提示:若所有回填均为夯填,则余土运输体积＝挖土总体积−夯填土总体积×1.15, 上式计算结果为正值时,为余土外运;为负值时,为取土内运。

(2)钻孔桩泥浆运输工程量,按桩的设计断面面积乘以桩孔中心线深度,以立方米计算。

【案例 7-10】 计算图 7-11 所示房心回填土工程量。若该工程开挖基槽土方量为 80 m³

（土质可全部用于回填），其中槽边回填土方量为 60 m³，假设用人力车运土方，运距为 100 m。计算取土内运或余土外运工程量，确定定额项目。

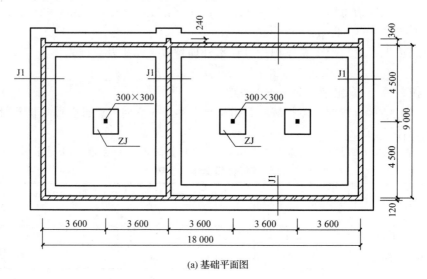

(a) 基础平面图

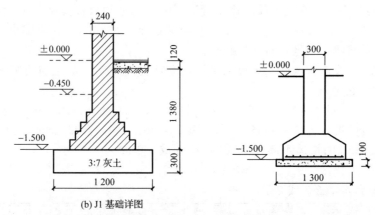

(b) J1 基础详图

图 7-11   房心回填土工程

解   ①房心回填土工程量＝(18−0.24×2)×(9−0.24)×(0.45−0.12)＝50.65 m³

房心回填土（机械夯实），套定额 1-132 或 1-4-12。

回填土总体积＝60+50.65＝110.65 m³（夯填体积）

②运土工程量＝80−110.65×1.15（折合成天然密实体积）＝−47.25 m³（取土内运）

人力车运土运距 50 m 以内和每增运 50 m，套定额 1-30 或 1-2-28、1-31 或 1-2-29。

7.2   工程量清单编制

一、清单项目设置

土石方工程共分 3 个分部工程，即土方工程、石方工程以及回填，适用于建筑物的土石方开挖及回填工程。

1.土方工程（编号：010101）

《房屋建筑与装饰工程工程量计算规范》附录 A.1 土方工程包括平整场地，挖一般土方，挖沟槽土方,挖基坑土方,冻土开挖,挖淤泥、流砂,管沟土方,共 7 个清单项目。土方工程清单项目见表 7-7。

表 7-7　　　　　　　　　　　　土方工程清单项目(编号:010101)

项目编码	项目名称	项目特征	计量单位	工程量计算规则	工程内容
010101001	平整场地	①土壤类别 ②弃土运距 ③取土运距	m²	按设计图示尺寸以建筑物首层建筑面积计算	①土方挖填 ②场地找平 ③运输
010101002	挖一般土方	①土壤类别 ②挖土深度 ③弃土运距	m³	按设计图示尺寸以体积计算	①排地表水 ②土方开挖 ③围护(挡土板)及拆除 ④基底钎探 ⑤运输
010101003	挖沟槽土方			按设计图示以基础垫层底面积乘以挖土深度计算	
010101004	挖基坑土方				
010101005	冻土开挖	m³	①冻土厚度	按设计图示尺寸开挖面积以体积计算	①爆破 ②开挖 ③清理 ④运输
010101006	挖淤泥、流砂	m³	①挖掘深度 ②弃淤泥、流砂距离	按设计图示位置、界限以体积计算	①开挖 ②运输
010101007	管沟土方	①土壤类别 ②管外径 ③挖沟深度 ④回填要求	m、m³	①以米计量,按设计图示以管道中心线长度计算 ②以立方米计量,按设计图示管底垫层面积乘以挖土深度计算;无管底垫层按管外径的水平投影面积乘以挖土深度计算。	①排地表水 ②土方开挖 ③围护(挡土板)、支撑 ④运输 ⑤回填

2.石方工程(编号:010102)

《房屋建筑与装饰工程工程量计算规范》附录 A.2 石方工程包括挖一般石方、挖沟槽石方、挖基坑石方、挖管沟石方 4 个清单项目。石方工程清单项目见表 7-8。

表 7-8　　　　　　　　　　　　石方工程清单项目(编号:010102)

项目编码	项目名称	项目特征	计量单位	工程量计算规则	工程内容
010102001	挖一般石方	①岩石类别 ②开凿深度 ③弃渣运距	m³	按设计图示尺寸以体积计算	①排地表水 ②凿石 ③运输
010102002	挖沟槽石方			按设计图示尺寸沟槽底面积乘以挖石深度以体积计算	
010102003	挖基坑石方			按设计图示尺寸基坑底面积乘以挖石深度以体积计算	
010102004	挖管沟石方	①岩石类别 ②管外径 ③挖沟深度	m、m³	①以米计量,按设计图示以管道中心线长度计算 ②以立方米计量,按设计图示截面积乘以长度计算	①排地表水 ②凿石 ③回填 ④运输

3.回填(编号:010103)

《房屋建筑与装饰工程工程量计算规范》附录 A.3 回填包括回填方和余土弃置 2 个清单项目。回填工程清单项目见表 7-9。

表 7-9　　　　　　　　　　回填工程清单项目(编号:010103)

项目编码	项目名称	项目特征	计量单位	工程量计算规则	工程内容
010103001	回填方	①密实度要求 ②填方材料品种 ③填方粒径要求 ④夯填来源、距离	m³	按设计图示尺寸以体积计算 ①场地回填:回填面积乘以平均回填厚度 ②室内回填:主墙间面积乘以回填厚度,不扣除间隔墙 ③基础回填:按挖方清单项目工程量减去自然地坪以下埋设的基础体积(包括基础垫层及其他构筑物)计算	①运输 ②回填 ③压实
010103002	余土弃置	①废弃料品种 ②运距		按挖方清单项目工程量减去利用回填方体积(正数)计算	余方点装料运输至弃置点

二、计量规范与计价规则说明

1.平整场地

(1)平整场地适用于建筑场地厚度在±300 mm 以内的就地挖、填、运、找平。

(2)建筑场地厚度在±300 mm 以内的挖、填、运、找平,应按《房屋建筑与装饰工程工程量计算规范》附录 A.1 中平整场地工程量清单项目编码列项。厚度超出±300 mm 范围的竖向布置挖土或山坡切土,应按《房屋建筑与装饰工程工程量计算规范》附录 A.1 中挖一般土方工程量清单项目编码列项。

(3)平整场地工程量按建筑物首层建筑面积计算。

> **经验提示:**平整场地工程量按建筑物首层建筑面积计算,首层有凸阳台要计算一半面积,有外墙保温要计算到保温层外侧,与 2008 年规范不同。

2.挖一般土方

(1)挖一般土方项目适用于挖土厚度超出±300 mm 范围的竖向布置挖土或山坡切土,且不属于沟槽、基坑的土方工程。

(2)"指定范围内的运输"是指由招标人指定的弃土地点或取土地点的运距。若招标文件规定由投标人确定弃土地点或取土地点,则此条件不必在工程量清单中进行描述,但应注明由投标人根据施工现场实际情况自行考虑,决定报价。

(3)湿土的划分应以地质资料提供的地下常水位为界,地下常水位以下为湿土。

(4)土壤的分类应按表 7-10 确定,当土壤类别不能准确划分时,招标人可注明为综合,由投标人根据地勘报告决定报价。

《房屋建筑与装饰工程工程量计算规范》将土壤分为一、二类土,三类土和四类土。土壤类别的划分详见表 7-10。

表 7-10　　　　　　　　　　　　　　　　　　土壤分类表

土壤类别	土壤名称	开挖方法
一、二类土	粉土、砂土(粉砂、细砂、中砂、粗砂、砾砂)、粉质黏土、弱中盐渍土、软土(淤泥质土、泥炭、泥炭质土)、软塑红黏土、冲填土	主要用锹,少许用镐、条锄开挖。机械能全部直接铲挖满载者
三类土	黏土、碎石土(圆砾、角砾)、混合土、可塑红黏土、硬塑红黏土、强盐渍土、素填土、压实填土	主要用镐、条锄,少许用锹开挖。机械需部分刨松方能铲挖满载者或可直接铲挖但不能满载者
四类土	碎石土(卵石、碎石、漂石、块石)、坚硬红黏土、超盐渍土、杂填土	全部用镐、条锄挖掘,少许用撬棍挖掘。机械须普遍刨松方能铲挖满载者

(5)土方体积应按挖掘前的天然密实体积计算。需按天然密实体积折算时,应按表 7-11 系数计算。土方体积折算系数见表 7-11。

表 7-11　　　　　　　　　　　　　　　　　土方体积折算系数

天然密实体积	虚方体积	夯实后体积	松填体积
1.00	1.30	0.87	1.08
0.77	1.00	0.67	0.83
1.15	1.50	1.00	1.25
0.92	1.20	0.80	1.00

注:①虚方指未经碾压、堆积时间≤1 年的土壤。

　　②设计密实度超过规定的,填方体积按工程设计要求执行;无设计要求按各省、自治区、直辖市或行业建设行政主管部门规定的系数执行。

(6)挖一般土方工程量按设计图示尺寸以体积计算。如挖地下基础土方的操作工作面、放坡和机械挖土进出施工工作面的坡道等增加的施工量并入基础土方工程量中,办理工程结算时,按经发包人认可的施工组织设计规定计算,编制工程量清单时,可按表 7-12 和表 7-13 规定计算。土方放坡系数见表 7-12。

表 7-12　　　　　　　　　　　　　　　　　土方放坡系数

土壤类别	放坡起点深度/m	人工挖土	机械挖土		
			在坑内作业	在坑上作业	顺沟槽在坑上作业
一、二类土	1.20	1:0.5	1:0.33	1:0.75	1:0.5
三类土	1.50	1:0.33	1:0.25	1:0.67	1:0.33
四类土	2.00	1:0.25	1:0.10	1:0.33	1:0.25

注:①沟槽、基坑中土壤类别不同时,分别按其放坡起点、放坡系数,依不同土壤厚度加权平均计算。

　　②计算放坡时,在交接处的重复工程量不予扣除,原沟槽、基坑做基础垫层时,放坡自垫层上表面开始计算。

基础施工所需工作面宽度计算见表 7-13。

表 7-13   基础施工所需工作面宽度计算

基础材料	每边各增加工作面宽度/mm
砖基础	200
浆砌毛石、条石基础	150
混凝土基础垫层支模板	300
混凝土基础支模板	300
基础垂直面做防水层	1 000(防水层面)

(7)挖土方如需截桩头时,应按桩基工程相关项目编码列项。

(8)挖土深度应按自然地面测量标高至设计地坪标高间的平均厚度确定。由于地形起伏变化大,不能提供平均挖土厚度时,应提供方格网法或断面法施工的设计文件。基础土方大开挖深度应按基础垫层底表面标高至交付施工场地标高确定,无交付施工场地标高时,应按自然地面标高确定。

(9)因地质情况变化或设计变更引起的土方工程量的变更,由业主与承包人双方现场认证,依据合同条件进行调整。

3.挖沟槽、基坑土方

(1)挖沟槽、基坑土方是指开挖浅基础的沟槽、基坑和桩承台等施工而进行的土方工程。沟槽、基坑、一般土方的划分为:底宽≤7 m且底长>3倍底宽为沟槽;底长≤3倍底宽且底面积≤150 m² 为基坑;超出上述范围则为一般土方。

(2)挖沟槽、基坑土方包括带形基础、独立基础及设备基础等的挖方,并包括指定范围内的土方运输。

(3)挖沟槽、基坑土方如出现干、湿土,应分别编码列项。干、湿土的界限应以地质资料提供的地下常水位为界,以上为干土,以下为湿土。沟槽、基坑土方开挖的深度,应按基础垫层底表面标高至交付施工场地标高计算,无交付施工场地标高时,应按自然地面标高计算。

(4)桩间挖土方工程量不扣除桩所占体积,并在项目特征中加以描述。

(5)挖沟槽、基坑土方工程量按设计图示以基础垫层底面积乘以挖土深度计算。若省、自治区、直辖市或行业建设主管部门规定,挖沟槽、基坑土方的操作工作面、放坡等增加的施工量并入各土方工程量中,则办理工程结算时,按经发包人认可的施工组织设计规定计算,编制工程量清单时,可按表7-12和表7-13规定计算。

(6)工程量清单"挖沟槽、基坑土方"项目中应描述弃土运距。

4.管沟土方

(1)管沟土方项目适用于管道(给排水、工业、电力、通信)、光(电)缆沟[包括人(手)孔、接口坑]及连接井(检查井)等。

(2)管沟土方工程量计算时,无管沟设计时均按设计图示管道中心线长度以米计量;有管沟设计时,以立方米计量。平均深度以沟垫层底表面标高至交付施工场地标高计算;直埋管深度应按管底外表面标高至交付施工场地标高的平均高度计算。

(3)采用多管同一管沟直埋时,管间距离必须符合有关规范的要求。

(4)若省、自治区、直辖市或行业建设主管部门规定,挖管沟土方的操作工作面、放坡等增加的施工量并入各土方工程量中,则办理工程结算时,按经发包人认可的施工组织设计规定计算,编制工程量清单时,可按表 7-12 和表 7-14 规定计算。管沟施工每侧所需工作面宽度计算见表 7-14。

表 7-14　　　　　　　　　　　　　管沟施工每侧所需工作面宽度计算

管沟材料	管道结构宽/mm			
	≤500	≤1 000	≤2 500	>2 500
混凝土及钢筋混凝土管道	400	500	600	700
其他材质管道	300	400	500	600

注:管道结构宽,有管座的按基础外缘,无管座的按管道外径。

> **经验提示**:挖一般土方和挖沟槽、基坑、管沟土方是否包括操作工作面、放坡等增加的施工量,应执行省、自治区、直辖市或行业建设主管部门清单计算办法的规定。若没有具体规定则均包括在报价内。其实际是:编制清单应执行当地的清单计算办法或导则,规范只是一个统一规定和要求,把具体规定交给了地方,不搞一刀切。

5.石方工程项目说明

(1)石方工程包括挖一般石方、挖沟槽石方、挖基坑石方和挖管沟石方清单项目。挖沟槽石方工程量按设计图示尺寸沟槽底面积乘以挖石深度以体积计算;挖基坑石方工程量按设计图示尺寸基坑底面积乘以挖石深度以体积计算。

(2)厚度超出 ±300 mm 范围的竖向布置挖石或山坡凿石应按挖一般石方项目编码列项。

(3)沟槽、基坑、一般石方的划分为:底宽 ≤7 m 且底长 >3 倍底宽为沟槽;底长 ≤3 倍底宽且底面积 ≤150 m² 为基坑;超出上述范围则为一般石方。

(4)岩石分极软岩、软质岩、硬质岩。岩石类别的划分详见表 7-15。

表 7-15　　　　　　　　　　　　　　　　岩石类别的划分

岩石分类		代表性岩石	开挖方法
极软岩		①全风化的各种岩石 ②各种半成岩	部分用手凿工具,部分用爆破法开挖
软质岩	软岩	①强风化的坚硬岩或较硬岩 ②中等风化—强风化的较软岩 ③未风化—微风化的页岩、泥岩、泥质砂岩等	用风镐和爆破法开挖
	较软岩	①中等风化—强风化的坚硬岩或较硬岩 ②未风化—微风化的凝灰岩、千枚岩、泥灰岩、砂质泥岩等	用爆破法开挖
硬质岩	较硬岩	①微风化的坚硬岩 ②未风化—微风化的大理岩、板岩、石灰岩、白云岩、钙质砂岩等	用爆破法开挖
	坚硬岩	未风化—微风化的花岗岩、闪长岩、辉绿岩、玄武岩、安山岩、片麻岩、石英岩、石英砂岩、硅质砾岩、硅质石灰岩等	用爆破法开挖

(5)石方体积应按挖掘前的天然密实体积计算。非天然密实石方体积应按表 7-16 折算。

石方体积折算系数见表 7-16。

表 7-16　　　　　　　　　石方体积折算系数

石方类别	天然密实体积	虚方体积	松填体积	码方
石方	1.0	1.54	1.31	—
块石	1.0	1.75	1.43	1.67
砂夹石	1.0	1.07	0.94	—

(6)挖石方应按自然地面测量标高至设计地坪标高的平均厚度确定。基础石方开挖深度应按基础垫层底表面标高至交付施工场地标高确定,无交付施工场地标高时,应按自然地面标高确定。

(7)弃渣运距可以不描述,但应注明由投标人根据施工现场实际情况自行考虑,决定报价。

(8)设计规定需光面爆破的坡面、需摊座的基底,工程量清单中应进行描述。

(9)石方清单项目报价应包括指定范围内的石方一次或多次运输、装卸、修理边坡和清理现场等全部施工工序。

(10)因地质情况变化或设计变更引起的石方工程量的变更,由业主与承包人双方现场认证,依据合同条件进行调整。

(11)管沟石方项目适用于管道(给排水、工业、电力、通信)、光(电)缆沟[包括人(手)孔、接口坑]及连接井(检查井)等。

(12)无管沟设计时,管沟石方工程量应按设计图示管道中心线长度以米计算;有管沟设计时,按设计图示截面积乘以长度以立方米计算。管沟深度以沟垫层底表面标高至交付施工场地标高计算;直埋管深度应按管底外表面标高至交付施工场地标高的平均高度计算。管沟宽度参照表 7-14 计算。

6.回填工程项目说明

(1)填方密实度要求,在无特殊要求情况下,项目特征可描述为满足设计和规范的要求。

(2)填方材料品种可以不描述,但应注明由投标人根据设计要求验方后方可填入,并符合相关工程的质量规范要求。

(3)填方粒径要求,在无特殊要求情况下,项目特征可以不描述。

(4)如需买土回填应在项目特征填方来源中描述,并注明买土方数量。

(5)余土运距可以不描述,但应注明由投标人根据施工现场实际情况自行考虑,决定报价。

三、平整场地案例

【案例 7-11】 图 7-12 为某建筑平面图。墙体厚度为 240 mm,台阶上部雨篷外出宽度与阳台一致,阳台为全封闭。按要求平整场地,土壤类别为三类土,大部分场地挖、填找平厚度在±30 cm 以内,就地找平,但局部有 28 m³ 挖土,平均厚度为 50 cm,弃土运输为 5 m。编制人工场地平整的工程量清单。

解 该项目发生的工程内容为:平整场地、挖土方。

平整场地工程量＝12.84×(3＋3＋4.2＋0.12＋0.12)主体及平台部分①＋1.98×(4.44＋

①式中灰底内容是对公式的说明。

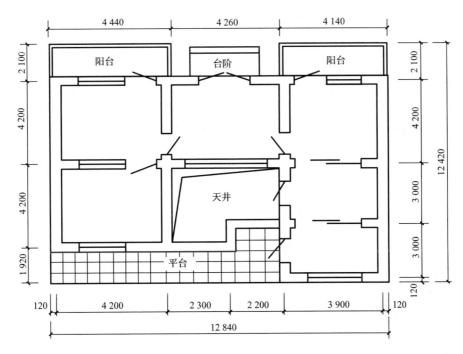

图 7-12　某建筑平面图

4.14)/2 阳台部分－[(0.12＋4.2＋2.3＋0.12)×(1.92－0.12)＋(2.2－0.24)×3] 平台部分－
[(2.3－0.24)×(4.2－0.24)＋2.2×(3－0.24)] 天井部分＝134.05＋8.49－18.01－14.23＝110.30 m²

挖土方工程量＝28.00 m³

分部分项工程量清单见表 7-17。

表 7-17　　　　　　　　　　分部分项工程量清单(案例 7-11)

序号	项目编码	项目名称	项目特征描述	计量单位	工程量
1	010101001001	平整场地	①土壤类别:三类土 ②弃土运距:5 m ③取土运距:5 m	m²	110.30
2	010101002001	挖一般土方	①土壤类别:三类土 ②挖土深度:50 cm ③弃土运距:5 m	m³	28.00

四、挖土方案例

【案例 7-12】　某工程场地平整,方格网边长确定为 20 m,各角点自然标高和设计标高如
图 7-13 所示,土壤类别为二类土(普通土),地下常水位为－2.40 m。编制人工开挖土方的工
程量清单。

解　挖土方工程量清单的编制

(1)计算角点施工高度 h_n

角点施工高度＝角点的设计标高－角点的自然地面标高,计算如下:

$h_1＝43.66－43.67＝－0.01$ m

$h_2＝43.72－44.22＝－0.50$ m

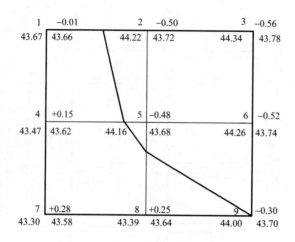

图 7-13 场地平整方格网

$h_3 = 43.78 - 44.34 = -0.56$ m

$h_4 = 43.62 - 43.47 = +0.15$ m

$h_5 = 43.68 - 44.16 = -0.48$ m

$h_6 = 43.74 - 44.26 = -0.52$ m

$h_7 = 43.58 - 43.30 = +0.28$ m

$h_8 = 43.64 - 43.39 = +0.25$ m

$h_9 = 43.70 - 44.00 = -0.30$ m

(2)确定±0.30 m 线

挖、填找平超过±0.30 m 需按挖、填土方计算,根据资料确定-0.30 m 线的位置,如图 7-13 所示。

(3)计算方格土方量

①1245 方格局部挖土方按四方棱柱体法计算,上边、下边长分别为

$$上边 = 20 \times (1 - \frac{0.3 - 0.01}{0.5 - 0.01}) = 8.164 \text{ m}$$

$$下边 = 20 \times (1 - \frac{0.3 + 0.15}{0.48 + 0.15}) = 5.714 \text{ m}$$

1245 方格局部挖土方工程量=(8.164+5.714)×20÷2×(0.3+0.5+0.3+0.48)÷4=54.81 m³

②2356 方格局部挖土方按四方棱柱体法计算:

2356 方格挖土方工程量=20×20×(0.5+0.56+0.48+0.52)÷4=206.00 m³

③4578 方格局部挖土方按三角棱柱体法计算,三角形上边、右边长分别为

上边=5.714 m

$$右边 = 20 \times (1 - \frac{0.3 + 0.25}{0.48 + 0.25}) = 4.932 \text{ m}$$

4578 方格局部挖土方工程量=5.714×4.932÷2×(0.3+0.48+0.3)÷3=5.07 m³

④5689 方格局部挖土方按四方棱柱体法计算,左边、右边长分别为

左边=4.932 m

右边＝20.000 m

5689 方格局部挖土方工程量＝(4.932＋20)×20÷2×(0.48＋0.52＋0.3＋0.3)÷4

$$=99.73 \text{ m}^3$$

挖土方工程量合计＝54.81＋206.00＋5.07＋99.73＝365.61 m³

分部分项工程量清单见表 7-18。

表 7-18　　　　　　　　　　分部分项工程量清单(案例 7-12)

序号	项目编码	项目名称	项目特征描述	计量单位	工程量
1	010101002001	挖一般土方	①土壤类别:二类土 ②挖土深度:0.3 m 以上 ③弃土运距:就近堆放	m³	365.61

五、挖基础土方案例

【案例 7-13】　图 7-14 为某工程平面图和断面图。基础类型为钢筋混凝土无梁式带形基础和独立基础,无地表水,地面已整平,并达到设计地坪标高,施工单位现场勘察,土质为三类土,无须支挡土板和基底钎探。编制挖沟槽、基坑土方工程量清单。

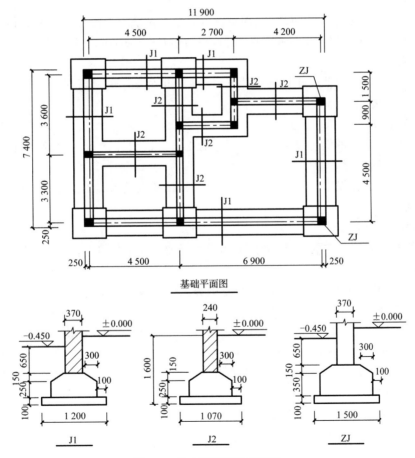

图 7-14　某工程平面图和断面图

解　①挖基坑土方工程量＝1.5×1.5×1.25×6＝16.88 m³

②挖沟槽土方工程量＝[(4.5＋2.7＋0.9＋4.5＋6.9＋4.5＋3.3＋3.6＋0.25×6－0.185×6－1.5×5.5)×1.2＋(1.5＋4.2＋0.25×2－0.185×2－1.5÷2＋4.5＋0.25－0.185－0.6－1.07÷2＋3.3＋3.6＋0.25×2－0.185×2－1.5＋2.7＋0.9－1.07)×1.07]×1.15＝52.18 m³

分部分项工程量清单见表7-19。

表 7-19   分部分项工程量清单(案例 7-13)

序号	项目编码	项目名称	项目特征描述	计量单位	工程量
1	010101003001	挖沟槽土方	①土壤类别:三类土 ②挖土深度:1.15 m ③弃土运输:就近堆放	m³	52.18
2	010101004001	挖基坑土方	①土壤类别:三类土 ②挖土深度:1.25 m ③弃土运输:就近堆放	m³	16.88

7.3 工程量清单计价

一、计量规范与计价规则说明

1.平整场地

(1)平整场地出现±30 cm 以内全部是挖方或全部是填方而需外运土方或借土回填时,在工程量清单项目中应描述弃土运距(或弃土地点)或取土运距(或取土地点),这部分的运输应包括在平整场地项目报价内。

(2)工程量按建筑物首层建筑面积计算,如施工组织设计规定超面积平整场地时,超出部分应包括在报价内。

2.挖一般土方

(1)土方清单项目报价应包括指定范围内的土方一次或多次运输、装卸以及基底夯实、修理边坡、清理现场等全部施工工序。

(2)根据施工方案规定的放坡、操作工作面和机械挖土进出施工工作面的坡道等增加的施工量,应包括在土方报价内。

3.挖沟槽、基坑土方

(1)根据施工方案规定的放坡、操作工作面等增加的施工量,应包括在挖沟槽、基坑土方报价内。

(2)挖沟槽、基坑土方项目中的施工增量的弃土运输包括在报价内。

4.管沟土石方

(1)管沟开挖加宽工作面、放坡和接口处加宽工作面,应包括在管沟土方报价内。

(2)石方爆破的超挖量应包括在报价内。

(3)石方清单项目报价应包括指定范围内的石方一次或多次运输、装卸、修理边坡和清理现场等全部施工工序。

二、土石方工程案例

【案例 7-14】 图 7-15 为某工程基础平面图及基础详图。土壤类别为混合土质,其中,二类土(普通土)深 1.4 m,下面是三类土(坚土),土方槽边就近堆放,槽底不需钎探,蛙式打夯机夯实,地下常水位为－2.400 m。C15 混凝土垫层,C25 混凝土基础,基础墙厚240 mm。根据企业情况确定管理费费率为25.6%,利润率为15%。编制人工平整场地、挖沟槽土方的工程

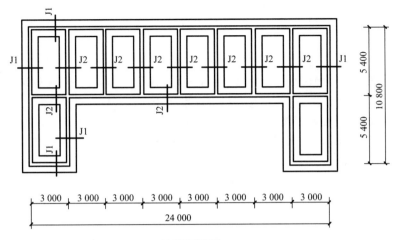

(a) 基础平面图

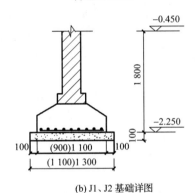

(b) J1、J2 基础详图

图 7-15　某工程基础平面图及详图

量清单,并进行工程量清单报价。

解　1.平整场地、挖沟槽土方工程量清单的编制

(1)平整场地工程量计算如下:

工程量$=(24+0.24)\times(10.8+0.24)-(3\times6-0.24)\times5.4=171.71$ m^2

或工程量$=(24+0.24)\times(5.4+0.24)+(3+0.24)\times5.4\times2=171.71$ m^2

(2)挖沟槽土方工程量计算如下:

J1:　$L_{中}=24+(10.8+3+5.4)\times2=62.40$ m

J1 工程量$=62.40\times1.1\times(1.8+0.1)=130.42$ m^3

J2:　$L_{中}=3\times6=18.00$ m

　　$L_{净}=[5.4-(1.1+1.3)\div2]\times7+(3-1.1)\times2=33.20$ m

　　$L=18.00+33.20=51.20$ m

J2 工程量$=51.20\times1.3\times(1.8+0.1)=126.46$ m^3

挖沟槽土方工程量$=130.42+126.46=256.88$ m^3

(3)分部分项工程量清单见表 7-20。

表 7-20　　　　　　　　　　　分部分项工程量清单(案例 7-14)

序号	项目编码	项目名称	项目特征描述	计量单位	工程量
1	010101001001	平整场地	二类土,就近找平	m^2	171.71
2	010101003001	挖沟槽土方	二、三类土;二类土 1.4 m,三类土 0.5 m;就近堆放	m^3	256.88

2.平整场地、挖沟槽土方工程量清单计价表的编制

(1)工程量计算。该项目发生的工程内容为:人工平整场地和人工挖沟槽。

①人工平整场地。

$$工程量=(24+0.24)\times(10.8+0.24)-(3\times6-0.24)\times5.4=171.71 \text{ m}^2$$

②人工挖沟槽。本工程沟槽开挖深度为 $H=1.8+0.1=1.9$ m,沟槽放坡深度 $h=1.8+0.1=1.9$ m,土壤类别为混合土质,开挖(放坡)深度大于$(1.2\times1.4+1.7\times0.5)\div1.9=1.33$ m,故沟槽开挖需要放坡,放坡坡度按综合放坡系数计算。

$$K=(K_1h_1+K_2h_2)/h=(0.5\times1.4+0.3\times0.5)\div1.9=0.45$$

计算沟槽土方工程量:

J1:$L_中=24+(10.8+3+5.4)\times2=62.40$ m

$S_断=[a+2\times(0.4-Kh_1)+Kh]h=[0.9+2\times(0.4-0.45\times0.1)+0.45\times1.9]\times1.9=4.684 \text{ m}^2$

J1 土方体积$=S_断 L_中=4.684\times62.40=292.28 \text{ m}^3$

> **经验提示**:混凝土基础工作面为 400 mm,混凝土基础垫层工作面为 150 mm,考虑放坡因素,两者之差 $d=400-100-150-0.45\times100=105$ mm,满足混凝土基础垫层工作面要求,按混凝土基础工作面最大者计算。

J2:$L_中=3\times6=18.00$ m

$L_净=[5.4-(1.1+1.3)\div2]\times7+(3-1.1)\times2=33.20$ m

$L=18.00+33.20=51.20$ m

$S_断=[a+2\times(0.4-Kh_1)+Kh]h=[1.1+2\times(0.4-0.45\times0.1)+0.45\times1.9]\times1.9=5.064 \text{ m}^2$

J2 土方体积$=S_断 L=5.064\times51.20=259.28 \text{ m}^3$

注意:若按槽计算的工程量大于按大开挖计算的工程量时,应以大开挖工程量为准,套沟槽定额,该工程不大于大开挖计算的体积。

J1 坚土工程量$=[0.9+2\times(0.4-0.45\times0.1)+0.45\times0.5]\times0.5\times62.4=57.25 \text{ m}^3$

J1 普通土工程量$=292.28-57.25=235.03 \text{ m}^3$

J2 坚土工程量$=[1.1+2\times(0.4-0.45\times0.1)+0.45\times0.5]\times0.5\times51.2=52.10 \text{ m}^3$

J2 普通土工程量$=259.28-52.1=207.18 \text{ m}^3$

(2)直接工程费计算。人工、材料、机械单价选用(2020 年山东省建筑工程价目表单价,下同)市场信息价。

①人工平整场地,套定额 1-4-1。每 10 m^3 直接费单价为 53.76 元,其中人工费单价为 53.76 元。

直接工程费$=17.171\times53.76=923.11$ 元

其中:定额人工费$=17.171\times53.76=923.11$ 元

②人工挖沟槽(2 m 以内)坚土,套定额 1-2-8。每 10 m^3 直接费单价为 906.24 元,其中人工费单价为 906.24 元。

人工挖沟槽(2 m 以内)普通土,套定额 1-2-6。每 10 m^3 直接费单价为 450.56 元,其中人工费单价为 450.56 元。

由于清单没有按土壤类别分项,此时不能改动清单特征和工程量,可以进行组价。

直接工程费$=(5.725+5.21)\times906.24+(23.503+20.718)\times450.56=29 833.94$ 元

其中:定额人工费$=(5.725+5.21)\times906.24+(23.503+20.718)\times450.56=29 833.94$ 元

(3)综合单价计算。根据企业情况确定管理费费率为 25.6%,利润率为 15%。

①平整场地综合单价:

分部分项工程费用＝直接工程费＋定额人工费×(管理费费率＋利润率)＝923.11＋923.11×0.406＝1 297.89 元

综合单价＝分部分项工程费用÷清单工程量＝1 297.89÷171.71＝7.56 元

合价＝清单工程量×综合单价＝171.71×7.56＝1 298.13 元

②挖沟槽土方综合单价:

分部分项工程费用＝29 833.94＋29 833.94×0.406＝41 946.52 元

综合单价＝41 946.52÷256.88＝163.29 元

合价＝256.88×163.29＝41 945.94 元

(4)填写清单计价表。分部分项工程量清单计价见表 7-21。

表 7-21　　　　　　　　分部分项工程量清单计价(案例 7-14)

序号	项目编码	项目名称	项目特征描述	计量单位	工程量	金额/元	
						综合单价	合价
1	010101001001	平整场地	二类土,就近找平	m²	171.71	7.56	1 298.13
2	010101003001	挖沟槽土方	二、三类土;二类土 1.4 m,三类土 0.5 m;就近堆放	m³	256.88	163.29	41 945.94

练 习 题

一、单选题

1.在平整场地的工程量计算中,S 表示为(　　　)。

A.底层占地面积　　　　　　　　　　B.底层建筑面积

C.底层净面积　　　　　　　　　　　D.底层结构面积

2.挖土方的工程量按设计图示尺寸以体积计算,此处的体积是指(　　　)。

A.虚方体积　　　B.夯实后体积　　　C.松填体积　　　D.天然密实体积

3.计算内墙挖沟槽的工程量时,其长度为(　　　)。

A.按内墙的中心线计算

B. 按内墙的净长线计算

C.按图示基础(含垫层)底面之间的净长度(不考虑工作面和超挖宽度)计算

D.按图示基础(含垫层)底面之间的净长度(考虑工作面和超挖宽度)计算

4.某工程基础人工挖土深度为 1.9 m,基础无筋混凝土垫层为 100 mm 厚,其中普通土深1.4 m,下面是坚土,计算放坡系数为(　　　)。

A.0.45　　　　　　B.0.5　　　　　　C.0.3　　　　　　D.0.46

5.运土体积公式为(　　　)。

A.挖土总体积－回填土(松填)总体积

B.挖土总体积－回填土(天然密实)总体积

C.挖土总体积－回填土(夯填)总体积

D.挖土总体积－回填土(虚方)总体积

6.土建工程中的土方工程量计算规则规定:凡图示沟槽底宽在 3 米以内,且沟槽长大于沟槽宽 3 倍以上的为(　　　)。

A.基坑　　　　　　　B.沟槽　　　　　　　C.挖土方　　　　　　D.平整场地

7.坑底面积在(　　)平方米以内,底长边小于 3 倍短边的为地坑,按基坑挖土方计算。

A.3　　　　　　　　B.5　　　　　　　　C.20　　　　　　　　D.300

8.单独土石方定额项目适用于自然地坪与设计室外地坪之间、挖方或填方工程量大于(　　)的土石方工程(也适用于市政、安装、修缮工程中的单独土石方工程)。

A.3 000 m³　　　　B.4 000 m³　　　　C.5 000 m³　　　　D.6 000 m³

9.基础土石方的开挖深度(　　)。

A.应按基础底标高至设计室外地坪之间的高度计算。

B.应按基础(含垫层)底标高至设计室外地坪之间的高度计算。

C.应按基础底标高至设计室内地坪之间的高度计算。

D.应按基础(含垫层)底标高至设计室内地坪之间的高度计算。

二、判断题

1.土石方的开挖、运输、回填,均按天然密实体积,以立方米计算。　　　　　(　　)

2.关于放坡,土方放坡的起点深度和放坡坡度,按设计规定计算。设计、施工组织设计无规定时,按定额相关规定计算。　　　　　(　　)

3.基础施工的工作面宽度,按设计规定计算;设计无规定时,按施工组织设计计算;设计、施工组织设计均无规定时,自基础(含垫层)外沿向外,按定额规定计算。　　　　　(　　)

4.槽坑回填体积,按挖方虚方体积－设计室外地坪以下埋设的垫层、基础体积计算。

(　　)

5.计算基础土方放坡时,扣除放坡交叉处的重复工程量。　　　　　(　　)

6.平整场地,系指建筑物(构筑物)－30 cm≤所在现场厚度≤＋30 cm 的就地挖、填及平整。　　　　　(　　)

7.竣工清理,系指建筑物(构筑物)内和建筑物(构筑物)外围四周 2 m 范围内建筑垃圾的清理、场内运输和指定地点的集中堆放,建筑物(构筑物)竣工验收前的清理、清洁等工作内容。

(　　)

8.桩间挖土,相应项目人工、机械乘以系数 1.30。　　　　　(　　)

9.满堂基础垫层底以下局部加深的槽坑,按槽坑相应规则计算工程量,相应项目人工、机械乘以系数 1.25。　　　　　(　　)

10.交付施工场地标高与设计室外地坪标高不同时,应按交付施工场地标高确定。(　　)

11.基础土方开挖需要放坡时,单边的工作面宽度是指该部分基础底坪外边线至放坡后同标高的土方边坡之间的水平宽度。　　　　　(　　)

第8章
地基处理与边坡支护工程

知识目标

1.熟悉地基处理和基坑与边坡支护的工程量计算规则和定额换算方法。
2.掌握地基处理和基坑与边坡支护的工程量清单编制和清单报价。

能力目标

会应用地基处理和基坑与边坡支护工程有关分项工程量的计算方法,结合实际工程进行地基处理和基坑与边坡支护的工程量清单编制和清单报价。

引 例

某工程基坑土质较软,地基需做换填垫层处理,基坑边坡需做土钉和喷射混凝土支护处理。编制相应项目的工程量清单和清单报价。

8.1 定额工程量计算

一、定额说明

1.垫层与填料加固

(1)国家定额将混凝土垫层编入混凝土与钢筋混凝土工程定额中,将其他材料垫层编入砌筑工程定额中。省定额垫层按地面垫层编制。若为基础垫层,人工、机械分别乘以下列系数:条形基础1.05;独立基础1.10;满堂基础1.00。若为场区道路垫层,人工乘以系数0.9。

> 想一想:不同基础的部位,为什么系数不同?

(2)填料加固定额用于软弱地基挖土后的换填材料加固工程。灰土垫层及填料加固夯填灰土就地取土时,应扣除灰土配合比中的黏土。

> **经验提示**：填料加固与垫层的区分：加固的换填材料与垫层，均处于建筑物与地基之间，均起传递荷载的作用。它们的不同之处在于：
>
> （1）垫层，平面尺寸比基础略大（一般厚度≤200 mm），总是伴随着基础发生，总体厚度较填料加固小（一般厚度≤500 mm），垫层与槽（坑）边有一定的间距（不呈满填状态）。
>
> （2）填料加固用于软弱地基整体或局部大开挖后的换填，其平面尺寸由建筑物地基的整体或局部尺寸以及地基的承载能力决定，总体厚度较大（一般厚度＞500 mm），一般呈满填状态。

（3）强夯定额中每单位面积夯点数，指设计文件规定单位面积内的夯点数量，国家定额规定，当设计文件中夯点数量与定额不同时，采用内插法计算消耗量。

（4）夯击击数是指强夯机械就位后，夯锤在同一夯点上下夯击的次数（落锤高度应满足设计夯击能量的要求，否则按低锤满拍计算）。

2.挡土板

挡土板定额分为疏板和密板。疏板是指间隔支挡土板，且板间净空≤150 cm 的情况；密板是指满支挡土板或板间净空≤30 cm 的情况。挡土板如图 8-1 所示。

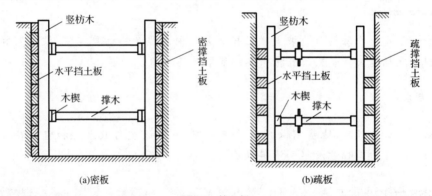

(a)密板   (b)疏板

图 8-1 挡土板

二、垫层工程量计算

国家定额垫层工程量按设计图示尺寸以体积计算。省定额按下列规定计算垫层体积：

1.地面垫层

地面垫层按室内主墙间净面积乘以设计厚度，以体积计算。计算时应扣除凸出地面的构筑物、设备基础、室内铁道、地沟以及单个面积＞0.3 m² 的孔洞、独立柱等所占体积；不扣除间壁墙、附墙烟囱、墙垛以及单个面积≤0.3 m² 的孔洞等所占体积，门洞、空圈、暖气壁龛等开口部分也不增加。

地面垫层工程量＝($S_房$－单个面积在 0.3 m² 以上孔洞独立柱及构筑物等面积)×垫层厚度

$$S_房 = S_底 - \sum L_中 \times 外墙厚 - \sum L_内 \times 内墙厚$$

2.基础垫层

条形基础、独立基础和满堂基础垫层按下列规定，以体积计算：

（1）条形基础垫层，外墙按外墙中心线长度、内墙按其设计净长度乘以垫层平均断面面积以体积计算。柱间条形基础垫层，按柱基础（含垫层）之间的设计净长度乘以垫层平均断面面积以体积计算。

$$条形基础垫层工程量 = \sum L_{中} \times 垫层断面面积 + \sum L_{净} \times 垫层断面面积$$

（2）独立基础垫层和满堂基础垫层，按设计图示尺寸乘以平均厚度，以体积计算。

$$独立基础垫层（或满堂基础垫层）工程量 = 设计长度 \times 设计宽度 \times 平均厚度$$

3.其他垫层

（1）场区道路垫层按其设计长度乘以宽度和平均厚度，以体积计算。

（2）爆破岩石增加垫层的工程量，按现场实测结果以体积计算。

（3）填料加固，按设计图示尺寸以体积计算。

【**案例 8-1**】　图 8-2 为某建筑物基础平面图及详图。地面做法：20 mm 厚 1：2.5 的水泥砂浆，100 mm 厚 C15 的素混凝土垫层，素土夯实。基础为 M5.0 的水泥砂浆砌筑标准黏土砖。按省定额计算垫层工程量，确定定额项目和费用。

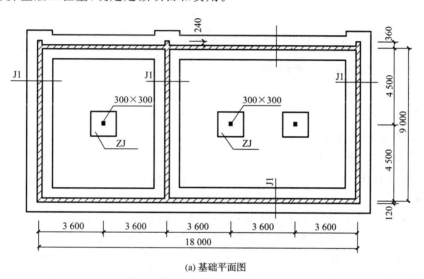

(a) 基础平面图

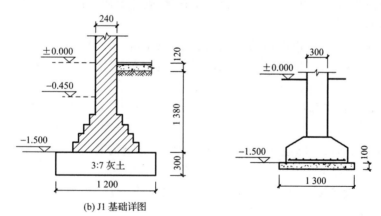

(b) J1 基础详图

图 8-2　基础工程

解　（1）地面垫层工程量 $=(18-0.24 \times 2) \times (9-0.24) \times 0.1 = 15.35$ m³

C15 的素混凝土地面垫层，套定额 2-1-28。

定额单价 $= 5\ 537.97$ 元/10 m³

定额直接费 $= 15.35 \div 10 \times 5\ 537.97 = 8\ 500.78$ 元

（2）独立基础垫层工程量 $= 1.3 \times 1.3 \times 0.1 \times 3 = 0.51$ m³

独立基础 C15 素混凝土垫层,套定额 2-1-28(换)。

定额单价＝5 537.97＋(1 062.40＋7.01)×0.1＝5 644.91 元/10 m³

定额直接费＝0.51÷10×5 644.91＝287.89 元

> **经验提示:** 垫层定额按地面垫层编制,独立基础垫层套定额时人工、机械要分别乘以系数 1.10。

(3)条形基础 3:7 灰土垫层:

灰土垫层工程量＝1.2×0.3×[(9＋3.6×5)×2＋0.24×3]＋1.2×0.3×(9−1.2)

　　　　　　＝22.51 m³

条形基础 3:7 灰土垫层,机械振动,套定额 2-1-1(换)。

定额单价＝2 017.78＋(880.64＋14.12)×0.05＝2 062.52 元/10 m³

定额直接费＝22.51÷10×2 062.52＝4 642.73 元

> **经验提示:** 条形基础垫层套定额时人工、机械要分别乘以系数 1.05。

三、强夯与支护工程量计算

1.强夯

(1)地基强夯区别不同夯击能量和夯点密度,按设计图示强夯处理范围以面积计算。

夯点密度国家定额与省定额计算公式

夯点密度(夯点/100 m²)＝设计夯击范围内的夯点数÷夯击范围×100

夯点密度(夯点/10 m²)＝设计夯击范围内的夯点数÷夯击范围×10

地基强夯工程量＝设计图示面积

(2)设计无规定时,按建筑物基础外围轴线每边各加 4 m 以面积计算。

地基强夯工程量＝$S_{轴包}$＋$L_{外轴}$×4＋4×16＝$S_{轴包}$＋$4L_{外轴}$＋64

【案例 8-2】 某设计要求强夯面积为 1 120 m² 的地基土,要求夯击能为 2 000 kN·m,每 10 m² 内夯点为 2,每夯点为 5 击,计算强夯工程量,确定定额项目。

解 工程量＝1 120 m²

夯击能 2 000 kN·m 以内,4 夯点以内,每夯点 4 击,套定额 2-17 或 2-1-51。

夯击能 2 000 kN·m 以内,4 夯点以内,每增减 1 击,套定额 2-18 或 2-1-52。

2.支护

(1)打、拔钢板桩工程量,按设计图示桩的尺寸以质量计算。安、拆导向夹具,按设计图示尺寸以长度计算。

(2)挡土板按设计文件(或施工组织设计)规定的支挡范围,以面积计算。袋土围堰按设计文件(或施工组织设计)规定的支挡范围,以体积计算。

(3)钢支撑按设计图示尺寸以质量计算。不扣除孔眼质量,焊条、铆钉、螺栓等不另增加质量。

(4)砂浆土钉的钻孔灌浆,按设计文件(或施工组织设计)规定的钻孔深度,以长度计算。土层锚杆机械钻孔、注浆,按设计孔径尺寸,以长度计算。喷射混凝土护坡区分土层与岩层,按设计文件(或施工组织设计)规定的尺寸,以面积计算。

【案例 8-3】 某工程采用国产拉森式鞍新Ⅳ型钢板桩用于基坑支护,深度 6 m,长度80 m。已知该产品规格单根长度质量为 76.99 kg/m,宽度质量为 192.58 kg/m。计算工程量,确定定额项目。

解　打、拔钢板桩工程量＝192.58×80×6＝92 438 kg＝92.438 t

打钢工具桩 6 m 以内,套定额 2-77 或 2-1-100。

安、拆导向夹具工程量＝80 m

安、拆导向夹具,套定额 2-81 或 2-1-104。

【**案例 8-4**】　某工程地基施工组织设计中采用土钉支护,如图 8-3 所示。土钉深度为 2 m,平均每平方米设一个,M10 水泥砂浆注浆,C25 混凝土喷射厚度为 80 mm。计算工程量,确定定额项目(不考虑挂网及支脚手架等内容)。

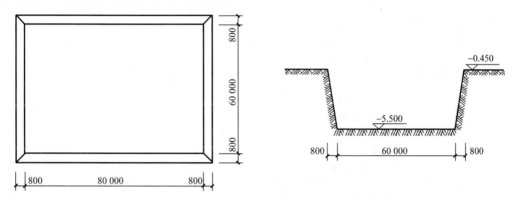

图 8-3　土钉支护

解　该项目发生的工程内容为:钻孔、搅拌灰浆及混凝土、灌浆、喷射混凝土。

①砂浆土钉(钻孔灌浆)工程量＝(80.8＋60.8)×2×$\sqrt{0.8^2＋(5.5-0.45)^2}$÷1×2
$$＝2\ 896.00\ m$$

砂浆土钉(钻孔灌浆)土层,套定额 2-82 或 2-2-14。

②喷射混凝土护坡工程量＝(80.8＋60.8)×2×$\sqrt{0.8^2＋(5.5-0.45)^2}$＝1 448.00 m²

混凝土喷射(土层)50 mm,套定额 2-94 或 2-2-23(混凝土含量为 0.051 m³/m²)。

③喷射混凝土每增 10 mm 工程量＝1 448.00×3＝4 344.00 m²

喷射混凝土每增 10 mm,套定额 2-96 或 2-2-25(混凝土含量为 0.010 1 m³/m²)。

8.2　工程量清单编制

一、清单项目设置

地基处理与边坡支护工程分为地基处理和基坑与边坡支护两个分部工程,适用于地基与边坡的处理、加固。

1.地基处理(编号:010201)

《房屋建筑与装饰工程工程量计算规范》附录 B.1 地基处理包括换填垫层、铺设土工合成材料、预压地基、强夯地基、振冲密实(不填料)、振冲桩(填料)、砂石桩、水泥粉煤灰碎石桩、深层搅拌桩、粉喷桩、夯实水泥土桩、高压喷射注浆桩、石灰桩、灰土(土)挤密桩、柱锤冲扩桩、注浆地基和褥垫层 17 个清单项目。地基处理常用清单项目见表 8-1。

表 8-1　　　　　　　　　　　　地基处理常用清单项目(编号:010201)

项目编码	项目名称	项目特征	计量单位	工程量计算规则	工程内容
010201001	换填垫层	①材料种类及配比 ②压实系数 ③掺加剂品种	m³	按设计图示尺寸以体积计算	①分层铺填 ②碾压、振密或夯实 ③材料运输
010201003	预压地基	①排水竖井种类、断面尺寸、排列方式、间距、深度 ②预压方法 ③预压荷载、时间 ④砂垫层厚度	m²	按设计图示处理范围以面积计算	①设置排水竖井、盲沟、滤水管 ②铺设砂垫层、密封膜 ③堆载、卸载或抽气设备安拆、抽真空 ④材料运输
010201004	强夯地基	①夯击能量 ②夯击遍数 ③夯点布置形式、间距 ④地耐力要求 ⑤夯填材料种类			①铺设夯填材料 ②强夯 ③夯填材料运输
010201010	粉喷桩	①地层情况 ②空桩长度、桩长 ③桩径 ④粉体种类、掺量 ⑤水泥强度等级、石灰粉要求	m	按设计图示尺寸以桩长计算	①预搅下钻、喷粉搅拌提升成桩 ②材料运输
010201017	褥垫层	①厚度 ②材料品种及比例	m²、m³	①以平方米计量,按设计图示尺寸以铺设面积计算 ②以立方米计量,按设计图示尺寸以体积计算	材料拌和、运输、铺设、压实

2.基坑与边坡支护(编号:010202)

《房屋建筑与装饰工程工程量计算规范》附录 B.2 基坑与边坡支护包括地下连续墙,咬合灌注桩,圆木桩,预制钢筋混凝土板桩,型钢桩,钢板桩,锚杆(锚索),土钉,喷射混凝土、水泥砂浆,钢筋混凝土支撑和钢支撑 11 个清单项目。基坑与边坡支护常用清单项目见表8-2。

表 8-2　　　　　　　　　　　　基坑与边坡支护常用清单项目(编号:010202)

项目编码	项目名称	项目特征	计量单位	工程量计算规则	工程内容
010202004	预制钢筋混凝土板桩	①地层情况 ②送桩深度、桩长 ③桩截面 ④沉桩方法 ⑤连接方式 ⑥混凝土强度等级	m、根	①以米计量,按设计图示尺寸以桩长(包括桩尖)计算 ②以根计量,按设计图示数量计算	①工作平台搭拆 ②桩机移位 ③沉桩 ④板桩连接

续表

项目编码	项目名称	项目特征	计量单位	工程量计算规则	工程内容
010202005	型钢桩	①地层情况或部位 ②送桩深度、桩长 ③规格型号 ④桩倾斜度 ⑤防护材料种类 ⑥是否拔出	t、根	①以吨计量,按设计图示尺寸以质量计算 ②以根计量,按设计图示数量计算	①工作平台搭拆 ②桩机移位 ③打(拔)桩 ④接桩 ⑤刷防护材料
010202006	钢板桩	①地层情况 ②桩长 ③板桩厚度	t、m²	①以吨计量,按设计图示尺寸以质量计算 ②以平方米计量,按设计图示墙中心线长乘以桩长以面积计算	①工作平台搭拆 ②桩机移位 ③打、拔钢板桩
010202008	土钉	①地层情况 ②钻孔深度 ③钻孔直径 ④置入方法 ⑤杆体材料品种、规格、数量 ⑥浆液种类、强度等级	m、根	①以米计量,按设计图示尺寸以钻孔深度计算 ②以根计量,按设计图示数量计算	①钻孔、浆液制作、运输、压浆 ②土钉制作、安装 ③土钉施工平台搭设、拆除
010202009	喷射混凝土、水泥砂浆	①部位 ②厚度 ③材料种类 ④混凝土(砂浆)类别、强度等级	m²	按设计图示尺寸以面积计算	①修整边坡 ②混凝土(砂浆)制作、运输、喷射、养护 ③钻排水孔、安装排水管 ④喷射施工平台搭设、拆除

二、计量规范与计价规则说明

1.地基处理项目说明

(1)地基强夯项目,当设计无夯击能量、夯点数量及夯击次数要求时,应按地耐力要求编码列项。强夯地基按设计图示处理范围以面积计算工程量。

(2)砂石桩项目适用于各种成孔方式(振动沉管、锤击沉管等)的砂石灌注桩。

(3)挤密桩项目适用于各种成孔方式的灰土(土)、石灰等挤密桩。粉喷桩按设计图示尺寸以桩长计算工程量。

(4)高压喷射注浆桩项目适用于以水泥为主、化学材料为辅的水泥浆旋喷桩。高压喷射注浆类型包括旋喷、摆喷、定喷,高压喷射注浆方法包括单管法、双重管法、三重管法。

(5)粉喷桩项目适用于水泥、生石灰粉等材料的喷粉桩。粉喷桩按设计图示尺寸以桩长计算工程量。

(6)褥垫层是CFG复合地基中解决地基不均匀的一种方法,当建筑物一边在岩石地基上,一边在黏土地基上时,采用在岩石地基上加褥垫层(级配砂石)来解决。褥垫层厚度可取 200~300 mm,其材料可选用中砂、粗砂、级配砂石等,最大粒径不宜大于 20 mm。

褥垫层厚度均匀按设计图示尺寸以铺设面积计算工程量;厚度不同按设计图示尺寸以体积计算工程量。

(7)地层情况按规范土壤及岩石分类表的规定,结合工程勘察报告的岩土厚度所占比例进行描述。对无法准确描述的地层情况,可注明由投标人根据岩土工程勘察报告自行决定报价。

(8)项目特征中的桩长应包括桩尖,空桩长度=孔深-桩长,孔深为自然地面至设计桩底的深度。

(9)如果采用泥浆护壁成孔,工作内容包括土方、废泥浆外运;如果采用沉管灌注成孔,工作内容包括桩尖制作、安装。

(10)弃土(不含泥浆)清理、运输按余方弃置项目编码列项。

2.地基与边坡支护项目说明

(1)地下连续墙项目适用于各种导墙施工的复合型地下连续墙工程。

(2)打钢筋混凝土预制板桩是指留滞原位(即不拔出)的板桩。板桩长度相同以根计算工程量;长度不同按设计图示尺寸以桩长(包括桩尖)(单位:米)计算工程量。

(3)锚杆支护项目适用于岩石高削坡混凝土支护挡土墙和风化岩石混凝土、砂浆护坡。其他锚杆是指不施加预应力的土层锚杆和岩石锚杆。钻孔、布筋、锚杆安装、灌浆、张拉等搭设的脚手架,应列入措施项目清单中。

(4)土钉支护项目适用于土层的锚固,置入方法包括钻孔置入、打入或射入等。措施项目应列入措施项目清单中,其他事项同锚杆支护规定。土钉长度相同以根计算工程量;长度不同按设计图示尺寸以钻孔深度计算工程量。边坡喷射混凝土、水泥砂浆按设计图示尺寸以面积计算工程量。

(5)地层情况按规范土壤及岩石分类表的规定,结合工程勘察报告的岩土厚度所占比例进行描述。对无法准确描述的地层情况,可注明由投标人根据岩土工程勘察报告自行决定报价。

(6)混凝土种类是指清水混凝土、彩色混凝土等,若同时使用商品混凝土和现场搅拌混凝土,也应注明。

(7)未列的基坑与边坡支护的排桩按桩基工程相关项目编码列项。水泥土墙、坑内加固按地基与边坡支护工程相关项目编码列项。砖、石挡土墙和护坡按砌筑工程相关项目编码列项。混凝土挡土墙按混凝土及钢筋混凝土工程相关项目编码列项。弃土(不含泥浆)清理、运输按余方弃置项目编码列项。

三、地基处理案例

【案例 8-5】 某工程采用 42.5MP 硅酸盐水泥喷粉桩,水泥掺量为桩体的 12%,桩长 9 m,桩截面直径 1 000 mm,共 50 根。编制工程量清单。

解 喷粉桩工程量=9×50=450 m

分部分项工程量清单见表 8-3。

表 8-3　　　　　　　　　　　分部分项工程量清单(案例 8-5)

序号	项目编码	项目名称	项目特征描述	计量单位	工程量
1	010201010001	喷粉桩	①地层情况:一、二类土 ②桩长:9 m ③桩径:1 000 mm ④粉体种类、掺量:硅酸盐水泥,水泥掺量 12% ⑤水泥强度等级:42.5MP	m	450

8.3　工程量清单计价

一、计量规范与计价规则说明

1.地基处理

(1)砂石桩的砂石级配、密实系数均应包括在报价内。

(2)挤密桩的灰土(土)级配、密实系数均应包括在报价内。

2.地基与边坡支护

(1)地基与边坡支护不包括搭设的脚手架,脚手架应在措施项目清单中报价。

(2)基坑与边坡的检测、变形观测等费用按国家相关取费标准单独计算,不在清单项目中。

二、桩与地基基础工程案例

【案例 8-6】　某工程基坑开挖,三类土,施工组织设计中采用土钉支护,土钉深度为 2 m,平均每平方米设一个,土钉工程量为 2 895.98 m,钻孔直径为 50 mm,置入单根Φ25 螺纹钢筋,用 1∶1 水泥砂浆注浆,C25 细石混凝土,现场搅拌,喷射厚度为 80 mm,喷射混凝土工程量为 1 447.99 m²,分部分项工程量清单见表 8-4。进行工程量清单报价(不考虑挂钢筋网和施工平台搭拆内容)。

表 8-4　　　　　　　　　　　分部分项工程量清单(案例 8-6)

序号	项目编码	项目名称	项目特征描述	计量单位	工程量
1	010202008001	土钉	①地层情况:三类土 ②钻孔深度:2 m ③钻孔直径:50 mm ④置入方法:钻孔置入 ⑤杆体材料品种、规格、数量:单根Φ25 螺纹钢筋 ⑥浆液种类:1∶1 水泥砂浆	m	2 895.98
2	010202009001	喷射混凝土	①部位:基坑边坡 ②厚度:80 mm ③材料种类:细石混凝土 ④混凝土类别、强度等级:现场搅拌,C25	m²	1 447.99

解　(1)土钉项目内容、工程量、定额项目的确定

土钉项目发生的工程内容为：钻孔、置入钢筋、搅拌灰浆、灌浆。

砂浆土钉(钻孔灌浆)工程量＝2 895.98 m

砂浆土钉(钻孔灌浆)土层，套定额 2-2-14。

Φ25 螺纹钢筋制作、安装工程量＝2 895.98×3.85＝11 149.52 kg＝11.15 t

Φ25 螺纹钢筋制作、安装，套定额 5-4-7。

(2)喷射混凝土项目内容、工程量、定额项目的确定

喷射混凝土项目发生的工程内容为：混凝土搅拌、运输、喷射混凝土。

喷射混凝土护坡工程量＝1 447.99 m²

混凝土喷射(土层)50 mm，套定额 2-2-23(混凝土含量为 0.051 m³/m²)。

喷射混凝土每增 10 mm 工程量＝1 447.99×3＝4 343.97 m²

喷射混凝土每增 10 mm，套定额 2-2-25(混凝土含量为 0.010 1 m³/m²)。

现场搅拌细石混凝土工程量＝1 447.99×0.051＋4 343.97×0.010 1＝117.72 m³

现场搅拌细石混凝土，套定额 5-3-3。

(3)编制分部分项工程量清单计价表

人工、材料、机械单价选用市场价。

根据企业情况确定管理费费率为 25%，利润率为 15%。

分部分项工程量清单计价见表 8-5。

表 8-5　　　　　　　　分部分项工程量清单计价(案例 8-6)

序号	项目编码	项目名称	项目特征描述	计量单位	工程量	金额/元	
						综合单价	合价
1	010202008001	土钉	①地层情况：三类土 ②钻孔深度：2 m ③钻孔直径：50 mm ④置入方法：钻孔置入 ⑤杆体材料品种、规格、数量：单根Φ25 螺纹钢筋 ⑥浆液种类：1∶1 水泥砂浆	m	2 895.98	75.97	220 007.60
2	010202009001	喷射混凝土	①部位：基坑边坡 ②厚度：80 mm ③材料种类：细石混凝土 ④混凝土类别、强度等级：现场搅拌，C25	m²	1 447.99	89.09	129 001.43

练习题

一、单选题

1.地面垫层按(　　)乘以设计厚度，以立方米计算。

A.室内主墙间净面积　　　　　　　　　　B.室内主墙轴线间面积

C.外墙中心线间面积　　　　　　　　　　　　D.外墙间净面积

2.计算地面垫层时,不扣除间壁墙、附墙烟囱、墙垛以及单个面积在(　　)以内的孔洞等所占体积。

A.0.2 m² 　　　　　B.0.3 m² 　　　　　C.0.4 m² 　　　　　D.0.5 m²

3.省定额垫层按地面垫层编制,若为条形基础垫层,人工、机械乘以下列系数(　　)。

A.1.05 　　　　　B.1.10 　　　　　C.1.00 　　　　　D.1.07

4.挡土板按设计文件(或施工组织设计)规定的支挡范围,以(　　)计算。

A.m 　　　　　B.m² 　　　　　C.m³ 　　　　　D.kg

5.袋土围堰按设计文件(或施工组织设计)规定的支挡范围,以(　　)计算。

A.m 　　　　　B.m² 　　　　　C.m³ 　　　　　D.kg

6.砂浆土钉的钻孔灌浆,按设计文件(或施工组织设计)规定的钻孔深度,以(　　)计算。

A.m 　　　　　B.m² 　　　　　C.m³ 　　　　　D.kg

7.土层锚杆机械钻孔、注浆,按设计孔径尺寸,以(　　)计算。

A.m 　　　　　B.m² 　　　　　C.m³ 　　　　　D.kg

8.喷射混凝土护坡区分土层和岩层,按设计文件(或施工组织设计)规定的尺寸,以(　　)计算。

A.m 　　　　　B.m² 　　　　　C.m³ 　　　　　D.kg

二、多选题

1.地基强夯工程量计算不正确的是(　　)。

A.按设计图示尺寸以面积计算　　　　　　　　B.按设计图示尺寸以体积计算

C.按实际尺寸以面积计算　　　　　　　　　　D.按设计图示尺寸外扩 2 m 以面积计算

2.高压喷射注浆桩项目适用于以水泥为主、化学材料为辅的水泥浆旋喷桩。高压喷射注浆类型包括旋喷、摆喷、定喷,高压喷射注浆方法包括(　　)。

A.单管法 　　　　　B.双重管法 　　　　　C.三重管法 　　　　　D.四重管法

三、判断题

1.楼地面垫层按室内主墙间净面积以平方米计算。　　　　　　　　　　　　(　　)

2.打、拔钢板桩工程量,按设计图示桩的尺寸以质量计算。　　　　　　　　　(　　)

3.钢支撑按设计图示尺寸以质量计算。不扣除孔眼质量,焊条、铆钉、螺栓等不另增加质量。

　　　　　　　　　　　　　　　　　　　　　　　　　　　　　　　　　(　　)

4.填料加固,按设计图示尺寸以体积计算。　　　　　　　　　　　　　　　(　　)

5.场区道路垫层按其设计长度乘以宽度和平均厚度,以体积计算。　　　　　　(　　)

6.地基与边坡支护不包括搭设的脚手架,脚手架应在措施项目清单中报价。　　(　　)

7.基坑与边坡的检测、变形观测等费用按国家相关取费标准单独计算,不在清单项目中。

　　　　　　　　　　　　　　　　　　　　　　　　　　　　　　　　　(　　)

第9章
桩基工程

知识目标

1.熟悉预制钢筋混凝土桩、现浇混凝土灌注桩等分项工程的说明和计算规则。
2.掌握预制钢筋混凝土桩、现浇混凝土灌注桩工程量计算和定额换算方法。
3.掌握预制钢筋混凝土桩、现浇混凝土灌注桩工程量清单编制和投标报价。

能力目标

会应用混凝土桩工程有关分项工程量的计算方法,结合实际工程进行预制钢筋混凝土桩、现浇混凝土灌注桩工程量计算和工程量清单编制与投标报价。

引例

某深基础工程有打预制钢筋混凝土方桩和沉管现浇混凝土灌注桩项目,怎样编制工程量清单和清单报价?

9.1 定额工程量计算

一、桩基础定额说明

1.打桩工程系数调整

(1)单位(群体)工程的桩基础工程量在表 9-1 数量以内时,相应定额人工、机械乘以小型工程系数 1.25。灌注桩单位工程的桩基础工程量指灌注混凝土量。

表 9-1　　　　　　　　　　　　　　　　小型工程系数

项 目	单位工程的工程量
预制钢筋混凝土方桩	200 m³
预应力钢筋混凝土管桩	1 000 m
预制钢筋混凝土板桩	100 m³
钻孔、旋挖成孔灌注桩	150 m³
沉管、冲击灌注桩	100 m³
钢管桩	50 t

（2）单独打试桩、锚桩，按相应定额的打桩人工及机械乘以系数1.5。

（3）打桩工程按陆地打垂直桩编制，以平地打桩为准。当在基坑内（基坑深度＞1.5 m，基坑面积＜500 m²）打桩或在地坪上打坑槽内（坑槽深度＞1 m）桩时，按相应定额人工、机械乘以系数1.11。

（4）在桩间补桩或在强夯地基上打桩时，相应定额人工、机械乘以系数1.15。

（5）打桩工程，当遇送桩时，可按打桩相应定额人工、机械乘以表9-2所列的系数。

表 9-2 送桩深度系数

送桩深度	系 数
2 m 以内	1.25
2～4 m	1.43
4 m 以外	1.67

2.桩基础定额说明

（1）打、压预制钢筋混凝土桩、预应力钢筋混凝土管桩，定额按购入成品构件考虑，已包含桩位半径≤15 m 的移动、起吊、就位。

（2）预应力钢筋混凝土管桩桩头灌芯部分按人工挖孔桩灌桩芯定额执行。

（3）定额各种灌注桩的材料用量中，均已包括充盈系数和材料损耗。

二、预制钢筋混凝土桩工程量计算

1.打、压预制钢筋混凝土桩

（1）打、压预制钢筋混凝土桩按设计桩长（包括桩尖）乘以桩断面面积，以体积计算。

$$预制钢筋混凝土桩工程量＝设计桩总长度×桩断面面积$$

【案例 9-1】 某工程采用钢筋混凝土方桩基础，二级土，用柴油打桩机打预制钢筋混凝土方桩 74 根，如图 9-1 所示。桩长 15 m，桩断面尺寸为 300 mm×300 mm。计算工程量，确定定额项目。

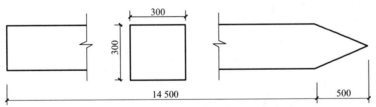

图 9-1 钢筋混凝土方桩

解 钢筋混凝土方桩工程量＝0.3×0.3×15×74＝99.90 m³＜200 m³（属小型工程）

打预制钢筋混凝土方桩 25 m 以内，套定额 3-2 或 3-1-2（换）。

单位工程的预制钢筋混凝土桩基础工程量在 200 m³ 以内时，打桩相应定额人工、机械乘以小型工程系数 1.25。

（2）打、压预应力钢筋混凝土管桩按设计桩长（不包括桩尖），以长度计算。预应力钢筋混凝土管桩钢桩尖按设计图示尺寸，以质量计算。要求加注填充材料时，填充部分另按相应规定计算。

【案例 9-2】 如图 9-2 所示，打预应力钢筋混凝土管桩，共 15 根，试计算其工程量，确定定额项目。

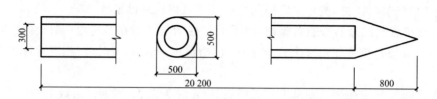

图 9-2 预应力钢筋混凝土管桩

解 预应力钢筋混凝土管桩工程量＝20.2×15＝303 m＜1 000 m

打预应力钢筋混凝土管桩,套定额 3-10 或 2-3-10(换)。

注意:单位工程预应力钢筋混凝土管桩工程量小于 1 000 m,相应定额人工、机械乘以系数 1.25。

(3)打桩工程的送桩按设计桩顶标高至打桩前的自然地坪标高另加 0.5 m 计算相应项目的送桩工程量。

2.预制钢筋混凝土桩接桩、截桩

(1)预制钢筋混凝土桩、钢管桩电焊接桩,按设计要求接桩头的数量计算。

【案例 9-3】 如图 9-3 所示,共 16 个桩组,每组 4 根,桩断面尺寸为 400 mm×400 mm,包角钢接桩,试计算其接桩工程量,确定定额项目。

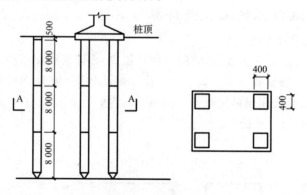

图 9-3 包角钢接桩

解 包角钢接桩工程量＝16×4×2＝128 根

包角钢接桩,套定额 3-37 或 3-1-37。

(2)预制钢筋混凝土桩截桩按设计要求截桩的数量计算。截桩长度≤1 m 时,不扣减相应桩的打桩工程量;截桩长度＞1 m 时,其超过 1 m 部分按实扣减打桩工程量,但桩体的价格和预制桩场内运输的工程量不扣除。

(3)预制钢筋混凝土桩凿桩头按设计图示桩截面乘凿桩头长度,以体积计算。凿桩头长度设计无规定时,桩头长度按桩体高 40d(d 为桩体主筋直径,主筋直径不同时取大者)计算;灌注混凝土桩凿桩头按设计超灌高度(设计有规定时按设计要求计算,设计无规定时按 0.5 m 计算)乘以桩截面面积,以体积计算。

(4)桩头钢筋整理,按所整理的桩的数量计算。

三、灌注桩工程量计算

1.钻孔桩、旋挖桩

(1)钻孔桩、旋挖桩成孔工程量按打桩前自然地坪标高至设计桩底标高的成孔长度乘以设计桩径截面积,以体积计算。入岩增加工程量按实际入岩深度乘以设计桩径截面积,以体积计算。

$$成孔工程量＝(H＋入岩深度)\pi D^2/4$$

式中　H——桩孔深;

　　　D——桩径。

(2)钻孔桩、旋挖桩灌注混凝土工程量按设计桩径截面积乘以设计桩长(包括桩尖)另加加灌长度,以体积计算。加灌长度设计有规定时,按设计要求计算,设计无规定时按 0.5 m 计算。

$$灌注混凝土工程量＝(L＋加灌长度)\pi D^2/4$$

式中　L——设计桩长(包括桩尖)。

2.沉管桩

(1)沉管桩成孔工程量按打桩前自然地坪标高至设计桩底标高(不包括预制桩尖)的成孔长度乘以钢管外径截面积,以体积计算。

$$沉管桩成孔工程量＝H\pi D^2/4$$

式中　H——桩孔深;

　　　D——钢管外径。

(2)沉管桩灌注混凝土工程量按钢管外径截面积乘以设计桩长(不包括预制桩尖)另加加灌长度,以体积计算。加灌长度设计有规定时,按设计要求计算,设计无规定时按 0.5 m 计算。

$$沉管桩灌注混凝土工程量＝(L＋加灌长度)\pi D^2/4$$

式中　L——设计桩长(不包括制桩尖)。

【案例 9-4】　打桩机打沉管成孔钢筋混凝土灌注桩,成孔深度 15 m,桩长 14 m,钢管外径 0.5 m,桩根数为 50 根,混凝土强度等级为 C30,混凝土现场搅拌,机动翻斗车现场运输混凝土,运距 500 m,一级土。计算工程量,确定定额项目。

解　该项目发生的工程内容为:成孔、混凝土制作、运输、灌注。

①沉管桩成孔工程量＝$3.14\div 4\times 0.5^2\times 15\times 50＝147.19$ m³

锤击式沉管桩成孔,套定额 3-79 或 3-2-22。

②沉管桩灌注混凝土工程量＝$3.14\div 4\times 0.5^2\times(14＋0.5)\times 50＝142.28$ m³＞100 m³

沉管桩灌注混凝土,套定额 3-87 或 3-2-29(混凝土含量为 1.161 5 m³/m³)。

③混凝土现场搅拌工程量＝$142.28\times 1.161 5＝165.26$ m³

混凝土现场搅拌(基础),套定额 5-82(搅拌运输)或 5-3-1。

④混凝土现场运输工程量＝$142.28\times 1.161 5＝165.26$ m³

混凝土机动翻斗车运输,套定额 5-3-8。

3.人工挖孔灌注混凝土桩

(1)人工挖桩孔土石方,按桩(含桩壁)设计断面积乘以桩孔中心线深度,以体积计算。省定额将人工挖桩孔土石方编入土石方工程定额中。

(2)人工挖孔灌注混凝土桩的桩壁和桩芯工程量,分别按设计图示截面积乘以设计桩长另加加灌长度,以体积计算。加灌长度设计有规定时,按设计要求计算,设计无规定时按 0.25 m 计算。标准圆形断面(或折合成标准断面)如图 9-4 所示。

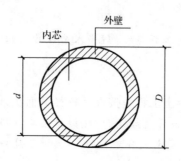

图 9-4　标准圆形断面

①混凝土桩壁工程量计算公式

$$混凝土桩壁工程量＝(H_{桩芯}＋加灌长度)(\pi D^2/4－\pi d^2/4)$$

②混凝土桩芯工程量计算公式

$$混凝土桩芯工程量＝(H_{桩芯}＋加灌长度)\pi d^2/4$$

4.其他

(1)钻(冲)孔灌注桩、人工挖孔桩设计要求扩底时,其扩底工程量按设计尺寸,以体积计算,并入相应桩工程量内。

扩大桩由桩柱和扩大头两部分组成,常用的形式如图 9-5 所示。

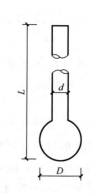

扩大桩工程量计算公式

$$V=0.785\ 4d^2(L-D)+\frac{1}{6}\pi D^3$$

(2)桩孔回填工程量按桩加灌长度顶面至打桩前自然地坪标高的长度乘以桩孔截面积,以体积计算。

图 9-5　扩大桩示意图

【**案例 9-5**】　夯扩沉管成孔灌注混凝土桩施工工艺过程如图 9-6 所示。已知共 15 根桩,桩孔深及设计桩长为 9 m,直径为 500 mm,底部扩大球体直径为 1 000 mm。计算工程量,确定定额项目。

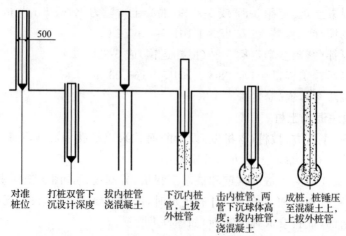

对准　　打桩双管下　拔内桩管　　下沉内桩　　击内桩管,两　成桩,桩锤压
桩位　　沉设计深度　浇混凝土　　管,上拔　　管下沉球体高　至混凝土上,
　　　　　　　　　　　　　　　外桩管　　度;拔内桩管,　上拔外桩管
　　　　　　　　　　　　　　　　　　　　浇混凝土

图 9-6　夯扩沉管成孔灌注混凝土桩施工工艺过程

解　①夯扩式沉管桩成孔工程量＝$3.14×0.25^2×9×15＝26.49$ m³

夯扩式沉管桩成孔工程量,套定额 3-80 或 3-2-23(换)。

②沉管桩身混凝土工程量 $=3.14\times0.25^2\times(9+0.5)\times15=27.97$ m^3

夯扩混凝土工程量 $=3.14\times0.5\times0.5\times0.5\times4\div3\times15=7.85$ m^3

单位工程工程量 $=27.97+7.85=35.82$ m^3$<$100 m^3

夯扩沉管成孔灌注混凝土桩,套定额 3-87 或 3-2-29(换)。

注意:混凝土灌注桩单位工程工程量小于 100 m^3,相应定额人工、机械乘以系数 1.25。

9.2 工程量清单编制

一、清单项目设置

桩基工程分为打桩和灌注桩两个分部工程,适用于桩基础工程。

1.打桩(编号:010301)

《房屋建筑与装饰工程工程量计算规范》附录 C.1 打桩包括预制钢筋混凝土方桩、预制钢筋混凝土管桩、钢管桩和截(凿)桩头 4 个清单项目。打桩包括的主要清单项目见表 9-3。

表 9-3 打桩的主要清单项目(编号:010301)

项目编码	项目名称	项目特征	计量单位	工程量计算规则	工程内容
010301001	预制钢筋混凝土方桩	①地层情况 ②送桩深度、桩长 ③桩截面 ④桩倾斜度 ⑤沉桩方法 ⑥连接方式 ⑦混凝土强度等级	m、m^3、根	①以米计量,按设计图示尺寸以桩长(包括桩尖)计算 ②以立方米计量,按设计图示截面积乘以桩长(包括桩尖)以实体积计算 ③以根计量,按设计图示数量计算	①工作平台搭拆 ②桩机竖拆、移位 ③沉桩 ④接桩 ⑤送桩
010301002	预制钢筋混凝土管桩	①地层情况 ②送桩深度、桩长 ③桩外径、壁厚 ④桩倾斜度 ⑤沉桩方法 ⑥桩尖类型 ⑦混凝土强度等级 ⑧填充材料种类 ⑨防护材料种类			①工作平台搭拆 ②桩机竖拆、移位 ③沉桩 ④接桩 ⑤送桩 ⑥填充材料、刷防护材料
010301004	截(凿)桩头	①桩类型 ②桩头截面、高度 ③混凝土强度等级 ④有无钢筋	m^3、根	①以立方米计量,按设计桩截面乘以桩头长度以体积计算 ②以根计量,按设计图示数量计算	①截(切割)桩头 ②凿平 ③废料外运

2.灌注桩(编号:010302)

《房屋建筑与装饰工程工程量计算规范》附录 C.2 灌注桩包括泥浆护壁成孔灌注桩、沉管灌注桩、干作业成孔灌注桩、挖孔桩土(石)方、人工挖孔灌注桩、钻孔压浆桩和灌注桩后压

浆 7 个清单项目。灌注桩包括的主要清单项目见表 9-4。

表 9-4　　　　　　　　　　灌注桩的主要清单项目（编号：010302）

项目编码	项目名称	项目特征	计量单位	工程量计算规则	工程内容
010302001	泥浆护壁成孔灌注桩	①地层情况 ②空桩长度、桩长 ③桩径 ④成孔方法 ⑤护筒类型、长度 ⑥混凝土类别、强度等级	m、m³、根	①以米计量,按设计图示尺寸以桩长(包括桩尖)计算 ②以立方米计量,按不同截面在桩长范围内以体积计算 ③以根计量,按设计图示数量计算	①护筒埋设 ②成孔、固壁 ③混凝土制作、运输、灌注、养护 ④土方、废泥浆外运 ⑤打桩场地硬化及泥浆池、泥浆沟
010302002	沉管灌注桩	①地层情况 ②空桩长度、桩长 ③复打长度 ④桩径 ⑤沉管方法 ⑥桩尖类型 ⑦混凝土类别、强度等级			①打(沉)、拔钢管 ②桩尖制作、安装 ③混凝土制作、运输、灌注、养护
010302003	干作业成孔灌注桩	①地层情况 ②空桩长度、桩长 ③桩径 ④扩孔直径、高度 ⑤成孔方法 ⑥混凝土类别、强度等级			①成孔、扩孔 ②混凝土制作、运输、灌注、振捣、养护
010302004	挖孔桩土(石)方	①地层情况 ②挖孔深度 ③弃土(石)运距	m³	按设计图示尺寸(含护壁)截面积乘以挖孔深度以立方米计算	①排地表水 ②挖土、凿石 ③基底钎探 ④运输
010302005	人工挖孔灌注桩	①桩芯长度 ②桩芯直径、扩底直径、扩底高度 ③护壁厚度、高度 ④护壁混凝土类别、强度等级 ⑤桩芯混凝土类别、强度等级	m³、根	①以立方米计量,按桩芯混凝土体积计算 ②以根计量,按设计图示数量计算	①护壁制作 ②混凝土制作、运输、灌注、振捣、养护

二、计量规范与计价规则说明

1.打桩项目说明

(1)地层情况按规范土壤及岩石分类表的规定,结合工程勘察报告的岩土厚度所占比例进行描述。对无法准确描述的地层情况,可注明由投标人根据岩土工程勘察报告自行决定报价。

(2)项目特征中的桩截面(桩径)、混凝土强度等级、桩类型等可直接用标准图代号或设计桩型进行描述。

(3)打试验桩和打斜桩应按相应项目编码单独列项,并应在项目特征中注明试验桩或斜桩(斜率)。

（4）预制钢筋混凝土管桩桩顶与承台的连接构造按混凝土与钢筋混凝土工程相关项目列项。

（5）截（凿）桩头项目适用于各种混凝土桩的桩头截（凿），其内容包括剔打混凝土、钢筋清理、调直弯钩以及清运弃渣、桩头。

（6）预制钢筋混凝土方桩、管桩体积相同，按根计算工程量；截面相同、长度不等按设计图示尺寸以桩长（包括桩尖）计算工程量；截面不同，按设计图示截面积乘以桩长（包括桩尖）以实体积计算工程量。

2.灌注桩项目说明

（1）泥浆护壁成孔灌注桩是指在泥浆护壁条件下成孔，采用水下灌注混凝土的桩。其成孔方法包括冲击钻成孔、冲抓锥成孔、回旋钻成孔、潜水钻成孔、泥浆护壁的旋挖成孔等。

（2）沉管灌注桩又称为打拔管灌注桩。它是利用沉桩设备，将钢管沉入土中，形成桩孔，然后放入钢筋骨架并浇筑混凝土，随之拔出套管，利用拔管时的振动将混凝土捣实，便形成所需要的灌注桩。沉管灌注桩的沉管方法包括锤击沉管法、振动沉管法、振动冲击沉管法、内夯沉管法等。

（3）干作业成孔灌注桩是指不用泥浆护壁和套管护壁的情况下，用钻机成孔后，下钢筋笼，灌注混凝土的桩，适用于地下水位以上的土层使用。其成孔方法包括螺旋钻成孔、螺旋钻成孔扩底、干作业的旋挖成孔等。

（4）地层情况按规范土壤及岩石分类表的规定，结合工程勘察报告的岩土厚度所占比例进行描述。对无法准确描述的地层情况，可注明由投标人根据岩土工程勘察报告自行决定报价。

（5）项目特征中的桩长应包括桩尖，空桩长度＝孔深－桩长，孔深为自然地面至设计桩底的深度。

（6）项目特征中的桩截面（桩径）、混凝土强度等级、桩类型等可直接用标准图代号或设计桩型进行描述。

（7）混凝土种类是指清水混凝土、彩色混凝土等，如同时使用商品混凝土和现场搅拌混凝土，也应注明。

（8）桩的钢筋制作、安装应按混凝土及钢筋混凝土有关项目编码列项。

（9）现浇混凝土灌注桩体积相同按根数计算工程量；截面相同按设计图示尺寸以桩长（包括桩尖）计算工程量；截面不同，按不同截面在桩长范围内以体积计算工程量。

三、混凝土预制桩案例

【案例 9-6】 某工程采用钢筋混凝土方桩基础，用柴油打桩机打预制钢筋混凝土方桩50 根，如图 9-7 所示。土壤为三类土，桩长为 24.6 m，桩断面尺寸为 500 mm×500 mm，混凝土强度等级为 C30，现场预制，混凝土场外运输，运距为 3 km，场外集中搅拌为 50 m³/h。编制打桩工程量清单。

解　根据《房屋建筑与装饰工程工程量计算规范》附录 C.1 打桩，项目编码:010301001001;项目名称:预制钢筋混凝土方桩;项目特征:①地层情况:三类土;②单桩长度:24.6 m;③桩截面:500 mm×500 mm;④桩倾斜度:垂直;⑤沉桩方法:柴油打桩机打桩;⑥混凝土强度等级:C30。计量单位:根（长度相同）。工程量计算规则:①以米计量，按设计图示尺寸以桩长（包括桩尖）计算;②以立方米计量，按设计图示截面积乘以桩长（包括桩尖）以实

微课

预制钢筋混凝土
方桩工程量
清单的编制

体积计算;③以根计量,按设计图示数量计算。工程内容:①工作平台搭拆;②桩机竖拆、移位;③沉桩;④接桩;⑤送桩。

工程量=50 根

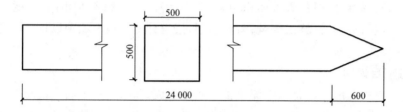

图 9-7　预制钢筋混凝土方桩

将上述结果及相关内容填入分部分项工程量清单中,见表 9-5。

表 9-5　　　　　　　　　分部分项工程量清单(案例 9-6)

序号	项目编码	项目名称	项目特征描述	计量单位	工程量
1	010301001001	预制钢筋混凝土方桩	①地层情况:三类土 ②单桩长度:24.6 m ③桩截面:500 mm×500 mm ④桩倾斜度:垂直 ⑤沉桩方法:柴油打桩机打桩 ⑥混凝土强度等级:C30	根	50

四、混凝土灌注桩案例

【案例 9-7】 某工程采用 C30 混凝土打入式沉管灌注桩,单根桩设计长度为 8 m,桩截面直径为 800 mm,共 33 根,一类土,C30 商品混凝土为 230.00 元/m³。编制工程量清单。

解 根据《房屋建筑与装饰工程工程量计算规范》附录 C.2 灌注桩,项目编码:010302002001;项目名称:沉管灌注桩;项目特征:①地层情况:一类土;②单桩长度:8 m;③桩径:800 mm;④沉管方法:打入式;⑤混凝土类别、强度等级:商品混凝土 C30。计量单位为m³。工程量计算规则:①以米计量,按设计图示尺寸以桩长(包括桩尖)计算;②以立方米计量,按不同截面在桩长范围内以体积计算;③以根计量,按设计图示数量计算。工程内容:①打(沉)、拔钢管;②桩尖制作、安装;③混凝土制作、运输、灌注、养护。

工程量=3.14×0.4²×8×33=132.63 m³

将上述结果及相关内容填入分部分项工程量清单中,见表 9-6。

表 9-6　　　　　　　　　分部分项工程量清单(案例 9-7)

序号	项目编码	项目名称	项目特征描述	计量单位	工程量
1	010302002001	沉管灌注桩	①地层情况:一类土 ②单桩长度:8 m ③桩径:800 mm ④沉管方法:打入式 ⑤混凝土类别、强度等级:商品混凝土 C30	m³	132.63

9.3　工程量清单计价

一、计量规范与计价规则说明

1.打桩

(1)打桩项目包括成品桩购置费,如果用现场预制桩,应包括现场预制的所有费用。

(2)试桩与打桩之间间歇时间,机械在现场的停滞,应包括在打试桩报价内。

(3)预制桩刷防护材料应包括在报价内。

2.灌注桩

(1)各种桩(除预制钢筋混凝土桩)的充盈量应包括在报价内。

(2)振动沉管、锤击沉管若使用预制钢筋混凝土桩尖时,应包括在报价内。

(3)爆扩桩扩大头的混凝土量应包括在报价内。

二、桩基础工程案例

【案例9-8】 夯扩成孔灌注混凝土桩如图9-8所示。共15根桩,设计桩长为9 m,直径为500 mm,底部扩大球体直径为1 000 mm,混凝土强度等级为C30,混凝土现场搅拌,机动翻斗车现场运输混凝土,运距200 m,一类土。编制工程量清单及清单报价。

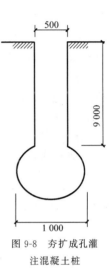

图9-8　夯扩成孔灌注混凝土桩

解　1.混凝土灌注桩工程量清单的编制

(1)混凝土灌注桩工程量=15根。

(2)分部分项工程量清单见表9-7。

表9-7　　　　　　　　　　　　　**分部分项工程量清单(案例9-8)**

序号	项目编码	项目名称	项目特征描述	计量单位	工程量
1	010302002001	夯扩成孔灌注混凝土桩	一类土,单桩长度9 m,桩径500 mm,球体直径1 000 mm,打入式夯扩桩,现场搅拌,C30混凝土	根	15

2.混凝土灌注桩工程量清单计价表的编制

(1)工程量计算。该项目发生的工程内容为:成孔、混凝土制作、运输、灌注。

①桩身工程量=$3.14×0.25^2×(9+0.5)×15=27.97$ m³

②夯扩混凝土工程量=$3.14×0.5×0.5×0.5×4÷3×15=7.85$ m³

单位工程工程量=27.97+7.85=35.82 m³<100 m³

混凝土灌注桩单位工程工程量小于100 m³,相应定额人工、机械乘以系数1.25。

③现场搅拌混凝土工程量=$35.82×1.161\ 5=41.60$ m³

夯扩成孔灌注混凝土桩的混凝土含量均为1.161 5 m³/m³。

④机动翻斗车运输混凝土工程量=$35.82×1.161\ 5=41.60$ m³

(2)直接工程费计算。人工、材料、机械单价选用市场信息价。

①夯扩沉管成孔,套定额3-2-23(换)。每10 m³人工费2 053.12元,材料费117.59元,机械费1 266.40元。

直接工程费=$3.582×(2\ 053.12×1.25+117.59+1\ 266.40×1.25)=15\ 284.36$ 元

其中:定额人工费=$3.582×2\ 053.12×1.25=9\ 192.84$ 元

②夯扩沉管成孔灌注混凝土桩,套定额3-2-29(换)。C30(石子粒径31.5 mm),每10 m³

人工费 440.32 元,材料费 5 946.56 元,机械费 0 元。

直接工程费=3.582×(440.32×1.25+5 946.56)=23 272.11 元

其中:定额人工费=3.582×440.32×1.25=1 971.53 元

③混凝土现场搅拌(基础),套定额 5-3-1。每 10 m³ 直接费单价为 408.13 元,其中人工费单价为 238.08 元。

直接工程费=4.16×408.13=1 697.82 元

其中:定额人工费=4.16×238.08=990.41 元

④机动翻斗车运输(运距 1 km),套定额 5-3-8。每 10 m³ 直接费单价为 570.68 元,其中人工费单价为 0 元。

直接工程费=4.16×570.68=2 374.03 元

(3)综合单价计算。根据企业情况确定管理费费率为 13.1%,利润率为 4.8%。

①分部分项工程费用=直接工程费+定额人工费×(管理费费率+利润率)=15 284.36+23 272.11+1 697.82+2 374.03+(9 192.84+1 971.53+990.41)×0.179=44 804.03 元

②综合单价=分部分项工程费用÷清单工程量=44 804.03÷15=2 986.94 元

③合价=清单工程量×综合单价=15×2 986.94=44 804.10 元

(4)填写清单计价表。分部分项工程量清单计价见表 9-8。

表 9-8   分部分项工程量清单计价(案例 9-8)

序号	项目编码	项目名称	项目特征描述	计量单位	工程量	综合单价	合价
1	010302002001	夯扩成孔灌注混凝土桩	一类土,单桩长度 9 m,桩径 500 mm,球体直径 1000 mm,打入式夯扩桩,现场搅拌,C30 混凝土	根	15	2 986.94	44 804.10

练习题

一、单选题

1.灌注桩桩长 15 m(含桩尖),外径 600 mm,其定额混凝土工程量为( )。
A.5.38 m³   B.4.38 m³   C.6.00 m³   D.8.50 m³

2.沉管桩灌注混凝土工程量按( )面积乘以设计规定的桩长(不包括预制桩尖)另加加灌长度,以体积计算。
A.管箍外径截面   B.管箍内径截面   C.钢管外径截面   D.钢管内径截面

3.单独打试桩、锚桩,按相应定额的打桩人工及机械乘以系数( )。
A.1.5   B.1.4   C.1.3   D.1.2

4.在桩间补桩或在强夯地基上打桩时,相应定额人工机械乘以系数( )。
A.1.12   B.1.13   C.1.14   D.1.15

5.打、压预制钢筋混凝土桩工程量以( )计算。
A.体积   B.面积   C.长度   D.质量

6.打、压预应力钢筋混凝土管桩工程量以( )计算。
A.体积   B.面积   C.长度   D.质量

7.预应力钢筋混凝土管桩钢桩尖工程量按设计图示尺寸,以( )计算。
A.体积   B.面积   C.长度   D.质量

8.打桩工程的送桩按设计桩顶标高至打桩前的自然地坪标高另加(　　)计算相应项目的送桩工程量。

A.0.1 m　　　　　B.0.3 m　　　　　C.0.5 m　　　　　D.0.7 m

9.预制钢筋混凝土桩、钢管桩、钢管桩、电焊接桩,按设计要求接桩头的(　　)计算。

A.长度　　　　　B.面积　　　　　C.质量　　　　　D.数量

10.预制钢筋混凝土桩截桩按设计要求截桩的(　　)计算。

A.长度　　　　　B.面积　　　　　C.质量　　　　　D.数量

11.预制钢筋混凝土桩凿桩头工程量,以(　　)计算。

A.体积　　　　　B.面积　　　　　C.长度　　　　　D.质量

二、多选题

1.以体积计算工程量的有(　　)。

A.预制钢筋混凝土桩　　　　　　　　B.预应力钢筋混凝土管桩

C.钻孔灌注桩　　　　　　　　　　　D.沉管灌注桩　　　E.人工挖孔灌注桩

2.清单项目中,既可以按 m³ 又可以按根数计算工程量的有(　　)。

A.泥浆护壁成孔灌注桩　　　　　　　B.沉管灌注桩

C.干作业成孔灌注桩　　　　　　　　D.挖孔桩土方

E.人工挖孔灌注桩

三、判断题

1.清单规范中,现浇混凝土灌注桩体积相同时按根数计算工程量;截面相同时按设计图示尺寸以桩长(包括桩尖)计算工程量;截面不同时,按不同截面在桩长范围内以体积计算工程量。(　　)

2.打预制混凝土桩的体积按设计桩长(不包括桩尖)乘以桩截面面积计算。(　　)

3.电焊接桩,按设计要求接桩头的数量计算。(　　)

4.沉管、冲击灌注桩单位工程的桩基础工程量在 100 m³ 以内时属小型工程,相应定额人工、机械乘以小型工程系数 1.25。(　　)

5.打试验桩时,相应定额人工、机械乘以系数 2.0。(　　)

6.单位工程的预制钢筋混凝土桩基础工程量在 200 m³ 以内时,打桩相应定额人工、机械乘以小型工程系数 1.25。(　　)

7.单位工程预应力钢筋混凝土管桩工程量小于 1 000 m,相应定额人工、机械乘以系数 1.2。(　　)

第 10 章
砌 筑 工 程

知识目标

1.掌握砖砌体、砌块砌体、石砌体和轻质隔墙等分项工程的说明和计算规则。

2.掌握工程量计算步骤,掌握基础和墙体工程量计算与计价方法。

3.掌握基础和墙体工程工程量清单编制和工程量清单计价方法。

能力目标

能应用砌体工程有关分项工程量的计算方法,结合实际工程进行砌体工程的工程量计算和定额的应用。能编制砌体工程工程量清单和工程量清单计价表。

引 例

某工程毛石基础,内外砖砌体,砖砌女儿墙。其材料用量与费用是多少?编制其工程量清单,进行工程量清单报价。

10.1 定额工程量计算

一、砌体定额说明

1.砌体用料规定

(1)定额中砖、砌块和石料按标准或常用规格编制,设计规格与定额不同时,砌体材料和砌筑(黏结)材料用量应做调整换算。

微课

砌筑工程量计算

(2)砌筑砂浆国家定额按干混预拌编制,省定额按现场搅拌编制。定额所列砌筑砂浆种类和强度等级、砌块专用砌筑黏结剂品种,设计与定额不同时,应做调整换算。

2.砌体系数调整

(1)定额中的墙体砌筑层高是按 3.6 m 编制的,当超过 3.6 m 时,其超过部分工程量的定额人工乘以系数 1.3。

(2)毛料石护坡高度超过 4m 时,定额人工乘以系数 1.15。

(3)定额中各类砖、砌块及石砌体的砌筑均按直形砌筑编制,如为圆弧形砌筑,按相应定额人工用量乘以系数 1.1,砖砌体、砌块砌体、石砌体及砂浆(黏结剂)按用量乘以系数 1.03 计算。

3.砌体定额使用规定

(1)砖基础不分砌筑宽度及有否大放脚,均执行对应品种及规格砖的同一项目。地下混凝土构件所用砖模及砖砌挡土墙套用砖基础项目。省定额规定挡土墙厚≤2 砖执行砖墙相应项目。

(2)砖砌地沟不分墙基和墙身,按不同材质合并工程量套用相应项目。

(3)砖砌体和砌块砌体不分内、外墙,均执行对应品种的砖和砌块项目。

(4)蒸压加气混凝土类砌块墙项目已包括砌块零星切割、改锯的损耗及费用。

(5)零星砌体系指台阶、台阶挡墙、梯带、锅台、炉灶、蹲台、池槽、池槽腿、花台、花池、楼梯栏板、阳台栏板、地垄墙、小于 0.3 m² 的孔洞填塞、凸出屋面的烟囱、屋面伸缩缝砌体、隔热板砖墩等。

(6)贴砌砖项目适用于地下室外墙保护墙部位的贴砌砖;框架外表面的镶贴砖部分,套用零星砌体项目。

(7)多孔砖、空心砖及砌块砌筑有防水、防潮要求的墙体时,若以普通(实心)砖作为导墙砌筑的,导墙与上部墙身主体需分别计算,导墙部分套用零星砌体项目。

(8)砖砌体钢筋加固,砌体内加筋、灌注混凝土,墙体拉结筋的制作、安装,以及墙基、墙身的防潮、防水、抹灰等,按本定额其他相关章节的项目及规定执行。

二、砌筑界线划分

1.基础与墙身的划分

(1)基础与墙身,以设计室内地坪为界(有地下室者,以地下室室内设计地坪为界),以下为基础,以上为墙(柱)身,如图 10-1 所示。

(2)围墙以设计室外地坪为界,室外地坪以下为基础,以上为墙身,如图 10-2 所示。

微课

砌筑界线的划分

> **经验提示:**围墙以低的一侧为分界线。

(3)挡土墙墙身与基础的划分以挡土墙设计地坪标高低的一侧为界,以下为基础,以上为墙身,如图 10-3 所示。

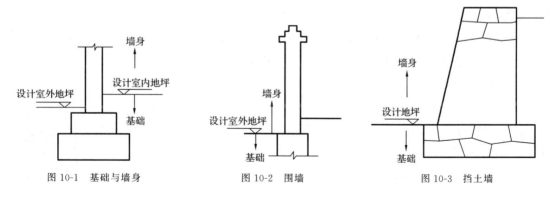

图 10-1　基础与墙身　　　图 10-2　围墙　　　图 10-3　挡土墙

2.基础与柱身的划分

(1)室内柱以设计室内地坪为界,以下为柱基础,以上为柱身,如图 10-4 所示。

(2)室外柱以设计室外地坪为界,以下为柱基础,以上为柱身,如图 10-5 所示。

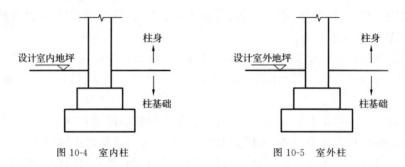

图 10-4　室内柱　　　　　　　　图 10-5　室外柱

3.石基础、石勒脚、石墙身的划分

(1)基础与勒脚应以设计室外地坪为界,勒脚与墙身应以设计室内地坪为界。

(2)石围墙内、外地坪标高不同时,应以较低地坪标高为界,以下为基础。

(3)内、外标高之差为挡土墙时,挡土墙以上为墙身。

4.基础与墙(柱)身使用不同材料的划分

基础与墙(柱)身使用不同材料时,分界处位于设计室内地坪±300 mm 以内时,以不同材料分隔线为基础与墙(柱)身的分界线;分界处超出设计室内地坪±300 mm 范围时,以设计室内地坪为基础与墙(柱)身的分界线。

> **想一想**:基础与墙身使用不同材料时,如果基础高出设计室内地坪不足 300 mm,同样要合并到基础工程量内。此规定主要考虑当另一种材料含量很少时,不单独列项。

三、基础工程量计算

1.条形基础

(1)条形基础按墙体长度乘以设计断面面积以体积计算。附墙垛基础宽出部分体积按折加长度合并计算,扣除地梁(圈梁)、构造柱所占体积,不扣除基础大放脚 T 形接头处的重叠部分及嵌入基础内的钢筋、铁件、管道、基础砂浆防潮层和单个面积≤0.3 m² 的孔洞所占体积,靠墙暖气沟的挑檐不增加。

(2)基础长度:外墙基础按外墙中心线长度计算,内墙基础按内墙基净长线计算。柱间条形基础按柱间墙体的设计净长度计算。

条形基础工程量＝L×基础断面积＋附墙垛基础宽出部分体积－嵌入基础的构件体积

式中的 L,外墙为中心线长度($L_中$),内墙为内墙基净长度($L_内$),柱间墙为设计净长度($L_净$)。

2.独立基础

独立基础按设计图示尺寸以体积计算。

【案例 10-1】　某基础工程如图 10-6 所示,M5.0 水泥砂浆砌筑,计算砖基础的工程量,确定定额项目。

砖基础工程量的计算

解　$L_中＝(9＋3.6×5)×2＋0.24×3＝54.72$ m

$L_内＝9－0.24＝8.76$ m

砖基础工程量＝$(0.24×1.5＋0.062\ 5×5×0.126×4－0.24×0.24)×$
$(54.72＋8.76)＝29.19$ m³

砖基础,套定额 4-1(换)或 4-1-1。

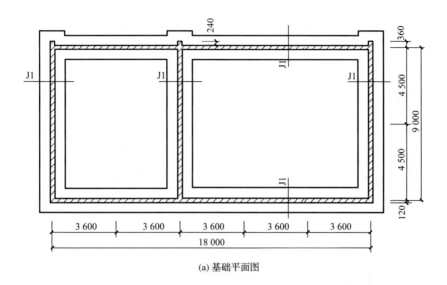

(a) 基础平面图

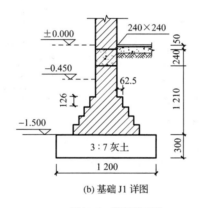

(b) 基础 J1 详图

图 10-6　某基础工程

【**案例 10-2**】　某基础工程如图 10-7 所示,基础用 M5.0 水泥砂浆砌筑。计算该基础工程的工程量,确定定额项目。

解　$L_{中}=(14.4-0.37+9+0.425\times2)\times2=47.76$ m

$L_{内}=9-0.37=8.63$ m

①毛石条形基础工程量 $=(47.76+8.63)\times(0.9+0.7+0.5)\times0.35=41.45$ m³

毛石独立基础工程量 $=(1\times1+0.7\times0.7)\times0.35\times2=1.04$ m³

毛石基础合计工程量 $=41.45+1.04=42.49$ m³

毛石条形基础,套定额 4-54(换)或 4-3-1。

②砖基础工程量 $=0.4\times0.4\times0.5\times2=0.16$ m³

注意:条形基础与墙身使用不同材料,且分界线位于设计室内地坪 300 mm 以内,300 mm 以内部分应并入相应墙身工程量内计算。

砖基础,套定额 4-1(换)或 4-1-1。

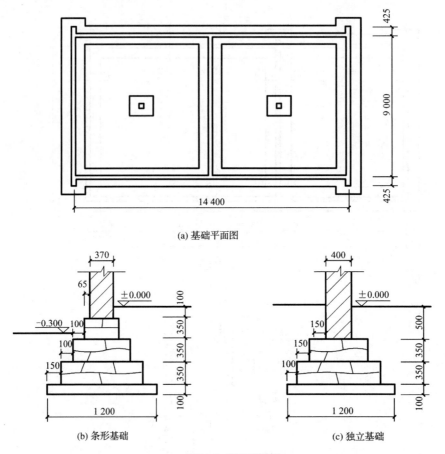

(a) 基础平面图

(b) 条形基础　　　(c) 独立基础

图 10-7　某基础工程

四、墙体工程量计算

砖墙、砌块墙及石墙体工程量按设计图示尺寸以体积计算。扣除门窗洞口、嵌入墙内的钢筋混凝土柱、梁、圈梁、挑梁、过梁及凹进墙内的壁龛、管槽、暖气槽、消火栓箱所占体积,不扣除梁头、板头、檩头、垫木、木楞头、沿缘木、木砖、门窗走头、砖墙内加固钢筋、木筋、铁件、钢管及单个面积≤0.3 m² 的孔洞所占的体积。凸出墙面的腰线、挑檐、压顶、窗台线、虎头砖、门窗套的体积亦不增加。凸出墙面的砖垛并入墙体体积内计算。附墙烟囱(包括附墙通风道、垃圾道,混凝土烟道、风道除外),按其外形体积并入所依附的墙体积内计算。混凝土烟道、风道按设计混凝土砌块体积,以立方米计算,计算墙体工程量时,应扣除其体积。

1.墙长度

外墙长度按中心线、内墙长度按净长线计算。框架间墙长度按设计框架柱间净长线计算。

2.墙高度

(1)外墙高度,斜(坡)屋面无檐口顶棚(也称天棚)者算至屋面板底,如图 10-8 所示;有屋架且室内外均有顶棚者,其高度算至屋架下弦底另加 200 mm,如图 10-9 所示;无顶棚者算至屋架下弦底另加 300 mm,如图 10-10 所示;出檐宽度超过 600 mm 时,按实砌高度计算;有钢筋混凝土楼板隔层者算至板顶;平屋顶算至钢筋混凝土板底(省定额规定算至板顶),如图 10-11 所示。内、外山墙按其平均高度计算,如图 10-12 所示。有女儿墙的从屋面板上表面算至女儿墙顶面(如有混凝土压顶时算至压顶下表面),如图 10-13 所示。

图 10-8　斜(坡)屋面无檐口顶棚的外墙高度

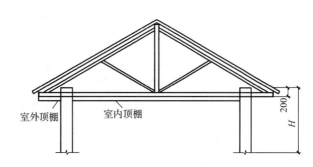

图 10-9　有屋架且室内外均有顶棚的外墙高度

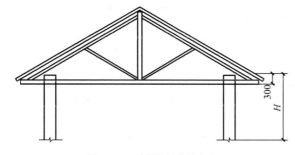

图 10-10　无顶棚的外墙高度

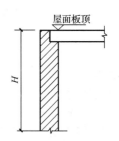

图 10-11　平屋顶的外墙高度

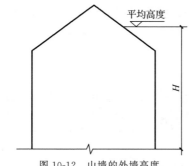

图 10-12　山墙的外墙高度

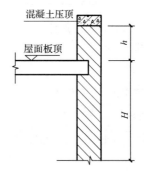

图 10-13　有女儿墙的外墙高度

（2）内墙高度,位于屋架下弦者,其高度算至屋架下弦底,如图 10-10 所示;无屋架者算至顶棚底另加 100 mm,如图 10-14 所示;有钢筋混凝土楼板隔层者,算至楼板底,如图 10-15 所示;有框架梁时算至梁底,如图 10-16 所示。

图 10-14　无屋架的内墙高度

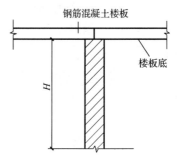

图 10-15　有钢筋混凝土楼板隔层的内墙高度

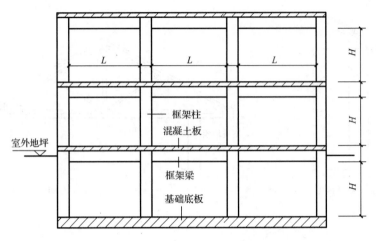

图 10-16　有框架梁的内墙高度

3.墙厚度

标准砖墙厚度以 240 mm×115 mm×53 mm 为准,其砌体计算厚度按表 10-1 计算。

表 10-1　　　　　　　　　　标准砖砌体厚度计算表

砖数(厚度)	1/4	1/2	3/4	1	1.5	2	2.5	3
计算厚度/mm	53	115	178	240	365	490	615	740

使用非标准砖时,其砌体厚度应按砖实际规格和设计厚度计算。当设计厚度与实际规格不同时,按实际规格计算。

4.框架间墙

框架间墙不分内外墙,按墙体净尺寸以体积计算。

> **经验提示:**砌块墙顶部与梁底、板底连接按铁件考虑,若实际采用混凝土或斜砌砖,则分别按零星混凝土和零星砌体计算,并套用相应定额。

5.围墙

围墙高度算至压顶上表面(当有混凝土压顶时算至压顶下表面),围墙柱并入围墙体积内。

$$墙体工程量 = [(L+a) \times H - 门窗洞口面积] \times h - \sum 构件体积$$

式中　L——外墙为中心线长度($L_{中}$),内墙为内墙净长度($L_{内}$),框架间墙为柱间净长度($L_{净}$)。

　　　a——墙垛厚,墙垛厚是指墙外皮至垛外皮的厚度。

　　　H——墙高,墙体高度按计算规则计算。

　　　h——墙厚,砖墙厚度严格按标准砖砌体厚度计算表计算。

> **经验提示:**砌体工程量计算规则适用于砖墙、石墙和砌块墙体等,只有普通黏土砖墙内的砖平碹、砖过梁不扣除,石墙中的砖平碹、砖过梁另行计算。

【案例 10-3】　某传达室如图 10-17 所示,砖墙体用 M2.5 混合砂浆砌筑,M1 为 1 000 mm×2 400 mm,M2 为 900 mm×2 400 mm,C1 为 1 500 mm× 1 500 mm,门窗上部均设过梁,断面为 240 mm×180 mm,长度按门窗洞口宽度每边增加 250 mm;外墙均设圈梁(内墙不设),断面为 240 mm×240 mm。计算墙体工程量,确定定额项目。

微课

砖墙工程量的计算

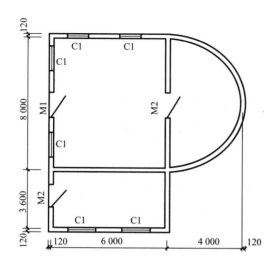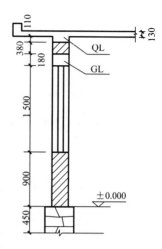

图 10-17　某传达室

解　外墙直墙中心线长度 $=6+3.6+6+3.6+8=27.20$ m

外墙弧形墙中心线长度 $=4\times3.14=12.56$ m

内墙净长线长度 $=6-0.24+8-0.24=13.52$ m

外墙高度 $=0.9+1.5+0.18+0.38=2.96$ m

内墙高度 $=0.9+1.5+0.18+0.38+0.11=3.07$ m

M1 面积 $=1\times2.4=2.40$ m^2

M2 面积 $=0.9\times2.4=2.16$ m^2

C1 面积 $=1.5\times1.5=2.25$ m^2

M1GL 体积 $=0.24\times0.18\times(1+0.5)=0.065$ m^3

M2GL 体积 $=0.24\times0.18\times(0.9+0.5)=0.060$ m^3

C1GL 体积 $=0.24\times0.18\times(1.5+0.5)=0.086$ m^3

①外墙直墙工程量 $=(27.2\times2.96-2.4-2.16-2.25\times6)\times0.24-0.065-0.06-0.086\times$
$6=14.35$ m^3

②内墙工程量 $=(13.52\times3.07-2.16)\times0.24-0.06=9.38$ m^3

③外墙弧形墙工程量 $=12.56\times2.96\times0.24=8.92$ m^3

墙体工程量合计 $=14.35+9.38+8.92=32.65$ m^3

240 mm 混水砖墙(M2.5 混合砂浆),套定额 4-10(换)或 4-1-7(换)。

【案例 10-4】　某单层建筑物,框架结构,尺寸如图 10-18 所示,墙身用 M5.0 混合砂浆砌筑加气混凝土砌块,女儿墙砌筑煤矸石空心砖,混凝土压顶断面 240 mm×60 mm,墙厚均为 240 mm,石膏空心条板墙厚 80 mm。框架柱断面 240 mm×240 mm 直到女儿墙顶,框架梁断面 240 mm×400 mm,门窗洞口上均采用现浇钢筋混凝土过梁,断面 240 mm×180 mm。M1:1 560 mm×2 700 mm,M2:1 000 mm×2 700 mm,C1:1 800 mm×1 800 mm,C2:1 560 mm×1 800 mm。计算墙体工程量,确定定额项目。

解　①加气混凝土砌块墙工程量 $=[(11.34-0.24+10.44-0.24-0.24\times6)\times2\times3.6-1.56\times2.7-1.8\times1.8\times6-1.56\times1.8]\times0.24-[1.56\times2+(1.8+0.5)\times6]\times0.24\times0.18=27.24$ m^3

240 mm 厚加气混凝土砌块墙,套定额 4-47(换)或 4-2-1。

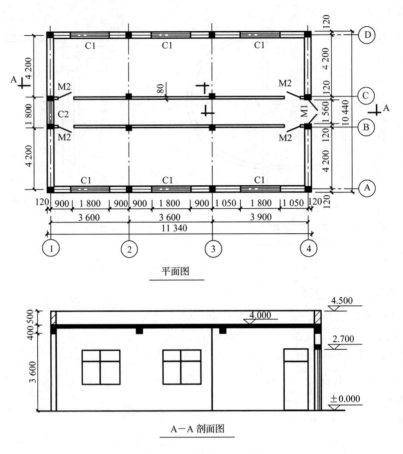

图 10-18　某框架结构单层建筑物

②煤矸石空心砖女儿墙工程量=(11.34−0.24+10.44−0.24−0.24×6)×2×(0.5−0.06)×0.24=4.19 m³

240 mm 厚煤矸石空心砖墙,套定额 4-18(换)或 4-1-18。

③石膏空心条板墙工程量=[(11.34−0.24×4)×3.6−1×2.7×2]×2=63.94 m²

80 mm 厚石膏空心条板墙,套定额 4-4-9。

五、其他砌体工程量计算

(1)砖柱按设计图示尺寸以体积计算,扣除混凝土及钢筋混凝土梁垫、梁头、板头所占体积。

(2)零星砌体、地沟、砖碹按设计图示尺寸以体积计算。

(3)砖散水、地坪按设计图示尺寸以面积计算。

(4)轻质隔墙按设计图示尺寸以面积计算,应扣除门窗洞口、过人洞、空圈等面积。

(5)石勒脚、石挡土墙、石护坡、石台阶按设计图示尺寸以体积计算,石坡道按设计图示尺寸以水平投影面积计算,墙面勾缝按设计图示尺寸以面积计算。

【案例 10-5】　某工程毛石挡土墙如图 10-19 所示,挡土墙长度 50 m,共 8 段,砌筑砂浆为M5.0 混合砂浆,石材表面加工(整砌毛石),水泥砂浆勾凸缝,1:3 水泥砂浆抹压顶20 mm。计算工程量,确定定额项目。

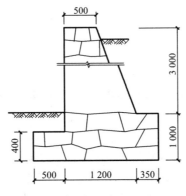

图 10-19　某工程毛石挡土墙

解　①毛石基础工程量＝(0.5×0.4＋1.55×1)×50×8＝700.00 m³

乱毛石基础,套定额 4-54(换)或 4-3-1。

②整砌毛石挡土墙砌筑工程量＝(0.5＋1.2)×3÷2×50×8＝1 020.00 m³

整砌毛石挡土墙,套定额 4-62(换)或 4-3-5。

③压顶抹灰工程量＝0.5×50×8＝200.00 m²

1:3 水泥砂浆抹压顶 20 mm,套定额 11-85 或 11-1-1。

④水泥砂浆勾凸缝工程量＝(0.6＋3)×50×8＝1 440.00 m²

方整石墙面勾凸缝,套定额 4-71 或 12-1-21。

经验提示:变形缝、泄水孔,搭、拆简易起重架等内容另行报价。

【**案例 10-6**】　如图 10-20 所示,某工程用 M5.0 混合砂浆砌筑乱毛石护坡,全长 200 m,石材表面局部剔凿修边,1:1.5 水泥砂浆勾凸缝。计算工程量,确定定额项目。

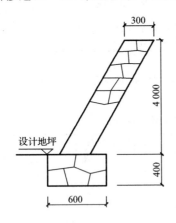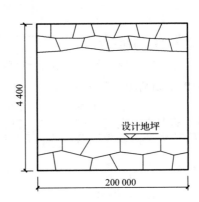

图 10-20　乱毛石护坡

解　①毛石基础工程量＝0.4×0.6×200＝48.00 m³

乱毛石基础,套定额 4-54(换)或 4-3-1。

②乱毛石护坡工程量＝0.3×4×200＝240.00 m³

浆砌乱毛石护坡,套定额 4-64(换)或 4-3-10。

③乱毛石护坡勾凸缝工程量＝(4÷0.866＋0.3)×200＝983.79 m²

1:1.5 水泥砂浆勾凸缝,套定额 4-68(换)或 12-1-22。

10.2   工程量清单编制

一、清单项目设置

砌筑工程共分 4 个分部工程项目,即砖砌体、砌块砌体、石砌体、垫层。适用于建筑物的砌筑工程。

1.砖砌体(编号:010401)

《房屋建筑与装饰工程工程量计算规范》附录 D.1 砖砌体工程包括砖基础,砖砌挖孔桩护壁,实心砖墙,多孔砖墙,空心砖墙,空斗墙,空花墙,填充墙,实心砖柱,多孔砖柱,砖检查井,零星砌砖,砖散水、地坪,砖地沟、明沟 14 个清单项目。砖砌体常用清单项目见表 10-2。

表 10-2   砖砌体常用清单项目(编号:010401)

项目编码	项目名称	项目特征	计量单位	工程量计算规则	工程内容
010401001	砖基础	①砖品种、规格、强度等级②基础类型③砂浆强度等级④防潮层材料种类	m³	按设计图示尺寸以体积计算	①砂浆制作、运输②砌砖③防潮层铺设④材料运输
010401003	实心砖墙	①砖品种、规格、强度等级②墙体类型③砂浆强度等级、配合比		按设计图示尺寸以体积计算	①砂浆制作、运输②砌砖③刮缝④砖压顶砌筑⑤材料运输
010401004	多孔砖墙				
010401005	空心砖墙				
010401012	零星砌砖	①零星砌砖名称、部位②砖品种、规格、强度等级③砂浆强度等级、配合比	m³、m²、m、个	①以立方米计量,按设计图示尺寸截面积乘以长度计算②以平方米计量,按设计图示尺寸水平投影面积计算③以米计量,按设计图示尺寸长度计算④以个计量,按设计图示数量计算	①砂浆制作、运输②砌砖③刮缝④材料运输

2.砌块砌体(编号:010402)

《房屋建筑与装饰工程工程量计算规范》附录 D.2 砌块砌体项目包括砌块墙和砌块柱 2 个项目。砌块砌体常用清单项目见表 10-3。

表 10-3   砌块砌体常用清单项目(编号:010402)

项目编码	项目名称	项目特征	计量单位	工程量计算规则	工程内容
010402001	砌块墙	①砌块品种、规格、强度等级②墙体类型③砂浆强度等级	m³	按设计图示尺寸以体积计算	①砂浆制作、运输②砌砖、砌块③勾缝④材料运输

3.石砌体(编号:010403)

《房屋建筑与装饰工程工程量计算规范》附录 D.3 石砌体项目包括石基础,石勒脚,石墙,石挡土墙,石柱,石栏杆,石护坡,石台阶,石坡道,石地沟、石明沟 10 个清单项目。石砌体清单项目见表 10-4。

表 10-4　　　　　　　　　石砌体清单项目(编号:010403)

项目编码	项目名称	项目特征	计量单位	工程量计算规则	工程内容
010403001	石基础	①石料种类、规格 ②基础类型 ③砂浆强度等级	m³	按设计图示尺寸以体积计算	①砂浆制作、运输 ②吊装、砌石 ③防潮层铺设 ④材料运输
010403002	石勒脚	①石料种类、规格 ②石表面加工要求 ③勾缝要求 ④砂浆强度等级、配合比		按设计图示尺寸以体积计算,扣除单个面积>0.3 m²的孔洞所占的体积	①砂浆制作、运输 ②吊装、砌石 ③石表面加工 ④勾缝 ⑤材料运输
010403003	石墙			按设计图示尺寸以体积计算	
010403004	石挡土墙			按设计图示尺寸以体积计算	①砂浆制作、运输 ②吊装、砌石 ③石表面加工 ④变形缝、泄水孔、压顶抹灰 ⑤滤水层 ⑥勾缝 ⑦材料运输
010403005	石柱				①砂浆制作、运输 ②吊装、砌石 ③石表面加工 ④勾缝 ⑤材料运输
010403006	石栏杆		m	按设计图示尺寸以长度计算	
010403007	石护坡	①垫层材料种类、厚度 ②石料种类、规格 ③护坡厚度、高度 ④石表面加工要求 ⑤勾缝要求 ⑥砂浆强度等级、配合比	m³	按设计图示尺寸以体积计算	①铺设垫层 ②石料加工 ③砂浆制作、运输 ④砌石 ⑤石表面加工 ⑥勾缝 ⑦材料运输
010403008	石台阶				
010403009	石坡道		m²	按设计图示尺寸以水平投影面积计算	
010403010	石地沟、石明沟	①沟截面尺寸 ②土壤类别、运距 ③垫层材料种类、厚度 ④石料种类、规格 ⑤石表面加工要求 ⑥勾缝要求 ⑦砂浆强度等级、配合比	m	按设计图示尺寸以中心线长度计算	①土石挖运 ②砂浆制作、运输 ③铺设垫层 ④砌石 ⑤石表面加工 ⑥勾缝 ⑦回填 ⑧材料运输

4.垫层(编号:010404)

《房屋建筑与装饰工程工程量计算规范》附录 D.4 垫层只有 1 个清单项目,见表 10-5。

表 10-5　　　　　　　　　垫层清单项目(编号:010404)

项目编码	项目名称	项目特征	计量单位	工程量计算规则	工作内容
010404001	垫层	垫层材料种类、配合比、厚度	m³	按设计图示尺寸以立方米计算	①垫层材料的拌制 ②垫层铺设 ③材料运输

二、计量规范与计价规则说明

1.砌筑工程的一般规定

(1)基础与墙(柱)身使用同一种材料时,以设计室内地坪为界(有地下室者,以地下室设计室内地坪为界),以下为基础,以上为墙(柱)身。基础与墙(柱)身使用不同材料时,分界处位于设计室内地坪±300 mm 以内时,以不同材料分隔线为基础与墙(柱)身的分界线;分界处超出±300 mm 范围时,以设计室内地坪为基础与墙(柱)身的分界线。

(2)砖石围墙以设计室外地坪为界,以下为基础,以上为墙身。

(3)砖石基础垫层不包括在基础项目内,应单独列项计算。其他相关项目包括垫层铺设内容。

(4)砌体内加筋、墙体拉结筋的制作、安装,应按钢筋工程项目编码列项。

(5)如施工图设计标注做法见标准图集时,应注明标准图集的编码、页号及节点大样。

(6)砖砌体勾缝按装饰墙柱面抹灰工程编码列项。

> **经验提示:**注意刮缝与勾缝的区别。刮缝是指在砌筑混水墙的同时,用大铲或瓦刀随砌随将灰缝的舌头灰刮尽的操作。勾缝是指用砂浆将相邻两块砌筑块体材料之间的缝隙填塞饱满。

2.砖基础

(1)砖基础项目适用于各种类型砖基础,如柱基础、墙基础、管道基础等。对基础类型,应在工程量清单中进行描述。

(2)计算砖基础体积时,包括附墙垛基础宽出部分体积,扣除地梁(圈梁)、构造柱所占体积,不扣除基础大放脚 T 形接头处的重叠部分及嵌入基础内的钢筋、铁件、管道、基础砂浆防潮层和单个面积≤0.3 m² 的孔洞所占体积,靠墙暖气沟的挑檐不增加。

(3)基础长度:外墙按中心线,内墙按净长线计算。

3.实心砖墙、多孔砖墙、空心砖墙

(1)实心砖墙、多孔砖墙、空心砖墙这三个项目适用于各种类型砖墙,可分为外墙、内墙、围墙、双面混水墙、双面清水墙、单面清水墙、直形墙、弧形墙,以及不同的墙厚;砌筑砂浆分水泥砂浆、混合砂浆及不同的强度;不同的砖强度等级。

(2)实心、多孔、空心砖墙体积计算时,扣除门窗洞口、过人洞、空圈、嵌入墙内的钢筋混凝土柱、梁、圈梁、挑梁、过梁,凹进墙内的壁龛、管槽、暖气槽、消火栓箱所占体积。不扣除梁头、板头、檩头、垫木、木楞头、沿缘木、木砖、门窗走头、砖墙内加固钢筋、木筋、铁件、钢管,单个面积≤0.3 m² 的孔洞所占体积。凸出墙面的腰线、挑檐、压顶、窗台线、虎头砖、门窗套的体积亦不增加。凸出墙面的砖垛并入墙体体积内计算。

(3)墙长度:外墙按中心线计算,内墙按净长线计算。

(4)标准砖墙体厚度按表 10-1 计算。

(5)墙高度

①外墙:斜(坡)屋面无檐口顶棚的算至屋面板底;有屋架且室内、外均有顶棚的算至屋架下弦底另加 200 mm;无顶棚的算至屋架下弦底另加 300 mm;出檐宽度超过 600 mm 时按实砌高度计算;与钢筋混凝土楼板隔层者算至楼板顶。平屋面算至钢筋混凝土板底。

②内墙:位于屋架下弦的算至屋架下弦底;无屋架的算至顶棚底另加 100 mm;有钢筋混凝土楼板隔层者算至楼板顶;有框架梁时算至梁底。

③女儿墙:从屋面板上表面算至女儿墙顶面(当有混凝土压顶时,算至压顶下表面)。

④内、外山墙:按其平均高度计算。

⑤围墙:高度算至压顶上表面(当有混凝土压顶时,算至压顶下表面),围墙柱并入围墙体积内。

(6)框架间墙:不分内外墙,按墙体净尺寸以体积计算。框架外表面的镶贴砖部分,按零星项目编码列项。

(7)附墙烟囱、通风道、垃圾道,应按设计图示尺寸以体积(扣除孔洞所占体积)计算,并入所附的墙体体积内。当设计规定孔洞内需抹灰时,应按"装饰工程工程量清单项目墙柱面工程"中零星抹灰项目编码列项。

(8)墙内砖平碹、砖拱碹、砖过梁的体积不扣除,应包括在报价内。

> **经验提示**:计算工程量时应注意以下三点:
> ①三皮砖以下或三皮砖以上的腰线、挑檐凸出墙面部分均不计算体积(与《全国统一建筑装饰装修工程消耗量定额》不同)。
> ②内墙算至楼板隔层板顶(与《全国统一建筑装饰装修工程消耗量定额》不同)。
> ③女儿墙的砖压顶、围墙的砖压顶凸出墙面压顶线部分不计算体积,压顶顶面凹进墙面的部分不扣除(包括一般围墙的抽屉檐、棱角檐、仿瓦砖檐等)。

4.实心砖柱、多孔砖柱

实心砖柱、多孔砖柱这两个项目适用于各种类型柱,如矩形柱、异形柱、圆柱、包柱等。

> **经验提示**:注意工程量应扣除混凝土及钢筋混凝土梁垫、梁头、板头所占体积。

5.砖检查井

(1)砖检查井项目适用于各类砖砌窨井、检查井等。

(2)检查井内的爬梯按预埋铁件项目编码列项;井、池内的混凝土构件按混凝土及钢筋混凝土预制构件编码列项。

6.零星砌砖

零星砌砖项目适用于台阶、台阶挡墙、梯带、锅台、炉灶、蹲台、池槽、池槽腿、花台、花池、楼梯栏板、阳台栏板、地垄墙、屋面隔热板下的砖墩以及单个面积≤0.3 m² 的孔洞填塞等。砖砌锅台与炉灶可按外形尺寸以个计算;砖砌台阶可按水平投影面积以平方米计算(不包括梯带或台阶挡墙);小便槽、地垄墙可按长度计算;小型池槽、锅台、炉灶可按长×宽×高顺序标明外形尺寸以个计算;其他工程量按立方米计算。

7.砌块墙

(1)砌块墙项目适用于各种规格的砌块砌筑的各种类型的墙体,嵌入砌块墙的实心砖不扣除。

(2)砌块墙工程量计算时,应扣除门窗洞口、过人洞、空圈、嵌入墙内的钢筋混凝土柱、梁、圈梁、挑梁、过梁以及凹进墙内的壁龛、管槽、暖气槽、消火栓箱所占体积,不扣除梁头、板头、檩头、垫木、木楞头、沿缘木、木砖、门窗走头,砖墙内加固钢筋、木筋、铁件、钢管以及单个面积≤0.3 m² 的孔洞所占体积,凸出墙面的腰线、挑檐、压顶、窗台线、虎头砖、门窗套的体积不增加,凸出墙面的砖垛并入墙体体积内。

(3)墙长度:外墙按中心线计算,内墙按净长线计算。

(4)墙高度

①外墙:斜(坡)屋面,无檐口顶棚的算至屋面板底;有屋架且室内、外均有顶棚的算至屋架下弦底另加 200 mm;无顶棚的算至屋架下弦底另加 300 mm;出檐宽度超过 600 mm 时按实砌高度计算;与钢筋混凝土楼板隔层者算至楼板顶。平屋面算至钢筋混凝土板底。

②内墙:位于屋架下弦的算至屋架下弦底;无屋架的算至顶棚底另加 100 mm;有钢筋混凝土楼板隔层的算至楼板顶;有框架梁的算至梁底。

③女儿墙:从屋面板上表面算至女儿墙顶面(当有混凝土压顶时,算至压顶下表面)。

④内、外山墙:按其平均高度计算。

(5)框架间墙:不分内外墙按墙体净尺寸以体积计算。

(6)围墙:高度算至压顶上表面(当有混凝土压顶时,算至压顶下表面),围墙柱并入围墙体积内。

(7)砌块排列应上、下错缝搭砌,如果搭错缝长度满足不了规定的压搭要求,应采取压砌钢筋网片的措施,具体构造要求按设计规定。若设计无规定,应注明由投标人根据工程实际情况自行考虑。钢筋网片按金属结构工程砌块墙钢丝网加固项目编码列项。

(8)砌体垂直灰缝宽>30 mm时,采用C20细石混凝土灌实,灌注的混凝土应按混凝土及钢筋混凝土工程其他构件项目编码列项。

8.石基础、石勒脚

(1)石基础、石勒脚与石墙的划分:石基础与石勒脚应以设计室外地坪为界,石勒脚与石墙应以设计室内地坪为界。石墙内、外地坪标高不同时,应以较低地坪标高为界,以下为基础;内、外标高之差为挡土墙时,挡土墙以上为墙身。

(2)石基础项目适用于各种规格(条石、块石、粗料石、细料石等)、各种材质(砂石、青石等)和各种类型(柱基、墙基、直形、弧形等)的基础。

(3)石基础计算体积时,应包括附墙垛基础宽出部分体积,不扣除基础砂浆防潮层及单个面积≤0.3 m²的孔洞所占体积,靠墙暖气沟的挑檐不增加体积。

基础长度:外墙按中心线计算,内墙按净长线计算。

(4)石勒脚项目适用于各种规格(条石、块石、粗料石、细料石等)、各种材质(砂石、青石、大理石、花岗石等)和各种类型(直形、弧形等)的勒脚和墙体。

9.石墙

(1)石墙项目适用于各种规格(条石、块石、粗料石、细料石等)、各种材质(砂石、青石、大理石、花岗石等)和各种类型(直形、弧形等)的墙体。

(2)计算石墙工程量应扣除门窗洞口、过人洞、空圈,嵌入墙内的钢筋混凝土柱、梁、圈梁、挑梁、过梁以及凹进墙内的壁龛、管槽、暖气槽、消火栓箱所占体积;不扣除梁头、板头、檩头、垫木、木楞头、沿缘木、木砖、门窗走头,砖墙内加固钢筋、木筋、铁件、钢管及单个面积≤0.3 m²的孔洞所占体积;凸出墙面的腰线、挑檐、压顶、窗台线、虎头砖、门窗套不增加体积,凸出墙面的砖垛并入墙体体积内。

(3)墙长度:外墙按中心线计算,内墙按净长线计算。

(4)墙高度

①外墙:斜(坡)屋面,无檐口顶棚的算至屋面板底;有屋架且室内、外均有顶棚的算至屋架下弦底另加200 mm;无顶棚的算至屋架下弦底另加300 mm;出檐宽度超过600 mm时按实砌高度计算;与钢筋混凝土楼板隔层者算至楼板顶。平屋面算至钢筋混凝土板底。

②内墙:位于屋架下弦的算至屋架下弦底;无屋架的算至顶棚底另加100 mm;有钢筋混凝土楼板隔层的算至楼板顶;有框架梁的算至梁底。

③女儿墙:从屋面板上表面算至女儿墙顶面(当有混凝土压顶时,算至压顶下表面)。

④内、外山墙:按其平均高度计算。

⑤围墙:高度算至压顶上表面(当有混凝土压顶时,算至压顶下表面),围墙柱、压顶并入墙体体积内。

10.石挡土墙

(1)石挡土墙项目适用于各种规格(粗料石、细料石、块石、毛石、卵石等)、各种材质(砂石、青石、石灰石等)和各种类型(直形、弧形、台阶形等)的挡土墙。

(2)石梯膀应按石砌体中石挡土墙工程量清单项目编码列项。

(3)变形缝、泄水孔、压顶抹灰等应包括在项目内。

(4)挡土墙若有滤水层要求的,应包括在报价内。

(5)搭、拆简易起重架应包括在项目内。

11.石柱、石栏杆、石护坡、石台阶

(1)石柱项目适用于各种规格、各种石质、各种类型的石柱,工程量计算应扣除混凝土梁头、板头和梁垫所占体积。

(2)石栏杆项目适用于无雕饰的一般石栏杆。

(3)石护坡项目适用于各种石质和各种石料(粗料石、细料石、片石、毛石、块石、卵石等)的护坡。

(4)石台阶项目包括石梯带(垂带),石梯带工程量应计算在石台阶工程量内。石梯膀按石挡土墙项目编码列项。

12.垫层

外墙基础垫层长度按外墙中心线长度计算,内墙基础垫层长度按内墙基础垫层净长度计算。除混凝土垫层应按混凝土及钢筋混凝土工程中相关项目编码列项外,没有包括垫层要求的清单项目应按垫层项目编码列项。

三、砖基础案例

【案例 10-7】 图 10-21 为某砖基础工程平面图和剖面图。项目采用机制标准红砖,基础底铺 3:7 灰土垫层 300 mm 厚,基础用 M5.0 水泥砂浆砌筑,基础防潮层抹防水砂浆 20 mm 厚。编制砖基础工程量清单。

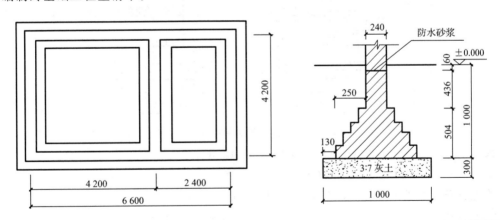

图 10-21 某砖基础工程平面图和剖面图

砖基础工程量
清单的编制

解

$L_{中}=(6.6+4.2)×2=21.60$ m

$L_{内}=4.2-0.24=3.96$ m(砖基础四层等高大放脚 1 砖厚折加高度为 0.656 m)

外墙砖基础体积 $=[0.24×(1+0.656)]×21.6=8.58$ m³

内墙砖基础体积 $=[0.24\times(1+0.656)]\times3.96=1.57$ m³

工程量合计 $=8.58+1.57=10.15$ m³

将上述结果及相关内容填入分部分项工程量清单,见表10-6。

表 10-6 　　　　　　　　　　　分部分项工程量清单(案例 10-7)

序号	项目编码	项目名称	项目特征描述	计量单位	工程量
1	010401001001	砖基础	机制标准红砖,带形基础,M5.0 水泥砂浆,防水砂浆防潮层 20 mm 厚	m³	10.15

四、石砌体案例

【案例 10-8】 某石基础工程如图 10-22 所示,MU30 整毛石,基础用 M5.0 水泥砂浆砌筑。编制该基础工程的工程量清单。

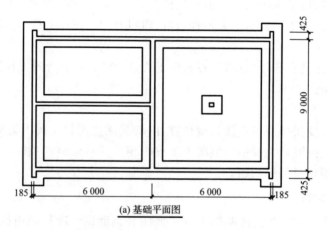

(a) 基础平面图

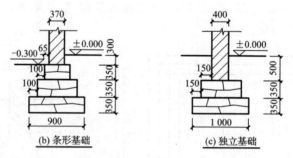

(b) 条形基础　　　　(c) 独立基础

图 10-22　某石基础工程

解 $L_{中}=(6\times2-0.37+9+0.425\times2)\times2=42.96$ m

$L_{内}=9-0.37+6-0.37=14.26$ m

①毛石条形基础工程量 $=(42.96+14.26)\times(0.9+0.7+0.5)\times0.35=42.06$ m³

②毛石独立基础工程量 $=(1\times1+0.7\times0.7)\times0.35=0.52$ m³

分部分项工程量清单见表10-7。

表 10-7 　　　　　　　　　　　分部分项工程量清单(案例 10-8)

序号	项目编码	项目名称	项目特征描述	计量单位	工程量
1	010403001001	石基础	MU30 整毛石条形基础,M5.0 水泥砂浆	m³	42.06
2	010403001002	石基础	MU30 整毛石独立基础,M5.0 水泥砂浆	m³	0.52

五、砖砌体案例

【案例 10-9】　某单层建筑物如图 10-23 所示,墙身用 MU10 标准黏土砖、M2.5 混合砂浆砌筑,内、外墙厚均为 370 mm,混水砖墙。GZ370 mm×370 mm 从基础到板顶,女儿墙处 GZ240 mm×240 mm 到砖压顶,梁高 500 mm,附墙垛高度至梁底,门窗洞口上全部采用砖平碹过梁。M1:1 500 mm×2 700 mm;M2:1 000 mm×2 700 mm;C1:1 800 mm×1 800 mm。编制砖墙工程量清单。

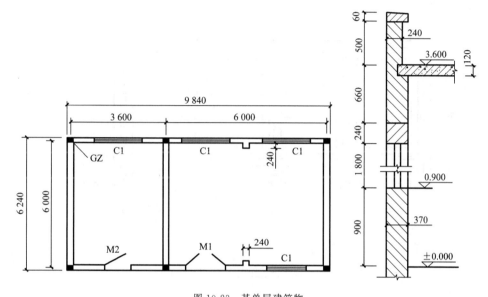

图 10-23　某单层建筑物

解　$L_中=(9.84-0.37+6.24-0.37)\times2-0.37\times6=28.46$ m

$L_内=6.24-0.37\times2=5.50$ m

240 女儿墙:$L_中=(9.84+6.24)\times2-0.24\times4-0.24\times6=29.76$ m

①365 砖墙工程量 $=[(28.46+5.5)\times3.6-1.5\times2.7-1\times2.7-1.8\times1.8\times4)]\times0.365+0.24\times0.24\times(3.6-0.5)\times2=37.79$ m³

②女儿墙工程量 $=0.24\times0.56\times29.76=4.00$ m³

分部分项工程量清单见表 10-8。

表 10-8　　　　　　　　　　分部分项工程量清单(案例 10-9)

序号	项目编码	项目名称	项目特征描述	计量单位	工程量
1	010401003001	实心砖墙	MU10 标准黏土砖双面混水墙,M2.5 混合砂浆	m³	37.79
2	010401003002	实心砖墙	MU10 标准黏土砖女儿墙,M2.5 混合砂浆	m³	4.00

10.3　工程量清单计价

一、计量规范与计价规则说明

(1)墙内砖平碹、砖拱碹、砖过梁应包括在报价内。

（2）石料天地座打平，拼缝打平，打扁口等工序包括在报价内。

（3）变形缝、泄水孔、压顶抹灰等应包括在项目内。

（4）挡土墙若有滤水层要求的，应包括在报价内。

二、砌筑工程案例

【案例 10-10】 某基础工程如图 10-24 所示，MU30 整毛石，基础用 M5.0 水泥砂浆砌筑。分部分项工程量清单见表 10-9，进行工程量清单报价。

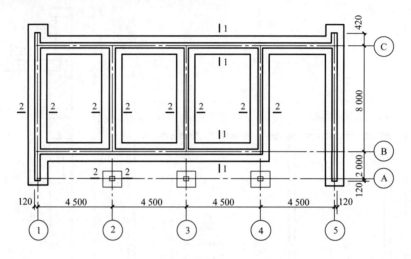

基础平面图

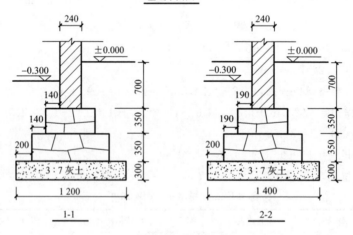

图 10-24　某基础工程

表 10-9　　　　　　　　　　　分部分项工程量清单（案例 10-10）

序号	项目编码	项目名称	项目特征描述	计量单位	工程量
1	010403001001	石基础	MU30 整毛石条形基础，M5.0 水泥砂浆	m³	39.64
2	010403001002	石基础	MU30 整毛石独立基础，M5.0 水泥砂浆	m³	1.45
3	010404001001	垫层	条形基础 3：7 灰土垫层，300 mm 厚	m³	29.23
4	010404001002	垫层	独立基础 3：7 灰土垫层，300 mm 厚	m³	1.76

解　石基础项目发生的工程内容为：原土夯实、垫层铺设、基础砌筑。

原土夯实在土石方工程定额中,此处不考虑。

(1)整毛石基础

1-1 断面:$L=4.5\times4+4.5\times3=31.50$ m

$S=(0.8+0.52)\times0.35=0.46$ m^2

$V=31.5\times0.46=14.49$ m^3

2-2 断面:$L=(2+8+0.42-0.12)\times2+0.12+(8-0.24)\times2+8-0.12=44.12$ m

$S=(1+0.62)\times0.35=0.57$ m^2

$V=44.12\times0.57=25.15$ m^3

①整毛石条形基础工程量$=14.49+25.15=39.64$ m^3

②整毛石独立基础工程量$=(1\times1+0.62\times0.62)\times0.35\times3=1.45$ m^3

M5.0 水泥砂浆整毛石基础砌筑,套定额 4-3-1。

(2)3:7 灰土垫层

1-1 断面:$L=4.5\times4-1.4+4.5\times3-0.7=29.4$ m

$S=1.2\times0.3=0.36$ m^2

$V=29.4\times0.36=10.58$ m^3

2-2 断面:$L=(2+8+0.3+1.4)\times2+(8-1.2)\times2+8-0.6=44.4$ m

$S=1.4\times0.3=0.42$ m^2

$V=44.4\times0.42=18.65$ m^3

①3:7 灰土垫层工程量$=10.58+18.65=29.23$ m^3

3:7 灰土垫层,套定额 2-1-1(换)。

垫层定额按地面垫层编制,用于条形基础时人工、机械分别乘以系数 1.05。

②独立基础 3:7 灰土垫层工程量$=1.4\times1.4\times0.3\times3=1.76$ m^3

3:7 灰土垫层,套定额 2-1-1(换)。

垫层定额按地面垫层编制,用于独立基础时人工、机械分别乘以系数 1.1。

(3)分部分项工程量清单计价

人工、材料、机械单价选用市场信息价。

根据企业情况确定管理费费率为 25%,利润率为 15%。

分部分项工程量清单计价见表 10-10。

表 10-10　　　　　分部分项工程量清单计价(案例 10-10)

序号	项目编码	项目名称	项目特征描述	计量单位	工程量	金额/元	
						综合单价	合价
1	010403001001	石基础	MU30 整毛石条形基础,M5.0 水泥砂浆	m^3	39.64	578.53	22 932.93
2	010403001002	石基础	MU30 整毛石独立基础,M5.0 水泥砂浆	m^3	1.45	578.53	838.87
3	010404001001	垫层	条形基础 3:7 灰土垫层,300 mm 厚	m^3	29.23	206.25	6 028.69
4	010404001002	垫层	独立基础 3:7 灰土垫层,300 mm 厚	m^3	1.76	210.73	370.88

练习题 --

一、单选题

1.定额计价规定中,1 m³的1砖单面清水墙中的普通黏土砖消耗量为(　　)。

A. 552块　　　　　B. 531.37块　　　　　C. 683.62块　　　　　D. 529块

2.一般而言,砖基础与砖墙身的划分(不含地下室)应以(　　)为界。

A.设计室内地坪　　　　　　　　　B.设计室外地坪

C.外围墙勒脚线　　　　　　　　　D.室内踢脚线

3.计算砖墙工程量时,(　　)的体积应该并入墙体体积计算。

A.窗台虎头砖　　　　　　　　　　B.门窗套

C.腰线、挑檐　　　　　　　　　　D.凸出墙面的墙垛

4.墙体工程量计算时不应扣除(　　)面积。

A.每个面积大于0.3 m²的孔洞　　　B.过人洞面积

C.嵌入且平行于墙体的混凝土构件　　D.混凝土梁头体积

5.基础与墙(柱)身使用不同材料时,位于设计室内地坪高度在±300 mm以内时,以
(　　)为分界线。

A.设计室内地坪　　　　　　　　　B.设计室外地坪

C.不同材料　　　　　　　　　　　D.标高较高的

6.基础与墙(柱)身使用不同材料时,位于设计室内地坪高度在±300 mm以外时,以
(　　)为分界线。

A.设计室内地坪　　　　　　　　　B.设计室外地坪

C.不同材料　　　　　　　　　　　D.标高较高的

7.计算砖条形基础时,外墙基础按外墙中心线计算,内墙基础按(　　)计算。

A.$L_{中}$　　　　　　B.$L_{内}$　　　　　　C.$L_{净}$　　　　　　D.$L_{周}$

二、多选题

1.定额规定计算墙体砌砖工程量时,不增加墙体体积的有(　　)。

A.挑檐　　　　　B.门窗套　　　　　C.腰线　　　　　D.压顶线

E.凸出墙面的砖垛

2.建筑物墙体按长度乘以厚度再乘以高度,以m³计算,应扣除(　　)等所占体积。

A.混凝土柱、过梁、圈梁　　　　　　B.外墙板头、梁头

C.过人洞、空圈　　　　　　　　　　D.面积在0.3 m³内的孔洞的体积

E.门窗洞口

3.定额关于石砌墙工程量计算正确的是(　　)。

A.扣除嵌入墙内的圈梁、过梁所占体积

B.不扣除梁头、内墙板头所占体积

C.不扣除单个面积小于 0.3 m³ 的孔洞所占体积

D.凸出墙面的腰线体积不增加

E.计量单位为 10 m³

4.定额内墙墙高度计算正确的有(　　　)。

A.位于屋架下弦者,其高度算至屋架底

B.无屋架者算至天棚底另加 100 mm

C.有钢筋混凝土楼板隔层者算至板底

D.有框架梁时算至梁底

E.有框架梁时算至梁顶

5.定额外墙墙高度计算正确的有(　　　)。

A.斜(坡)屋面无檐口顶棚者算至屋面板底

B.有屋架且室内外均有顶棚者算至屋架下弦底

C.无顶棚者算至屋架下弦底另加 200 mm

D.有钢筋混凝土楼板隔层者算至板顶

E.平屋顶算至钢筋混凝土板底(省定额规定算至板顶)

三、判断题

1.砖、石围墙,以设计室外地坪为界线,以下为基础,以上为墙身。　　　　　　　(　　)

2.计算砖墙基础工程量时,基础大放脚 T 型接头重叠部分应予以扣除。　　　　　(　　)

3.定额中计算墙体时,应扣除梁头、外墙板头、垫木、木楞头、墙内的加固钢筋等所占体积。
　　　　　　　　　　　　　　　　　　　　　　　　　　　　　　　　　　　　(　　)

4.计算砖墙体时应扣除门窗洞口、嵌入墙身的钢筋混凝土柱、梁(包括过梁、圈梁、挑梁)及暖气包壁龛、管槽、暖气槽、消火栓箱所占的体积。　　　　　　　　　　　　　(　　)

5.室内柱以设计室内地坪为界,以下为柱基础,以上为柱。　　　　　　　　　　(　　)

6.室外柱以设计室外地坪为界,以下为柱基础,以上为柱。　　　　　　　　　　(　　)

7.计算清单砖外墙高度时,有钢筋混凝土楼板隔层者算至楼板顶;平屋面算至钢筋混凝土板底。　　　　　　　　　　　　　　　　　　　　　　　　　　　　　　　　(　　)

8.计算清单砖内墙高度时,有钢筋混凝土楼板隔层者算至楼板顶;有框架梁时算至梁顶。
　　　　　　　　　　　　　　　　　　　　　　　　　　　　　　　　　　　　(　　)

第 11 章
混凝土及钢筋混凝土工程

知识目标

1.掌握钢筋混凝土基础、柱、梁、板、墙、楼梯等分项工程的说明和计算规则。

2.掌握混凝土基础、柱、梁、板、墙、楼梯等分项工程的工程量计算方法和定额的应用。

3.掌握钢筋工程量的计算方法;熟练进行钢筋工程量的计算。

4.掌握钢筋及钢筋混凝土工程量清单和投标报价表的编制方法。

能力目标

能应用钢筋及混凝土工程有关分项工程量的计算方法,结合实际工程进行钢筋及混凝土工程的工程量计算和定额的应用。能编制钢筋及钢筋混凝土工程量清单和清单计价表。

引 例

某工程为框架结构,22 层,地下一层为车库,满堂基础,车库四周为钢筋混凝土墙体;上部结构主要构件是柱、梁、板、墙和楼梯等,构件内布置着不同种类、不同规格的钢筋。怎样计算混凝土构件和钢筋的工程量? 请编制钢筋及钢筋混凝土工程量清单和投标报价表。

11.1 定额工程量计算

一、定额说明

1.钢筋工程

(1)钢筋工程按钢筋的不同品种和规格以现浇构件钢筋、预制构件钢筋、预应力构件钢筋以及箍筋分别列项,钢筋的品种、规格比例按常规工程设计综合考虑。

钢筋工程量计算　　混凝土工程量计算

(2)预应力构件中非预应力钢筋按预制钢筋相应项目计算。

(3)现浇混凝土小型(池槽)构件,执行现浇构件钢筋相应项目,人工、机械乘以系数 2。

(4)省定额构件箍筋按钢筋规格 HPB300 编制,实际箍筋采用 HRB335 及以上规格钢筋时,执行构件箍筋 HPB300 子目,换算钢筋种类,机械乘以系数 1.38。

2.混凝土工程

(1)小型混凝土构件,系指单件体积≤0.1 m³ 的定额未列项目。

(2)凸阳台(主体结构外侧用悬挑梁悬挑的阳台)按阳台项目计算,定额已综合考虑了阳台的各种类型因素;主体结构内的阳台,按梁、板分别计算,阳台栏板、压顶分别按栏板、压顶项目计算。

(3)与主体结构不同时浇捣的厨房、卫生间等处墙体下部的现浇混凝土翻边执行圈梁相应项目。独立现浇门框按构造柱项目执行。凸出混凝土柱、梁的线条,并入相应柱、梁构件内。叠合梁、板分别按梁、板相应项目执行。

(4)定额中已列出常用混凝土强度等级,如与设计要求不同时,可以换算。

> **经验提示:** 混凝土项目中未包括各种添加剂,若设计规定需要增加,则按设计混凝土配合比换算;若使用泵送混凝土,则其泵送混凝土中的泵送剂在泵送混凝土单价中,混凝土单价按合同约定;若在冬季施工,则混凝土需提高强度等级或掺入抗冻剂、减水剂、早强剂,设计有规定的,按设计规定换算配合比;设计无规定的,按施工规范的要求计算,其费用在冬雨季施工增加费中考虑。

(5)毛石混凝土,系按毛石占混凝土总体积20%计算的。如设计要求不同,可以换算。

3.预制混凝土构件安装(以下简称构件安装)

(1)构件安装高度以 20 m 以内为准。

(2)构件安装不分履带式起重机或轮胎式起重机,应综合考虑编制。省定额规定使用汽车式起重机时,按轮胎式起重机相应定额项目乘以系数1.05。

(3)构件安装是按单机作业考虑的,如因构件超重(以起重机械起重量为限)须双机抬吊时,按相应项目人工、机械乘以系数1.20。

(4)构件安装是按机械起吊点中心回转半径 15 m 以内距离计算。当超过 15 m 时,构件须用起重机移运就位,且运距在 50 m 以内的,起重机械乘以系数1.25;运距超过 50 m 的,应另按构件运输项目计算。

(5)小型构件安装是指单体构件体积小于 0.1 m³ 以内的构件安装。

(6)构件安装不包括运输、安装过程中起重机械、运输机械场内行驶道路的加固、铺垫工作的人工、材料、机械消耗,发生该费用时另行计算。

(7)构件安装需另行搭设的脚手架,按批准的施工组织设计要求,执行脚手架工程相应项目。

(8)预制混凝土构件必须在跨外安装就位时,按相应构件安装子目中的人工、机械台班乘以系数1.18,使用塔式起重机安装时,不再乘以系数。

二、钢筋工程量计算

1.钢筋工程量计算规则

(1)钢筋工程应区别现浇、预制构件,不同钢种和规格;计算时分别按设计长度乘以单位理论质量,以质量计算。

(2)钢筋电渣压力焊接、套筒挤压等接头,以个计算。钢筋机械连接的接头,按设计规定计算。设计无规定时,按施工规范或施工组织设计规定的实际数量计算。

> **经验提示:** 钢筋工程量根据图示尺寸按实计算。

2.现浇和预制构件钢筋工程量计算

（1）计算现浇和预制构件钢筋工程量时，钢筋保护层厚度，按设计规定计算；设计无规定时，按施工规范规定计算。

（2）钢筋的弯钩增加长度和弯起增加长度，按设计规定计算。

（3）设计规定钢筋搭接的，按规定搭接长度计算；设计未规定的钢筋锚固、定尺长度的钢筋连接等结构性搭接，按施工规范规定计算；设计、施工规范均未规定的，已包括在钢筋损耗率内，不另计算搭接长度。

（4）钢筋的搭接（接头）数量设计图示及规范要求未标明的，按以下规定计算：

①Φ10 以内的长钢筋按每 12 m 计算一个钢筋搭接（接头）。

②Φ10 以上的长钢筋按每 9 m 计算一个钢筋搭接（接头）。

（5）计算了机械连接接头的钢筋，其搭接长度不另行计算。施工单位为了节约材料所发生的钢筋搭接，其搭接长度或钢筋接头不另行计算。

3.计算每根钢筋的质量公式

$$每根纵向钢筋质量=（构件长度-两端保护层厚度+弯钩增加长度+弯起增加长度+$$
$$钢筋搭接长度）×线密度（钢筋单位理论质量）$$

（1）混凝土保护层。根据《混凝土结构设计规范（2015 年版）》（GB 50010-2010）的规定，构件中受力钢筋的混凝土保护层厚度不应小于钢筋的直径 d。设计使用年限为 50 年的混凝土结构，最外层钢筋的混凝土保护层厚度应符合表 11-1 的规定。设计使用年限为 100 年的混凝土结构，最外层钢筋的混凝土保护层厚度不应小于表 11-1 规定的 1.4 倍。

> **经验提示：**注意受力钢筋的混凝土保护层厚度和最外层钢筋的混凝土保护层厚度的区别。现行规定比原规定混凝土保护层加厚了，更安全了。

表 11-1 混凝土保护层的最小厚度 mm

环境等级	板墙壳	梁、柱
一	15	20
二 a	20	25
二 b	25	35
三 a	30	40
三 b	40	50

注：①混凝土强度等级不大于 C25 时，表中混凝土保护层厚度数值应增加 5 mm。
②钢筋混凝土基础宜设置混凝土垫层，其受力钢筋的混凝土保护层厚度应从垫层顶面算起，且不宜小于 40 mm。

（2）计算钢筋弯钩增加长度。HPB300 级钢筋受拉时弯钩增加长度见表 11-2。

表 11-2 HPB300 级钢筋受拉时弯钩增加长度

弯钩类型	图示	弯钩增加长度计算值
半圆弯钩		$6.25d$
直弯钩		$3.5d$

弯钩类型	图示	弯钩增加长度计算值
斜弯钩	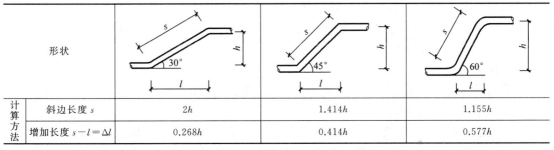	$10d$ 或 $75\ \text{mm}$ 中较大值

HPB300 级钢筋受压时可不做弯钩，HRB335 级以上钢筋或分布筋一般不做弯钩。HPB300 级受拉钢筋端部一般增加 $6.25d$（d 为钢筋直径）；直弯钩一般用于砌体加固筋的直钩。为了减少马凳的用量，板上负筋直钩长度一般为板厚减两个保护层厚度。有抗震要求的箍筋平直段长度为 $10d$ 与 $75\ \text{mm}$ 中较大值。

（3）计算弯起钢筋增加长度。

①弯起钢筋斜边长度及增加长度计算方法见表 11-3。

表 11-3　　　　　弯起钢筋斜边长度及增加长度计算方法

形状		30°	45°	60°
计算方法	斜边长度 s	$2h$	$1.414h$	$1.155h$
	增加长度 $s-l=\Delta l$	$0.268h$	$0.414h$	$0.577h$

②需要弯起的钢筋比较少见，但弯起角度只限 30°、45°、60° 三种。

③适应的构件：梁高、板厚在 300 mm 以内，弯起角度为 30°；梁高、板厚为 300～800 mm，弯起角度为 45°；梁高、板厚在 800 mm 以上，弯起角度为 60°。弯起增加长度分别为 $0.268h$、$0.414h$、$0.577h$（h 为上、下弯起端之间距离）。

（4）计算钢筋的锚固长度。

①钢筋锚固长度：受拉钢筋基本锚固长度按表 11-4 计算。

表 11-4　　　　　受拉钢筋基本锚固长度换算表

钢筋种类	抗震等级	混凝土强度等级								
		C20	C25	C30	C35	C40	C45	C50	C55	≥C60
HPB300	一、二级（l_{abE}）	$45d$	$39d$	$35d$	$32d$	$29d$	$28d$	$26d$	$25d$	$24d$
	三级（l_{abE}）	$41d$	$36d$	$32d$	$29d$	$26d$	$25d$	$24d$	$23d$	$22d$
	四级（l_{abE}）非抗震（l_{ab}）	$39d$	$34d$	$30d$	$28d$	$25d$	$24d$	$23d$	$22d$	$21d$
HRB335 HRBF335	一、二级（l_{abE}）	$44d$	$38d$	$33d$	$31d$	$29d$	$26d$	$25d$	$24d$	$24d$
	三级（l_{abE}）	$40d$	$35d$	$31d$	$28d$	$26d$	$24d$	$23d$	$22d$	$22d$
	四级（l_{abE}）非抗震（l_{ab}）	$38d$	$33d$	$29d$	$27d$	$25d$	$23d$	$22d$	$21d$	$21d$
HRB400 HRBF400 RRB400	一、二级（l_{abE}）	—	$46d$	$40d$	$37d$	$33d$	$32d$	$31d$	$30d$	$29d$
	三级（l_{abE}）	—	$42d$	$37d$	$34d$	$30d$	$29d$	$28d$	$27d$	$26d$
	四级（l_{abE}）非抗震（l_{ab}）	—	$40d$	$35d$	$32d$	$29d$	$28d$	$27d$	$26d$	$25d$

钢筋种类	抗震等级	混凝土强度等级								
		C20	C25	C30	C35	C40	C45	C50	C55	≥C60
HRB500 HRBF500	一、二级(l_{abE})	—	55d	49d	45d	41d	39d	37d	36d	35d
	三级(l_{abE})	—	50d	45d	41d	38d	36d	34d	33d	32d
	四级(l_{abE})非抗震(l_{ab})	—	48d	43d	39d	36d	34d	32d	31d	30d

②钢筋锚固长度修正系数及最小长度要求：

a.直径大于 25 mm 的带肋钢筋锚固长度应乘以修正系数 1.1。

b.带有环氧树脂涂层的带肋钢筋锚固长度应乘以修正系数 1.25。

c.施工过程易受扰动的,锚固长度应乘以修正系数 1.1。

d.锚固区的混凝土保护层厚度,大于钢筋直径的 3 倍,锚固长度可乘以修正系数 0.8,大于钢筋直径的 5 倍,锚固长度可乘以修正系数 0.7,中间按内插法取值。

e.锚固长度修正系数可以连乘,但不应小于 0.6。

f.当纵向受拉普通钢筋末端采用弯钩或机械锚固措施时,包括弯钩或锚固端头在内的锚固长度(投影长度)可乘以修正系数 0.6。

g.受拉钢筋的锚固长度不应小于 200 mm。

h.纵向受压钢筋的锚固长度不应小于受拉钢筋锚固长度的 70%。

(5)计算纵向受力钢筋搭接长度。

①《混凝土结构设计规范》(GB 50010—2010)(2015 年版)规定,纵向受拉钢筋绑扎搭接接头的搭接长度,按锚固长度乘以修正系数计算,修正系数见表 11-5。

表 11-5　　　　　　　　纵向受拉钢筋绑扎搭接接头的搭接长度修正系数

纵向钢筋搭接接头面积百分率/%	≤25	>25 且≤50	>50 且≤100
修正系数	1.2	1.4	1.6

②位于同一连接区段内的受拉钢筋搭接接头面积百分率,《混凝土结构设计规范》(GB 50010—2010)(2015 年版)规定:对梁类、板类及墙类构件,不宜大于 25%;对柱类构件,不宜大于 50%。当工程中确有必要增大受拉钢筋搭接接头面积百分率时,对梁类构件,不宜大于 50%;对板、墙、柱及预制类构件的拼接处,可根据实际情况放宽。

③纵向受力钢筋的搭接长度修正系数及最小长度要求:

a.纵向受压钢筋搭接时,其最小搭接长度应根据上述规定确定相应数值后,乘以系数 0.7 取用。

b.在任何情况下,纵向受拉钢筋的搭接长度不应小于 300 mm;受压钢筋的搭接长度不应小于 200 mm。

④不宜采用搭接接头的情况:

a.直径大于 28 mm 的受拉钢筋和直径大于 32 mm 的受压钢筋不宜采用搭接接头。

b.轴心受拉和小偏心受拉构件不得采用搭接接头。

(6)计算双肢箍筋长度和根数。

①双肢箍筋长度计算公式为

双肢箍筋长度＝构件截面周长－8×最外侧钢筋保护层厚度－4×箍筋直径＋2×

(1.9d＋10d 与 75 mm 中较大值)

②箍筋(图 11-1)根数计算公式为

$$箍筋根数＝配置范围÷a＋1$$

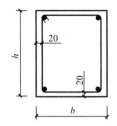 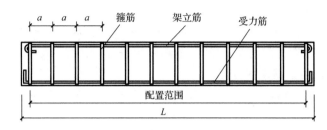

图 11-1　箍筋

(7)计算钢筋单位理论质量。

①钢筋单位理论质量(线密度)计算公式为

$$钢筋单位理论质量＝0.006\ 165d^2$$

式中　d——钢筋直径。

②常用钢筋单位理论质量见表 11-6。

表 11-6　　　　　　　　　　　　　　　钢筋单位理论质量

钢筋直径 d/mm	φ4	φ6.5	φ8	φ10	φ12	φ14	φ16
钢筋单位理论质量/(kg·m⁻¹)	0.099	0.260	0.395	0.617	0.888	1.208	1.578
钢筋直径 d/mm	φ18	φ20	φ22	φ25	φ28	φ30	φ32
钢筋单位理论质量/(kg·m⁻¹)	1.998	2.466	2.984	3.850	4.834	5.550	6.310

(8)现浇和预制构件钢筋工程量计算

①现浇和预制构件钢筋工程量计算公式

$$现浇和预制构件钢筋工程量＝设计图示钢筋长度×钢筋单位理论质量$$

②钢筋工程计算顺序

按钢筋编号计算每根钢筋长度,再计算构件同规格钢筋的总长度,最后按钢筋种类和规格汇总,分别乘以线密度,计算不同钢筋的质量(以吨为单位)。

4.预应力钢筋工程量计算

(1)先张法预应力钢筋按设计图示钢筋长度乘以钢筋单位理论质量计算。

(2)后张法预应力钢筋按设计图示钢筋(绞线、丝束)长度乘以钢筋单位理论质量计算。

后张法预应力钢筋增加长度按设计规定的预应力钢筋预留孔道长度,并区别不同的锚具类型,分别按下列规定计算:

①低合金钢筋两端采用螺杆锚具时,预应力钢筋按预留孔道长度减 0.35 m 计算,螺杆另行计算。

②低合金钢筋一端采用镦头插片,另一端为螺杆锚具时,预应力钢筋长度按预留孔道长度计算,螺杆另行计算。

③低合金钢筋一端采用镦头插片,另一端采用帮条锚具时,预应力钢筋长度增加 0.15 m;两端均采用帮条锚具时,预应力钢筋长度共增加 0.3 m。

④低合金钢筋采用后张混凝土自锚时,预应力钢筋长度增加 0.35 m。

⑤低合金钢筋或钢绞线采用 JM、XM、QM 型锚具,孔道长度≤20 m 时,预应力钢筋长度增加 1 m;孔道长度＞20 m 时,预应力钢筋长度增加 1.8 m。

⑥碳素钢丝采用锥形锚具,孔道长≤20 m 时,预应力钢筋长度增加 1 m;孔道长＞20 m

时,预应力钢筋长度增加 1.8 m。

　　⑦碳素钢丝两端采用镦粗头时,预应力钢丝长度增加 0.35 m。

　　⑧预应力钢筋工程量计算公式

　　　　预应力钢筋工程量＝(设计图示钢筋长度＋增加长度)×钢筋单位理论质量

　　(3)预应力钢丝束、钢绞线锚具安装按套数计算。

5.其他钢筋工程量计算

　　(1)植入钢筋按数量计算,植入钢筋按外露和植入部分之和长度乘以钢筋单位理论质量计算。

　　(2)钢筋网片、混凝土灌注桩钢筋笼、地下连续墙钢筋笼按设计图示钢筋长度乘以钢筋单位理论质量计算。

　　(3)马凳如图 11-2(a)所示,是指用于支撑现浇混凝土板或现浇雨篷板中的上部钢筋的铁件。马凳钢筋量,现场布置是通长设置的按设计图纸规定或已审批的施工方案计算;设计无规定时现场马凳布置方式是其他形式的,马凳的材料应比底板钢筋降低一个规格,若底板钢筋规格不同,按其中规格大的钢筋降低一个规格计算。长度按底板厚度的 2 倍加 200 mm 计算,按 1 个/ m² 计入马凳钢筋工程量。设计无规定时计算公式为

　　　　马凳钢筋质量＝(板厚×2＋0.2)×板面积×受撑钢筋次规格的线密度

　　(4)墙体拉结 S 钩如图 11-2(b)所示,是指用于拉结现浇钢筋混凝土墙内受力钢筋的单支箍。

　　墙体拉结 S 钩钢筋质量,设计有规定的按设计规定计算,设计无规定按φ8 钢筋计算,长度按墙厚加 150 mm 计算,按 3 个/ m² 计入钢筋总量。设计无规定时计算公式为

(a) 马凳　　　　　　　　(b) 墙体拉结 S 钩

图 11-2　马凳及墙体拉结 S 钩

　　　　墙体拉结 S 钩质量＝(墙厚＋0.15)×(墙面积×3)×0.395

　　(5)砌体加固钢筋按设计用量以质量计算。

　　(6)防护工程的钢筋锚杆、锚喷护壁钢筋、钢筋网按设计用量以质量计算,执行现浇构件钢筋子目。

　　(7)桩基工程钢筋笼制作安装,按设计图示钢筋长度乘以单位理论质量,以质量计算。

　　(8)钢筋间隔件子目,发生时按实计算。编制标底时,按水泥基类间隔件 1.21 个/m²(模板接触面积)计算编制。设计与定额不同时可以换算。

　　(9)对拉螺栓增加子目,按照混凝土墙的模板接触面积乘以系数 0.5 计算。

　　(10)混凝土构件预埋铁件、螺栓,按设计图示尺寸,以质量计算。

> **经验提示**:计算铁件工程量时,不扣除孔眼、切肢、切边的质量,焊条的质量不另计算。对于不规则形状的钢板,按其最长对角线乘以最大宽度所形成的矩形面积计算。

三、现浇混凝土工程量计算

　　(1)现浇混凝土工程量除另有规定者外,均按图示尺寸以体积计算。不扣除构件内钢筋、预埋铁件及墙、板中 0.3 m² 以内的孔洞所占体积。型钢混凝土中型钢骨架所占体积按(密度)7 850 kg/m³ 扣除。

　　(2)现浇混凝土基础与柱(墙)身连接,以基础扩大顶面为界,如图 11-3 中的独立基础所示;现浇混凝土梁与柱交接,以柱内侧面为界;现浇混凝土墙与板交接,以墙内侧为界;现浇混

凝土墙与梁连接,以梁底面为界;现浇混凝土梁与板连接,以板底面为界;现浇混凝土主梁与次梁交接,以主梁侧面为界;现浇混凝土墙与墙交接,以外墙内侧面为界。

> **经验提示**:现浇混凝土工程量计算,以主要构件为主,次要构件算至主要构件的侧面,按构件实体积计算;混凝土搅拌和运输按混凝土体积计算。

1.基础

(1)带形基础,外墙按设计外墙中心线长度、内墙按设计内墙基础净长度乘以设计断面计算,以体积计算。

带形基础工程量=外墙中心线长度×设计断面面积+设计内墙基础净长度×设计断面面积

(2)带形基础不分有肋式与无肋式,均按带形基础项目计算,有肋式带形基础,肋高(指基础扩大顶面至梁顶面的高)≤1.2 m 时,合并计算;肋高>1.2 m 时,扩大顶面以下的基础部分按带形基础项目计算,扩大顶面以上的部分按墙项目计算。如图 11-3 中的梁式带基所示。

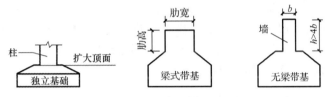

图 11-3　现浇混凝土基础

【案例 11-1】　某现浇钢筋混凝土带形基础尺寸如图 11-4 所示,混凝土垫层强度等级为 C15,混凝土强度等级为 C20,场外集中搅拌量为 25 m³/h,运距为 5 km,管道泵送混凝土。计算现浇钢筋混凝土带形基础垫层和混凝土工程量,确定定额项目。

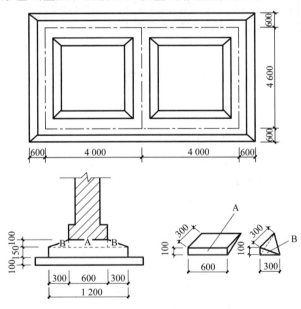

图 11-4　现浇钢筋混凝土带形基础

解　①现浇混凝土(C15)带形基础垫层工程量=[(8+4.6)×2+(4.6−1.4)]×1.4×0.1=3.98 m³

C15(40)现浇无筋混凝土垫层,套定额 5-1 或 2-1-28(换)(人工、机械分别乘以系数 1.05)。

②现浇钢筋混凝土(C20)带形基础工程量=[(8+4.6)×2+4.6−1.2]×(1.2×0.15+

0.9×0.1)+0.6×0.3×0.1(A 体积)+0.3×0.1÷2×0.3÷3×4(B 体积)=7.75 m³

无梁式现浇钢筋混凝土(C20)带形基础浇筑、振捣、养护,套定额 5-3 或 5-1-4(换)。

③拌制、运输、管道泵送混凝土工程量=0.775×10.1+0.398×10.1=11.85 m³

场外集中搅拌量(25 m³/h),套定额 5-3-4;混凝土运输车运输混凝土(运距为 5 km 内),套定额 5-3-6。

固定泵输送基础混凝土,套定额 5-87 或 5-3-9;泵送混凝土增加材料,套定额 5-3-15;管道输送基础混凝土,套定额 5-3-16。

(3)满堂基础,按设计图示尺寸以体积计算。

满堂基础工程量=图示长度×图示宽度×厚度+翻梁体积

> **经验提示**:有梁式满堂基础,肋高>0.4 m 时,套用有梁式满堂基础定额项目;肋高≤0.4 m 或设有暗梁、下翻梁时,套用无梁式满堂基础项目。

【**案例 11-2**】　有梁式满堂基础尺寸如图 11-5 所示,原土机械夯实,铺设混凝土垫层厚度为 200 mm,混凝土强度等级为 C15,有梁式满堂基础混凝土强度等级为 C20,场外集中搅拌量为 50 m³/h,运距为 10 km,非泵送混凝土。计算混凝土垫层和有梁式满堂基础混凝土构件和搅拌、运输混凝土工程量,确定定额项目。

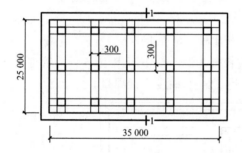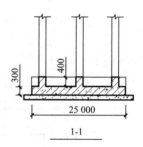

图 11-5　有梁式满堂基础

解　①原土机械夯实工程量=(35+0.25×2+0.1×2)×(25+0.25×2+0.1×2)=917.49 m²

原土机械夯实,套定额 1-129 或 1-4-9。

②满堂基础混凝土垫层工程量=(35+0.25×2)×(25+0.25×2)×0.2=181.05 m³

C15(40)现浇无筋混凝土垫层,套定额 5-1 或 2-1-28。

③满堂基础混凝土工程量=35×25×0.3+0.3×0.4×[35×3+(25-0.3×3)×5]=289.56 m³

有梁式满堂基础肋高小于 0.4 m 现浇混凝土(C20),套定额 5-8 或 5-1-8。

④混凝土拌制、运输工程量=28.956×10.1+18.105×10.1=475.32 m³

场外集中搅拌量(50 m³/h),套定额 5-3-5;混凝土运输车运输混凝土(运距为 10 km 内),套定额 5-3-6 和 5-3-7。

(4)箱式基础,分别按无梁式满堂基础、柱、墙、梁、板有关规定计算,套用相应定额子目。

(5)独立基础,包括各种形式的独立基础及柱墩,其工程量按图示尺寸以体积计算。柱与柱基的划分以柱基的扩大顶面为分界线。如图 11-3 独立基础所示。

独立基础工程量=设计图示体积

【**案例 11-3**】　现浇毛石混凝土独立基础尺寸如图 11-6 所示,共 40 个,混凝土垫层强度等级为 C15,基础混凝土强度等级为 C20,场外集中搅拌量为 25 m³/h,运距为 5 km,非泵送混凝土。计算现浇毛石混凝土独立基础混凝土工程量,确定定额项目。

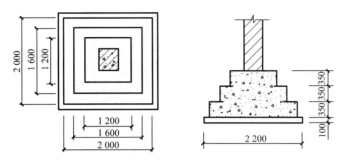

图 11-6　现浇毛石混凝土独立基础

解　①现浇毛石混凝土(C15)独立基础垫层工程量＝2.2×2.2×0.1×3＝1.45 m³

C15(40)现浇无筋混凝土垫层,套定额 5-1 或 2-1-28(换),(人工、机械分别乘以系数 1.1)。

②现浇毛石混凝土(C20)独立基础混凝土工程量＝(2×2＋1.6×1.6＋1.2×1.2)×0.35×40＝112.00 m³

现浇毛石混凝土(C20)独立基础混凝土,套定额 5-4 或 5-1-5(换)。

③混凝土拌制、运输工程量＝11.2×8.59＋0.145×10.1＝97.67 m³

场外集中搅拌量(25 m³/h),套定额 5-3-4;混凝土运输车运输混凝土(运距为 5 km 内),套定额 5-3-6。

(6)带形桩承台,按带形基础的计算规则计算(国家定额执行带形基础项目),独立桩承台,按独立基础的计算规则计算(国家定额执行独立基础项目),不扣除伸入承台基础的桩头所占体积,如图 11-7 所示。

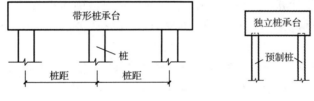

图 11-7　桩承台

(7)设备基础,除块体(块体设备基础是指没有空间的实心混凝土形状)以外,其他类型设备基础分别按基础、柱、墙、梁、板等有关规定计算,套用相应定额子目。楼层上的钢筋混凝土设备基础,按有梁板项目计算。

2.柱

柱按图示断面尺寸乘以柱高以体积计算。

$$矩形柱工程量＝图示断面面积×柱高$$
$$圆形柱工程量＝柱直径×柱直径×\pi÷4×柱高$$

柱高按下列规定确定:

(1)有梁板的柱高,应按自柱基上表面(或楼板上表面)至上一层楼板上表面之间的高度计算,如图 11-8 所示。

(2)无梁板的柱高,应按自柱基上表面(或楼板上表面)至柱帽下表面之间的高度计算,如图 11-9 所示。

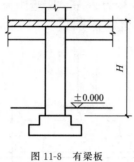

图 11-8 有梁板

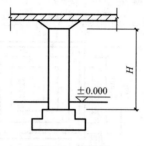

图 11-9 无梁板

（3）框架柱的柱高，应按自柱基上表面至柱顶面的高度计算，如图 11-10 所示。

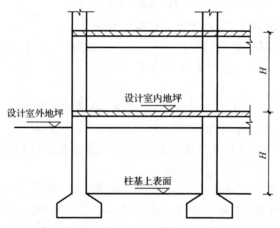

图 11-10 框架柱

（4）构造柱按设计高度计算，构造柱与墙嵌结部分（马牙槎）的体积，按构造柱出槎长度的一半（有槎与无槎的平均值）乘以出槎宽度，再乘以构造柱柱高，并入构造柱体积内计算，如图 11-11 所示。

$$构造柱工程量＝（图示柱宽度＋折加咬口宽度）×厚度×图示高度$$

或

$$构造柱工程量＝构造柱折算截面积×构造柱计算高度$$

（5）依附柱上的牛腿（图 11-12）、升板的柱帽，并入柱体积内计算。

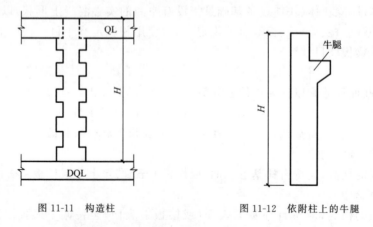

图 11-11 构造柱

图 11-12 依附柱上的牛腿

（6）钢管混凝土柱以钢管高度按照钢管内径计算混凝土体积。

【**案例 11-4**】 某钢筋混凝土柱尺寸如图 11-13 所示，现浇 C25 混凝土，搅拌机现场搅拌。

钢筋现场制作及安装,柱上端水平锚固长度为 300 mm,焊接箍筋搭接长度为 100 mm。计算现浇钢筋混凝土柱钢筋、混凝土浇筑和搅拌工程量,确定定额项目。

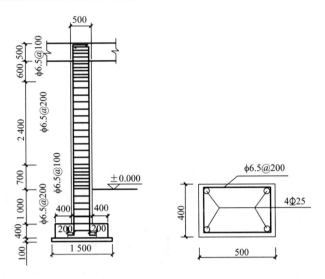

图 11-13　钢筋混凝土柱

解　①Φ25 的钢筋工程量=[(0.4+1+0.7-0.04+0.2)+(0.7+2.4+0.6)+(0.6+0.5-0.02+0.3)]×4×3.85=113 kg=0.113 t

现浇构件带肋钢筋(Φ25),套定额 5-95 或 5-4-7。

②φ6.5 的箍筋根数=[(0.4+1-0.04)÷0.2+1]+(0.7÷0.1)+(2.4÷0.2)+[(0.6+0.5-0.02)÷0.1]=38 根

箍筋单根长度=[(0.5-0.02×2-0.006 5)+(0.4-0.02×2-0.006 5)]×2+0.1=1.714 m

φ6.5 箍筋质量=1.714×38×0.260=17 kg=0.017 t

现浇构件箍筋(φ6.5),套定额 5-116 或 5-4-30。

③混凝土浇筑工程量=0.5×0.4×(1+0.7+2.4+0.6+0.5)=1.04 m³

矩形柱现浇 C25 混凝土,套定额 5-11(换)或 5-1-14(换);现场搅拌混凝土调整费,套定额 5-82。

④混凝土搅拌工程量=0.104×9.869 1=1.03 m³

搅拌机现场搅拌,套定额 5-3-2。

【案例 11-5】　如图 11-14 所示构造柱,总高为 24 m,16 根,混凝土强度等级为 C25,搅拌机现场搅拌。计算构造柱现浇混凝土与搅拌工程量,确定定额项目。

解　①构造柱混凝土工程量=(0.24+0.06)×0.24×24×16=27.65 m³

构造柱现浇 C25 混凝土,套定额 5-12(换)或 5-1-17(换);现场搅拌混凝土调整费,套定额 5-82。

②混凝土搅拌工程量=2.765×9.869 1=27.29 m³

现场搅拌机搅拌,套定额 5-3-2。

3.梁

梁按图示断面尺寸乘以梁长以体积计算。

梁混凝土构件工程量=图示断面面积×梁长+梁垫体积

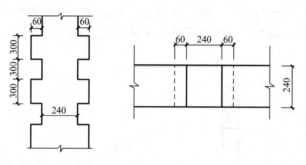

图 11-14　构造柱

梁长及梁高按下列规定确定：

(1)梁与柱连接时,梁长算至柱侧面,如图 11-15 所示。

(2)主梁与次梁连接时,次梁长算至主梁侧面。伸入墙体内的梁头、梁垫体积并入梁体积内计算,如图 11-16 所示。

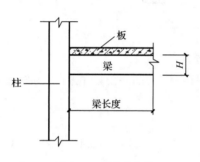

图 11-15　梁与柱连接

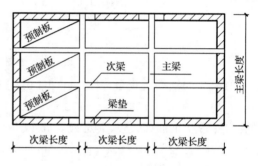

图 11-16　主梁与次梁连接

主梁构件工程量＝图示断面面积×梁长度＋梁垫体积

次梁构件工程量＝图示断面面积×梁净长度＋梁垫体积

(3)过梁长度按设计规定计算,设计无规定时,按门窗洞口宽度,两端各加 250 mm 计算。如图 11-17 所示。房间与阳台连通,洞口两侧的墙垛(或构造柱、柱)单面凸出小于所附墙体厚度时,洞口上坪与圈梁连成一体的混凝土梁,按过梁的计算规则计算工程量,执行单梁子目。

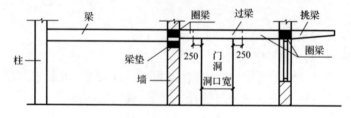

图 11-17　圈梁与过梁连接

过梁工程量＝图示断面面积×过梁长度(门窗洞口宽＋0.5 m)

当现浇混凝土圈梁与过梁连接在一起时,如图 11-18 所示,分别按过梁和圈梁项目计算。

现浇混凝土过梁工程量＝(门窗洞口宽＋0.5 m)×过梁断面面积

现浇混凝土圈梁工程量＝圈梁长度×圈梁断面面积－过梁体积

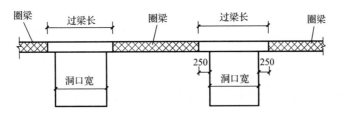

图 11-18　现浇混凝土圈梁及过梁计算示意图

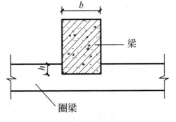

（4）圈梁与梁连接时，圈梁体积应扣除伸入圈梁内的梁体积，如图 11-19 所示。圈梁与构造柱连接时，圈梁长度算至构造柱侧面。构造柱有马牙槎时，圈梁长度算至构造柱主断面（没有马牙槎部分）的侧面。基础圈梁，按圈梁计算。

圈梁工程量＝图示长度×图示断面面积－
构造柱主断面宽度×根数

（5）在圈梁部位挑出外墙的混凝土梁，以外墙外边线为界线，挑出部分按图示尺寸以体积计算，套用单梁、连续梁项目，如图 11-17 所示。

图 11-19　圈梁与梁连接

（6）梁（单梁、框架梁、圈梁、过梁）与板整体现浇时，梁高计算至板底，如图 11-15 所示。

【案例 11-6】　某现浇花篮梁尺寸如图 11-20 所示，共 20 根，混凝土强度等级为 C25，梁垫尺寸为 800 mm×240 mm×240 mm，混凝土现场搅拌。计算该花篮梁钢筋和混凝土浇筑、现场搅拌工程量，确定定额项目。

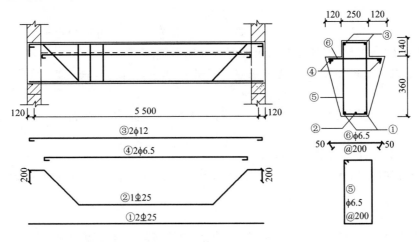

图 11-20　现浇花篮梁

解　I.钢筋计算如下：

①号钢筋：2 Φ25 单根长度＝5.74－0.02×2＝5.70 m

Φ25 钢筋质量＝5.70×2×3.85×20＝878 kg

②号钢筋：1 Φ25 单根长度＝5.74－0.02×2＋2×0.414×(0.5－0.039×2)＋0.2×2＝6.45 m

Φ25 钢筋质量＝6.45×3.85×20＝497 kg

现浇构件带肋钢筋Φ25 工程量＝878＋497＝1 375 kg＝1.375 t

现浇构件带肋钢筋(Φ25)，套定额 5-95 或 5-4-7。

③号钢筋:2φ12 单根长度=5.74−0.02×2+6.25×0.012×2=5.85 m

现浇构件圆钢筋φ12 工程量=5.85×2×0.888×20=208 kg=0.208 t

现浇构件圆钢筋(φ12),套定额 5-90 或 5-4-2。

④号钢筋:2φ6.5 单根长度=5.5−0.24−0.02×2+6.25×0.006 5×2=5.30 m

现浇构件圆钢筋φ6.5 工程量=5.3×2×0.260×20=55 kg=0.55 t

⑤号钢筋:φ6.5 根数=(5.74−0.04)÷0.2+1=30 根

单根长度 2×(0.25+0.50)−8×0.02−4×0.006 5+11.9×0.006 5×2=1.47 m

现浇构件箍筋φ6.5 工程量=1.47×30×0.260×20=229 kg=0.229 t

现浇构件箍筋(φ6.5),套定额 5-116 或 5-4-30。

⑥号钢筋:φ6.5 根数=(5.5−0.24−0.04)÷0.2+1=27 根

单根长度=0.49−0.04+0.05×2=0.55 m

现浇构件圆钢筋φ6.5 质量=0.55×27×0.260×20=77 kg

现浇构件圆钢筋φ6.5 工程量=55+77=132 kg=0.132 t

现浇构件圆钢筋(φ6.5),套定额 5-89 或 5-4-1。

Ⅱ.梁现浇混凝土工程量=(0.25×0.5×5.74+0.12×0.36×5.26+0.8×0.24×0.24×2)×20=20.74 m³

异形梁现浇 C25 混凝土,套定额 5-18(换)或 5-1-20(换);现场搅拌混凝土调整费,套定额 5-82。

Ⅲ.梁混凝土现场搅拌工程量=2.074×10.1=20.95 m³

梁混凝土搅拌机现场搅拌,套定额 5-3-2。

4.墙

墙按图示中心线长度乘以设计高度及墙厚,以体积计算。扣除门窗洞口及单个面积>0.3 m² 孔洞的体积,墙垛、附墙柱及凸出部分并入墙体积内计算。

现浇钢筋混凝土墙工程量=(图示长度×设计高度−门窗洞口面积)×墙厚+墙垛、附墙柱及凸出部分体积

(1)现浇混凝土墙与基础的划分,以基础扩大面的顶面为分界线,以下为基础,以上为墙身。

(2)现浇混凝土柱、梁、墙、板的划分:

①未凸出混凝土墙面的暗柱、暗梁(直形墙中门窗洞口上的梁),并入相应墙体积内,不单独计算。

②梁、墙连接时,墙高算至梁底。

③墙、墙相交时,外墙按外墙中心线长度计算,内墙按墙间净长度计算。

④柱、墙与板相交时,柱和外墙的高度,算至板上坪;内墙的高度,算至板底;板的宽度按外墙间净宽度(无外墙时,按板边缘之间的宽度)计算,不扣除柱、墙垛所占板的面积。

⑤墙与柱连接时墙算至柱边。省定额规定柱单面凸出墙面大于墙厚或双面凸出墙面时,柱按其完整断面计算,墙长算至柱侧面;柱单面凸出墙面小于墙厚时,其凸出部分并入墙体积内计算。

⑥轻型框剪墙结构砌体内门窗洞口上的梁并入梁体积。

(3)电梯井壁,工程量计算执行外墙的相应规定。

(4)轻型框剪墙,由剪力墙柱、剪力墙身、剪力墙梁三类构件组成,计算工程量时按混凝土墙的计算规则合并计算。

【案例 11-7】　某地下车库工程,现浇钢筋混凝土柱、墙、板尺寸如图 11-21 所示,门洞 4 000 mm×3 000 mm,混凝土强度等级均为 C25,现场搅拌混凝土。计算现浇钢筋混凝土柱和墙工程量。

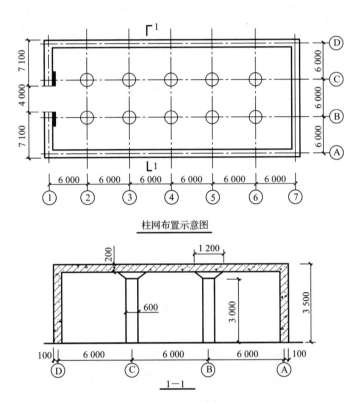

柱网布置示意图

图 11-21　现浇钢筋混凝土柱、墙、板

解　①现浇钢筋混凝土圆形柱工程量=0.6×0.6×3.14÷4×3×5×2=8.48 m³

②现浇钢筋混凝土墙工程量=[(6×6+6×3)×2×3.5−4×3]×0.2=73.20 m³

5.板

板按图示面积乘以板厚,以体积计算,不扣除单个面积≤0.3 m² 的柱、垛及孔洞所占体积。

$$混凝土板工程量=图示长度×图示宽度×板厚+附梁及柱帽体积$$

各种板按以下规定计算:

(1)有梁板是指由一个方向或两个方向的梁(主梁、次梁)与板连成一体的板称为有梁板。有梁板包括主、次梁及板,工程量按板下梁(不包括圈梁和框架梁)、板体积之和计算。现浇有梁板如图 11-22 所示。

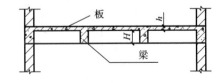

图 11-22　现浇有梁板

$$现浇有梁板混凝土工程量=图示长度×图示宽度×板厚+主梁及次梁体积$$

$$主梁及次梁体积=主梁长度×主梁宽度×肋高+次梁净长度×次梁宽度×肋高$$

【案例 11-8】　某现浇钢筋混凝土有梁板,如图 11-23 所示,墙厚为 240 mm,混凝土强度等级为 C25,计算现浇有梁板的工程量,确定定额项目。

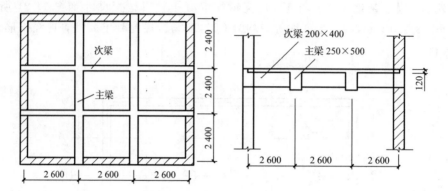

图 11-23 现浇钢筋混凝土有梁板

现浇混凝土有梁板
工程量的计算

解 ①现浇有梁板体积＝2.6×3×2.4×3×0.12＝6.74 m³

②板下梁体积＝0.25×(0.5-0.12)×2.4×3×2+0.2×(0.4-0.12)×(2.6×3-0.5)×2+0.25×0.50×0.12×4+0.2×0.4×0.12×4＝2.28 m³

现浇有梁板工程量＝6.74＋2.28＝9.02 m³

有梁板现浇 C25 混凝土,套定额 5-30(换)或 5-1-31(换)。

钢筋、混凝土拌制等工程量,确定定额项目略。

(2)无梁板是指无梁且直接用柱子支撑的楼板。无梁板按板和柱帽体积之和计算。现浇无梁板如图 11-24 所示。

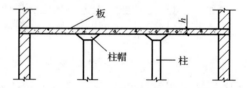

图 11-24 现浇无梁板

现浇无梁板混凝土工程量＝图示长度×图示宽度×板厚＋柱帽体积

【案例 11-9】 某工程无梁板尺寸如图 11-25 所示,混凝土强度等级为 C25,计算无梁板混凝土浇筑工程量,确定定额项目。

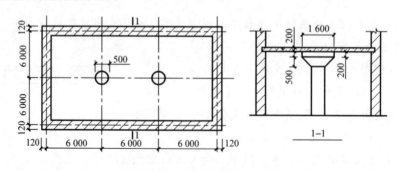

图 11-25 无梁板

解 无梁板混凝土浇筑工程量＝18×12×0.2＋3.14×0.8×0.8×0.2×2＋(0.25×0.25＋0.8×0.8＋0.25×0.8)×3.14×0.5÷3×2＝44.95 m³

无梁板现浇 C25 混凝土,套定额 5-31(换)或 5-1-32(换)。

（3）平板是指直接支撑在墙或梁上的现浇楼板。平板按板图示体积计算，伸入砖墙或梁内的板头、平板边沿的翻檐，均并入平板体积内计算。现浇平板如图 11-26 所示。

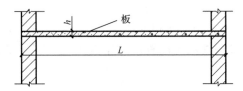

图 11-26　现浇平板（1）

现浇平板混凝土工程量＝图示长度×图示宽度×板厚＋边沿的翻檐体积

【案例 11-10】　某卫生间现浇平板尺寸如图 11-27 所示，墙体厚度 240 mm，现场搅拌 C20 混凝土，钢筋保护层 15 mm，④号钢筋每边 3 根分布筋，与受力钢筋搭接长度为 100 mm，马凳沿负筋区域中心线布置，每隔 500 mm 布一个，钢筋现场制作及安装。计算钢筋混凝土现浇平板钢筋和混凝土搅拌、浇筑工程量，确定定额项目。

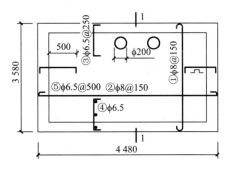 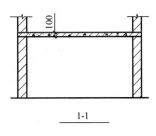

图 11-27　现浇平板（2）

解　1.钢筋计算。

①号钢筋：$n＝(4.48－0.015×2)÷0.15＋1＝31$ 根

②号钢筋：$n＝(3.58－0.015×2)÷0.15＋1＝25$ 根

φ8 钢筋工程量＝$(3.58－0.015×2＋12.5×0.008)×31×0.395＋(4.48－0.015×2＋12.5×0.008)×25×0.395＝90$ kg＝0.090 t

③号钢筋：$n＝[(4.48－0.015×2)÷0.25＋1＋(3.58－0.015×2)÷0.25＋1]×2＝(19＋15)×2＝68$ 根

φ6.5 钢筋工程量＝$[0.24＋0.5－0.015＋(0.1－0.015×2)×2]×68×0.260＝15$ kg＝0.015 t

④号φ6.5 分布筋钢筋工程量＝$[4.48－(0.24＋0.5－0.1)×2＋3.58－(0.24＋0.5－0.1)×2]×2×3×0.260＝9$ kg＝0.009 t

≤φ10 钢筋工程量合计＝$0.090＋0.015＋0.009＝0.114$ t

现浇构件圆钢筋（φ6.5），套定额 5-89 或 5-4-1。

⑤号马凳钢筋长度＝板厚×2＋0.2＝0.1×2＋0.2＝0.40 m

φ6.5 马凳钢筋工程量＝$[(4.48－0.015×2)÷0.5＋(3.58－0.015×2)÷0.5]×2×0.4×0.260＝3$ kg＝0.003 t

现浇构件圆钢筋（φ6.5），套定额 5-89 或 5-4-75。

2.现浇平板混凝土工程量＝$4.48×3.58×0.1＝1.60$ m³

现浇平板 C20 混凝土，套定额 5-32 或 5-1-33（换）；现场搅拌混凝土调整费，套定额 5-82。

3.现场搅拌混凝土工程量＝0.16×10.1＝1.62 m³

搅拌机现场搅拌混凝土,套定额 5-3-2。

(4)斜屋面板是指斜屋面铺瓦用的钢筋混凝土基层板。斜屋面按板断面面积乘以斜坡长度,有梁时,梁板合并计算。屋脊处八字脚的加厚混凝土(素混凝土)已包括在消耗量内,不单独计算;若屋脊处八字脚的加厚混凝土配置钢筋作为梁使用,则应按设计尺寸并入斜屋面板工程量内计算,如图 11-28 所示。

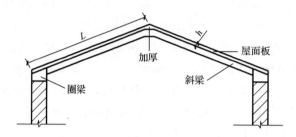

图 11-28 斜屋面板

斜屋面板混凝土工程量＝图示宽度×板厚×斜坡长度＋板下梁体积

或   斜屋面板混凝土工程量＝图示长度×图示宽度×坡度系数×板厚＋附梁体积

(5)现浇挑檐与板(包括屋面板、楼板)连接时,以外墙外边线为界线,如图 11-29 所示。与圈梁(包括其他梁)连接时,以梁外边线为界线,外边线以外为挑檐,如图 11-30 所示。

现浇天沟板混凝土工程量＝天沟板中心线长度×天沟板断面面积

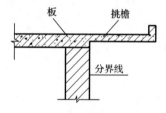

图 11-29 现浇挑檐与板连接

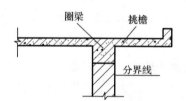

图 11-30 现浇挑檐与圈梁连接

【案例 11-11】 某工程天沟板如图 11-31 所示,混凝土强度等级为 C25,计算天沟板现浇混凝土工程量,确定定额项目。

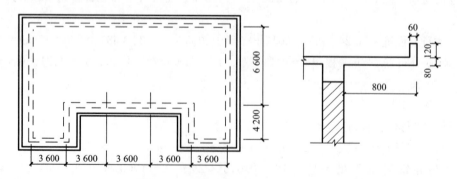

图 11-31 天沟板

解 天沟板现浇混凝土工程量＝0.8×0.08×[(3.6×5＋4.2＋6.6＋4.2)×2＋4×0.24＋4×0.8]＋0.12×0.06×(3.6×5＋0.24＋0.77×2＋4.2＋6.6＋0.24＋0.77×2＋4.2)×2＝5.02 m³

天沟板现浇 C25 混凝土,套定额 5-41(换)或 5-1-49(换)。

（6）各类板伸入砖墙内的板头并入板体积内计算,薄壳板的肋、基梁并入薄壳体积内计算。空心板按设计图示尺寸以体积(扣除空心部分)计算。叠合箱、蜂巢芯混凝土楼板扣除构件内叠合箱、蜂巢芯所占体积,按有梁板相应规则计算。圆弧形老虎窗顶板,按拱板计算。

6.整体楼梯

（1）整体楼梯包括休息平台、平台梁、楼梯底板、斜梁及楼梯与楼板的连接梁、楼梯段,按水平投影面积计算,不扣除宽度≤500 mm 的楼梯井,伸入墙内部分不另计算,如图 11-32 所示。混凝土楼梯(含直形和旋转形)与楼板,以楼梯顶部与楼板的连接梁为界,连接梁以外为楼板;楼梯基础按基础的相应规定计算。

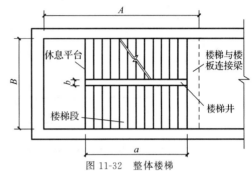

图 11-32　整体楼梯

楼梯混凝土工程量＝图示水平长度×图示水平宽度－大于 500 mm 宽楼梯井

当 $b \leqslant 500$ mm 时,$S=AB$

当 $b > 500$ mm 时,$S=AB-ab$

> **经验提示:**当整体楼梯与现浇楼板无梯梁连接时,以楼梯的最后一个踏步边缘加 300 mm 为界。踏步底板、休息平台的板厚不同时,应分别计算。踏步底板的水平投影面积包括底板和连接梁,休息平台的投影面积包括平台板和平台梁。

（2）踏步旋转楼梯,按其楼梯部分的水平投影面积乘以周数计算(不包括中心柱)。省定额弧形楼梯,按踏步旋转楼梯计算。

【**案例 11-12**】某双跑楼梯如图 11-33 所示,楼梯平台梁宽 240 mm,梯板厚120 mm,混凝土强度等级为 C20,计算楼梯现浇混凝土工程量,确定定额项目。

解　楼梯现浇混凝土工程量＝$(3-0.24)\times(1.62-0.12+2.7+0.24)=12.25$ m²

楼梯现浇 C20 混凝土(无斜梁,板厚 120 mm),套定额 5-46 或 5-1-39(换)、5-1-43(换)。

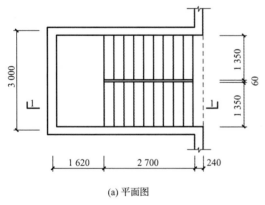

(a) 平面图

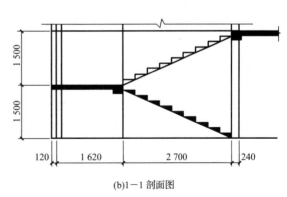

(b)1－1 剖面图

图 11-33　双跑楼梯

7.阳台、雨篷

（1）省定额阳台、雨篷按伸出外墙的水平投影面积计算,伸出外墙的牛腿不另计算,其嵌入墙内的梁另按梁有关规定单独计算;雨篷的翻檐按展开面积,并入雨篷内计算。井字梁雨篷,按有梁板计算规则计算。如图 11-34~图 11-36 所示。

现浇钢筋混凝土阳台板工程量＝水平投影面积

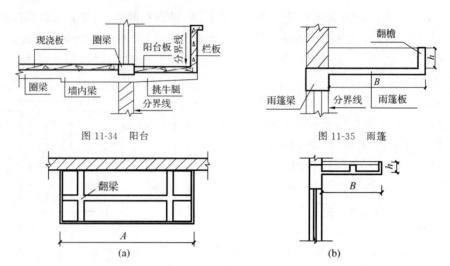

图 11-34　阳台　　　　　　　图 11-35　雨篷

图 11-36　井字梁雨篷

（2）省定额混凝土挑檐、阳台、雨篷的翻檐，总高度≤300 mm 时，按展开面积并入相应工程量内；总高度>300 mm 时，按栏板计算。三面梁式雨篷，按有梁式阳台计算。

> **经验提示**：国家定额雨篷梁、板工程量合并，按雨篷以体积计算，高度≤400 mm 的栏板并入雨篷体积内计算；栏板高度>400 mm 时，其超过部分，按栏板计算。

【案例 11-13】　计算图 11-37 所示的现浇混凝土阳台的现浇混凝土工程量，混凝土强度等级为 C25，确定定额项目。

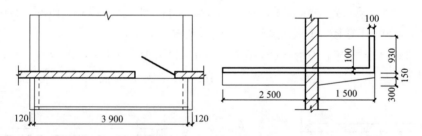

图 11-37　现浇混凝土阳台

解　阳台板混凝土工程量=$(3.9+0.24)\times1.5\times0.1+1.5\times0.24\times0.6=0.84$ m^3
有梁式阳台底板现浇 C25 混凝土，套定额 5-44（换）。
阳台混凝土工程量=$(3.9+0.24)\times1.5=6.21$ m^2
有梁式阳台底板现浇 C25 混凝土，套定额 5-1-45（换）。

8.栏板

栏板以体积计算，伸入墙内的栏板合并计算，如图 11-34 所示。

现浇钢筋混凝土栏板工程量=栏板中心线长度×断面面积

【案例 11-14】　阳台栏板尺寸如图 11-37 中混凝土阳台栏板所示，两端各伸入墙内 60 mm，混凝土强度等级为 C25，计算其现浇混凝土工程量，确定定额项目。

解　阳台栏板现浇混凝土工程量=$[3.9+0.24+(1.5-0.1+0.06)\times2]\times(0.93-0.1)\times0.1=0.59$ m^3

阳台栏板现浇 C25 混凝土，套定额 5-38（换）或 5-1-48（换）。

9.其他

(1)挑檐、天沟板按设计图示尺寸以墙外部分体积计算。挑檐、天沟板与板(包括屋面板)连接时,以外墙外边线为分界线;与梁(包括圈梁等)连接时,以梁外边线为分界线;外墙外边线以外为挑檐、天沟板。

(2)国家定额散水、台阶按设计图示尺寸,以水平投影面积计算。台阶与平台连接时其投影面积应以最上层踏步外沿加 300 mm 计算。省定额台阶按设计图示尺寸,以体积计算。

(3)飘窗左右的混凝土立板,按混凝土栏板计算。飘窗上下的混凝土挑板、空调室外机的混凝土搁板,按混凝土挑檐计算。

(4)单件体积≤0.1 m³ 且定额未列子目的构件,按小型构件以体积计算。

(5)场馆看台、地沟、混凝土后浇带按设计图示尺寸以体积计算。

(6)二次灌浆、空心砖内灌注混凝土,按照实际灌注混凝土体积计算。

(7)国家定额空心楼板筒芯、箱体安装,均按体积计算。省定额按套计算。

四、预制混凝土及其他工程量计算

(1)预制混凝土均按图示尺寸以体积计算,不扣除构件内钢筋、铁件及单个面积≤0.3 m² 孔洞所占体积。

$$预制混凝土工程量＝图示断面面积×构件长度$$
$$预制混凝土柱工程量＝上柱图示断面面积×上柱长度＋下柱图示断面面积×$$
$$下柱长度＋牛腿体积$$
$$预制混凝土 T 形吊车梁工程量＝断面面积×设计图示长度$$
$$钢筋混凝土折线形屋架工程量＝\sum 杆件断面面积×杆件计算长度$$
$$钢筋混凝土预制平板工程量＝图示长度×图示宽度×板厚$$

(2)混凝土与钢杆件组合的构件,混凝土部分按构件实际体积以立方米计算,钢构件部分按吨计算,分别套用相应的定额项目。

(3)预制混凝土构件接头灌缝,均按预制混凝土构件体积计算。

(4)国家定额现场搅拌混凝土调整费项目,按混凝土构件体积计算。省定额混凝土搅拌制作和泵送子目,按各混凝土构件的混凝土消耗量之和,以体积计算。

五、混凝土构件安装

1.预制混凝土构件安装

(1)预制混凝土构件安装除另有规定外,均按构件设计图示尺寸,以体积计算。

(2)预制混凝土矩形柱、工形柱、双肢柱、空格柱、管道支架等安装,均按柱安装计算。

(3)组合屋架安装,以混凝土部分体积计算,钢杆件部分不计算。

(4)预制板安装,不扣除单个面积≤0.3 m² 的孔洞所占体积,扣除空心板孔洞体积。

2.装配式建筑构件安装

(1)装配式建筑构件工程量均按设计图示尺寸以体积计算。不扣除构件内钢筋、预埋铁件等所占体积。

(2)装配式墙、板安装,不扣除单个面积≤0.3 m² 的孔洞所占体积。

(3)装配式楼梯安装,应按扣除空心踏步板孔洞体积后,以体积计算。

【**案例 11-15**】 图 11-38 所示预制混凝土方柱共 60 根,混凝土强度等级为 C25,轮胎式起重机安装,计算预制混凝土方柱工程量,确定定额项目。

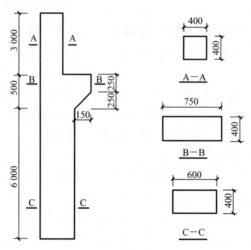

图 11-38　预制混凝土方柱

解　预制混凝土方柱工程量＝[0.4×0.4×3＋0.6×0.4×6.5＋(0.25＋0.5)×0.15÷2×0.4]×60＝123.75 m³

预制混凝土矩形柱,套定额 5-2-1(换)。

预制混凝土矩形柱安装,套定额 5-319(安装)、5-64(灌缝)或 5-5-1(安装)、5-5-2(灌缝)。

【案例 11-16】　图 11-39 所示后张预应力吊车梁,混凝土强度等级为 C30,下部后张预应力钢筋用 JM 型锚具,轮胎式起重机安装,计算后张预应力钢筋和预制混凝土吊车梁工程量,确定定额项目。

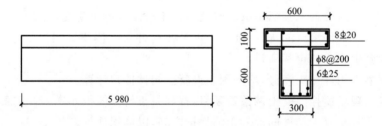

图 11-39　后张预应力吊车梁

解　①后张预应力钢筋(Φ25)工程量＝(5.98＋1)×6×3.85＝161 kg＝0.161 t

后张预应力钢筋(Φ25),套定额 5-137 或 5-4-35。

②预制混凝土吊车梁工程量＝(0.1×0.6＋0.3×0.6)×5.98＝1.44 m³

预制混凝土 T 形吊车梁,套定额 5-2-9。

预制混凝土 T 形吊车梁安装,套定额 5-326(安装)、5-67(灌缝)或 5-5-27(安装)、5-5-31(灌缝)。

【案例 11-17】　制作 200 块如图 11-40 所示预应力平板,混凝土强度等级为 C30,塔式起重机安装(焊接),计算预应力钢筋混凝土平板和钢筋工程量,确定定额项目。

解:①号纵向钢筋工程量＝(2.98＋0.1×2)×13×200×0.099＝819 kg＝0.819 t

先张预应力钢筋(ϕ^b4),套定额 5-130 或 5-4-32。

②号纵向钢筋工程量＝(0.35－0.01)×3×2×200×0.099＝40 kg

③号纵向钢筋工程量＝(0.46－0.01×2＋0.1×2)×3×2×200×0.099＝76 kg

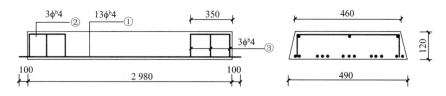

图 11-40　预应力平板

构造筋[非预应力冷拔低碳钢丝(ϕ^b4)]工程量合计＝40＋76＝116 kg＝0.116 t

预制构件[非预应力冷拔低碳钢丝(ϕ^b4)]点焊,套定额 5-102 或 5-4-14。

④预应力钢筋混凝土平板工程量＝(0.49＋0.46)÷2×0.12×2.98×200＝33.97 m³

预制钢筋混凝土平板,套定额 5-2-19。

预制钢筋混凝土平板塔式起重机安装(焊接),套定额 5-353(安装)、5-75(灌缝)或 5-5-112 (安装)、5-5-116(灌缝)。

11.2　工程量清单编制

一、清单项目设置

混凝土及钢筋混凝土工程共分 16 个分部工程清单项目,即现浇混凝土基础、现浇混凝土柱、现浇混凝土梁、现浇混凝土墙、现浇混凝土板、现浇混凝土楼梯、现浇混凝土其他构件、后浇带、预制混凝土柱、预制混凝土梁、预制混凝土屋架、预制混凝土板、预制混凝土楼梯、其他预制构件、钢筋工程、螺栓铁件。适用于建筑物的混凝土和钢筋工程。

1.现浇混凝土基础(编号:010501)

现浇混凝土基础项目包括垫层、带形基础、独立基础、满堂基础、桩承台基础、设备基础 6 个清单项目。

2.现浇混凝土柱(编号:010502)

现浇混凝土柱项目包括矩形柱、构造柱、异形柱 3 个清单项目。

3.现浇混凝土梁(编号:010503)

现浇混凝土梁项目包括基础梁、矩形梁、异形梁、圈梁、过梁、弧形和拱形梁 6 个清单项目。

4.现浇混凝土墙(编号:010504)

现浇混凝土墙项目包括直形墙、弧形墙、短肢剪力墙、挡土墙 4 个清单项目。

5.现浇混凝土板(编号:010505)

现浇混凝土板项目包括有梁板、无梁板、平板、拱板、薄壳板、栏板、天沟挑檐板、雨篷阳台板、空心板和其他板 10 个清单项目。

6.现浇混凝土楼梯(编号:010506)

现浇混凝土楼梯项目包括直形楼梯和弧形楼梯 2 个清单项目。

7.现浇混凝土其他构件(编号:010507)

现浇混凝土其他构件项目包括散水、坡道,室外地坪,电缆沟、地沟,台阶,扶手、压顶,化粪池、检查井,其他构件 7 个清单项目。

8.后浇带(编号:010508)

后浇带只有 1 个清单项目。

9.预制混凝土柱(编号:010509)

预制混凝土柱项目包括矩形柱和异形柱 2 个清单项目。

10.预制混凝土梁(编号:010510)

预制混凝土梁项目包括矩形梁、异形梁、过梁、拱形梁、鱼腹式吊车梁、其他梁 6 个清单项目。

11.预制混凝土屋架(编号:010511)

预制混凝土屋架项目包括折线形屋架、组合屋架、薄腹屋架、门式刚架屋架、天窗架屋架 5 个清单项目。

12.预制混凝土板(编号:010512)

预制混凝土板项目包括平板,空心板,槽形板,网架板,折线板,带肋板,大型板,沟盖板、井盖板、井圈 8 个清单项目。

13.预制混凝土楼梯(编号:010513)

预制混凝土楼梯项目只有预制混凝土楼梯 1 个清单项目。

14.其他预制构件(编号:010514)

其他预制构件项目包括烟道、垃圾道、通风道及其他构件 2 个清单项目。

15.钢筋工程(编号:010515)

钢筋工程项目包括现浇构件钢筋、预制构件钢筋、钢筋网片、钢筋笼、先张法预应力钢筋、后张法预应力钢筋、预应力钢丝、预应力钢绞线、支撑钢筋、声测管 10 个清单项目。

16.螺栓铁件(编号:010516)

螺栓铁件项目包括螺栓、预埋铁件、机械连接 3 个清单项目。

二、计价规范与计价规则说明

1.一般规定

(1)混凝土类别是指清水混凝土、彩色混凝土等,当在同一地区既使用预拌(商品)混凝土、又允许现场搅拌混凝土时,也应注明。混凝土的供应方式(现场搅拌混凝土、商品混凝土)以招标文件确定。

(2)附录要求分别编码列项的项目(如箱式满堂基础、框架式设备基础等),可在第五级编码上进行分项编码。

(3)混凝土工程的模板、支撑、垂直运输机械和脚手架等,应列入措施项目中。

(4)预制混凝土构件以根、榀、块、套计量,必须描述单件体积。

经验提示:预制构件项目特征内的安装高度,不需要每个构件都注明标高和高度,而是要求选择关键部件注明,以便投标人选择吊装机械和垂直运输机械。

---

(5)预制混凝土构件或预制钢筋混凝土构件,当施工图设计标注做法见标准图集时,项目特征注明标准图集的编码、页号及节点大样即可。

(6)现浇或预制钢筋混凝土构件,不扣除构件内钢筋、螺栓、预埋铁件、张拉孔道所占体积,但应扣除劲性骨架的型钢所占体积。

2.现浇混凝土基础

(1)混凝土垫层应单独列项计算,其他材料垫层执行砌筑工程中的垫层清单项目。

(2)带形基础项目适用于各种带形基础。墙下的板式基础包括浇筑在一字排桩上面的带形基础。有肋带形基础、无肋带形基础应按现浇混凝土基础中相关项目列项,并注明肋高。

（3）独立基础项目适用于块体柱基、杯基、柱下板式基础、壳体基础、电梯井基础等。

（4）满堂基础项目适用于地下室的箱式、筏形基础等。箱式满堂基础中柱、梁、墙、板按柱、梁、墙、板相关项目分别编码列项；箱式满堂基础底板按满堂基础项目列项。

> **经验提示**：箱式满堂基础是上有盖板，下有底板，中间有纵横墙板连成整体的基础。箱式满堂基础具有较大的强度和刚度，多用于高层建筑中的基础。筏形基础是指当独立基础或带形基础不能满足设计需要时，在设计上将基础连成一个整体，称为筏形基础。

（5）桩承台基础项目适用于浇筑在组桩（如梅花桩）上的承台，工程量不扣除浇入承台体积内的桩头所占体积。

（6）设备基础项目适用于设备的块体基础、框架基础等，螺栓孔灌浆包括在报价内。框架式设备基础中柱、梁、墙、板分别按柱、梁、墙、板相关项目编码列项；基础部分按设备基础相关项目编码列项。

（7）若为毛石混凝土基础，项目特征应描述毛石所占比例。

（8）现浇混凝土基础按设计图示尺寸以体积计算工程量。不扣除伸入承台基础的桩头所占体积。

【案例 11-18】　某现浇钢筋混凝土带形基础、独立基础的尺寸如图 11-41 所示。混凝土垫层强度等级为 C15，混凝土基础强度等级为 C20，场外集中搅拌，搅拌量为 25 m³/h，混凝土运输车运输，运距为 4 km。槽坑底均用电动夯实机夯实。编制现浇钢筋混凝土带形基础和独立基础工程量清单。

解　$L_{\text{中}} = (3.6 \times 3 + 6 \times 2 + 0.25 \times 2 - 0.37 + 2.7 + 4.2 \times 2 + 2.1 + 0.25 \times 2 - 0.37) \times 2 = 72.52$ m

J_{2-2} 上层 $L_{\text{净}} = 3.6 \times 3 - 0.37 + (3.6 + 4.2 - 0.37) \times 2 + (4.2 - 0.37) \times 2 + 4.2 + 2.1 - 0.37 = 38.88$ m

J_{2-2} 下层 $L_{\text{净}} = 38.88 - 0.3 \times 2 \times 6 = 35.28$ m

①现浇钢筋混凝土带形基础工程量 $= (1.1 \times 0.35 + 0.5 \times 0.3) \times 72.52 + 0.97 \times 0.35 \times 35.28 + 0.37 \times 0.3 \times 38.88 = 55.10$ m³

②现浇钢筋混凝土独立基础工程量 $= 1.2 \times 1.2 \times 0.35 + 0.35 \div 3 \times (1.2 \times 1.2 + 0.36 \times 0.36 + 1.2 \times 0.36) + 0.36 \times 0.36 \times 0.3 = 0.50 + 0.23 + 0.04 = 0.77$ m³

分部分项工程量清单见表 11-7。

表 11-7　　　　　　　　　　　　分部分项工程量清单（案例 11-18）

序号	项目编码	项目名称	项目特征描述	计量单位	工程量
1	010501002001	带形基础	场外集中搅拌，C20	m³	55.10
2	010501003001	独立基础	场外集中搅拌，C20	m³	0.77

3.现浇混凝土柱

（1）矩形柱、异形柱项目适用于各种形状的柱，除无梁板柱的高度计算至柱帽下表面，其他柱都计算全高。单独的薄壁柱应根据其截面形状，确定以异形柱或矩形柱编码列项。柱帽工程量包括在无梁板体积内。混凝土柱上的钢牛腿按金属结构工程零星钢构件编码列项。现浇混凝土柱按设计图示尺寸以体积计算工程量。

（2）柱高按下列规定计算：

①有梁板的柱高，应自柱基上表面（或楼板上表面）至上一层楼板上表面之间的高度计算。

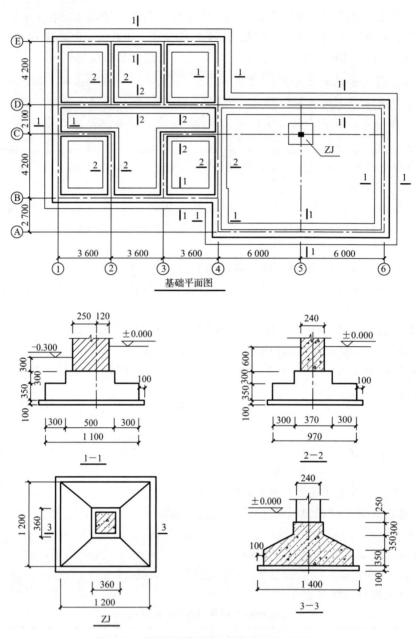

图 11-41　某现浇钢筋混凝土带形基础、独立基础

②无梁板的柱高,应自柱基上表面(或楼板上表面)至柱帽下表面之间的高度计算。

③框架柱的柱高,应自柱基上表面至柱顶高度计算。

④构造柱按全高计算,嵌接墙体部分并入柱身体积,按构造柱工程量清单项目编码列项。

⑤依附柱上的牛腿和升板的柱帽,并入柱身体积计算。

【案例 11-19】 某钢筋混凝土矩形柱 10 根,尺寸如图 11-42 所示,混凝土强度等级为 C30,混凝土保护层 25 mm。混凝土由施工企业自行采购,商品混凝土供应价为 183.00 元/m³。施工企业采用混凝土运输车运输,运距为 6 km,管道泵送混凝土。钢筋现场制作及安装,箍筋加钩长度为 100 mm。编制现浇钢筋混凝土矩形柱工程量清单。

解 现浇钢筋混凝土矩形柱工程量＝(0.4×0.4×4×3＋0.4×0.25×0.8×2)×10＝20.80 m³

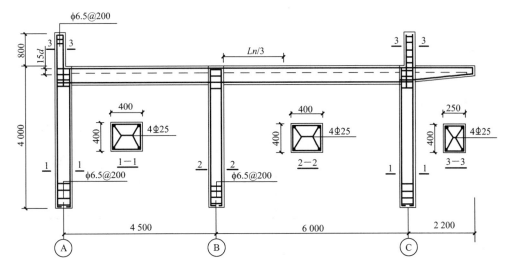

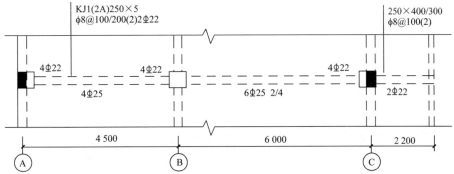

图 11-42　某钢筋混凝土框架

分部分项工程量清单见表 11-8。

表 11-8　　　　　　　　　　　分部分项工程量清单(案例 11-19)

序号	项目编码	项目名称	项目特征描述	计量单位	工程量
1	010502001001	矩形柱	场外集中搅拌,C30	m³	20.80

【案例 11-20】　图 11-43 所示构造柱,A 型 4 根,B 型 8 根,C 型 12 根,D 型 24 根,总高为 26 m,混凝土强度等级为 C25,现场搅拌。编制构造柱现浇混凝土工程量清单。

微课

构造柱现浇混凝土工程量清单的编制

解　构造柱现浇混凝土工程量＝[A 型(0.24＋0.06)×4＋B 型(0.24＋0.06)×8＋C 型(0.24＋0.06×2)×12＋D 型(0.24＋0.06×1.5)×24]×0.24×26＝98.84 m³

分部分项工程量清单见表 11-9。

表 11-9　　　　　分部分项工程量清单(案例 11-20)

序号	项目编码	项目名称	项目特征描述	计量单位	工程量
1	010502002001	构造柱	现场搅拌,C25	m³	98.84

4.现浇混凝土梁

现浇混凝土梁按设计图示尺寸以体积计算工程量,伸入墙内的梁头、梁垫并入梁体积内。

梁长:

(1)梁与柱连接时,梁长算至柱侧面。

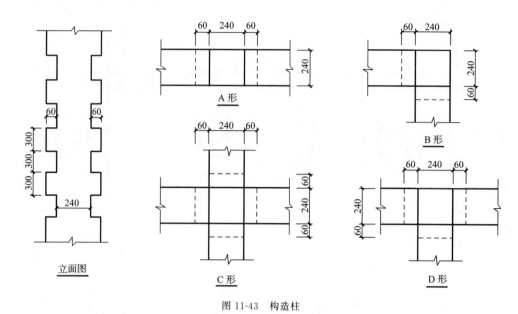

图 11-43　构造柱

（2）主梁与次梁连接时，次梁长算至主梁侧面，即截面小的梁长度计算至截面大的梁侧面。

5.现浇混凝土墙

（1）直形墙、弧形墙项目也适用于电梯井。与墙相连接的薄壁柱按墙项目编码列项。

（2）短肢剪力墙是指截面厚度不大于 300 mm、各肢的截面高度与厚度之比的最大值大于 4 但不大于 8 的剪力墙；各肢截面高度与厚度之比的最大值不大于 4 的剪力墙按柱项目列项；各肢的截面高度与厚度之比的最大值大于 8 的剪力墙按墙项目列项。

（3）现浇混凝土墙按设计图示尺寸以体积计算工程量，扣除门窗洞口及单个面积 >0.3 m² 的孔洞所占体积，墙垛及凸出墙面部分并入墙体体积内。

【案例 11-21】　某地下车库工程，现浇钢筋混凝土柱、墙、板尺寸如图 11-21 所示。门洞 4 000 mm×3 000 mm，混凝土强度等级均为 C25，现场搅拌混凝土。编制现浇钢筋混凝土墙工程量清单。

解　现浇钢筋混凝土墙工程量＝[（6×6＋6×3）×2×3.5－4×3]×0.2＝73.20 m³

分部分项工程量清单见表 11-10。

表 11-10　　　　分部分项工程量清单（案例 11-21）

序号	项目编码	项目名称	项目特征描述	计量单位	工程量
1	010504001001	直形墙	现场搅拌，C25	m³	73.20

6.现浇混凝土板

现浇混凝土板按设计图示尺寸以体积计算，不扣除单个面积≤0.3 m² 的柱、墙垛以及孔洞所占体积。

（1）压形钢板混凝土楼板扣除构件内压形钢板所占体积。

（2）有梁板（包括主、次梁与板）按梁、板体积之和计算。

（3）无梁板按板和柱帽体积之和计算。

（4）各类板伸入墙内的板头并入板体积内计算。

（5）薄壳板的肋、基梁并入薄壳体积内计算。

（6）混凝土板采用浇筑复合高强薄型空心管时，其工程量应扣除管所占体积。

（7）现浇挑檐、天沟板、雨篷、阳台与板（包括屋面板、楼板）连接时，以外墙外边线为分界线;与圈梁(包括其他梁)连接时,以梁外边线为分界线。外边线以外为挑檐、天沟板、雨篷或阳台。

> **经验提示**:现浇混凝土雨篷、阳台按设计图示尺寸以墙外部分体积计算。包括伸出墙外的牛腿和雨篷反挑檐的体积。现浇钢筋混凝土阳台板工程量＝水平投影面积×板厚＋牛腿体积

【案例 11-22】 某工程现浇钢筋混凝土框架有梁板,尺寸如图 11-44 所示。混凝土强度等级 C25,现场搅拌混凝土。编制现浇钢筋混凝土框架有梁板工程量清单,并进行工程量清单报价。

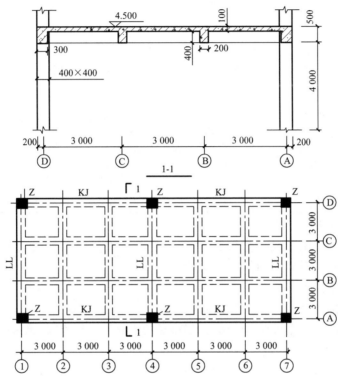

图 11-44　现浇钢筋混凝土框架有梁板

解　现浇钢筋混凝土框架有梁板工程量＝**板**$(3×6+0.2×2)×(3×3+0.2×2)×0.1+$**纵梁肋**$(3×6+0.2×2-0.3×3)×2×0.2×0.4+$**横梁肋**$(3×3+0.2×2-0.3×2-0.2×2)×4×0.2×0.4=17.296+2.8+2.688=22.78$ m³

分部分项工程量清单见表 11-11。

表 11-11　　　　　　　　　分部分项工程量清单(案例 11-22)

序号	项目编码	项目名称	项目特征描述	计量单位	工程量
1	010505001001	有梁板	现场搅拌,C25	m³	22.78

【案例 11-23】 某工程现浇钢筋混凝土斜屋面板尺寸如图 11-45 所示,老虎窗斜板坡度与屋面相同,檐口圈梁和斜屋面板混凝土强度等级均为 C25,现场搅拌混凝土。编制现浇钢筋混凝土斜屋面板和檐口圈梁工程量清单。

解　①现浇钢筋混凝土斜屋面板工程量＝$[8×(6+4.2)+4.2×2]×1.414\ 2×0.08=$ 10.18 m³

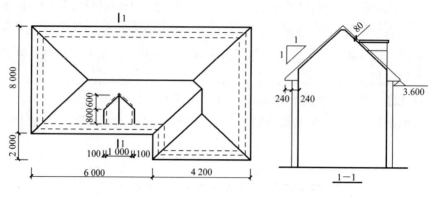

图 11-45 现浇钢筋混凝土斜屋面板

②现浇钢筋混凝土檐口圈梁工程量＝[(2＋8＋6＋4.2)×2−(0.48÷3×2)×8]×0.48×0.48÷2＝4.36 m³

分部分项工程量清单见表 11-12。

表 11-12 分部分项工程量清单(案例 11-23)

序号	项目编码	项目名称	项目特征描述	计量单位	工程量
1	010505010001	其他板	现场搅拌,C25	m³	10.18
2	010503004001	圈梁	现场搅拌,C25	m³	4.36

7.现浇混凝土楼梯

(1)现浇混凝土楼梯一般应按设计图示尺寸以水平投影面积计算工程量,不扣除宽度≤500 mm 的楼梯井,伸入墙内部分不计算。

(2)整体楼梯(包括直形楼梯、弧形楼梯)水平投影面积包括休息平台、平台梁、斜梁和楼梯的连接梁。当整体楼梯与现浇楼板无梯梁连接时,以楼梯的最后一个踏步边缘加300 mm 为界。单跑楼梯的工程量计算与直形楼梯、弧形楼梯的工程量计算相同;单跑楼梯如无中间休息平台,应在工程量清单中进行描述。

【案例 11-24】 某地下储藏室现浇钢筋混凝土楼梯(单跑)尺寸如图 11-46 所示。钢筋保护层 15 mm,钢筋现场制作及安装。混凝土强度等级 C25,现场搅拌混凝土。编制现浇钢筋混凝土楼梯工程量清单。

解 现浇钢筋混凝土楼梯工程量＝(0.3＋3.3＋0.3)×(1.5＋0.15−0.12)＝5.97 m²

分部分项工程量清单见表 11-13。

表 11-13 分部分项工程量清单(案例 11-24)

序号	项目编码	项目名称	项目特征描述	计量单位	工程量
1	010506001001	直形楼梯	现场搅拌,C25 混凝土 120 mm 厚	m²	5.97

8.现浇混凝土其他构件

(1)散水、坡道、室外地坪按设计图示尺寸以水平投影面积计算工程量,不扣除单个面积≤0.3 m² 的孔洞所占面积。

(2)现浇混凝土台阶一般按设计图示尺寸水平投影面积计算工程量。架空式混凝土台阶,按现浇楼梯计算。

(3)扶手、压顶(包括伸入墙内的长度)应按延长米计算工程量或按设计图示尺寸以体积计算工程量。

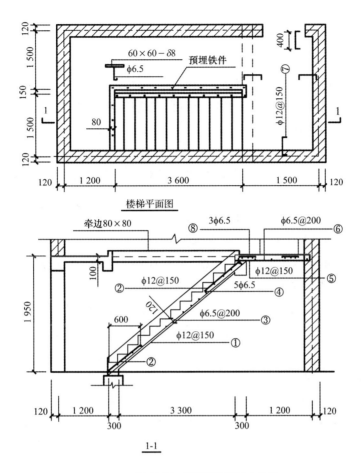

图 11-46 现浇钢筋混凝土楼梯

（4）其他构件指现浇混凝土小型池槽、垫块、门框等，按其他构件项目编码列项，按设计图示尺寸以体积计算工程量或按数量计算工程量。

9.后浇带

后浇带项目适用于梁、墙、板等的后浇带。后浇带按设计图示尺寸以体积计算工程量。

10.预制混凝土构件

（1）有相同截面、长度的预制混凝土柱、梁的工程量可按根数计算。

（2）同类型、相同跨度的预制混凝土屋架的工程量可按榀数计算。

（3）三角形屋架应按预制混凝土屋架中的折线形屋架工程量清单项目编码列项。

（4）不带肋的预制遮阳板、雨篷板、挑檐板、栏板等，应按预制混凝土板中的平板工程量清单项目编码列项。

（5）同类型、相同构件尺寸的预制混凝土板工程量可按块数计算。

（6）预制 F 形板、双 T 形板、单肋板和带反挑檐的雨篷板、挑檐板、遮阳板等，应按预制混凝土板中的带肋板工程量清单项目编码列项。

（7）预制大型墙板、大型楼板、大型屋面板等，应按预制混凝土板中的大型板工程量清单项目编码列项。

（8）同类型、相同构件尺寸的预制混凝土沟盖板的工程量可按块数计算。混凝土井圈、井盖板工程量可按套数计算。

（9）预制钢筋混凝土楼梯按楼梯段、平台板分别编码列项。

（10）整体楼梯（包括直形楼梯、弧形楼梯）水平投影面积包括休息平台、平台梁、斜梁和楼梯的连接梁。当整体楼梯与现浇楼板无梯梁连接时，以楼梯的最后一个踏步边缘加 300 mm 为界。

（11）计算烟道、垃圾道、通风道工程量时，应扣除烟道、垃圾道、通风道的孔洞所占体积。

（12）预制钢筋混凝土小型池槽、压顶、扶手、垫块、隔热板、花格等，应按其他预制构件中的其他构件工程量清单项目编码列项。

11.钢筋工程

（1）钢筋混凝土构件中的钢筋应分为不同种类和规格，按设计图示钢筋（网）长度（面积）乘以单位理论质量计算工程量。

（2）现浇构件中伸出构件的锚固钢筋应并入钢筋工程量内。除设计（包括规范规定）标明的搭接外，其他施工搭接不计算工程量，在综合单价中综合考虑。

【案例 11-25】 某钢筋混凝土框架梁 10 根，尺寸如图 11-42 所示。混凝土强度等级为 C30，纵向受力钢筋混凝土保护层 25 mm。混凝土由施工企业自行采购，商品混凝土供应价为 183.00 元/m^3。施工企业采用混凝土运输车运输，运距为 8 km，管道泵送混凝土。钢筋现场制作及安装，箍筋加钩长度为 100 mm。编制现浇钢筋混凝土框架梁和钢筋工程的工程量清单。

解 ①现浇钢筋混凝土框架梁工程量＝[0.25×0.5×(4.5＋6－0.4×2)＋0.25×0.35×(2.2－0.2)]×10＝(1.213＋0.175)×10＝13.88 m^3

②Φ25 钢筋：[(4.5＋0.4－0.025×2＋15×0.025)×4＋(6＋0.4－0.025×2＋15×0.025)×6]×10×3.85＝(5.225×4＋6.725×6)×10×3.85＝2 358 kg＝2.358 t

Φ22 钢筋：{(4.5＋6＋2.2＋0.2＋15×0.022×2＋34×0.022×1.4)×2＋[(6－0.4)÷3×5＋0.4×3＋15×0.022]×2＋(2.2＋0.2＋15×0.022)×2}×10×2.984＝(29.21＋21.73＋5.46)×10×2.984＝1 683 kg＝1.683 t

φ8 箍筋：矩形梁箍筋根数＝(4.5＋6＋0.4－0.025)÷0.2＋1＋(6－0.4)÷3÷0.2×2＋(4.5－0.4)÷3÷0.2×2＝56＋10×2＋7×2＝90 根

挑梁箍筋根数＝(2.2－0.2－0.025)÷0.1＝20 根

φ8 箍筋工程量＝{[(0.25＋0.5)×2－8×0.025－4×0.008＋11.9×0.008×2]×90＋[(0.25＋0.35)×2－8×0.025－4×0.008＋11.9×0.008×2]×20}×10×0.395＝(1.458×90＋1.158×20)×10×0.395＝610 kg＝0.610 t

分部分项工程量清单见表 11-14。

表 11-14　　　　　分部分项工程量清单（案例 11-25）

序号	项目编码	项目名称	项目特征描述	计量单位	工程量
1	010503002001	矩形梁	C30 商品混凝土	m^3	13.88
2	010515001001	现浇构件钢筋	HRB335 级钢筋（Φ25）	t	2.358
3	010515001002	现浇构件钢筋	HRB335 级钢筋（Φ22）	t	1.683
4	010515001003	现浇构件钢筋	HPB300 级钢筋（φ8）	t	0.610

【案例 11-26】 某教学单层用房，现浇钢筋混凝土圈梁代过梁，尺寸如图 11-47 所示。门洞 1 000 mm×2 700 mm，共 4 个；窗洞 1 500 mm×1 500 mm，共 8 个。混凝土强度等级均为

C25,现场搅拌混凝土。钢筋定尺长度为 8 m,转角筋需在 1 m 以外进行搭接,故考虑 7 处搭接。编制现浇钢筋混凝土圈梁、过梁及其钢筋的工程量清单。

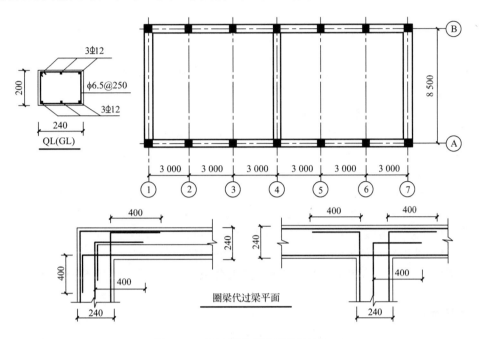

图 11-47　现浇钢筋混凝土圈梁代过梁

解　①现浇钢筋混凝土过梁工程量=[(1+0.5)×4+(1.5+0.5)×8]×0.24×0.2=1.06 m³

②现浇钢筋混凝土圈梁工程量=[(3×6+8.5)×2−0.24×14+8.5−0.24]×0.24×0.2−1.056=2.779−1.056=1.72 m³

③现浇混凝土钢筋工程量:

Φ12 钢筋:外圈[(18+8.5)×2×6+(0.24−0.025×2+0.4)×4×4+0.4×4×4+内墙圈梁 8.5×6+(0.12−0.025+0.4)×4×2+0.4×2×2+搭接 38×0.012×1.2×6×7]×0.888=(333.84+56.56+22.98)×0.888=367 kg=0.367 t

φ6.5 钢筋:圈梁(含过梁)箍筋根数=[(18+0.24−0.05)÷0.25+1]×2+[(8.5+0.24−0.05)÷0.25+1]×3=74×2+36×3=256 根

φ6.5 箍筋工程量=[(0.24+0.2)×2−0.011]×256×0.26=58 kg=0.058 t

分部分项工程量清单见表 11-15。

表 11-15　　　　　　　　　**分部分项工程量清单(案例 11-26)**

序号	项目编码	项目名称	项目特征描述	计量单位	工程量
1	010503004001	圈梁	现场搅拌 C25	m³	1.72
2	010503005001	过梁	现场搅拌 C25	m³	1.06
3	010515001001	现浇构件钢筋	HRB335 级钢筋(Φ 12)	t	0.367
4	010515001002	现浇构件钢筋	HPB300 级钢筋(φ6.5)	t	0.058

（3）后张法预应力钢筋增加长度规定

①低合金钢筋两端均采用螺杆锚具时，钢筋长度按孔道长度减 0.35 m 计算，螺杆另行计算。

②低合金钢筋一端采用镦头插片、另一端采用螺杆锚具时，钢筋长度按孔道长度计算，螺杆另行计算。

③低合金钢筋一端采用镦头插片、另一端采用帮条锚具时，钢筋长度按孔道长度增加 0.15 m 计算；两端均采用帮条锚具时，钢筋长度按孔道长度增加 0.3 m 计算。

④低合金钢筋采用后张混凝土自锚时，钢筋长度按孔道长度增加 0.35 m 计算。

⑤低合金钢筋（钢绞线）采用 JM、XM、QM 型锚具，孔道长度在 20 m 以内时，钢筋长度按孔道长度增加 1 m 计算；孔道长度在 20 m 以外时，钢筋（钢绞线）长度按孔道长度增加 1.8 m 计算。

⑥碳素钢丝采用锥形锚具，孔道长度在 20 m 以内时，钢丝束长度按孔道长度增加 1 m 计算；孔道长度在 20 m 以外时，钢丝束长度按孔道长度增加 1.8 m 计算。

⑦碳素钢丝束采用镦头锚具时，钢丝束长度按孔道长度增加 0.35 m 计算。

（4）现浇构件中固定位置的支撑钢筋、双层钢筋用的"铁马（马凳）"、预制构件的吊钩等，应并入钢筋工程量内。在编制工程量清单时，其工程数量可为暂估量，结算时按现场签证数量计算。

12.螺栓铁件

（1）螺栓、预埋铁件按设计图示尺寸以质量计算工程量；机械连接以个为单位，按数量计算工程量。

（2）对于螺栓铁件工程量，在编制其工程量清单时，其工程量可为暂估量，实际工程量按现场签证数量计算。

11.3　工程量清单计价

一、计量规范与计价规则说明

（1）购入的商品构件、配件以商品价计入报价。

（2）预制构件的吊装机械（如履带式起重机、轮胎式起重机、汽车式起重机、塔式起重机等）和运输机械应包括在项目综合单价内。

（3）以混凝土立方体积计量的模板及支撑或招标工程量清单中未列混凝土模板清单项目，其费用应包括在混凝土构件的综合单价中。

（4）滑模的提升设备（如千斤顶、液压操作台等）应列在模板及支撑费内。

（5）倒锥壳水箱在地面就位预制后的提升设备（如液压千斤顶及操作台等）应列在垂直运输费内。

（6）箱式满堂基础可参照现浇混凝土基础、柱、梁、墙、板的相关项目报价。

（7）设备基础项目的螺栓孔灌浆包括在报价内。框架式设备基础按设备基础、柱、梁、墙、板分别编码列项，可参照现浇混凝土基础、柱、梁、墙、板的相关项目报价。

（8）混凝土板采用浇筑复合高强薄型空心管时，复合高强薄型空心管应包括在报价内。采用轻质材料浇筑在有梁板内时，轻质材料应包括在报价内。

（9）电缆沟、地沟、散水、坡道需抹灰时，应包括在报价内。

（10）水磨石构件需要打蜡抛光时，应包括在报价内。

二、混凝土及钢筋混凝土工程案例

【案例 11-27】 某工程现浇混凝土矩形柱截面尺寸为 400 mm×400 mm,柱高 3.6 m,共 50 根,混凝土强度等级为 C30,全部为搅拌机现场搅拌。分部分项工程量清单见表 11-16,进行工程量清单计价,其中材料费上涨考虑 5% 的风险。

表 11-16　　　　　　　　　　　　　分部分项工程量清单(案例 11-27)

序号	项目编码	项目名称	项目特征描述	计量单位	工程量
1	010502001001	矩形柱	现场搅拌混凝土,C30	m³	28.80

解　分部分项工程量清单计价表的编制如下:

①该项目发生的工程内容为:混凝土制作、浇筑(含振捣、养护)。

②根据现行的计算规则,计算工程量。

浇筑柱工程量=0.4×0.4×3.6×50=28.80 m³

现场制作混凝土工程量=28.80×0.986 91=28.42 m³

③分别计算清单项目每计量单位应包含的各项工程内容的工程量。

浇筑柱工程量=28.80÷28.80=1.00 m³

现场制作混凝土工程量=28.42÷28.80=0.986 8 m³

> **想一想**:此法是正算法,还是反算法?

④根据现浇混凝土柱包含的工作内容,确定定额项目(不包括模板)。

浇筑柱,套定额 5-1-14;现场制作混凝土,套定额 5-3-2。

⑤人工、材料、机械单价选用 2020 年山东省建筑工程价目表信息价。

⑥计算清单项目每计量单位所含各项工程内容人工、材料、机械价款。

浇筑柱:

人工费:220.42×1=220.42 元

材料费:493.79×1.05×1=518.48 元

机械费:1.41×1=1.41 元

小计:220.42+518.48+1.41=740.31 元

现场制作混凝土:

人工费:23.81×0.986 8=23.50 元

材料费:5.36×1.05×0.986 8=5.55 元

机械费:18.81×0.986 8=18.56 元

小计:23.50+5.55+18.56=47.61 元

⑦清单项目每计量单位人工、材料、机械价款。

740.31+47.61=787.92 元

其中:定额人工费=220.42+23.50=243.92 元

⑧根据企业情况确定管理费费率为 25%,利润率为 15%。

⑨综合单价:787.92+243.92×(25%+15%)=885.49 元

⑩合价:885.49×28.80=25 502.11 元

将上述计算结果及相关内容填入表 11-17 中。

表 11-17　　　　　　　　　　　　　分部分项工程量清单计价(案例 11-27)

序号	项目编码	项目名称	项目特征描述	计量单位	工程量	金额/元	
						综合单价	合价
1	010502001001	矩形柱	现场搅拌混凝土,C30	m³	28.80	885.49	25 502.11

练习题

一、单选题

1.钢筋混凝土基础有垫层时,钢筋保护层为(   ),以保护受力钢筋不受锈蚀。

A.25 mm   B.35 mm   C.40 mm   D.70 mm

2.以下关于现浇混凝土柱高的确定,错误的是(   )。

A.有梁板柱高,自柱基上表面至上一层楼板上表面之间的高度计算

B.构造柱按全高计算

C.无梁板柱高,自柱基上表面至柱帽上表面之间的高度计算

D.框架柱高,自柱基上表面至柱顶计算

3.在钢筋混凝土楼板隔层的钢筋混凝土内墙高度计算,应从(   )。

A.下层楼板顶面至上层楼板顶面   B.下层楼板顶面至上层楼板底面

C.下层楼板底面至上层楼板顶面   D.下层楼板底面至上层楼板底面

4.某建筑采用现浇整体楼梯,楼梯共 3 个自然层,楼梯间净长 6 m,净宽 4 m,楼梯井宽 450 mm,长 3 m,则该现浇楼梯的混凝土工程量为(   )。

A.22.65 m²   B.24.00 m²   C.48.00 m²   D.72.00 m²

5.整体楼梯按水平投影面积计算工程量,不扣除宽度小于(   )的楼梯井。

A.300 mm   B.400 mm   C.450 mm   D.500 mm

二、多选题

1.关于钢筋混凝土工程量的计算规则,下列说法中正确的是(   )。

A.无梁板体积包括板和柱帽的体积

B.现浇混凝土楼梯按水平投影面积计算

C.外挑雨篷上的反挑檐并入雨篷计算

D.预制钢筋混凝土楼梯按设计图示尺寸以体积计算

E.预制混凝土构件接头灌缝,均按预制混凝土构件体积计算

2.关于现浇钢筋混凝土梁工程量计算,下列说法正确的是(   )。

A.梁和柱连接时,梁长算到柱侧面

B.主梁和次梁连接时,主梁算到次梁侧面

C.伸入墙内的梁头,并入梁工程量计算

D.伸入墙内的梁垫,并入梁工程量计算

E.应扣除构件内的钢筋、预埋铁件所占体积

3.现浇混凝土墙工程量计算时,应扣除(   )。

A.墙内钢筋   B.预埋铁件   C.0.3 m² 以外的孔洞所占体积

D.门窗洞口   E.墙垛

4.钢筋工程量的计算中,钢筋长度的计算方法正确的有(   )。

A.现浇混凝土钢筋,按设计图示尺寸长度

B.后张法预应力钢筋,按构件外形尺寸计算长度

C.先张法预应力钢筋,按预留孔道长度

D.后张法预应力钢筋增加长度,按预留孔道长度并区别不同锚具类型计算长度

E.后张法预应力钢筋,低合金钢筋两端采用螺杆锚具时,按预留孔道长度减 0.35 m 计算长度

5.现浇混凝土梁梁长按下列规定计算( )。

A.梁与柱连接时,梁长算至柱侧面

B.主梁与次梁连接时,次梁长算至主梁侧面

C.过梁长度按设计规定计算,设计无规定时按门窗洞口宽度两端各加 200 mm 计算

D.圈梁与梁连接时,圈梁体积不扣除伸入圈梁内的梁体积

E.在圈梁部位挑出外墙的混凝土梁,以外墙外边线为界线

三、判断题

1.混凝土柱与柱基的划分以室内外地坪为分界线,以上为柱,以下为基础。　　　　　( )

2.有梁板的柱高应自柱基上表面(或楼板上表面),至上一层楼板上表面之间的高度计算。
　　　　　　　　　　　　　　　　　　　　　　　　　　　　　　　　　( )

3.钢筋混凝土构造柱嵌接墙体的部分并入墙身体积计算。　　　　　　　　　　　( )

4.计算柱混凝土工程量时,当柱的截面不同时,按柱最大截面计算。　　　　　　( )

5.按照定额的规定,圈梁与梁连接时,圈梁体积不扣除伸入圈梁内的梁体积。　　( )

6.有梁板包括主、次梁及板,工程量按梁、板体积之和计算。　　　　　　　　　( )

7.无梁板按板和柱帽体积之和计算。　　　　　　　　　　　　　　　　　　　( )

8.平板按板图示体积计算,伸入墙内的板头、平板边沿的翻檐,均并入平板体积内计算。
　　　　　　　　　　　　　　　　　　　　　　　　　　　　　　　　　( )

9.钢筋每米理论质量$=0.006165\times d^2$(d 为钢筋直径)。　　　　　　　( )

10.挑檐、天沟板按设计图示尺寸以墙外部分体积计算。　　　　　　　　　　　( )

第 12 章
金属结构工程

⬤━⬤ 知识目标

 1.熟悉钢柱、钢梁、钢屋架、钢桁架及其他金属构件等分项工程的说明和计算规则。
 2.掌握常见钢结构工程量的计量与计价方法。
 3.掌握常见钢结构工程量的清单编制和报价方法。

⬤━⬤ 能力目标

 能应用金属结构工程有关分项工程量的计算方法,结合实际工程进行金属结构工程的工程量计算和定额的应用。会编制金属结构工程工程量清单和工程量清单计价表。

引 例 ◎

 某体育场馆采用钢结构柱、网架,该工程金属结构费用如何计算?

12.1 定额工程量计算

一、定额说明

1.金属构件制作

 (1)金属构件制作适用于现场、企业附属加工厂制作的构件。若采用成品构件,按各省、自治区、直辖市造价管理机构发布的信息价执行。

 (2)金属构件制作均包括现场内(工厂内)的材料运输、号料、加工、组装及成品堆放、装车出厂等全部工序。

 (3)金属构件制作项目包括各种构件的制作、连接以及拼装成整体构件所需的人工、材料、机械台班用量及预拼装平台(省定额不包括)摊销费用。省定额拼装子目只适用于半成品构件的拼装。

 (4)各种构件的连接以焊接为主。焊接前连接两组相邻构件使其固定以及构件运输时为避免出现误差而使用的螺栓,已包括在制作子目内,不另计算。

 (5)金属构件制作设计使用的钢材强度等级、型材组成比例与定额不同时,可按设计图纸进行调整。配套焊材单价相应调整,用量不变。

（6）金属构件制作项目中钢材的损耗量已包括了切割和制作损耗,对于设计有特殊要求的,损耗量可进行调整。

（7）钢零星构件系指定额未列项的、单体质量在 0.2 t 以内的钢构件。

（8）轻钢屋架是指单榀质量在 1 t 以内,且用角钢或圆钢、管材作为支撑、拉杆的钢屋架。

（9）实腹钢柱(梁)是指钢柱纵向任意两个截面均相同的钢,如 H 形钢、箱形钢、T 形钢、L 形钢、十字形钢等;空腹钢柱是指钢柱任意两个纵向截面不完全相同的钢,如格构式钢等。

（10）成品 H 型钢制作的柱、梁构件,相应制作子目人工、机械及除钢材外的其他材料乘以系数 0.6。

（11）型钢混凝土组合结构中的钢构件套用本章相应的项目,制作项目人工、机械乘以系数 1.15。

（12）国家定额金属构件制作项目中未包括除锈、油漆工作内容,发生时套用相应项目。省定额金属构件制作子目中,均包括除锈(为刷防锈漆而进行的简单除尘、除锈)、刷一遍防锈漆(制作工序的防护性防锈漆)内容。设计文件规定的防锈、防腐油漆另行计算,制作子目中的防锈漆工料不扣除。

（13）国家定额金属构件制作、安装项目中已包括(省定额未包括)施工企业按照质量验收规范要求所需的磁粉探伤、超声波探伤等常规检测费用。

2.金属构件安装

（1）钢构件安装项目按檐高 20 m 以内、跨内吊装编制,实际须采用跨外吊装的,应按施工方案进行调整。

（2）国家定额钢结构构件 15 t 及以下按单机吊装编制,其他按双机抬吊考虑吊装机械,网架按分块吊装考虑配置相应机械。省定额中机械吊装是按单机作业、回转半径 15 m 以内的距离编制的。

3.金属结构楼(墙)面板

（1）金属结构楼面板和墙面板按成品板编制。

（2）压型楼面板的收边板未包括在楼面板项目内,应单独计算。

二、工程量计算

1.金属构件制作安装

（1）金属构件制作安装工程量按设计图示尺寸乘以理论质量计算。

（2）金属构件计算工程量时,不扣除单个面积≤0.3 m² 的孔洞质量,焊缝、铆钉、螺栓等不另增加质量。省定额不扣除孔眼、切边的质量,在计算不规则或多边形钢板质量时,均以其最大对角线长度乘以最大宽度的矩形面积计算,如图 12-1 所示,即 $S=A\times B$。

不规则或多边形钢板质量＝最大对角线长度×最大宽度×面密度(kg/m²)

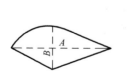

图 12-1　不规则或多边形钢板

金属杆件质量＝金属杆件设计长度×型钢线密度(kg/m)

(3)实腹柱、吊车梁、H型钢等均按图示尺寸计算,其中腹板及翼板宽度按每边增加25 mm计算。

(4)依附在钢柱上的牛腿及悬臂梁的质量等并入钢柱的质量内,钢柱上的柱脚板、加劲板、柱顶板、隔板和肋板等的质量并入钢柱工程量内。

(5)钢管柱上的节点板、加强环、内衬板(管)、牛腿等的质量并入钢管柱的质量内。

【案例 12-1】 某工程空腹钢柱如图 12-2 所示,共 20 根,计算空腹钢柱制作安装工程量,确定定额项目。

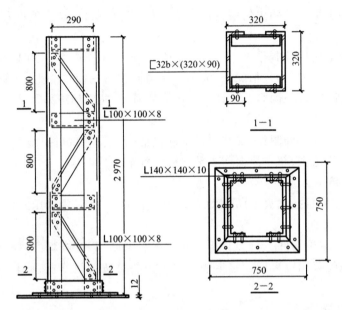

图 12-2 某工程空腹钢柱

解 ［32b 槽钢立柱质量＝2.97×2×43.25＝256.91 kg

L100×100×8 角钢横撑质量＝0.29×6×12.276＝21.36 kg

L100×100×8 角钢斜撑质量＝$\sqrt{0.8^2+0.29^2}$×6×12.276＝62.68 kg

L140×140×10 角钢底座质量＝(0.32+0.14×2)×4×21.488＝51.57 kg

— 12 钢板底座质量＝0.75×0.75×94.20＝52.99 kg

空腹钢柱制作安装工程量＝(256.91＋21.36＋62.68＋51.57＋52.99)×20＝8 910 kg
＝8.910 t

空腹钢柱制作,套定额 6-16 或 6-1-3。

空腹钢柱安装,套定额 6-66 或 6-5-1。

【案例 12-2】 某厂房上柱间支撑尺寸如图 12-3 所示,共 4 组,L63×6 的线密度为 5.72 kg/m,— 8 钢板的面密度为 62.8 kg/m²。按省定额规定计算柱间支撑制作安装工程量,确定定额项目。

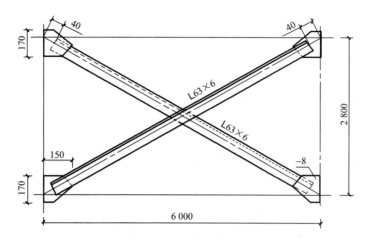

图 12-3　某厂房上柱间支撑

解　L63×6 角钢质量＝$(\sqrt{6^2+2.8^2}-0.04\times2)\times5.72\times2＝74.83$ kg

钢板质量＝$0.17\times0.15\times62.8\times4＝6.41$ kg

柱间支撑制作安装工程量＝$(74.83+6.41)\times4＝325$ kg＝0.325 t

柱间钢支撑制作(包括刷防锈漆),套定额 6-1-17。

柱间钢支撑安装,套定额 6-5-14。

(6)计算钢屋架、钢托架、天窗架工程量时,依附其上的悬臂梁、檩托、横档、支爪、檩条爪等分别并入相应构件内计算。

【案例 12-3】　某工程钢屋架如图 12-4 所示,按省定额规定计算钢屋架制作安装工程量,确定定额项目。

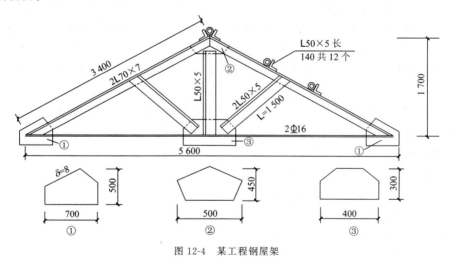

图 12-4　某工程钢屋架

解　上弦质量＝$3.4\times2\times2\times7.398＝100.61$ kg

下弦质量＝$5.6\times2\times1.58＝17.70$ kg

立杆质量＝$1.7\times3.77＝6.41$ kg

斜撑质量＝$1.5\times2\times2\times3.77＝22.62$ kg

①号连接板质量＝$0.7\times0.5\times2\times62.80＝43.96$ kg

②号连接板质量＝$0.5\times0.45\times62.80＝14.13$ kg

③号连接板质量＝0.4×0.3×62.80＝7.54 kg

檩托质量＝0.14×12×3.77＝6.33 kg

钢屋架制作安装工程量＝100.61＋17.70＋6.41＋22.62＋43.96＋14.13＋7.54＋6.33

＝219.30 kg＝0.219 t

轻钢屋架制作(包括刷防锈漆),套定额 6-1-5。

钢屋架制作平台摊销,套定额 6-4-1。

轻钢屋架安装,套定额 6-5-3。

> **经验提示:** 金属构件制作安装工程量按设计图示尺寸乘以理论质量计算。即不规则或多边形钢板按实际计算质量。

【案例 12-4】 某装饰大棚型钢檩条,尺寸如图 12-5 所示,共 100 根,L50×32×4 檩条的线密度为 2.494 kg/m,计算型钢檩条制作安装工程量,确定定额项目。

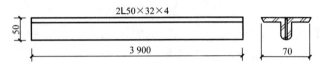

图 12-5　型钢檩条

解 型钢檩条制作安装工程量＝3.90×2×2.494×100＝1 945.32 kg＝1.95 t

型钢檩条制作,套定额 6-25 或 6-1-20。

型钢檩条安装,套定额 6-84 或 6-5-13。

(7)钢网架计算工程量时,不扣除孔眼的质量,焊缝、铆钉等不另增加质量。焊接空心球网架质量包括连接钢管杆件、连接球、支托和网架支座等零件的质量,螺栓球节点网架质量包括连接钢管杆件(含高强螺栓、销子、套筒、锥头或封板)、螺栓球、支托和网架支座等零件的质量。

(8)钢平台的工程量包括钢平台的柱、梁、板、斜撑等的质量,依附于钢平台上的钢扶梯及平台栏杆,应按相应构件另行列项计算。

(9)钢楼梯的工程量包括楼梯平台、楼梯梁、楼梯踏步等的质量,钢楼梯上的扶手、栏杆另行列项计算。

【案例 12-5】 某钢直梯如图 12-6 所示,φ28 光面钢筋线密度为 4.834 kg/m,计算钢直梯制作安装工程量,确定定额项目。

解 钢直梯制作安装工程量＝[(1.5＋0.12×2＋0.45×π÷2)×2＋(0.5−0.028)×5＋(0.15−0.014)×4]×4.834＝37.69 kg＝0.038 t

钢直梯制作,套定额 6-37 或 6-1-27。

钢直梯安装,套定额 6-81 或 6-5-18。

(10)钢栏杆工程量包括扶手的质量,合并套用钢栏杆项目。

(11)钢结构构件现场拼装平台摊销工程量按实施拼装构件的工程量计算。

(12)金属构件安装使用的高强螺栓、花篮螺栓和剪力栓钉按设计图纸数量以"套"为单位计算。

2.金属构件无损探伤及除锈

(1)省定额 X 射线焊缝无损探伤,按不同板厚,以"10 张"(胶片)为单位。拍片张数按设计规定计算的探伤焊缝总长度除以定额取定的胶片有效长度(250 mm)计算。

(2)省定额金属板材对接焊缝超声波探伤,以焊缝长度为计量单位。

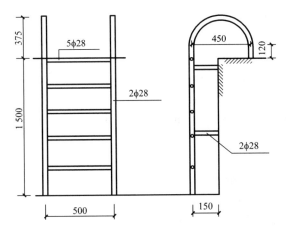

图 12-6　钢直梯

（3）机械或手工及动力工具除锈按设计要求以构件质量或表面积计算。

【案例 12-6】　某箱梁板厚 20 mm，焊缝长 58 m，全部进行 X 射线焊缝无损探伤，计算工程量，确定定额项目。

　　解　X 射线焊缝无损探伤工程量＝58÷0.25＝232 张

　　X 射线焊缝无损探伤，板厚 20 mm，套定额 6-2-2。

> **经验提示：**拍片张数按进行 X 射线焊缝无损探伤焊缝总长度除以定额取定的胶片有效长度
> （250 mm）计算。国家定额探伤检测已包括在定额项目内，不单独列项计算。

【案例 12-7】　某膨胀水箱 2 000 mm×2 000 mm×1 500 mm，加工前对钢板进行全面除锈（中锈），计算工程量，确定定额项目。

　　解　除锈工程量＝(2×2×2＋2×4×1.5)×2＝40.00 m²

　　钢板面动力工具除锈（中锈），套定额 6-42 或 6-3-2。

3.金属结构楼（墙）面板及其他

（1）楼面板按设计图示尺寸以铺设面积计算，不扣除单个面积≤0.3 m² 的柱、垛及孔洞所占面积。层面为斜坡的，按斜坡面积计算。

（2）墙面板按设计图示尺寸以铺挂面积计算，不扣除单个面积≤0.3 m² 的梁、孔洞所占面积。

（3）钢板天沟按设计图示尺寸以质量计算，依附天沟的型钢并入天沟的质量内计算；不锈钢天沟、彩钢板天沟按设计图示尺寸以长度计算。

（4）槽铝檐口端面封边包角、混凝土浇捣收边板高度按 150 mm 考虑，工程量按设计图示尺寸以延长米计算；其他材料的封边包角、混凝土浇捣收边板按设计图示尺寸以展开面积计算。

12.2　工程量清单编制

一、清单项目设置

　　金属结构工程共分 7 个分部工程清单项目，即钢网架，钢屋架、钢托架、钢桁架、钢架桥，钢柱，钢梁，钢板楼板、墙板，钢构件，金属制品，适用于建筑物的钢结构工程。

1.钢网架(编号:010601)

钢网架项目只有 1 个清单项目。

2.钢屋架、钢托架、钢桁架、钢架桥(编号:010602)

钢屋架、钢托架、钢桁架、钢架桥项目包括钢屋架、钢托架、钢桁架、钢架桥 4 个清单项目。

3.钢柱(编号:010603)

钢柱项目包括实腹钢柱、空腹钢柱、钢管柱 3 个清单项目。

4.钢梁(编号:010604)

钢梁项目包括钢梁和钢吊车梁 2 个清单项目。

5.钢板楼板、墙板(编号:010605)

钢板楼板、墙板项目包括钢板楼板、钢板墙板 2 个清单项目。

6.钢构件(编号:010606)

钢构件项目包括钢支撑(钢拉条)、钢檩条、钢天窗架、钢挡风架、钢墙架、钢平台、钢走道、钢梯、钢护栏、钢漏斗、钢板天沟、钢支架、零星钢构件 13 个清单项目。

7.金属制品(编号:010607)

金属制品项目包括成品空调金属百叶护栏、成品栅栏、成品雨篷、金属网栏、砌块墙钢丝网加固、后浇带金属网 6 个清单项目。

二、计量规范与计价规则说明

1.金属结构工程共性问题的说明

(1)钢网架、钢屋架、钢托架、钢桁架、钢架桥、钢柱、钢梁、钢板楼板、钢板墙板、钢檩条、钢支撑(钢拉条)、钢墙架等项目均是按工厂成品化加工考虑编制的。

(2)型钢混凝土柱、梁和压型钢板楼板上浇筑钢筋混凝土,混凝土和钢筋按"混凝土和钢筋混凝土工程"中相关工程量清单项目编码列项。

(3)螺栓种类指普通螺栓或高强螺栓。防火要求指耐火极限。

(4)购置金属构件成品价格中不含面层刷油漆,刷油漆应按"油漆、涂料、裱糊工程"中相关工程量清单项目编码列项。

(5)金属构件中的不规则或多边形钢板,按设计图示实际面积乘以单位理论质量计算。

> **经验提示:**金属构件的切边、切肢,不规则及多边形钢板,按实际用量计算。工程量计算规则与定额规定不同。

2.钢网架

(1)钢网架项目适用于一般钢网架和不锈钢网架。不论节点形式(球形节点、板式节点等)和节点连接方式(焊结、丝结)等,均使用该项目。

(2)钢网架工程量按设计图示尺寸以质量计算。不扣除孔眼的质量,焊条、铆钉等不另增加质量,螺栓质量另行计算。

3.钢屋架、钢托架、钢桁架、钢架桥

(1)钢屋架项目适用于一般钢屋架、轻钢屋架、冷弯薄壁型钢屋架。

(2)钢筋混凝土组合屋架的钢拉杆,应按屋架钢支撑编码列项。

(3)以榀计量,按标准图设计的应注明标准图代号,按非标准图设计的项目特征必须描述单榀屋架的质量。

(4)按设计图示尺寸以质量计算工程量时,不扣除孔眼的质量,焊条、铆钉、螺栓等不另增加质量。

4.钢柱

(1)实腹钢柱类型指十字形、T 形、L 形、H 形等。实腹柱项目适用于实腹钢柱和实腹式型钢混凝土柱。

(2)空腹钢柱类型指箱形、格构式等。空腹柱项目适用于空腹钢柱和空腹型钢混凝土柱。

(3)钢管柱项目适用于钢管柱和钢管混凝土柱。

(4)依附在实腹钢柱和空腹钢柱上的牛腿及悬臂梁等并入钢柱工程量内。钢管柱上的节点板、加强环、内附板(管)、牛腿等并入钢管柱工程量内。

5.钢梁

(1)钢梁项目适用于钢梁和实腹式型钢混凝土梁、空腹式型钢混凝土梁。

(2)钢吊车梁项目适用于钢吊车梁及吊车梁的制动梁、制动板、制动桁架等。

(3)梁类型指 H 形、L 形、T 形、箱形、格构式等。

【案例 12-8】　某单位自行车棚,高度 4 m。用 5 根 H200×100×5.5×8 钢梁,长度 4.80 m,单根质量 104.16 kg;用 36 根槽钢 18a 钢梁,长度 4.12 m,单根质量 83.10 kg。由附属加工厂制作,刷防锈漆 1 遍,运至安装地点,运距 1.5 km。编制工程量清单。

解　H200×100×5.5×8 钢梁工程量=104.16×5=520.80 kg=0.521 t

槽钢 18a 钢梁工程量=83.10×36=2 991.60 kg=2.992 t

分部分项工程量清单见表 12-1。

表 12-1　　　　　　　　　　　　**分部分项工程量清单(案例 12-8)**

序号	项目编码	项目名称	项目特征描述	计量单位	工程量
1	010604001001	钢梁	H200×100×5.5×8 钢梁;单根质量 104.16 kg;安装高度 4 m;不探伤,刷防锈漆 1 遍	t	0.521
2	010604001002	钢梁	槽钢 18a,单根质量 83.10 kg;安装高度 4 m;不探伤,刷防锈漆 1 遍	t	2.992

6.钢板楼板、墙板

(1)钢板楼板项目适用于现浇混凝土楼板,使用钢板做永久性模板,并与混凝土叠合后组成共同受力的构件。

(2)压型钢板楼板按钢板楼板项目编码列项。压型钢板是采用镀锌或经防腐处理的薄钢板。

(3)计算工程量时,不扣除单个面积≤0.3m² 的柱、梁、垛及孔洞所占面积。

7.钢构件

(1)型钢檩条直接用型钢做成,一般称为实腹式檩条,常用的有槽钢檩条、角钢檩条,以及槽钢组合式檩条、角钢组合式檩条等。

(2)钢护栏适用于工业厂房平台钢栏杆。

(3)钢墙架项目包括墙架柱、墙架梁和连接杆件。

(4)钢支撑(钢拉条)类型指单式、复式;钢檩条类型指型钢式、格构式;钢漏斗形式指方形、圆形;天沟形式指矩形沟或半圆形沟。

(5)加工铁件等小型构件,按钢构件中"零星钢构件"编码列项。

(6)钢构件按设计图示尺寸以质量计算工程量,不扣除孔眼的质量,焊条、铆钉、螺栓等不另增加质量。

8.金属制品

(1)抹灰钢丝网加固按砌块墙钢丝网加固项目编码列项。

(2)金属制品多属网栏结构,一般按设计图示尺寸以框外围展开面积计算工程量。

【案例 12-9】 某办公楼底层有 1 500 mm×2 000 mm 的窗洞 20 个,全部用金属网栏封闭,采用□10 mm×10 mm 方钢焊接,L50×32×4 角钢封边。编制金属网栏工程量清单。

解 金属网栏工程量=1.5×2.0×20=60.00 m²

分部分项工程量清单见表 12-2。

表 12-2　　分部分项工程量清单(案例 12-9)

序号	项目编码	项目名称	项目特征描述	计量单位	工程量
1	010607004001	金属网栏	□10×10 方钢立柱,L50×32×4 角钢封边	m²	60.00

12.3　工程量清单计价

一、计量规范与计价规则说明

(1)金属结构工程中多数钢构件是按工厂成品化生产编制项目,购置成品价格或现场制作的所有费用应计入综合单价中。

(2)金属构件的切边、切肢,不规则钢板及多边形钢板发生的损耗在综合单价中考虑。

(3)金属构件的拼装台的搭拆和材料摊销,应列入措施项目费。

(4)金属构件探伤包括射线探伤、超声波探伤、磁粉探伤、金相探伤、着色探伤、荧光探伤等,应包括在报价内。

(5)金属构件除锈(包括特殊除锈)、刷防锈漆及补刷油漆,其所需费用应计入相应项目报价内。

(6)金属构件如需运输,其所需费用应计入相应项目报价内。

(7)金属构件的拼装、安装,在参照消耗量定额报价时,定额项目内应扣除垂直运输机械台班数量。

(8)钢网架在地面组装后的整体提升设备(如液压千斤顶及操作台等),应列在垂直运输费内。

(9)钢管混凝土柱的盖板、底板、穿心板、横隔板、加强环、明牛腿、暗牛腿应包括在报价内。

二、金属结构工程案例

【案例 12-10】 某厂房屋面钢屋架 15 榀,每榀重 5.000 t,跨度 20 m,由金属构件厂加工成半屋架,场外运输 5 km,现场拼装,采用轮胎式起重机安装,安装高度为 10 m。编制制作、平台摊销、运输、拼装、安装工程量清单,并进行清单报价。

解 (1)钢屋架工程量清单的编制

钢屋架工程量=5.000×15=75.000 t

分部分项工程量清单见表 12-3。

表 12-3　　　　　　　　　　　分部分项工程量清单(案例 12-10)

序号	项目编码	项目名称	项目特征描述	计量单位	工程量
1	010602001001	钢屋架	钢屋架 15 榀,单榀屋架的质量为 5 t,跨度 20 m,安装高度 10 m	t	75.000

(2)钢屋架项目清单计价表的编制

该项目发生的工程内容为:构件制作、平台摊销、运输、拼装、安装。

①钢屋架制作工程量＝5.000×15＝75.000 t

钢屋架制作每榀构件 5.000 t 以内,套定额 6-1-8。

②钢屋架平台摊销工程量＝5.000×15＝75.000 t

钢屋架平台摊销每榀构件 5.000 t 以内,套定额 6-4-3。

③钢屋架运输工程量＝5.000×15＝75.000 t

钢屋架(主体构件)运输 1 km 以内,套定额 19-2-7;每增运 1 km,套定额 19-2-8。

④钢屋架拼装工程量＝5.000×15＝75.000 t

钢屋架拼装每榀构件 10 t 以内,套定额 6-5-28。

⑤钢屋架安装工程量＝5.000×15＝75.000 t

钢屋架安装 5.000 t 以内,套定额 6-5-4。

人工、材料、机械单价选用市场信息价。

根据企业情况确定管理费费率为 55%,利润率为 15%。

分部分项工程量清单计价见表 12-4。

表 12-4　　　　　　　　　　分部分项工程量清单计价(案例 12-10)

序号	项目编码	项目名称	项目特征描述	计量单位	工程量	综合单价	合价
						金额/元	
1	010602001001	钢屋架	钢屋架 15 榀,单榀屋架的质量为 5 t,跨度 20 m,安装高度 10 m	t	75.000	10 955.45	821 658.75

练 习 题

一、单选题

1.定额规定计算不规则或多边形钢板质量应按其(　　　)。

A.实际面积乘以厚度乘以单位理论质量计算

B.最大对角线面积乘以厚度乘以单位理论质量计算

C.外接矩形面积乘以厚度乘以单位理论质量计算

D.实际面积乘以厚度乘以单位理论质量再加上裁剪损耗质量计算

2.钢构件安装项目按檐高(　　　)以内、跨内吊装编制,实际需采用跨外吊装的,应按施工方案进行调整。

A.10 m　　　　　　　B.15 m　　　　　　　C.20 m　　　　　　　D.25 m

3.机械或手工及动力工具除锈按设计要求以构件质量计算或以(　　　)计算。

A.表面积   B.面积   C.体积   D.数量

二、多选题

1.工程量应并入钢柱、钢梁的有( )。

A.依附在钢柱上的牛腿   B.钢管柱上的节点板

C.钢吊车梁设置的钢车挡   D.钢管柱上的加强环

E.焊条、铆钉、螺栓

2.下列项目中按平方米计算工程量的是( )。

A.楼面板   B.墙面板   C.钢板天沟   D.不锈钢天沟

E.彩钢板

3.下列金属结构构件在计算清单工程量时,以 t 计算的有( )。

A.钢屋架   B.钢托架   C.钢网架   D.钢桁架   E.金属网

4.清单中金属构件需探伤包括( )、荧光探伤等,应包括在报价内。

A.射线探伤   B.超声波探伤   C.磁粉探伤   D.金相探伤

E.着色探伤

三、判断题

1.金属构件制作除注明者外,均包括现场内(工厂内)的材料运输、号料、加工、组装及成品堆放、装车出厂等全部工序。   ( )

2.金属构件制作设计使用的钢材强度等级、型材组成比例与定额不同时,可按设计图纸进行调整,配套焊材单价相应调整,用量不变。   ( )

3.金属构件制作,按设计图示尺寸以吨计算,应扣除孔眼、切边的质量。   ( )

4.钢柱和钢梁都是以设计图示轴线尺寸乘以截面面积计算的。   ( )

5.计算钢屋架、钢托架的定额工程量时,依附其上的悬臂梁、檩托、横档、支爪、檩条爪等分别并入相应构件内计算。   ( )

6.钢网架计算工程量时,扣除孔眼的质量,焊缝、铆钉等不另增加质量。   ( )

7.定额未包括加工点至安装点的构件运输,构件运输按构件运输及安装工程规定计算。   ( )

8.金属板材对接焊缝超声波探伤,以焊缝面积为计量单位。   ( )

9.机械或手工及动力工具除锈按设计要求以构件质量或表面积计算。   ( )

10.楼面板按设计图示尺寸以铺设面积计算;层面为斜坡的,按斜坡面积计算。   ( )

11.墙面板按设计图示尺寸以铺挂面积计算,不扣除单个面积≤0.3 m² 的梁、孔洞所占面积。   ( )

12.金属结构工程中多数钢构件是按工厂成品化生产编制项目,购置成品价格或现场制作的所有费用应计入综合单价中。   ( )

13.金属构件的拼装台的搭拆和材料摊销,应列入措施项目费。   ( )

第 13 章
木结构工程

○ 知识目标

1.了解木屋架、木构件等分项工程的说明和计算规则。

2.了解常见木结构工程量的计量与计价方法。

3.熟悉常见木结构工程量清单编制和报价方法。

○ 能力目标

能应用木结构工程有关分项工程量的计算方法,结合实际工程进行木结构工程工程量计算和定额的应用。会编制木结构工程工程量清单和清单计价表。

引 例

某民办工厂仓库工程,采用钢木屋架、木檩条、木屋面板挂瓦屋面。这些木结构构件怎么计算工程量?又如何套定额?

13.1 定额工程量计算

一、木结构工程定额说明

1.木材木种划分

(1)木材木种均以一、二类木种取定。如采用三、四类木种时,相应定额制作人工、机械乘以系数 1.35。

(2)木材木种分类如下:

一类:红松、水桐木、樟子松。

二类:白松(方杉、冷杉)、杉木、杨木、柳木、椴木。

三类:青松、黄花松、秋子木、马尾松、东北榆木、柏木、苦木、梓木、黄菠萝、椿木、楠木、柚木、樟木。

四类:栎木(柞木)、檀木、色木、槐木、荔木、麻栗木、桦木、荷木、水曲柳、华北榆木。

2.定额调整说明

（1）定额中木材是以自然干燥条件下的含水率编制的，需人工干燥时，另行计算。其费用可列入木材价格内。

（2）国家定额设计刨光的屋架、檩条、屋面板在计算木料体积时，应加刨光损耗：方木一面刨光加 3 mm，两面刨光加 5 mm；圆木直径加 5 mm；板一面刨光加 2 mm，两面刨光加 3.5 mm。

（3）屋面板制作厚度不同时可进行调整。

（4）木屋架、钢木屋架定额项目中的钢板、型钢、圆钢用量与设计不同时，可按设计数量另加 8%（省定额另加 6%）损耗进行换算，其他不变。

二、木结构工程量计算

1.屋架

（1）木屋架工程量按设计图示的规格尺寸以体积计算。附属于其上的木夹板、垫木、风撑、挑檐木均按木料体积并入屋架工程量内。单独挑檐木并入檩木工程量内。

（2）圆木屋架上的挑檐木、风撑等设计规定为方木时，应将方木木料体积乘以系数 1.7 折合成圆木并入圆木屋架工程量内。

（3）钢木屋架工程量按设计图示的规格尺寸以体积计算，只计算木杆件的体积。其后备长度、配置损耗、钢构件以及附属于屋架的垫木等已包括在定额内，不另计算。钢木屋架是指下弦杆件为钢材、其他受压杆件为木材的屋架。

钢木屋架工程量＝屋架木杆件轴线长度×杆件设计图示断面面积＋气楼屋架和半屋架体积

（4）屋架的制作安装应区别不同跨度，其跨度以屋架上、下弦杆的中心线交点之间的长度为准，如图 13-1 所示。

（5）带气楼屋架的气楼部分及马尾、折角和正交部分半屋架，并入相连接屋架的体积内计算，如图 13-2 所示。

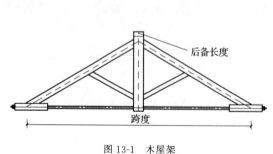

图 13-1　木屋架

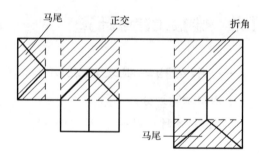

图 13-2　带气楼木屋架横截面图

（6）支撑屋架的混凝土垫块，按混凝土及钢筋混凝土中有关定额计算。

【案例 13-1】　某临时仓库，设计方木钢屋架如图 13-3 所示，共 3 榀，铁件刷防锈漆 1 遍，计算方木钢屋架工程量，确定定额项目。

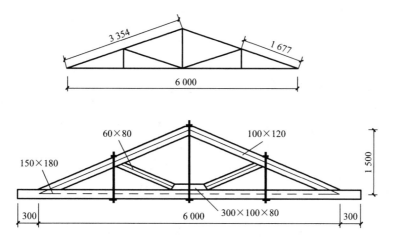

图 13-3　方木钢屋架(1)

解　下弦杆体积＝0.15×0.18×6.6×3＝0.535 m³

上弦杆体积＝0.1×0.12×3.354×2×3＝0.241 m³

斜撑体积＝0.06×0.08×1.677×2×3＝0.048 m³

元宝垫木体积＝0.3×0.1×0.08×3＝0.007 m³

方木钢屋架工程量＝0.535＋0.241＋0.048＋0.007＝0.831 m³

方木钢屋架(跨度 15 m 以内)，套定额 7-8 或 7-1-8。

2.木构件

(1)木柱、木梁按设计图示尺寸以体积计算。

(2)木楼梯按设计图示尺寸以水平投影面积计算。不扣除宽度≤300 mm 的楼梯井面积，踢脚板、平台和伸入墙内部分不另计算。

(3)木地楞按设计图示尺寸以体积计算。定额内已包括平撑、剪刀撑、沿油木的用量，不再另行计算。

3.屋面木基层

(1)檩木按设计图示尺寸以体积计算。檩垫木或钉在屋架上的檩托木已包括在定额内，不另计算。简支檩木长度按设计计算，设计无规定时，按相邻屋架或山墙中距增加 0.20 m 接头计算，两端出山檩条算至博风板；连续檩的长度按设计长度增加 5％的接头长度计算，即按全部连续檩的总体积增加 5％计算。檩木如图 13-4 所示。

檩木工程量＝檩木杆件计算长度×设计图示木料断面面积

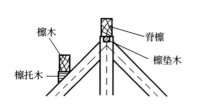
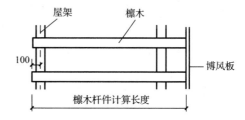

图 13-4　檩木

> **经验提示：**连续檩由于檩木太长，通常檩木在中间对接，增加了对接接头长度，此部分搭接体积按全部连续檩总体积的 5% 计算，并入檩木工程量内。
> 　　檩托（托木）亦称三角木、爬山虎，指托住檩条防止下滑移位的楔形构件。博风板又称顺风板，是用于山墙处的封檐板。

（2）屋面板制作、檩木上钉屋面板、油毡挂瓦条、钉椽板项目按设计图示尺寸以屋面斜面积计算，天窗挑檐重叠部分按设计规定计算，不扣除单个面积 ≤0.3 m² 屋面烟囱、风帽底座、风道、小气窗及斜沟等所占面积。小气窗的出檐部分亦不增加面积。

$$屋面板斜面积 = 屋面水平投影面积 \times 延尺系数$$

（3）封檐板工程量按设计图示檐口外围长度计算。博风板按斜长度计算，每个大刀头增加长度 0.50 m。

$$封檐板工程量 = 屋面水平投影长度 \times 檐板数量$$

$$博风板工程量 = (山尖屋面水平投影长度 \times 屋面坡度系数 + 0.5 \times 2) \times 山墙端数$$

【案例 13-2】　某临时仓库，共 4 间房屋，设计采用方木檩条，断面为 80 mm×120 mm，檩木上钉 15 mm 厚平口屋面板和油毡挂瓦条，如图 13-5 所示，计算方木檩条、屋面板和油毡挂瓦条工程量，确定定额项目。

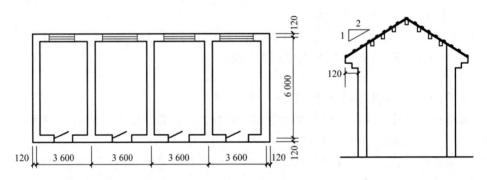

图 13-5　方木檩条、屋面板、油毡挂瓦条

解　①方木檩条工程量 = 0.08×0.12×(3.6+0.2)×7×4 = 1.021 m³

方木檩条，套定额 7-20 或 7-3-1。

②15 mm 厚平口屋面板工程量 = (6.24+0.12×2)×(3.6×4+0.12×2)×1.118
　　　　　　　　　　　　 = 106.06 m²

15 mm 厚平口屋面板制作，套定额 7-22 或 7-3-3。

③檩木上钉屋面板和油毡挂瓦条工程量 = (6.24+0.12×2)×(3.6×4+0.12×2)×1.118
　　　　　　　　　　　　　　　　 = 106.06 m²

檩木上钉屋面板、油毡挂瓦条，套定额 7-28 或 7-3-8。

13.2　工程量清单编制

一、清单项目设置

木结构工程工程量清单分为木屋架、木构件、屋面木基层 3 个分部工程，适用于建筑物的木结构工程。

1.木屋架(编号:010701)

木屋架项目包括木屋架和钢木屋架 2 个清单项目。

2.木构件(编号:010702)

木构件项目包括木柱、木梁、木檩、木楼梯、其他木构件 5 个清单项目。

3.屋面木基层(编号:010703)

屋面木基层项目只设屋面木基层 1 个清单项目。

二、计量规范与计价规则说明

1.对计量规范与计价规则相关规定的共性问题的说明

(1)原木构件设计规定梢径时,应按原木材体积计算表计算体积。

(2)木构件(木柱、木梁、木檩、木楼梯),面层刷油漆,按"油漆、涂料、裱糊工程"中相关工程量清单项目编码列项。

2.木屋架

(1)木屋架项目适用于各种方木、圆木屋架。木屋架规格相同时以榀计算,规格不同时以体积计算。

(2)"钢木屋架"项目适用于各种方木、圆木的钢木组合屋架。

(3)带气楼的屋架和马尾、折角以及正交部分半屋架,按相关屋架工程量清单项目编码列项。

(4)屋架的跨度应以上、下弦中心线两交点之间的距离计算。

(5)以榀计量,按标准图设计,项目特征必须标注标准图代号。

【案例 13-3】　某临时仓库,设计方木钢屋架如图 13-6 所示,共 3 榀,现场制作,不刨光,铁件刷防锈漆 1 遍,轮胎式起重机安装,安装高度 6 m。编制钢木屋架工程量清单。

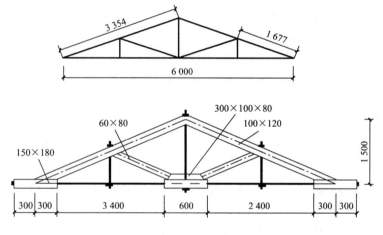

图 13-6　方木钢屋架(2)

解　①下弦杆体积=0.15×0.18×0.6×3×3=0.146 m^3

②上弦杆体积=0.1×0.12×3.354×2×3=0.241 m^3

③斜撑体积=0.06×0.08×1.677×2×3=0.048 m^3

④元宝垫木体积=0.3×0.1×0.08×3=0.007 m^3

竣工木料工程量=0.146+0.241+0.048+0.007=0.442 m^3

分部分项工程量清单见表 13-1。

表 13-1　　　　　　　　　　　　分部分项工程量清单(案例 13-3)

序号	项目编码	项目名称	项目特征描述	计量单位	工程量
1	010701002001	钢木屋架	方木钢屋架,安装高度 6 m;不刨光,铁件刷防锈漆 1 遍	榀	3
				m³	0.442

3.木构件

(1)木柱、木梁、木檩项目适用于建筑物各部位的柱、梁、檩,按设计图示尺寸以体积计算工程量。

(2)木楼梯项目适用于楼梯和爬梯。木楼梯的栏杆(栏板)、扶手,按其他装饰工程中的相关项目编码列项。

(3)其他木构件项目适用于斜撑,以及传统民居的垂花、花芽子、封檐板、博风板等构件。封檐板、博风板工程量按延长米计算;博风板带大刀头时,每个大刀头增加长度 50 cm。

(4)以米计量,项目特征必须描述构件规格尺寸。

4.屋面木基层

屋面木基层按设计图示尺寸以斜面积计算工程量,不扣除房上烟囱、风帽底座、风道、小气窗、斜沟等所占面积,小气窗的出檐部分不增加面积。

13.3　工程量清单计价

一、计量规范与计价规则说明

1.一般规定

(1)设计规定使用干燥木材时,干燥损耗及干燥费应包括在报价内。

(2)木材的出材率应包括在报价内。

(3)木结构有防虫要求时,防虫药剂应包括在报价内。

(4)木材防腐、防火处理,钢构件(钢侧架、钢拉杆)防锈、防火处理,其所需费用应计入相应项目报价内。

2.木屋架

(1)木屋架项目中与屋架相连接的挑檐木应包括在木屋架报价内。钢夹板构件、连接螺栓应包括在报价内。

(2)钢木屋架项目中的钢拉杆(下弦拉杆)、受拉腹杆、钢夹板、连接螺栓应包括在报价内。

3.木构件

(1)木柱、木梁、木檩接地、嵌入墙内部分的防腐包括在报价内。

(2)木楼梯的防滑条应包括在报价内。

二、木结构工程案例

【案例 13-4】　根据案例 13-3 编制的钢木屋架工程量清单(表 13-1),进行清单报价(不调整钢拉杆用量)。

经验提示：两种工程量计量单位只能选择其中的一种，以 m³ 或榀计算。规格相同，一般以榀为单位；规格不同，一般以 m³ 为单位。单位不同，工程量不一样，合价应相同。

解　钢木屋架项目发生的工程内容为：屋架制作、安装。

①下弦杆体积＝0.15×0.18×0.6×3×3＝0.146 m³

②上弦杆体积＝0.1×0.12×3.354×2×3＝0.241 m³

③斜撑体积＝0.06×0.08×1.677×2×3＝0.048 m³

④元宝垫木体积＝0.3×0.1×0.08×3＝0.007 m³

竣工木料工程量＝0.146＋0.241＋0.048＋0.007＝0.442 m³

方木钢屋架制作安装（跨度 15 m 以内），套定额 7-1-8。

人工、材料、机械单价选用市场价。

根据企业情况确定管理费费率为 25％，利润率为 15％。

分部分项工程量清单计价见表 13-2。

表 13-2　　　　　　　分部分项工程量清单计价（案例 13-4）

序号	项目编码	项目名称	项目特征描述	计量单位	工程量	金额/元	
						综合单价	合价
1	010701002001	钢木屋架	方木钢屋架，安装高度 6 m；不刨光，铁件刷防锈漆 1 遍	m³	0.442	7 190.75	3 178.31
				榀	3	3 178.31	9 534.93

练 习 题

一、单选题

1.以下木材哪个属于一类木种（　　　）。

A.柏木　　　　　　B.柞木　　　　　　C.樟子松　　　　　D.冷杉

2.下列说法正确的是（　　　）。

A.檩木按竣工木料以长度米计算

B.简支檩条按设计长度计算，如两端出山，算至博风板

C.连续檩长度按设计规定以立方米计算

D.檩条接头长度按总长度增加 10％ 计算

3.以下按 m² 计算清单工程量的是（　　　）。

A.木屋架　　　　　B.木檩条　　　　　C.木楼梯　　　　　D.其他木构件

4.木材木种均以一、二类木种取定。如采用三、四类木种，相应定额制作人工、机械乘以系数（　　　）。

A.1.15　　　　　　B.1.25　　　　　　C.1.35　　　　　　D.1.45

5.屋架工程量按设计图示的规格尺寸以（　　　）计算。

A.长度　　　　　　B.面积　　　　　　C.体积　　　　　　D.质量

6.圆木屋架上的挑檐木、风撑等设计规定为方木时，应将方木木料体积乘以系数（　　　）折合成圆木并入圆木屋架工程量内。

A.1.5　　　　　　B.1.6　　　　　　C.1.7　　　　　　D.1.8

7.木柱、木梁按设计图示尺寸以（　　）计算工程量。

A.长度　　　　　B.面积　　　　　C.体积　　　　　D.质量

8.木楼梯按设计图示尺寸以（　　）计算工程量。

A.长度　　　　　B.水平投影面积　　C.体积　　　　　D.质量

9.木地楞按设计图示尺寸以（　　）计算工程量。

A.长度　　　　　B.面积　　　　　C.体积　　　　　D.质量

10.檩木按设计图示尺寸以（　　）计算工程量。

A.长度　　　　　B.面积　　　　　C.体积　　　　　D.质量

11.简支檩木按（　　）计算工程量。

A.长度　　　　　B.面积　　　　　C.体积　　　　　D.质量

12.屋面板制作、檩木上钉屋面板、油毡挂瓦条、钉橡板项目按设计图示尺寸以屋面（　　）计算工程量。

A.长度　　　　　B.水平投影面积　　C.斜面积　　　　D.体积

13.清单中木柱、木梁、木檩项目适用于建筑物各部位的柱、梁、檩,按设计图示尺寸以（　　）计算工程量。

A.长度　　　　　B.面积　　　　　C.体积　　　　　D.质量

14.清单中屋面木基层按设计图示尺寸以（　　）计算工程量。

A.长度　　　　　B.水平投影面积　　C.斜面积　　　　D.体积

二、判断题

1.定额的木材消耗量均包括后备长度及刨光损耗和制作及安装损耗,使用时不再调整。
（　　）

2.定额中木材以自然干燥条件下的含水率编制的,需人工干燥时,另行计算。其费用可列入木材价格内。（　　）

3.钢木屋架工程量按设计图示的规格尺寸以体积计算,只计算木杆件的体积。（　　）

4.屋架的制作安装应区别不同跨度,其跨度以屋架上下弦杆的中心线交点之间的长度为准。
（　　）

5.封檐板工程量按设计图示檐口外围长度计算。博风板按斜长度计算,每个大刀头增加长度 0.50 m。（　　）

6.清单中木屋架项目适用于各种方木、圆木屋架。木屋架规格相同以榀计算,规格不同以体积计算。（　　）

第 14 章

门窗工程

知识目标

1.熟悉厂库房大门、特种门等分项工程的说明和计算规则。

2.了解厂库房大门、特种门报价中应包含的工作内容,熟悉厂库房大门、特种门工程量的计量与计价方法。

3.掌握普通门窗分项工程的说明和计算规则,掌握普通门窗工程量的计量与计价方法。

能力目标

能应用门窗工程有关分项工程量的计算方法,结合实际工程进行门窗工程工程量计算和定额的应用,会编制门窗工程工程量清单和清单计价表。

引例

某住宅工程,每单元设一个电子控制门,入户门为全板防盗门,阳台处为塑料推拉门,房间门为实木门,窗均采用断桥铝平开窗和翻窗,窗均设安全防盗钢筋网。这些门窗构件怎么计算工程量? 又如何套定额?

14.1 定额工程量计算

一、门窗工程定额说明

1.木门窗

(1)木门(窗)主要为成品门(窗)安装项目。

(2)国家定额成品套装门安装包括门套和门扇的安装。

2.金属门窗

(1)国家定额铝合金成品门窗安装项目按隔热断桥铝合金型材考虑,当设计为普通铝合金型材时,按相应项目执行,其中人工乘以系数 0.8。

(2)金属门连窗,门、窗应分别执行相应项目。

(3)彩板钢窗附框安装执行彩板钢门附框安装项目。

3.金属卷帘(闸)

(1)国家定额金属卷帘(闸)项目是按卷帘侧装(即安装在洞口内侧或外侧)考虑的,当设计为中装(即安装在洞口中)时,按相应项目执行,其中人工乘以系数1.1。

(2)金属卷帘(闸)项目是按不带活动小门考虑的,当设计为带活动小门时,按相应项目执行,其中人工乘以系数1.07,材料调整为带活动小门金属卷帘(闸)。

(3)防火卷帘(闸)(无机布基防火卷帘除外)按镀锌钢板卷帘(闸)项目执行,并将材料中的镀锌钢板卷帘换为相应的防火卷帘。

4.厂库房大门、特种门

(1)厂库房大门项目是按一、二类木种考虑的。如采用三、四类木种,制作按相应项目执行,人工和机械乘以系数1.3;安装按相应项目执行,人工和机械乘以系数1.35。

(2)厂库房大门的钢骨架制作以钢材质量表示,已包括在定额中,不再另列项计算。

(3)厂库房大门门扇上所用铁件均已列入定额,墙、柱、楼地面等部位的预埋铁件按设计要求另行计算。

(4)冷藏门、冷冻间门、防辐射门安装项目包括筒子板制作安装。

5.其他门

(1)全玻门扇安装项目按地弹门考虑,其中地弹簧消耗量可按实际调整。

(2)全玻门门框、横梁、立柱钢架的制作安装及饰面装饰,按门钢架相应项目执行。

(3)全玻门有框亮子安装按全玻有框门扇安装项目执行,人工乘以系数0.75,地弹簧换为膨胀螺栓,消耗量调整为277.55个/100 m²;无框亮子安装按固定玻璃安装项目执行。

(4)电子感应自动门传感装置、伸缩门电动装置安装已包括调试用工。

6.门窗五金及其他

(1)成品门窗安装项目中,玻璃及合页、插销等一般五金配件均包含在成品门窗单价内考虑,设计要求的其他五金另按特殊五金相应项目执行。

(2)厂库房大门项目均包括五金铁件安装人工,五金铁件材料费另执行门五金相应项目,当设计与定额取定不同时,按设计规定计算。

(3)木门窗及金属门窗不论现场或附属加工厂制作,均执行本定额。现场以外至安装地点的水平运输费用可计入门窗单价中。

二、门窗制作安装工程量计算

1.普通门窗

(1)各类门窗安装工程量,除注明的以外,均按图示门窗洞口面积计算。

$$门窗工程量=洞口宽 \times 洞口高$$

(2)国家定额成品木门框、彩板钢门窗附框安装按设计图示框的中心线长度计算。省定额木门框按设计框外围尺寸以长度计算。

(3)国家定额成品木门扇、全玻门扇、纱门扇、纱窗扇安装按设计图示扇面积计算。省定额普通成品门、木质防火门、纱门扇、成品窗扇、纱窗扇、百叶窗(木)、铝合金纱窗扇、塑料纱窗扇等安装工程量均按扇外围面积计算。

$$门扇工程量=扇宽 \times 扇高$$

纱门扇工程量＝纱扇宽×纱扇高

(4)国家定额成品套装木门安装按设计图示数量以樘计算。

(5)门连窗按设计图示洞口面积分别计算门、窗面积,其中窗的宽度算至门框的外边线,如图 14-1 所示。

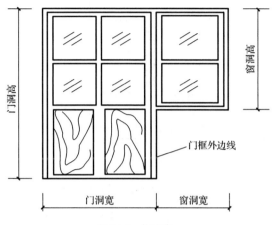

图 14-1　门连窗

门工程量＝门洞宽×门洞高

窗工程量＝窗洞宽×窗洞高

(6)飘窗、阳台封闭窗按设计图示框型材外边线尺寸以展开面积计算。

(7)防盗窗、橱窗按设计图示窗框外围面积计算。

【案例 14-1】　某医院卫生间胶合板门,设计尺寸如图 14-2 所示,门框断面为 55 mm×100 mm,共 10 樘,计算带小百叶胶合板门成品框扇安装工程量,确定定额项目。

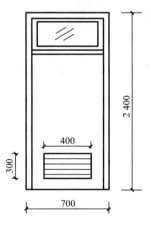

图 14-2　胶合板门

解　①国家定额胶合板门框安装工程量＝(0.7－0.055×2＋2.4×2)×10＝53.90 m

胶合板门框安装,套定额 8-2。

省定额胶合板门框安装工程量＝(0.7＋2.4×2)×10＝55.00 m

胶合板门框安装,套定额 8-1-2。

②胶合板门扇安装工程量＝(0.7－0.055×2)×(2.4－0.055×2)×10＝13.51 m²

胶合板门扇安装,套定额 8-1 或 8-1-3。

【**案例 14-2**】　某商店隔热断桥铝合金双扇地弹门,设计洞口尺寸如图 14-3 所示,共 2 樘,计算隔热断桥铝合金门安装工程量,确定定额项目。

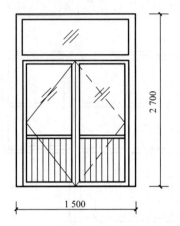

图 14-3　隔热断桥铝合金双扇地弹门

解　①隔热断桥铝合金双扇地弹门安装工程量＝2.7×1.5×2＝8.10 m²

双扇地弹门(带上亮无侧亮)安装,套定额 8-8 或 8-2-2。

②隔热断桥铝合金双扇地弹门配件工程量＝2×2＝4 个

铝合金双扇地弹簧,套定额 8-113。

【**案例 14-3**】　某工程塑钢成品组合门窗如图 14-4 所示,门为平开门,窗为推拉窗,共 35 樘,计算塑钢成品组合门窗安装工程量,确定定额项目。

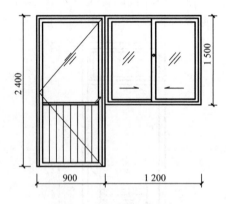

图 14-4　塑钢成品组合门窗

解　①塑钢成品平开门安装工程量＝0.9×2.4×35＝75.60 m²

单扇平开门(无上亮)安装,套定额 8-10 或 8-2-4。

②塑钢成品推拉窗安装工程量＝1.2×1.5×35＝63.00 m²

双扇推拉窗安装,套定额 8-73 或 8-7-6。

【**案例 14-4**】　某住宅楼进户门,安装门扇尺寸为 1 000 mm×2 000 mm 的钢防盗门,共 45 樘。计算钢防盗门安装工程量,确定定额项目。

解　钢防盗门安装工程量＝1.0×2.0×45＝90.00 m²

钢防盗门安装,套定额 8-14 或 8-2-9。

【**案例 14-5**】 某宿舍隔热断桥铝合金推拉窗如图 14-5 所示,共 80 樘,双扇推拉窗采用 6 mm 平板玻璃,一侧带纱扇,尺寸为 860 mm×1 150 mm,计算隔热断桥铝合金推拉窗安装工程量,确定定额项目。

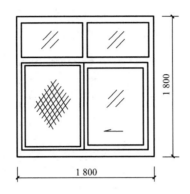

图 14-5 隔热断桥铝合金推拉窗

解 ①隔热断桥铝合金推拉窗安装工程量=1.8×1.8×80=259.20 m²

双扇推拉窗(带亮),套定额 8-62 或 8-7-1。

②隔热断桥铝合金窗纱扇安装工程量=0.86×1.15×80=79.12 m²

隔热断桥铝合金窗纱扇安装,套定额 8-70 或 8-7-5。

【**案例 14-6**】 某宿舍楼需用 1 500 mm×1 800 mm 的塑料窗(带纱尺寸为 760 mm× 1 150 mm),共 20 樘,计算塑料窗安装工程量,确定定额项目。

解 ①塑料窗安装工程量=1.5×1.8×20=54.00 m²

塑料窗安装,套定额 8-73 或 8-7-6。

②塑料窗纱扇安装工程量=0.76×1.15×20=17.48 m²

塑料窗纱扇安装,套定额 8-77 或 8-7-10。

【**案例 14-7**】 某办公用房底层需安装图 14-6 所示铁窗栅,共 22 樘,刷防锈漆,计算铁窗栅安装工程量,确定定额项目。

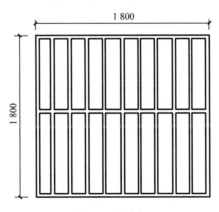

图 14-6 铁窗栅

解 铁窗栅安装工程量=1.8×1.8×22=71.28 m²

铁窗栅安装,套定额 8-79 或 8-7-16。

2.金属卷帘(闸)

金属卷帘(闸)按设计图示卷帘门宽度乘以卷帘门高度(包括卷帘箱高度,省定额增加600 mm)以面积计算。电动装置安装按设计图示套数计算。

【案例 14-8】 某装饰市场商业用房安装铝合金电动卷闸门,门洞高为 3 000 mm,铝合金卷闸门尺寸如图 14-7 所示,共 20 张,计算铝合金电动卷闸门安装工程量,确定定额项目。

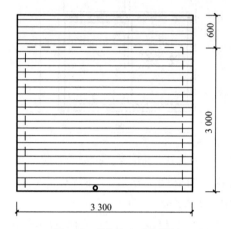

图 14-7　铝合金电动卷闸门

解 ①铝合金电动卷闸门安装工程量＝3.3×(3.0＋0.6)×20＝237.60 m²

铝合金电动卷闸门安装,套定额 8-16 或 8-3-1。

②电动装置＝20 套

铝合金卷闸门安装电动装置,套定额 8-19 或 8-3-3。

3.厂库房大门、特种门

厂库房大门、特种门按设计图示门洞口面积计算。

【案例 14-9】 某厂房有图 14-8 所示平开全钢板大门(带探望孔),共 3 樘,刷防锈漆,计算平开全钢板大门制作安装及配件工程量,确定定额项目。

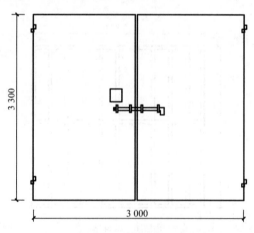

图 14-8　平开全钢板大门

解 平开全钢板大门制作安装工程量＝3.0×3.3×3＝29.70 m²

全钢板大门(平开式)门扇制作,套定额 8-36。

经验提示：厂库房大门国家定额按加工厂或现场制作考虑；省定额按成品考虑。

全钢板大门（平开式）门扇安装，套定额 8-37 或 8-4-5。

4.其他门

（1）全玻转门、电子对讲门按设计图示数量计算。

（2）不锈钢伸缩门国家定额按设计图示延长米计算，省定额以套为单位按数量计算。

（3）传感和电动装置按设计图示以套数计算。

14.2　工程量清单编制

一、清单项目设置

门窗工程工程量清单分为木门，金属门，金属卷帘（闸）门，厂库房大门、特种门，其他门，木窗，金属窗等 7 个分部工程，适用于建筑物的门窗工程。

1.木门（编号：010801）

木门项目包括木质门、木质门带套、木质连窗门、木质防火门、木门框、门锁安装 6 个清单项目。

2.金属门（编号：010802）

金属门项目包括金属（塑钢）门、彩板门、钢质防火门、防盗门 4 个清单项目。

3.金属卷帘（闸）门（编号：010803）

金属卷帘（闸）门项目包括金属卷帘（闸）门、防火卷帘（闸）门 2 个清单项目。

4.厂库房大门、特种门（编号：010804）

厂库房大门、特种门项目包括木板大门、钢木大门、全钢板大门、防护铁丝门、金属格栅门、钢质花饰大门、特种门 7 个清单项目。

5.其他门（编号：010805）

其他门项目包括电子感应门、旋转门、电子对讲门、电动伸缩门、全玻自由门、镜面不锈钢饰面门、复合材料门 7 个清单项目。

6.木窗（编号：010806）

木窗项目包括木质窗、木飘（凸）窗、木橱窗、木纱窗 4 个清单项目。

7.金属窗（编号：010807）

金属窗项目包括金属（塑钢、断桥）窗、金属防火窗、金属百叶窗、金属纱窗、金属格栅窗、金属（塑钢、断桥）橱窗、金属（塑钢、断桥）飘（凸）窗、彩板窗、复合材料窗 9 个清单项目。

想一想：门窗工程属于装饰工程，还是建筑工程？

二、计量规范与计价规则说明

1.计量规范与计价规则相关规定的共性问题的说明

（1）门以樘计量，项目特征必须描述洞口尺寸，没有洞口尺寸必须描述窗框外围尺寸；门以平方米计量，项目特征可不描述洞口尺寸及框的外围尺寸。

（2）窗以平方米计量，无设计图示洞口尺寸，按窗框外围以面积计算。

（3）框截面尺寸（或面积）指边立梃截面尺寸或面积。

(4)门窗工程面层刷油漆,按"油漆、涂料、裱糊工程"中相关工程量清单项目编码列项。

2.木门

(1)木质门应区分镶板木门、企口木板门、实木装饰门、胶合板门、夹板装饰门、木纱门、全玻门(带木质扇框)、木质半玻门(带木质扇框)等项目,分别编码列项。

(2)木门五金应包括折页、插销、门碰珠、弓背拉手、搭机、木螺丝、弹簧折页(自动门)、管子拉手(自由门、地弹门)、地弹簧(地弹门)、角铁、门轧头(地弹门、自由门)等。

(3)木质门带套计量按洞口尺寸以面积计算,不包括门套的面积。

(4)单独制作安装木门框按木门框项目编码列项。

3.金属门

(1)金属门应区分金属平开门、金属推拉门、金属地弹门、全玻门(带金属扇框)、金属半玻门(带扇框)等项目,分别编码列项。

(2)铝合金门五金包括地弹簧、门锁、拉手、门插、门铰、螺丝等。

(3)其他金属门五金包括L形执手插锁(双舌)、执手锁(单舌)、门轧头、地锁、防盗门锁、门眼(猫眼)、门碰珠、电子锁(磁卡锁)、闭门器、装饰拉手等。

4.厂库房大门、特种门

(1)木板大门项目适用于厂库房的平开门、推拉门、带观察窗门、不带观察窗门等各类型木板大门。

(2)钢木大门项目适用于厂库房的平开门、推拉门、单面铺木板门、双面铺木板门、防风型门、保暖型门等各类型钢木大门。其中,钢骨架制作安装包括在报价内。防风型钢木门应描述防风材料或保暖材料。

(3)全钢板大门项目适用于厂库房的平开门、推拉门、折叠门、单面铺钢板门、双面铺钢板门等各类型全钢板门。

(4)特种门应区分冷藏门、冷冻间门、保温门、变电室门、隔音门、防辐射门、人防门、金库门等项目,分别编码列项。

【案例14-10】 某变电室小房,门洞口尺寸如图14-9所示,钢质半截百叶门1樘,外购成品门,刷2遍防火涂料,质量为200 kg。编制钢质半截百叶门安装工程量清单。

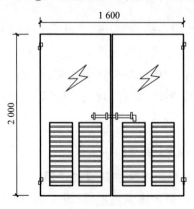

图 14-9　钢质半截百叶门

解　特种门工程量=1樘

或　特种门工程量=1.6×2=3.20 m²

经验提示:厂库房大门、特种门工程量只能选择一个单位,以樘或平方米计算。如面积相同,一般以樘为单位;面积不同,一般以平方米为单位。

分部分项工程量清单见表 14-1。

表 14-1   分部分项工程量清单(案例 14-10)

序号	项目编码	项目名称	项目特征描述	计量单位	工程量
1	010804007001	变电室门	平开无框双扇钢骨架一面板(成品),钢制半截百叶门;扇外围尺寸 1 600 mm×2 000 mm;刷 2 遍防火涂料	樘	1
				m²	3.20

5.木窗

(1)木质窗应区分木百叶窗、木组合窗、木天窗、木固定窗、木装饰空花窗等项目,分别编码列项。

(2)木橱窗、木飘(凸)窗以樘计量,项目特征必须描述框截面及外围展开面积。

(3)木窗五金包括折页、插销、风钩、木螺丝、滑轮、滑轨(推拉窗)等。

6.金属窗

(1)金属窗应区分金属组合窗、防盗窗等项目,分别编码列项。

(2)以平方米计量,无设计图示洞口尺寸,按窗框外围以面积计算。

(3)金属橱窗、飘(凸)窗以樘计量,项目特征必须描述框外围展开面积。

(4)金属窗五金包括折页、螺丝、执手、卡锁、铰拉、风撑、滑轮、滑轨、拉把、拉手、角码等。

【案例 14-11】 某宿舍塑料推拉窗如图 14-10 所示,共 30 樘。双扇推拉窗采用 6 mm 平板玻璃,一侧带纱扇,尺寸为 860 mm×1 150 mm。编制塑料推拉窗工程量清单。

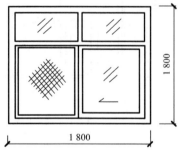

微课

塑料推拉窗工程量清单的编制

图 14-10 塑料推拉窗

解 塑料推拉窗工程量=1.8×1.8×30=97.20 m²

分部分项工程量清单见表 14-2。

表 14-2   分部分项工程量清单(案例 14-11)

序号	项目编码	项目名称	项目特征描述	计量单位	工程量
1	010807001001	塑料窗	80 系列塑料推拉窗;扇外围尺寸为 1 800 mm×1 800 mm;双扇推拉窗,平板玻璃 6 mm 厚	樘	30
				m²	97.20

14.3   工程量清单计价

一、计量规范与计价规则说明

1.一般规定

(1)防护材料分防火、防腐、防虫、防潮、耐磨、耐老化等材料,应根据清单项目要求报价。

(2)木材防腐、防火处理,钢构件(钢侧架、钢拉杆)防锈、防火处理,其所需费用应计入相应项目报价内。

2.门窗

(1)门窗框与洞口之间缝的填塞,应包括在报价内。

(2)门配件设计有特殊要求时,应计入相应项目报价内。

二、木门工程案例

【案例 14-12】 某工程的木门如图 14-11 所示。根据招标人提供的资料:带纱门扇半截玻璃镶板木门、双扇带亮(上亮无纱扇),6 樘,木材为红松,一类薄板,横断面 95 mm×55 mm,3 mm 平板玻璃,要求现场制作木门框,刷防护底油。编制木门工程量清单和清单报价。

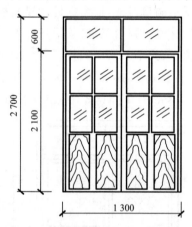

图 14-11　带纱门扇半截玻璃镶板木门

解　(1)编制木门工程量清单

木门工程量=6 樘

或　1.3×2.7×6=21.06 m²

分部分项工程量清单见表 14-3。

表 14-3　　　　　　　　　　**分部分项工程量清单(案例 14-12)**

序号	项目编码	项目名称	项目特征描述	计量单位	工程量
1	01080100101	半截玻璃镶板木门	带纱门扇半截玻璃镶板木门,双扇带亮;红松,一类薄板,横断面为 95 mm×55 mm;3 mm 平板玻璃	樘	6
				m²	21.06

(2)木门工程量清单计价表的编制

该项目发生的工程内容:门框、门扇制作和安装;纱门扇的制作和安装;门窗配件的安装。

计算 1 樘门的工程量(门窗构件,计算一个比较方便)。

①木门框制作安装工程量＝1.3＋2.7×2＝6.70 m

木门框制作安装,套定额 8-1-1。

②木门扇安装工程量＝(1.3－0.052×2)×(2.1－0.055＋0.02)＝2.47 m²

木门扇安装,套定额 8-1-3。

③纱门扇安装工程量＝(1.3－0.052×2)×(2.1－0.055＋0.02)＝2.47 m²

纱门扇安装,套定额 8-1-5。

人工、材料、机械单价选用市场价。

根据企业情况确定管理费费率为 25%,利润率为 15%。

分部分项工程量清单计价见表 14-4。

表 14-4　　　　　　　分部分项工程量清单计价(案例 14-12)

序号	项目编码	项目名称	项目特征描述	计量单位	工程量	金额/元	
						综合单价	合价
1	01080100101	半截玻璃镶板木门	带纱门扇半截玻璃镶板木门,双扇带亮;红松,一类薄板,横断面为 95 mm×55 mm;3 mm 平板玻璃	樘	6	1 561.75	9 370.50
				m²	21.06	444.94	9 370.44

练习题

一、单选题

1.国家定额铝合金成品门窗安装项目按隔热断桥铝合金型材考虑,当设计为普通铝合金型材时,按相应项目执行,其中人工乘以系数(　　)。

A.0.6　　　　　　　B.0.7　　　　　　　C.0.8　　　　　　　D.0.9

2.国家定额成品木门框、彩板钢门窗附框安装按设计图示框的(　　)计算。

A.中心线长度　　B.外围尺寸以长度　　C.面积　　　　D.体积

3.省定额木门框按设计框(　　)计算。

A.中心线长度　　B.外围尺寸以长度　　C.面积　　　　D.体积

4.国家定额成品木门扇、全玻门扇、纱门扇、纱窗扇安装按设计图示(　　)计算。

A.扇面积　　　　B.扇外围面积　　　　C.扇体积　　　D.扇数量

5.省定额普通成品门、木质防火门、纱门扇、成品窗扇、纱窗扇、百叶窗(木)、铝合金纱窗扇、塑料纱窗扇等安装工程量均按(　　)计算。

A.扇面积　　　　B.扇外围面积　　　　C.扇体积　　　D.扇数量

6.国家定额成品套装木门安装按设计图示(　　)计算。

A.数量以樘　　　B.面积　　　　　　C.体积　　　　D.安装高度

7.门连窗按设计图示洞口面积分别计算门、窗面积,其中窗的宽度算至(　　)。

A.窗洞口　　　　B.窗框外边线　　　　C.门框的外边线　　D.门洞口

8.飘窗、阳台封闭窗按设计图示框型材外边线尺寸以(　　)计算。

A.长度　　　　　B.水平投影面积　　　C.展开面积　　　D.体积

9.防盗窗、橱窗按设计图示窗框(　　)计算工程量。

A.外延长度　　　B.外围面积　　　　　C.洞口面积　　　D.投影面积

10.电动装置安装按设计图示以（　　　）计算工程量。

A.面积　　　　　　　B.体积　　　　　　　C.质量　　　　　　　D.套数

11.全玻转门、电子对讲门按设计图示以（　　　）计算工程量。

A.面积　　　　　　　B.体积　　　　　　　C.质量　　　　　　　D.数量

12.不锈钢伸缩门国家定额按设计图示以（　　　）计算工程量。

A.延长米　　　　　　B.面积　　　　　　　C.体积　　　　　　　D.数量

13.不锈钢伸缩门省定额以套为单位按（　　　）计算工程量。

A.延长米　　　　　　B.面积　　　　　　　C.体积　　　　　　　D.数量

14.传感和电动装置按设计图示以（　　　）计算工程量。

A.面积　　　　　　　B.体积　　　　　　　C.质量　　　　　　　D.套数

二、判断题

1.金属卷帘（闸）按设计图示卷帘门宽度乘以卷帘门高度（包括卷帘箱高度，省定额增加600 mm）以面积计算工程量。　　　　　　　　　　　　　　　　　　（　　）

2.清单中木质门带套计量按洞口尺寸以面积计算，不包括门套的面积。　　（　　）

3.清单中木橱窗、木飘（凸）窗以樘计量，项目特征必须描述框截面及外围展开面积。
　　　　　　　　　　　　　　　　　　　　　　　　　　　　　　　　　（　　）

4.清单中金属橱窗、飘（凸）窗以樘计量，项目特征必须描述框外围面积。（　　）

5.国家定额铝合金成品门窗安装项目按隔热断桥铝合金型材考虑，当设计为普通铝合金型材时，按相应项目执行，其中人工乘以系数0.7。　　　　　　　　　　　（　　）

6.全玻璃门有框亮子安装按全玻璃有框门扇安装项目执行，人工乘以系数0.75，地弹簧换为膨胀螺栓，消耗量调整为277.55个/100 m²；无框亮子安装按固定玻璃安装项目执行。
　　　　　　　　　　　　　　　　　　　　　　　　　　　　　　　　　（　　）

第15章
屋面及防水工程

知识目标

1.熟悉瓦及型材屋面、屋面防水、墙地面防水防潮等分项工程的说明。

2.熟悉利用屋面坡度系数计算坡屋面工程量的方法;掌握坡屋面防水层工程量计算规则和方法,能编制坡屋面工程量清单和清单计价表。

3.掌握平屋面防水及排水管、变形缝、防潮层工程量计算规则,能编制平屋面防水工程量清单和清单计价表。

能力目标

能应用屋面及防水工程有关分项工程量的计算方法,结合实际工程进行屋面及防水工程的工程量计算和定额的应用。会编制屋面及防水工程工程量清单和清单计价表。

引 例

某别墅工程,有两种屋面做法:第一种为西式瓦屋面;第二种为卷材防水平屋面。如何确定屋面工程的工程造价? 请你给出一份完整的答案。

15.1 定额工程量计算

一、定额说明

屋面及防水工程中瓦屋面、金属板屋面、采光板屋面、玻璃采光顶、卷材防水、水落管、水口、水斗、沥青砂浆填缝、变形缝盖板、止水带等项目按标准或常用材料编制,设计与定额不同时,材料可以换算,人工、机械不变。

1.屋面工程

(1)黏土瓦若穿铁丝钉圆钉,每100 m² 增加11 工日,增加镀锌低碳钢丝(22♯)3.5 kg,圆钉2.5 kg;若用挂瓦条,每100 m² 增加4 工日,增加挂瓦条(尺寸为25 mm×30 mm)300.3 m,圆钉2.5 kg。

(2)屋面以坡度≤25%为准,25%<坡度≤45%及人字形、锯齿形、弧形等不规则瓦屋面,人工乘以系数1.3;坡度>45%的,人工乘以系数1.43。

2.防水工程

(1)平屋面以坡度≤15%为准,15%<坡度≤25%的,按相应项目的人工乘以系数1.18;25%<坡度≤45%及人字形、锯齿形、弧形等不规则屋面或平面,人工乘以系数1.3;坡度>45%的,人工乘以系数1.43。

防水工程量计算

(2)防水卷材、防水涂料及防水砂浆,定额以平面和立面列项,实际施工桩头、地沟、零星部位时,人工乘以系数1.43(省定额系数为1.82);单个房间楼地面面积≤8 m² 时,人工乘以系数1.3。

(3)卷材防水附加层套用卷材防水相应项目,人工乘以系数1.43(省定额系数为1.82)。

(4)立面是以直形为依据编制的。若为弧形,相应项目的人工乘以系数1.18。

(5)冷粘法是以满铺为依据编制的,点、条铺粘者按其相应项目的人工乘以系数0.91,黏合剂乘以系数0.7。

3.排水工程

(1)水落管、水口、水斗均按材料成品、现场安装考虑。

(2)铁皮屋面及铁皮排水项目内已包括铁皮咬口和搭接的工料。

(3)采用不锈钢水落管排水时,执行镀锌钢管项目,材料按实际换算,人工乘以系数1.1。

二、工程量计算规则

1.屋面工程

(1)各种屋面和型材屋面(包括挑檐部分)均按设计图示尺寸以面积计算(斜屋面按斜面面积计算),不扣除房上烟囱、风帽底座、风道、小气窗、斜沟和脊瓦等所占面积,小气窗的出檐部分也不增加。

等两坡屋面工程量＝檐口总宽度×檐口总长度×延尺系数

等四坡屋面工程量＝(两斜梯形水平投影面积＋两斜三角形水平投影面积)×延尺系数

或   等四坡屋面工程量＝屋面水平投影面积×延尺系数

等两坡正山脊工程量＝檐口总长度＋檐口总宽度×延尺系数×山墙端数

等四坡正斜脊工程量＝檐口总长度－檐口总宽度＋屋面檐口总宽度×隔延尺系数×2

屋面坡度系数见表15-1。

表 15-1   屋面坡度系数

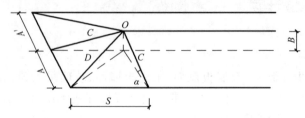

坡　度			延尺系数 C	隔延尺系数 D
B/A(A＝1)	B/2A	角度 α		
1	1/2	45°	1.414 2	1.732 1
0.75	—	36°52′	1.250 0	1.600 8
0.70	—	35°	1.220 7	1.577 9

坡　　度			延尺系数 C	隔延尺系数 D
$B/A(A=1)$	$B/2A$	角度 α		
0.666	1/3	33°40′	1.201 5	1.562 0
0.65	—	33°01′	1.192 6	1.556 4
0.60	—	30°58′	1.166 2	1.536 2
0.577	—	30°	1.154 7	1.527 0
0.55	—	28°49′	1.141 3	1.517 0
0.50	1/4	26°34′	1.118 0	1.500 0
0.45	—	24°14′	1.096 6	1.483 9
0.40	1/5	21°48′	1.077 0	1.469 7
0.35	—	19°17′	1.059 4	1.456 9
0.30	—	16°42′	1.044 0	1.445 7
0.25	—	14°02′	1.030 8	1.436 2
0.20	1/10	11°19′	1.019 8	1.428 3
0.15	—	8°32′	1.011 2	1.422 1
0.125	—	7°8′	1.007 8	1.419 1
0.100	1/20	5°42′	1.005 0	1.417 7
0.083	—	4°45′	1.003 5	1.416 6
0.066	1/30	3°49′	1.002 2	1.415 7

注:①$A=A'$ 且 $S=0$ 时,为等两坡屋面;$A=A'=S$ 时,为等四坡屋面;
　②屋面斜铺面积=屋面水平投影面积$\times C$;
　③等两坡屋面山墙泛水斜长:$A\times C$;
　④等四坡屋面斜脊长度:$A\times D$。

若已知坡度角 α 不在定额屋面坡度系数表中,则利用公式 $C=1/\cos\alpha$ 或 $C=[(A^2+B^2)^{1/2}]/A$,直接计算出延尺系数 C。

案例分析:斜坡高度 $B=1.8$ m,水平长度 $A=4.2$ m,则 $B/A=0.428\ 6$,不在定额屋面坡度系数表中,计算 $C=[(4.2^2+1.8^2)^{1/2}]/4.2=1.088$

隔延尺系数 D 按下式计算:$D=(1+C^2)^{1/2}$

隔延尺系数 D 可用于计算四坡屋面斜脊长度:斜脊长度=斜坡水平长度$\times D$

例如某等四坡屋面平面如图 15-1 所示,设计屋面坡度 0.5,计算斜面面积、斜脊长度。

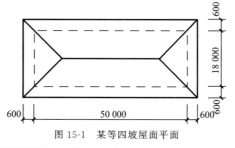

图 15-1　某等四坡屋面平面

> **解:**屋面坡度$=B/A=0.5$,查屋面坡度系数表得$C=1.118$
>
> 屋面斜面面积$=(50+0.6\times2)\times(18+0.6\times2)\times1.118=1\,099.04\ m^2$
>
> 查屋面坡度系数表得$D=1.5$
>
> 斜脊长度$=A\times D=9.6\times1.5=14.40\ m$

(2)西班牙瓦、瓷质波形瓦、英红瓦屋面的正斜脊瓦、檐口线,按设计图示尺寸以长度计算。

(3)采光板屋面和玻璃采光顶屋面按设计图示尺寸以面积计算;不扣除单个面积$\leqslant0.3\ m^2$孔洞所占面积。

(4)膜结构屋面按设计图示尺寸以需要覆盖的水平投影面积计算。

【案例 15-1】 某仓库双面坡水泥瓦屋面如图 15-2 所示,共 4 间房屋。屋面板上钉 350 号油毡及挂瓦条,每间 7 根,铺设水泥瓦,砖挑檐(含山墙)外出 120 mm,瓦每边出檐 80 mm。计算工程量,确定定额项目。

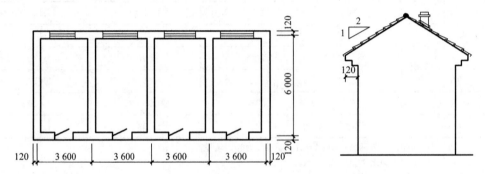

图 15-2　某仓库双面坡水泥瓦屋面

解 瓦屋面工程量$=(6+0.24+0.12\times2)\times(3.6\times4+0.24)\times1.118=106.06\ m^2$

屋面板上铺设水泥瓦,套定额 9-5 或 9-1-5。

【案例 15-2】 某小高层住宅,别墅屋顶外檐尺寸如图 15-3 所示,屋面板上铺西班牙瓦,计算工程量,确定定额项目。

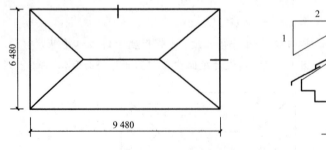

图 15-3　屋顶屋面板

解 瓦屋面工程量$=9.48\times6.48\times1.118=68.68\ m^2$

四坡西班牙瓦屋面,套定额 9-6 或 9-1-6。

正斜脊工程量$=9.48-6.48+6.48\times1.5\times2=22.44\ m$

西班牙瓦正斜脊,套定额 9-7 或 9-1-7。

【案例 15-3】　某装饰市场大棚，尺寸如图 15-4 所示，S 形轻型钢檩条上安装彩钢夹心板，计算工程量，确定定额项目。

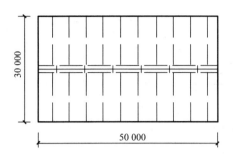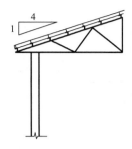

图 15-4　某装饰市场大棚

解　屋面工程量＝50×30×1.030 8＝1 546.20 m²

S 形轻型钢檩条上安装彩钢夹心板，套定额 9-15 或 9-1-25。

2.防水工程

(1)屋面防水，按设计图示尺寸以面积计算(斜屋面按斜面面积计算)，不扣除房上烟囱、风帽底座、风道、屋面小气窗等所占面积，上翻部分也不另计算；屋面的女儿墙、伸缩缝和天窗等处的弯起部分，按设计图示尺寸计算；设计无规定时，伸缩缝、女儿墙、天窗的弯起部分按 500 mm 计算，计入立面工程量内。

$$屋面防水工程量＝设计总长度×总宽度×坡度系数＋弯起部分面积$$

> **经验提示**：本章定额中屋面防水：斜屋面工程量按斜面面积加弯起部分面积计算；平屋面工程量按水平投影面积加弯起部分面积计算，坡度小于 1/30 的屋面均按平屋面计算。卷材铺设时的搭接、防水薄弱处的附加层，均包括在定额内，其工程量不单独计算。

> **案例分析**：某建筑物轴线尺寸 50 m×16 m，墙厚 240 mm，四周有女儿墙，无挑檐。屋面做法：水泥珍珠岩保温层，最薄处 60 mm，屋面坡度 $i＝1.5\%$，1:3 水泥砂浆找平层 15 mm 厚，刷冷底子油一道，二毡三油防水层，弯起 250 mm，计算防水工程量。
>
> **解**：由于屋面坡度小于 1/30，因此按平屋面防水计算。
>
> 平面防水面积＝(50-0.24)×(16-0.24)＝784.22 m²
>
> 上卷面积＝[(50-0.24)＋(16-0.24)]×2×0.25＝32.76 m²
>
> 由于冷底子油已包括在定额内容中，不另计算。
>
> 因此防水工程量＝784.22＋32.76＝816.98 m²

【案例 15-4】　某保温平屋面尺寸如图 15-5 所示，做法如下：空心板上 1:3 水泥砂浆找平层 20 mm 厚，水泥基渗透结晶型防水涂料 1 mm 厚，1:8 现浇水泥珍珠岩最薄处 60 mm 厚，1:3 水泥砂浆找平层 20 mm 厚，PVC 橡胶卷材防水一层(热风焊接法)，计算工程量，确定定额项目。

解　①PVC 橡胶卷材防水工程量＝(48.76＋0.24＋0.65×2)×(15.76＋0.24＋0.65×2)＝870.19 m²

PVC 橡胶卷材防水(平面)，套定额 9-51 或 9-2-27。

②防水涂料工程量＝(48.76＋0.24)×(15.76＋0.24)＝784.00 m²

水泥基渗透结晶型防水涂料 1 mm 厚平面，套定额 9-79 或 9-2-55。

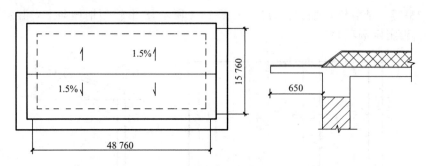

图 15-5　保温平屋面

水泥砂浆找平层按相应定额计算。

（2）楼地面防水、防潮层按设计图示尺寸以主墙间净面积计算，扣除凸出地面的构筑物、设备基础等所占面积，不扣除间壁墙及单个面积≤0.3 m² 柱、垛、烟囱和孔洞所占面积。平面与立面交接处，上翻高度≤300 mm 时，按展开面积并入平面工程量内计算；上翻高度＞300 mm 时，按立面防水层计算。

楼地面防水、防潮层工程量＝主墙间净长度×主墙间净宽度±增减面积

（3）墙基防水、防潮层，外墙按外墙中心线长度、内墙按墙体净长度乘以实铺宽度，以面积计算。

墙基防水、防潮层工程量＝外墙中心线长度×实铺宽度＋内墙墙体净长度×实铺宽度

（4）墙的立面防水、防潮层，不论内墙、外墙，均按设计图示尺寸以面积计算。

（5）基础底板的防水、防潮层按设计图示尺寸以面积计算，不扣除桩头所占面积。桩头处外包防水按桩头投影外扩 300 mm 以面积计算，地沟处防水按展开面积计算，均计入平面工程量，执行相应规定。

（6）屋面、楼地面及墙面、基础底板等，其防水搭接、拼缝、压边、留槎用量已综合考虑，不另行计算，卷材防水附加层按设计铺贴尺寸以面积计算。

（7）屋面分格缝，按设计图示尺寸，以长度计算。

3.排水工程

（1）水落管、镀锌铁皮天沟、檐沟按设计图示尺寸，以长度计算。

（2）水斗、下水口、雨水口、弯头、短管等均以设计数量计算。

（3）种植屋面排水按设计尺寸以铺设排水层面积计算，不扣除房上烟囱、风帽底座、风道、屋面小气窗、斜沟和脊瓦等所占面积，以及单个面积≤0.3 m² 的孔洞所占面积，屋面小气窗的出檐部分也不增加。

【案例 15-5】　某屋面设计有铸铁弯头落水口 8 个，塑料水斗 8 个，配套的塑料水落管直径 100 mm，每根长度 16 m，计算工程量，确定定额项目。

解　①水落管工程量＝16×8＝128 m

直径 100 mm 塑料水落管，套定额 9-114 或 9-1-25。

②水斗工程量＝8 个

塑料水斗，套定额 9-117 或 9-1-25。

③落水口工程量＝8 个

铸铁弯头落水口，套定额 9-113 或 9-3-9。

4.变形缝

变形缝(嵌填缝与盖板)与止水带按设计图示尺寸,以长度计算。

15.2　工程量清单编制

一、清单项目设置

屋面及防水工程共分 4 个分部工程,即瓦、型材及其他屋面,屋面防水及其他,墙面防水、防潮,楼(地)面防水、防潮,适用于建筑物屋面和墙、地面防水工程。

1.瓦、型材及其他屋面(编号:010901)

瓦、型材及其他屋面项目包括瓦屋面、型材屋面、阳光板屋面、玻璃钢屋面、膜结构屋面5 个清单项目。

2.屋面防水及其他(编号:010902)

屋面防水及其他项目包括屋面卷材防水、屋面涂膜防水、屋面刚性防水、屋面排水管、屋面排(透)气管、屋面(廊、阳台)吐水管、屋面天沟檐沟、屋面变形缝 8 个清单项目。

3.墙面防水、防潮(编号:010903)

墙面防水、防潮项目包括墙面卷材防水、墙面涂膜防水、墙面砂浆防水(防潮)、墙面变形缝4 个清单项目。

4.楼(地)面防水、防潮(编号:010904)

楼(地)面防水、防潮项目包括楼(地)面卷材防水、楼(地)面涂膜防水、楼(地)面砂浆防水(防潮)、楼(地)面变形缝 4 个清单项目。

二、计量规范与计价规则说明

1.瓦屋面

(1)瓦屋面项目适用于小青瓦、筒瓦、黏土平瓦、水泥平瓦、西班牙瓦、英红瓦、三曲瓦、琉璃瓦等。

(2)瓦屋面,若是在木基层上铺瓦,项目特征不必描述黏结层砂浆的配合比。瓦屋面铺防水层,按"屋面防水及其他"项目中相关项目编码列项。

(3)瓦屋面按设计图示尺寸以斜面积计算工程量,不扣除房上烟囱、风帽底座、风道、小气窗、斜沟等所占面积,小气窗的出檐部分不增加面积。

2.型材屋面

(1)型材屋面项目适用于彩钢压型钢板、彩钢压型夹心板、石棉瓦、玻璃钢波纹瓦、塑料波纹瓦、镀锌铁皮屋面等。

(2)型材屋面表面需刷油漆时,应按"油漆、涂料、裱糊工程"中相关项目编码列项。

(3)型材屋面的檩条需刷防火涂料时,可按相关项目单独编码列项,也可包括在型材屋面项目报价内。

(4)型材屋面、阳光板屋面、玻璃钢屋面按设计图示尺寸以斜面积计算工程量时,不扣除单个面积≤0.3 m² 孔洞所占面积。

3.膜结构屋面

(1)膜结构屋面项目适用于膜布屋面。

（2）膜结构屋面工程量的计算按设计图示尺寸以需要覆盖的水平投影面积计算，如图15-6所示。

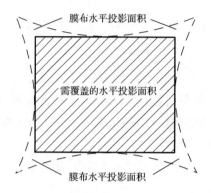

图 15-6 　膜结构屋面工程量计算

4.屋面卷材防水

（1）屋面卷材防水项目适用于利用胶结材料粘贴卷材进行防水的屋面。

（2）水泥砂浆保护层、细石混凝土保护层可包括在报价内，也可按相关项目编码列项。

（3）屋面卷材防水按设计图示尺寸以面积计算工程量。

①斜屋顶（不包括平屋顶找坡）按斜面积计算，平屋顶按水平投影面积计算。

②不扣除房上烟囱、风帽底座、风道、小气窗和斜沟等所占面积。

③屋面的女儿墙、伸缩缝和天窗等处的弯起部分，并入屋面工程量内。

5.屋面涂膜防水

（1）屋面涂膜防水项目适用于厚质涂料、薄质涂料和有加增强材料或无加增强材料的涂膜防水屋面。

（2）水泥砂浆、细石混凝土保护层可包括在报价内，也可按相关项目编码列项。

（3）屋面涂膜防水按设计图示尺寸以面积计算工程量。

①斜屋顶（不包括平屋顶找坡）按斜面积计算，平屋顶按水平投影面积计算。

②不扣除房上烟囱、风帽底座、风道、小气窗和斜沟等所占面积。

③屋面的女儿墙、伸缩缝和天窗等处的弯起部分，并入屋面工程量内。

6.屋面刚性防水

（1）屋面刚性防水项目适用于细石混凝土、补偿收缩混凝土、块体混凝土、预应力混凝土和钢纤维混凝土等刚性防水屋面。

（2）屋面刚性层防水，按屋面卷材防水、屋面涂膜防水项目编码列项；屋面刚性层无钢筋，其钢筋项目特征不必描述。

（3）屋面刚性层按设计图示尺寸以面积计算工程量，不扣除房上烟囱、风帽底座、风道等所占面积。

【案例 15-6】　某刚性防水屋面尺寸如图 15-7 所示，空心板上铺厚 40 mm C20 细石混凝土防水层，建筑油膏嵌缝，1∶3 水泥砂浆掺拒水粉保护层厚 25 mm，混凝土现场搅拌。编制屋面刚性层防水工程量清单。

解　屋面刚性层防水工程量＝(16－0.24)×(6.5－0.24)＋(6－0.24)×(12－6.5)＝130.34 m²

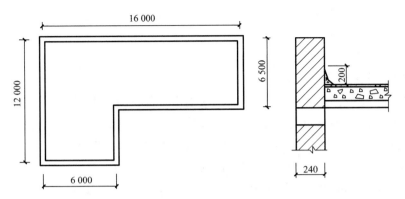

图 15-7　刚性防水屋面

分部分项工程量清单见表 15-2。

表 15-2　　　　　　　　　　　　分部分项工程量清单(案例 15-6)

序号	项目编码	项目名称	项目特征描述	计量单位	工程量
1	010902003001	屋面刚性层	40 mm 细石混凝土防水层,现场搅拌 C20,建筑油膏嵌缝,1:3 水泥砂浆掺拒水粉保护层厚 25 mm	m²	130.34

7.屋面天沟、檐沟及排水管

(1)屋面天沟、檐沟项目适用于水泥砂浆天沟、细石混凝土天沟、预制混凝土天沟、卷材天沟、玻璃钢天沟、镀锌铁皮天沟等,以及塑料檐沟、镀锌铁皮檐沟、玻璃钢檐沟等。

(2)屋面排水管项目适用于各种排水管材(镀锌铁皮管、石棉水泥管、塑料管、玻璃钢管、铸铁管、镀锌钢管等)。

(3)屋面天沟、檐沟按设计图示尺寸以展开面积计算工程量。屋面排水管按设计图示尺寸以长度计算工程量,如设计未标注尺寸,以檐口至设计室外散水上表面垂直距离计算。

【案例 15-7】　某屋面设计有弯头铸铁雨水口 8 个,塑料水斗 8 个,配套的塑料水落管直径 100 mm,每根长度 16 m。沥青玛碲脂嵌缝。编制屋面排水管工程量清单。

解　屋面排水管工程量＝16×8＝128 m

分部分项工程量清单见表 15-3。

表 15-3　　　　　　　　　　　　分部分项工程量清单(案例 15-7)

序号	项目编码	项目名称	项目特征描述	计量单位	工程量
1	010902004001	屋面排水管	塑料水落管φ100 mm,铸铁雨水口,塑料水斗,沥青玛碲脂嵌缝	m	128

8.墙面防水、防潮

(1)卷材防水、涂膜防水项目适用于地下室墙面、内外墙面等部位的防水。

(2)永久保护层(如砖墙等)应按相关项目编码列项。

(3)墙面砂浆防水、防潮项目适用于地下室墙面、内外墙面等部位的防水、防潮。

(4)墙面防水、防潮按设计图示尺寸以面积计算工程量。

9.墙面、楼(地)面变形缝

(1)墙面变形缝项目适用于内外墙体等部位的抗震缝、温度缝(伸缩缝)、沉降缝。

(2)墙面变形缝,若做双面,工程量乘以系数 2。

（3）楼（地）面变形缝项目适用于基础、楼地面、屋面等部位的抗震缝、温度缝（伸缩缝）、沉降缝。

（4）变形缝按设计图示尺寸以米计算工程量。

10.楼（地）面防水、防潮

（1）卷材防水、涂膜防水项目适用于基础、楼地面等部位的防水。

（2）永久保护层（如混凝土地坪等）应按相关项目编码列项。

（3）楼（地）面砂浆防水、防潮项目适用于地下、基础、楼地面、屋面等部位的防水防潮。

（4）楼（地）面防水、防潮按设计图示尺寸以面积计算工程量。

①楼（地）面防水、防潮按主墙间净空面积计算，扣除凸出地面的构筑物、设备基础等所占面积，不扣除间壁墙及单个面积≤0.3 m² 柱、垛、烟囱和孔洞所占面积。

②楼（地）面防水反边高度≤300 mm 算作地面防水，反边高度＞300 mm 按墙面防水计算。

【案例 15-8】 某地下室工程外防水做法如图 15-8 所示，1∶3 水泥砂浆找平层厚 20 mm，三元乙丙橡胶卷材防水（丁基黏合剂冷贴满铺），外墙防水高度做到±0.000。编制墙面、地面卷材防水工程量清单。

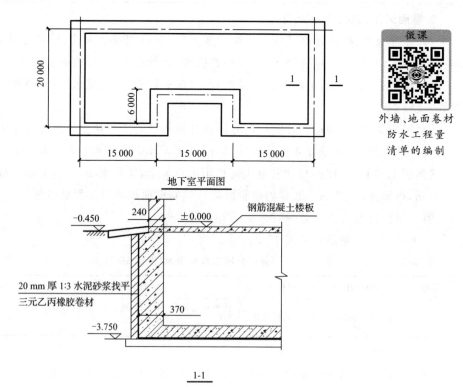

图 15-8 某地下室工程外防水

解 地面卷材防水工程量＝（45＋0.5）×（20＋0.5）－6×（15－0.5）＝845.75 m²
墙面卷材防水工程量＝（45＋0.5＋20＋0.5＋6）×2×（3.75＋0.12）＝557.28 m²
分部分项工程量清单见表 15-4。

序号	项目编码	项目名称	项目特征描述	计量单位	工程量
1	010904001001	地面卷材防水	三元乙丙橡胶卷材 1 层,丁基黏合剂冷贴满铺	m²	845.75
2	010903001001	墙面卷材防水	三元乙丙橡胶卷材 1 层,丁基黏合剂冷贴满铺	m²	557.28

表 15-4　　　　　分部分项工程量清单(案例 15-8)

15.3　工程量清单计价

一、计量规范与计价规则说明

1.瓦及型材屋面

(1)瓦屋面、型材屋面的木檩条、木椽子、木屋面板需刷防火涂料,无清单项目时,其费用包括在瓦屋面、型材屋面项目报价内。

(2)瓦屋面、型材屋面、膜结构屋面的钢檩条、钢支撑(柱、网架等)和拉结结构需刷防护材料,无清单项目时,其费用包括在瓦屋面、型材屋面、膜结构屋面项目报价内。

(3)型材屋面的钢檩条或木檩条以及骨架、螺栓、挂钩等应包括在报价内。

(4)型材屋面的檩条需刷防火涂料,无清单项目时,应包括在型材屋面项目报价内。

(5)支撑和拉固膜布的钢柱、拉杆、金属网架、钢丝绳、锚固的锚头等应包括在报价内。

(6)支撑柱的钢筋混凝土的柱基、锚固的钢筋混凝土基础、地脚螺栓、挖土、回填等,应包括在报价内。

2.屋面防水

(1)基层处理(清理修补、刷基层处理剂)等应包括在报价内。

(2)屋面防水搭接及檐沟、天沟、水落口、泛水收头、变形缝等处的卷材附加层应包括在报价内。

(3)浅色反射涂料保护层,绿豆砂保护层,细砂、云母及蛭石保护层应包括在报价内。

(4)水泥砂浆保护层、细石混凝土保护层没设清单项目时,费用包括在报价内。

(5)需加强材料的应包括在报价内。

(6)刚性防水屋面的分格缝、泛水、变形缝部位的防水卷材、密封材料、背衬材料、沥青麻丝等应包括在报价内。

(7)天沟、檐沟固定卡件、支撑件应包括在报价内。

(8)天沟、檐沟的接缝、嵌缝材料应包括在报价内。

(9)排水管、雨水口、箅子板、水斗等应包括在报价内。

(10)埋设管卡箍、裁管、接嵌缝应包括在报价内。

3.墙面、楼(地)面防水、防潮

(1)墙面、楼(地)面防水搭接及附加层用量不另行计算,在综合单价中考虑。

(2)刷基层处理剂、刷胶粘剂、胶粘防水卷材应包括在报价内。

(3)特殊处理部位(如管道的通道部位)的嵌缝材料、附加卷材衬垫等应包括在报价内。

(4)防水、防潮层的外加剂应包括在报价内。

(5)止水带安装、盖板制作和安装应包括在报价内。

二、屋面及防水工程案例

【案例 15-9】 图 15-9 为某工程屋顶平面。屋面防水做法:1∶3 水泥砂浆找平层厚 20 mm,厚 4 mm SBS 改性沥青防水卷材一层,APP 胶粘,错层部位向上翻起 250 mm,厚 20 mm 1∶2 水泥砂浆抹光压平。编制屋面防水工程量清单,并进行工程量清单报价。

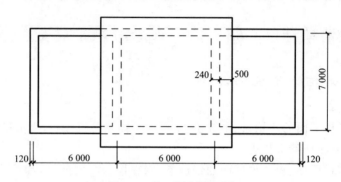

图 15-9　某工程屋顶平面图

解　①屋面卷材防水工程量清单的编制

屋面卷材防水工程量$=[(6-0.24)\times(7-0.24)+(6-0.24+7-0.24)\times2\times0.25]\times2+(6+0.24+1)\times(7+0.24+1)=150.05$ m²

分部分项工程量清单见表 15-5。

表 15-5　　　　　　　　　分部分项工程量清单(案例 15-9)

序号	项目编码	项目名称	项目特征描述	计量单位	工程量
1	010902001001	屋面卷材防水	4 mm 厚 SBS 改性沥青防水卷材 1 层,APP 胶粘	m²	150.05

②屋面卷材防水工程量清单计价表的编制

屋面卷材防水项目发生的工程内容:卷材防水。

屋面卷材防水工程量$=[(6-0.24)\times(7-0.24)+(6-0.24+7-0.24)\times2\times0.25]\times2+(6+0.24+1)\times(7+0.24+1)=150.05$ m²

SBS 改性沥青防水卷材(一层),套定额 9-2-14。

人工、材料、机械单价选用市场信息价。

根据企业情况确定管理费费率为 25%,利润率为 15%。

分部分项工程量清单计价见表 15-6。

表 15-6　　　　　　　　　分部分项工程量清单计价(案例 15-9)

序号	项目编码	项目名称	项目特征描述	计量单位	工程量	金额/元	
						综合单价	合价
1	010902001001	屋面卷材防水	4 mm 厚改性沥青 SBS 防水卷材 1 层,APP 胶粘	m²	150.05	55.71	8 359.29

练习题

一、单选题

1.瓦屋面工程量按( )计算。
A.设计图示尺寸以水平投影面积　　　　B.设计图示尺寸以斜面面积
C.设计图示尺寸以外墙外边水平面积　　D.设计图示尺寸以外墙轴线水平面积

2.屋面防水构造中,女儿墙的弯起部分一般为( ) mm。
A.200　　　　　B.300　　　　　C.400　　　　　D.500

3.防水工程中立面是以直形为依据编制的,弧形者,相应项目的人工乘以系数( )。
A.1.15　　　　B.1.16　　　　C.1.17　　　　D.1.18

4.西班牙瓦、瓷质波形瓦、英红瓦屋面的正斜脊瓦、檐口线,按设计图示尺寸以( )计算工程量。
A.长度　　　　B.面积　　　　C.体积　　　　D.数量

5.采光板屋面和玻璃采光顶屋面按设计图示尺寸以( )计算工程量。
A.长度　　　　B.面积　　　　C.水平投影面积　　D.体积

6.膜结构屋面按设计图示尺寸以需要覆盖的( )计算工程量。
A.长度　　　　B.面积　　　　C.水平投影面积　　D.体积

7.楼地面防水、防潮层按设计图示尺寸以( )计算工程量。
A.主墙间净面积　B.墙外围面积　C.墙中心线围的面积D.墙周线围的面积

8.墙的立面防水、防潮层,不论内墙、外墙,均按设计图示尺寸以( )计算工程量。
A.长度　　　　B.面积　　　　C.体积　　　　D.数量

9.水落管、镀锌铁皮天沟、檐沟按设计图示尺寸以( )计算工程量。
A.长度　　　　B.面积　　　　C.体积　　　　D.数量

10.水斗、下水口、雨水口、弯头、短管等均按设计图示尺寸以( )计算工程量。
A.长度　　　　B.面积　　　　C.体积　　　　D.数量

二、多选题

1.清单中,卷材防水屋面工程量按设计图示尺寸以面积计算,不应扣除( )所占的面积。
A.屋面小气窗　B.女儿墙、伸缩缝和天窗等处的弯起部分
C.风帽底座　D.卷材屋面的附加层、接缝收头　　E.找平层的嵌缝

2.下列按 m 计算工程量的有( )。
A.水落管　　　B.雨水口　　　C.变形缝　　　D.屋面分格缝
E.水斗

3.计算屋面工程量时,不扣除( )等所占面积,小气窗的出檐部分也不增加。
A.房上烟囱　　B.风帽底座　　C.风道　　　　D.小气窗
E.斜沟和脊瓦

4.屋面防水,按设计图示尺寸以面积计算(斜屋面按斜面面积计算)工程量,不扣除( )
等所占面积,上翻部分也不另计算。
A.房上烟囱　　B.风帽底座　　C.风道　　　　D.小气窗
E.斜沟和脊瓦

三、判断题

1.偶延尺系数 D 可用于计算四坡屋面斜脊长度。斜脊长＝斜坡水平长×D。　( )
2.卷材防水附加层套用卷材防水相应项目,人工乘以系数 1.43(省定额系数为 1.82)。　( )
3.采用不锈钢水落管排水时,执行镀锌钢管项目,材料按实换算,人工乘以系数 1.1。( )
4.水落管、镀锌铁皮天沟、檐沟,按设计图示尺寸以长度计算工程量。　　　　　( )
5.水斗、下水口、雨水口、弯头、短管等,均以设计数量计算工程量。　　　　　( )
6.墙基防水、防潮层,外墙按外墙中心线长度、内墙按墙体净长度乘以宽度,以面积计算工
程量。　　　　　　　　　　　　　　　　　　　　　　　　　　　　　　　　　( )

第16章
保温、隔热、防腐工程

知识目标

1.熟悉保温、隔热、防腐面层等分项工程的说明。

2.熟悉各种保温、隔热、防腐工程的计量与计价方法。

3.掌握各种屋面保温层工程量清单的编制和报价方法。

能力目标

能应用保温、隔热及防腐工程有关分项工程量的计算方法,结合实际工程进行保温、隔热及防腐工程工程量计算和定额的应用。会编制屋面保温工程工程量清单和清单报价表。

引 例

某教学楼工程为保温平屋面。如何确定屋面工程的工程造价？请给出一份完整的答案。

16.1 定额工程量计算

一、定额说明

1.保温、隔热工程

(1)保温层的保温材料配合比、材质、厚度与设计不同时,可以换算,消耗量及其他均不变。

(2)弧形墙墙面保温隔热层,按相应项目的人工乘以系数1.1。

(3)柱面保温根据墙面保温定额项目人工乘以系数1.19、材料乘以系数1.04。

2.防腐工程

(1)各种胶泥、砂浆、混凝土配合比以及各种整体面层的厚度,如设计与定额不同时,可以换算。定额已综合考虑了各种块料面层的结合层、胶结料厚度及灰缝宽度。

(2)花岗岩面层以六面剁斧的块料为准,结合层厚度为15 mm,当板底为毛面时,其结合层胶结料用量按设计厚度调整。

(3)整体面层踢脚板按整体面层相应项目执行,块料面层踢脚板按立面砌块相应项目人工乘以系数1.2。

(4)卷材防腐接缝、附加层、收头工料已包括在定额内,不再另行计算。

(5)块料防腐中面层材料的规格、材质与设计不同时,可以换算。

二、工程量计算

1.保温、隔热工程

(1)屋面保温、隔热层工程量按设计图示尺寸以面积计算。扣除单个面积>0.3 m²孔洞所占面积。其他项目按设计图示尺寸以定额项目规定的计量单位计算。

$$屋面保温层工程量=保温层设计长度×设计宽度$$

或　　　　　　$$屋面保温层工程量=保温层设计长度×设计宽度×平均厚度$$

屋面保温、隔热层平均厚度指保温层兼作找坡层时,其保温层的厚度按平均厚度计算。

$$双坡屋面保温层平均厚度=保温层宽度÷2×坡度÷2+最薄处厚度$$

双坡屋面保温层平均厚度如图 16-1 所示。

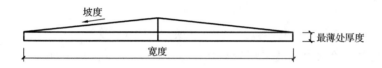

图 16-1　双坡屋面保温层平均厚度

$$单坡屋面保温层平均厚度=保温层宽度×坡度÷2+最薄处厚度$$

单坡屋面保温层平均厚度如图 16-2 所示。

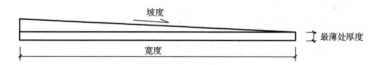

图 16-2　单坡屋面保温层平均厚度

【案例 16-1】　保温平屋面尺寸如图 16-3 所示,做法如下:空心板上 1∶3 水泥砂浆找平层 20 mm 厚,聚合物水泥防水涂料 1 mm 厚,干铺 80 mm 厚加气混凝土块保温层,1∶10 现浇水泥珍珠岩找坡,1∶3 水泥砂浆找平层 20 mm 厚,SBS 改性沥青卷材热熔法满铺一层,点式支撑预制混凝土板架空隔热层。按定额规定计算屋面工程的工程量,确定定额项目。

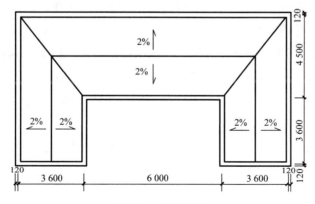

图 16-3　保温平屋面

解　①空心板上找平层工程量=(3.6+6+3.6-0.24)×(3.6+4.5-0.24)-(6+

$0.24)\times 3.6=79.40$ m^2

空心板上 1∶3 水泥砂浆找平层 20 mm 厚,套定额 11-1 或 11-1-1。

②防水涂料工程量=79.40 m^2

聚合物水泥防水涂料 1 mm 厚平面,套定额 9-75 或 9-2-51。

③国家定额加气混凝土块保温层工程量=79.40 m^2

干铺 80 mm 厚加气混凝土块保温层,套定额 10-1 和 10-2。

省定额加气混凝土块保温层工程量=79.40×0.08=6.35 m^3

干铺 80 mm 厚加气混凝土块保温层,套定额 10-1-3。

④国家定额现浇水泥珍珠岩保温层工程量=79.40 m^2

加权平均厚度={[(3.6+6+3.6−0.24)+(6+0.24)]÷2×(4.5−0.24)}×[(4.5−0.24)÷2×0.02÷2]÷79.40+[(3.6+4.5−0.24+3.6)÷2×(3.6−0.24)]×[(3.6−0.24)÷2×0.02÷2]×2÷79.40=0.02 m

1∶10 现浇水泥珍珠岩找坡,套定额 10-13(换)和 10-14(换)。

省定额现浇水泥珍珠岩找坡工程量={[(3.6+6+3.6−0.24)+(6+0.24)]÷2×(4.5−0.24)}×[(4.5−0.24)÷2×0.02÷2]+[(3.6+4.5−0.24+3.6)÷2×(3.6−0.24)]×[(3.6−0.24)÷2×0.02÷2]×2=1.52 m^3

1∶10 现浇水泥珍珠岩找坡,套定额 10-1-11。

⑤填充材料上找平层工程量=79.40 m^2

填充材料上 1∶3 水泥砂浆找平层 20 mm 厚,套 11-2 或 11-1-2

⑥卷材防水层工程量=79.40+[(3.6+6+3.6−0.24)+(3.6+4.5−0.24)+3.6]×2×0.25=91.61 m^2

SBS 改性沥青卷材热熔法满铺一层(平面),套定额 9-34 或 9-2-10。

⑦架空隔热层工程量=79.40 m^2

点式支撑预制混凝土板架空隔热层,套定额 10-1-30。

(2)天棚保温、隔热层工程量按设计图示尺寸以面积计算。扣除面积>0.3 m^2 柱、垛、孔洞所占面积,与天棚相连的梁按展开面积计算,其工程量并入天棚内。柱帽保温、隔热层,并入天棚保温、隔热层工程量内。

(3)墙面保温、隔热层工程量按设计图示尺寸以面积计算。扣除门窗洞口及面积>0.3 m^2 梁、孔洞所占面积;门窗洞口侧壁以及与墙相连的柱,并入保温墙体工程量内。墙体及混凝土板下铺贴隔热层不扣除木框架及木龙骨的体积。其中外墙按隔热层中心线长度计算,内墙按隔热层净长度计算。

【案例 16-2】 某公厕工程如图 16-4 所示,该工程外墙保温做法:①清理基层;②刷界面砂浆 5 mm;③刷 30 mm 厚胶粉聚苯颗粒;④门窗边做保温,宽度为 120 mm。计算工程量并套用相应定额子目。

解 ①墙面保温面积=[(10.74+0.24+0.03)+(7.44+0.24+0.03)]×2×3.90−(1.2×2.4+1.8×1.8+1.2×1.8×2)=135.58 m^2

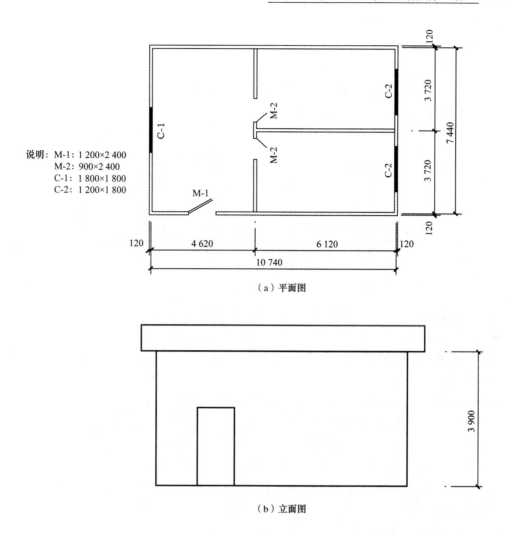

（a）平面图

说明：M-1：1 200×2 400
M-2：900×2 400
C-1：1 800×1 800
C-2：1 200×1 800

（b）立面图

图 16-4　某公厕工程

门窗侧边保温面积＝[(1.8＋1.8)×2＋(1.2＋1.8)×4＋(2.4×2＋1.2)]×0.12＝3.02 m²

外墙保温总面积＝135.58＋3.02＝138.60 m²

②胶粉聚苯颗粒保温厚度 30 mm 子目，套定额 10-62 和 10-63 或 10-1-55。

其中清理基层、刷界面砂浆已包含在定额工作内容中，不另计算。

（4）柱、梁保温、隔热层工程量按设计图示尺寸以面积计算。柱按设计图示柱断面保温层中心线展开长度乘以高度以面积计算，扣除面积＞0.3 m² 梁所占面积。梁按设计图示梁断面保温层中心线展开长度乘以保温层长度以面积计算。

（5）楼地面保温、隔热层工程量按设计图示尺寸以面积计算。扣除柱、垛及单个面积＞0.3 m² 孔洞（省定额扣除单个面积＞0.3 m² 的柱、垛、孔洞）所占面积。

（6）其他保温、隔热层工程量按设计图示尺寸以展开面积计算。扣除面积＞0.3 m² 孔洞及占位面积。

（7）单个面积大于 0.3 m² 孔洞侧壁周围及梁头、连系梁等其他零星工程保温、隔热工程量,并入墙面的保温、隔热工程量内。

【案例 16-3】　某冷藏工程室内(包括柱子)均用石油沥青粘贴厚 100 mm 的聚苯乙烯泡沫塑料板,尺寸如图 16-5 所示,保温门为 800 mm×2 000 mm,先铺顶棚、地面,后铺墙、柱面,保温门居内安装,洞口周围不需另铺保温材料,计算工程量,确定定额项目。

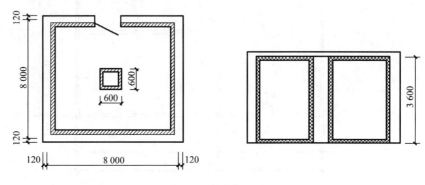

图 16-5　某冷藏工程

解　①地面保温、隔热层工程量＝(8－0.24)×(8－0.24)－(0.6－0.2)×(0.6－0.2)＝60.06 m²

地面石油沥青粘贴聚苯乙烯泡沫塑料板,套定额 10-98 或 10-1-17。

②墙面保温、隔热层工程量＝(8－0.24－0.1＋8－0.24－0.1)×2×(3.6－0.1×2)－0.8×2＝102.58 m²

沥青附墙粘贴聚苯乙烯泡沫塑料板,套定额 10-78 或 10-1-47。

③柱面保温、隔热层工程量＝(0.6×4－4×0.1)×(3.6－0.1×2)＝6.80 m²

沥青附柱粘贴聚苯乙烯泡沫塑料板,套定额 10-78 或 10-1-47。

④顶棚保温、隔热层工程量＝(8－0.24)×(8－0.24)＝60.22 m²

混凝土板下沥青粘贴聚苯乙烯泡沫塑料板,套定额 10-52 或 10-1-33。

2.防腐工程

(1)防腐工程面层、隔离层及防腐油漆工程量均按设计图示尺寸以面积计算。

(2)平面防腐工程量应扣除凸出地面的构筑物、设备基础等以及面积＞0.3 m² 孔洞、柱、垛等所占面积,门洞、空圈、暖气包槽、壁龛的开口部分不增加面积。

(3)立面防腐工程量应扣除门窗洞口以及面积＞0.3 m² 孔洞、梁所占面积,门、窗、洞口侧壁、垛凸出部分按展开面积并入墙面内。

(4)池、槽块料防腐面层工程量按设计图示尺寸以展开面积计算。

(5)踢脚板防腐工程量按设计图示长度乘以高度以面积计算,扣除门洞所占面积,并相应增加侧壁展开面积。

【案例 16-4】　某仓库防腐地面、踢脚线抹铁屑砂浆,厚度 20 mm,尺寸如图 16-6 所示,计算工程量,确定定额项目。

解　①防腐地面工程量＝(3.0×3－0.24)×(4.5－0.24)－0.24×0.24×4＋0.9×0.12＝37.20 m²

铁屑砂浆地面,厚度 20 mm,套定额 10-129 或 10-2-10。

②踢脚线工程量＝[(3.0×3－0.24＋0.24×4＋4.5－0.24)×2－0.9＋0.12×2]×0.2＝5.46 m²

铁屑砂浆踢脚线,套定额 10-129 或 10-2-11。

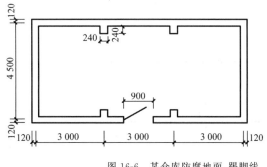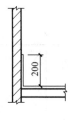

图 16-6　某仓库防腐地面、踢脚线

16.2　工程量清单编制

一、清单项目设置

保温、隔热、防腐工程共分 3 个分部工程，即保温、隔热、防腐面层、其他防腐工程，适用于工业与民用建筑的基础、地面、墙面防腐，楼地面、墙体、屋盖的保温、隔热、防腐工程。

1. 保温、隔热（编号：011001）

保温、隔热项目包括保温、隔热屋面，保温、隔热天棚，保温、隔热墙面，保温、隔热柱、梁，保温、隔热楼地面，其他保温、隔热 6 个清单项目。

2. 防腐面层（编号：011002）

防腐面层包括防腐混凝土面层、防腐砂浆面层、防腐胶泥面层、玻璃钢防腐面层、聚氯乙烯板面层、块料防腐面层、池槽块料防腐面层 7 个清单项目。

3. 其他防腐（编号：011003）

其他防腐项目包括隔离层、砌筑沥青浸渍砖、防腐涂料 3 个清单项目。

二、计量规范与计价规则说明

1. 保温、隔热、防腐工程共性问题的说明

（1）保温、隔热装饰面层，按装饰工程中相关项目编码列项；仅做找平层按"平面砂浆找平层"或"立面砂浆找平层"项目编码列项。

（2）保温、隔热方式指内保温、外保温、夹心保温。

（3）防腐踢脚线应按楼地面装饰工程中"踢脚线"项目编码列项。

2. 保温、隔热屋面、天棚

（1）保温、隔热屋面项目适用于各种材料的屋面保温、隔热。

①屋面保温、隔热层上的防水层应按屋面的防水项目单独列项。

②预制隔热板屋面的隔热板与砖墩分别按混凝土及钢筋混凝土工程和砌筑工程相关工程量清单项目编码列项。

③保温、隔热屋面按设计图示尺寸以面积计算工程量，扣除面积＞0.3 m² 孔洞及占位面积。

（2）保温、隔热天棚项目适用于各种材料的下贴式或吊顶上搁置式的保温、隔热的天棚，柱帽保温、隔热应并入天棚保温、隔热工程量内。保温、隔热材料需加药物防虫剂，应在清单中进行描述。

【**案例 16-5**】 某保温平屋面尺寸如图 16-7 所示,屋面做法见图。编制保温、隔热屋面分部分项工程量清单。

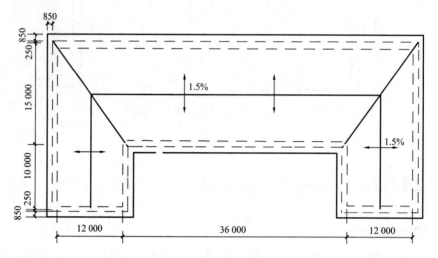

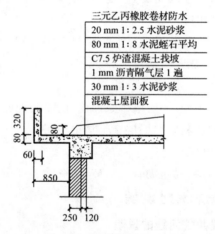

图 16-7 某保温平屋面

解 保温、隔热层工程量＝(12＋36＋12＋0.25×2)×(15＋0.25×2)＋(12＋0.25×2)×10×2＝1 187.75 m²

分部分项工程量清单见表 16-1。

表 16-1 分部分项工程量清单(案例 16-5)

序号	项目编码	项目名称	项目特征描述	计量单位	工程量
1	011001001001	保温、隔热屋面	1∶8 水泥蛭石平均厚 80 mm,C7.5 炉渣混凝土找坡,沥青隔气层 1 遍,厚度 1 mm,1∶3 水泥砂浆黏结 30 mm 厚,三元乙丙橡胶卷材防水	m²	1 187.75

3.保温、隔热墙、柱

(1)保温、隔热墙项目适用于工业与民用建筑物外墙、内墙保温、隔热工程。

(2)保温、隔热墙工程量按设计图示尺寸以面积计算,扣除门窗洞口以及面积＞0.3 m²梁、孔洞所占面积。门窗洞口侧壁以及与墙相连的柱,并入保温墙体工程量内。

（3）外墙内保温和外保温的装饰层应按装饰工程相关工程量清单项目编码列项。

（4）保温柱、梁适用于独立柱、梁的保温。

4.其他保温、隔热

（1）池槽保温、隔热应按其他保温、隔热项目编码列项。

（2）池槽保温、隔热，池壁、池底应分别编码列项。

5.防腐混凝土面层、防腐砂浆面层、防腐胶泥面层

（1）防腐混凝土面层、防腐砂浆面层、防腐胶泥面层项目适用于平面或立面的水玻璃混凝土、水玻璃砂浆、水玻璃胶泥、沥青混凝土、沥青砂浆、沥青胶泥、树脂砂浆、树脂胶泥以及聚合物水泥砂浆等防腐工程。

（2）因不同防腐材料价格上的差异，清单项目中必须列出混凝土、砂浆、胶泥的材料种类，如水玻璃混凝土、沥青混凝土等。

（3）防腐面层工程量按设计图示尺寸以面积计算。

①平面防腐扣除凸出地面的构筑物、设备基础等以及面积$>0.3 m^2$孔洞、柱、垛等所占面积，门洞空圈、暖气包槽、壁龛的开口部分不增加面积。

②立面防腐扣除门窗洞口以及面积$>0.3 m^2$孔洞、梁所占面积，门窗洞口侧壁及垛凸出部分按展开面积并入墙面积内。

6.玻璃钢防腐面层

（1）玻璃钢防腐面层项目适用于树脂胶料与增强材料（如玻璃纤维丝、玻璃纤维布、玻璃纤维表面毡、玻璃纤维短切毡或涤纶布、涤纶毡、丙纶布、丙纶毡等）复合塑制而成的玻璃钢防腐。

（2）项目名称应描述构成玻璃钢、树脂和增强材料名称，如环氧酚醛（树脂）玻璃钢、酚醛（树脂）玻璃钢、环氧煤焦油（树脂）玻璃钢、环氧呋喃（树脂）玻璃钢、不饱和聚酯（树脂）玻璃钢等，增强材料玻璃纤维布、毡和涤纶布、毡等。

（3）玻璃钢项目应描述防腐部位和立面、平面。

7.聚氯乙烯板面层

聚氯乙烯板面层项目适用于地面和墙面的软、硬聚氯乙烯板防腐工程。

8.块料防腐面层

（1）块料防腐面层项目适用于地面、沟槽、基础的各类块料防腐工程。防腐蚀块料粘贴部位（地面、沟槽、基础、踢脚线）应在清单项目中进行描述。防腐蚀块料的规格、品种（瓷板、铸石板、天然石板等）应在清单项目中进行描述。

（2）池槽防腐，池底和池壁可合并列项，也可分为池底面积和池壁面积，分别列项。

9.隔离层

隔离层项目适用于楼地面的沥青类、树脂玻璃钢类防腐工程隔离层。

10.砌筑沥青浸渍砖

砌筑沥青浸渍砖项目适用于浸渍标准砖。浸渍砖砌法指平砌、立砌，平砌按厚度115 mm计算，立砌以53 mm计算。

11.防腐涂料

（1）防腐涂料项目适用于建筑物、构筑物以及钢结构的防腐。

（2）防腐涂料应对涂刷基层（混凝土、抹灰面）、涂料底漆层、中间漆层、面漆涂刷（或刮）遍数进行描述。

【案例 16-6】 某仓库防腐水泥砂浆地面刷过氯乙烯漆 3 遍,地面面积 853.25 m²。编制防腐涂料工程量清单。

解 防腐涂料工程量＝853.25 m²

分部分项工程量清单见表 16-2。

表 16-2   分部分项工程量清单(案例 16-6)

序号	项目编码	项目名称	项目特征描述	计量单位	工程量
1	011003003001	防腐涂料	水泥砂浆地面刷过氯乙烯漆 3 遍	m²	853.25

16.3   工程量清单计价

一、计量规范与计价规则说明

1.保温、隔热工程

(1)屋面保温、隔热的找坡应包括在报价内。

(2)下贴式保温、隔热天棚需在底层抹灰时,应包括在报价内。

(3)外墙内保温和外保温的面层应包括在报价内。

(4)外墙内保温的内墙保温踢脚线应包括在报价内。

(5)外墙外保温、内保温、内墙保温的基层抹灰或刮泥子应包括在报价内。

2.防腐工程

(1)防腐工程中需酸化处理的应包括在报价内。

(2)防腐工程中的养护应包括在报价内。

(3)聚氯乙烯板的焊接应包括在报价内。

(4)涂刷基层(混凝土、抹灰面)需刮泥子时应包括在报价内。

二、保温、隔热、防腐工程案例

【案例 16-7】 某保温平屋面尺寸如图 16-8 所示。做法如下:空心板上 1∶3 水泥砂浆找平层厚 20 mm,水泥基渗透结晶型防水涂料 1 mm 厚,80 mm 厚沥青珍珠岩块保温层,1∶10 现浇水泥珍珠岩找坡,1∶3 水泥砂浆找平层厚 20 mm,SBS 改性沥青卷材满铺 1 层,点式支撑预制混凝土板架空隔热层。编制保温、隔热屋面工程量清单和工程量清单计价表。

微课

保温、隔热屋面
工程量清单及
工程量清单
计价表的编制

解 1.保温、隔热屋面工程量清单的编制

保温层工程量＝$(27-0.24)\times(12-0.24)+(10-0.24)\times(20-12)=392.78$ m²

分部分项工程量清单见表 16-3。

表 16-3   分部分项工程量清单(案例 16-7)

序号	项目编码	项目名称	项目特征描述	计量单位	工程量
1	011001001001	保温、隔热屋面	水泥基渗透结晶型防水涂料 1 mm 厚;沥青珍珠岩块 80 mm 厚,1∶10 现浇水泥珍珠岩找坡;点式支撑预制混凝土板架空隔热层	m²	392.78

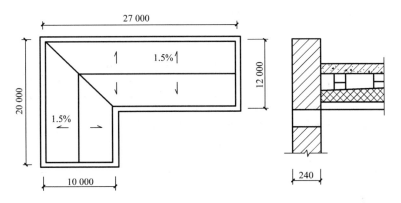

图 16-8　某保温平屋面

2.保温、隔热屋面工程量清单计价表的编制

解　(1)工程量计算。保温、隔热屋面项目发生的工程内容为:基层处理、保温层铺贴、混凝土板架空隔热层。

①基层处理工程量=(27-0.24)×(12-0.24)+(10-0.24)×(20-12)=392.78 m²

②沥青珍珠岩块保温层工程量=[(27-0.24)×(12-0.24)+(10-0.24)×(20-12)]×0.08=31.42 m³

③现浇水泥珍珠岩找坡工程量=[(27-0.24+17)÷2×(12-0.24)]×[(12-0.24)÷2×0.015÷2]+[(20-0.24+8)÷2×(10-0.24)]×[(10-0.24)÷2×0.015÷2]=16.31 m³

④架空隔热层工程量=(27-0.24)×(12-0.24)+(10-0.24)×(20-12)=392.78 m²

(2)直接工程费计算。人工、材料、机械单价选用市场信息价。

①水泥基渗透结晶型防水涂料 1 mm 厚,套定额 9-2-51。每 10 m² 直接费单价为270.74 元,其中:定额人工费单价为 28.16 元。

直接工程费=39.278×270.74=10 634.13 元,定额人工费=39.278×28.16=1 106.07 元

②80 mm 厚沥青珍珠岩块保温层,套定额 10-1-1。每 10 m³ 直接费单价为 4 599.80 元,其中:定额人工费单价为 695.04 元。

直接工程费=3.142×4 599.80=14 452.57 元,定额人工费=3.142×695.04=2 183.82 元

③1:10 现浇水泥珍珠岩找坡,套定额 10-1-11。每 10 m³ 直接费单价为 3 476.54 元,其中:定额人工费单价为 1 194.24 元。

直接工程费=1.631×3 476.54=5 670.24 元,定额人工费=1.631×1 194.24=1 947.81 元

④点式支撑预制混凝土板架空隔热层,套定额 10-1-30。每 10 m² 直接费单价为424.17 元,其中:定额人工费单价为 130.56 元。

直接工程费=39.278×424.17=16 660.55 元,定额人工费=39.278×130.56=5 128.14 元

(3)综合单价计算。根据企业情况确定管理费费率为 25%,利润率为 15%。

①直接工程费合计=10 634.13+14 452.57+5 670.24+16 660.55=47 417.49 元,管理费利润合计=(1 106.07+2 183.82+1 947.81+5 128.14)×(25%+15%)=4 146.34 元

②综合单价=(47 417.49+4 146.34)÷392.78=131.28 元

③合价=392.78×131.28=51 564.16 元

(4)填写清单计价表。分部分项工程量清单计价见表 16-4。

表 16-4　　　　　　分部分项工程量清单计价(案例 16-7)

序号	项目编码	项目名称	项目特征描述	计量单位	工程量	金额/元	
						综合单价	合价
1	011001001001	保温隔热屋面	水泥基渗透结晶型防水涂料 1 mm 厚;沥青珍珠岩块 80 mm 厚,1:10 现浇水泥珍珠岩找坡;点式支撑预制混凝土板架空隔热层	m²	392.78	131.28	51 564.16

练 习 题

一、单选题

1.屋面保温隔热层工程量按设计图示尺寸以(　　　)计算。

A.长度　　　　　　B.面积　　　　　　　　C.体积　　　　　　　D.数量

2.天棚保温隔热层工程量按设计图示尺寸以面积计算。扣除面积>0.3 m²柱、垛、孔洞所占面积,与天棚相连的梁按(　　　)计算,其工程量并入天棚内。

A.水平投影面积　　B.展开面积　　　　　C.截面面积　　　　　D.垂直投影面积

3.防腐工程面层、隔离层及防腐油漆工程量均按设计图示尺寸以(　　　)计算。

A.长度　　　　　　B.面积　　　　　　　　C.体积　　　　　　　D.数量

4.池、槽块料防腐面层工程量按设计图示尺寸以(　　　)计算。

A.展开面积　　　　B.平铺面积　　　　　C.水平投影面积　　　D.垂直投影面积

5.清单中防腐面层按设计图示尺寸以(　　　)计算工程量。

A.长度　　　　　　B.面积　　　　　　　　C.体积　　　　　　　D.数量

6.砌筑沥青浸渍砖项目适用于浸渍标准砖。浸渍砖砌法指平砌、立砌,平砌按厚度(　　　)mm 计算,立砌以 53 mm 计算。

A.115　　　　　　B.120　　　　　　　　C.240　　　　　　　D.370

二、多选题

1.下列工程量计算时,不包括黏结层厚度的有(　　　)。

A.防腐混凝土面层　　　　　　　　B.屋面保温层

C.墙体保温隔热层　　　　　　　　D.楼地面隔热层　　　　　E.块料防腐面层

2.墙面保温隔热层工程量按设计图示尺寸以面积计算。扣除(　　　)所占面积。

A.门窗洞口　　　　　　　　　　　B.面积>0.3 m²梁、孔洞

C.门窗洞口侧壁　　　　　　　　　D.墙相连的柱　　E.木框架及木龙骨

3.下列说法正确的是(　　　)。

A.柱按设计图示柱断面保温层中心线展开长度乘以高度以面积计算,扣除面积>0.3 m²梁所占面积。

B.梁按设计图示梁断面保温层中心线展开长度乘以保温层长度以面积计算。

C.楼地面保温隔热层工程量按设计图示尺寸以面积计算。

D.其他保温隔热层工程量按设计图示尺寸以展开面积计算。

E.大于 0.3 m² 孔洞侧壁周围及梁头、连系梁等其他零星工程保温隔热工程量,并入墙面的保温隔热工程量内。

4.平面防腐工程量应扣除(　　　)。

A.凸出地面的构筑物　　　　　　　　B.设备基础

C.面积＞0.3 m² 孔洞、柱、垛等所占面积　　D.暖气包槽　　E.空圈

三、判断题

1.保温层种类和保温材料配合比,设计与定额不同时可以换算,其他不变。　　　　(　　)

2.单坡屋面保温层平均厚度＝保温层宽度×坡度/2＋最薄处厚度。　　　　(　　)

3.计算墙体保温层时,内外墙均按保温层中心线长度乘以设计高度及厚度以立方米计算。

(　　)

4.弧形墙墙面保温隔热层,按相应项目的人工乘以系数 1.1。　　　　(　　)

5.柱面保温根据墙面保温定额项目人工乘以系数 1.19、材料乘以系数 1.04。　(　　)

6.卷材防腐接缝、附加层、收头工料已包括在定额内,不再另行计算。　　　(　　)

7.踢脚板防腐工程量按设计图示长度乘以高度以面积计算,不扣除门洞所占面积,但相应增加侧壁展开面积。　　　　(　　)

8.清单中,保温隔热屋面按设计图示尺寸以体积计算工程量。　　　　(　　)

9.保温隔热天棚项目适用于各种材料的下贴式或吊顶上搁置式的保温隔热的天棚,柱帽保温隔热应并入天棚保温隔热工程量内。保温隔热材料需加药物防虫剂,应在清单中进行描述。

(　　)

10.保温隔热墙工程量按设计图示尺寸以面积计算,扣除门窗洞口以及面积＞0.3 m² 梁、孔洞所占面积;门窗洞口侧壁以及与墙相连的柱,并入保温墙体工程量内。　　(　　)

第 17 章
楼地面装饰工程

知识目标

1.熟悉楼地面装饰工程的定额说明。掌握楼地面、楼梯和台阶装饰工程量计算方法。

2.掌握楼地面、楼梯和台阶装饰及踢脚线清单工程量计算规则、项目特征描述及工程量清单和清单计价表编制方法。

能力目标

能应用楼地面装饰工程有关分项工程量的计算方法,结合实际工程进行楼地面装饰工程工程量计算和定额的应用。能编制楼地面装饰工程工程量清单和清单计价表。

引 例

某住宅装饰工程有水泥砂浆楼梯和台阶面层,室内有地板砖和木地板及相应的踢脚板,请进行工程量清单和清单计价表的编制。

17.1 定额工程量计算

一、定额说明

(1)楼地面装饰工程中的水泥砂浆、水泥石子浆、混凝土等配合比,设计规定与定额不同时,可以换算,其他不变。

(2)整体面层、块料面层中的楼地面项目、楼梯项目,均不包括踢脚板、楼梯侧面、牵边;台阶不包括侧面、牵边;设计有要求时,按相应定额项目计算。细石混凝土、钢筋混凝土整体面层设计厚度与定额不同时,混凝土厚度可按比例换算。

(3)同一铺贴面上有不同种类、材质的材料,应分别计算工程量,并按相应项目执行。国家定额石材楼地面需做分格、分色的,按相应项目人工乘以系数1.10。

(4)国家定额规定厚度≤60 mm的细石混凝土按找平层项目执行,厚度>60 mm的按混凝土垫层项目执行。采用地暖的地板垫层,按不同材料执行相应项目,人工乘以系数1.3,材料乘以系数0.95。

(5)镶贴块料项目是按规格料考虑的,如需现场开槽、开孔、倒角、磨异形边者,按其他相应项目执行。

（6）国家定额规定镶嵌规格在 100 mm×100 mm 以内的石材执行点缀项目。省定额石材块料楼地面面层点缀项目，其点缀块料按规格块料现场加工考虑。单块镶拼面积≤0.015 m² 的块料适用于此定额。如点缀块料为加工成品，需扣除定额内的"石料切割锯片"和"石料切割机"，人工乘以系数 0.4。被点缀的主体块料如为现场加工，应按其加工边线长度加套"石材楼梯现场加工"项目。

（7）块料面层拼图案（成品）项目，其图案石材定额按成品考虑。省定额图案外边线以内周边异形块料如为现场加工，套用相应块料面层铺贴项目，并加套"图案周边异形块料铺贴另加工料"项目。楼地面铺贴石材块料、地板砖等，遇异形房间需现场切割时（按经过批准的排板方案），被切割的异形块料加套"图案周边异形块料铺贴另加工料"项目。现场加工的损耗率根据现场加工情况据实测定，超出部分并入相应块料面层铺贴项目内。

（8）国家定额规定圆弧形等不规则地面镶贴面层、饰面面层按相应项目人工乘以系数 1.15，块料消耗量损耗按实调整。弧形踢脚线、楼梯段踢脚线按相应项目人工、机械乘以系数1.15。

（9）石材螺旋形楼梯，按弧形楼梯项目人工乘以系数 1.2。

（10）零星项目面层适用于楼梯侧面、台阶的牵边，小便池、蹲台、池槽，以及面积在 0.5 m² 以内且未列项目的工程。

（11）省定额中的"石材串边""串边砖"指块料楼地面中镶贴颜色或材质与大面积楼地面不同且宽度≤200 mm 的石材或地板砖线条，省定额中的"过门石""过门砖"指门洞口处镶贴颜色或材质与大面积楼地面不同的石材或地板砖块料。

（12）省定额除铺缸砖（勾缝）项目，其他块料楼地面项目，定额均按密缝编制。若设计缝宽与定额不同时，其块料和勾缝砂浆的用量可以调整，其他不变。

二、工程量计算规则

1.楼地面

（1）楼地面找平层及整体面层均按设计图示尺寸以面积计算。扣除凸出地面的构筑物、设备基础、室内铁道、地沟等所占面积，不扣除间壁墙（指墙壁厚≤120 mm 的墙）及单个面积≤0.3 m² 的柱、垛、附墙烟囱及孔洞所占面积。门洞、空圈、暖气包槽、壁龛的开口部分不增加面积。

> **经验提示**：找平层和整体面层都比较薄，单价不高，为了简化计算，定额规定工程量按主墙间净面积计算，大的扣，小的不扣也不加。

楼地面找平层和整体面层工程量＝主墙间净长度×主墙间净宽度－构筑物等所占面积

【**案例 17-1**】　图 17-1 为某商店工程平面图。地面做法：C20 细石混凝土找平层 60 mm 厚，1∶2.5 白水泥色石子水磨石面层 20 mm 厚，15 mm×2 mm 铜条分隔，距墙柱边 300 mm 范围内按纵横 1 m 宽分隔。计算地面工程量。

解　①找平层工程量＝(9.9－0.24)×(6－0.24)×2＋(9.9×2－0.24)×(2－0.24)＝145.71 m²

②白水泥色石子水磨石面层(20 mm 厚)工程量＝(9.9－0.24)×(6－0.24)×2＋(9.9×2－0.24)×(2－0.24)＝145.71 m²

15 mm×2 mm 铜条单间总长度＝(9.9－0.24－0.3－0.3)×[(6－0.24－0.3－0.3)÷

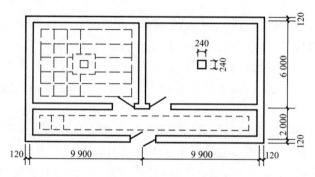

图 17-1 某商店工程平面图

$1+1]+(6-0.24-0.3-0.3)\times[(9.9-0.24-0.3-0.3)\div1+1]=9.06\times6+5.16\times10=105.96$ m

15 mm×2 mm 铜条走廊总长度$=(9.9\times2-0.24-0.3-0.3)\times[(2-0.24-0.3-0.3)\div1+1]+(2-0.24-0.3-0.3)\times[(9.9\times2-0.24-0.3-0.3)\div1+1]=18.96\times2+1.16\times20=61.12$ m

15 mm×2 mm 铜条工程量$=105.96\times2+61.12=273.04$ m

(2)楼地面块料面层、橡塑面层及其他材料面层按设计图示尺寸以面积计算,门洞、空圈、暖气包槽和壁龛的开口部分并入相应的工程量内。

经验提示:块料面层单价较高,按实铺面积计算。但地漏不扣,加工块料用工不加。

楼地面块料面层工程量=净长度×净宽度-不做面层面积+增加其他面积

(3)国家定额石材拼花按最大外围尺寸以矩形面积计算(图 12-2)。有拼花的石材地面,按设计图示尺寸以面积计算,应扣除拼花的最大外围矩形面积。省定额块料面层拼图案(成品)项目,图案按实际尺寸以面积计算。图案周边异形块料铺贴另加工料项目,按图案外边线以内周边异形块料实贴面积计算。图案外边线是指成品图案所影响的周围规格块料的最大范围。成品图案所影响的周围规格块料的最大范围,如图 17-2 所示。

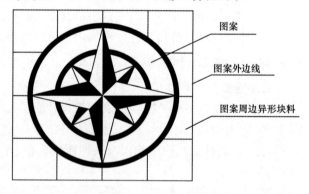

图 17-2 国家定额石材拼花面积计算

【案例 17-2】 图 17-3 为某工程平面图。附墙垛为 240 mm×240 mm,门洞宽 1 000 mm,地面用水泥砂浆粘贴花岗石板,单一颜色,边界到门扇下面,计算工程量。

解 花岗石板地面工程量$=(3.6\times3-0.24\times2)\times(6-0.24)-0.24\times0.24\times2+1\times0.24+1\times0.12\times2=59.81$ m²

【案例 17-3】 某体操练功用房,地面铺木地板,其做法是:30 mm×40 mm 木龙骨中距(双向)450 mm×450 mm;1 200 mm×80 mm×20 mm 松木毛地板 45°斜铺,板间留 2 mm 缝宽;上铺 600 mm×50 mm×20 mm 企口硬木地板,实铺面积为 600 m²。确定工程量。

解 ①木地板地楞工程量=600.00 m²

②木楞上铺松木毛地板工程量=600.00 m²

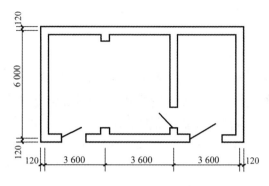

图 17-3　某工程平面图

③毛地板上铺企口硬木地板工程量＝600.00 m²

【案例 17-4】 某宾馆客房,铺单层(固定)地毯,每个房间实铺面积 16 m²,共 60 间,计算工程量。

解 铺地毯工程量＝16×60＝960.00 m²

(4)点缀按"个"计算,计算主体铺贴地面面积时,不扣除点缀所占面积。

(5)国家定额石材底面刷养护液包括侧面涂刷,工程量按设计图示尺寸以底面积计算。省定额石材底面刷养护液按石材底面及四个侧面积之和计算。

(6)石材表面刷保护液按设计图示尺寸以表面积计算。

2.楼梯面层

楼梯面层按设计图示尺寸以楼梯(包括踏步及最后一级踏步宽、休息平台,以及楼梯井宽≤500 mm 的楼梯井)水平投影面积计算。楼梯与楼地面相连时,算至梯口梁内侧边沿;无梯口梁者,算至最上一层踏步边沿加 300 mm。

通常情况下,当楼梯井宽度≤500 mm 时:

楼梯工程量＝楼梯间净宽×(休息平台宽＋踏步宽×步数)×(楼层数－1)

当楼梯井宽度＞500 mm 时:

楼梯工程量＝[楼梯间净宽×(休息平台宽＋踏步宽×步数)－(楼梯井宽－0.5)×楼梯井长]×(楼层数－1)

> **经验提示:**楼梯面层的投影面积,一般比自然层少一层,即三层楼房算两层;两层楼房算一层,一层房屋没有楼梯。另外,双跑楼梯两跑的水平面投影长度一般是不同的。

【案例 17-5】 图 17-4 为某二层楼房双跑楼梯平面图,顶面铺花岗石板(未考虑防滑条),水泥砂浆粘贴,计算工程量。

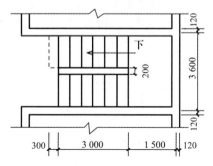

图 17-4　某二层楼房双跑楼梯平面图

解 花岗石板楼梯工程量＝(0.3＋3＋1.5－0.12)×(3.6－0.24)＝15.72 m²

3.台阶面层

台阶面层按设计图示尺寸以台阶(包括最上层踏步边沿加300 mm)水平投影面积计算。

> **经验提示**:台阶与平台面层一般都有明显分界,界限不清只加最上一层一个踏步宽300 mm。台阶定额包括踏面和踢面,面层含量很高,不能合并平台部分。

$$台阶工程量＝台阶长×踏步宽×步数$$

【案例 17-6】 某工程花岗石台阶尺寸如图 17-5 所示,台阶及翼墙粘贴 1:2.5 水泥砂浆花岗石板(翼墙外侧不贴)。计算工程量。

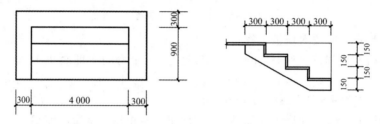

图 17-5 某工程花岗石台阶

解 ①台阶花岗石板贴面工程量＝4×0.3×4＝4.80 m²

②台阶及翼墙花岗石板贴面工程量＝0.3×(0.9＋0.3＋0.15×4)×2＋(0.3×3)×(0.15×4)(折合)＝1.62 m²

4.其他

(1)省定额中的石材串边、串边砖、过门石、过门砖按设计图示尺寸以面积计算。

(2)零星项目按设计图示尺寸以面积计算。

(3)国家定额踢脚线按设计图示长度乘以高度以面积计算。楼梯靠墙踢脚线(含锯齿形部分)贴块料按设计图示面积计算。省定额规定踢脚线按长度计算工程量。水泥砂浆踢脚线计算长度时,不扣除门洞口的长度,洞口侧壁亦不增加。踢脚板按设计图示尺寸以面积计算。

$$踢脚板工程量＝踢脚板净长度×高度$$

或
$$踢脚线工程量＝踢脚线净长度$$

> **经验提示**:一般块料面层称踢脚板,砂浆面层或其他线形材料称踢脚线。其他材料踢脚线计算工程量时扣除门宽,增加门的侧面。门的侧面没有尺寸可按墙厚的一半计算。

(4)分格嵌条按设计图示尺寸以"延长米"计算。

(5)块料楼地面做酸洗打蜡者,按设计图示尺寸以表面积计算。

【案例 17-7】 图 17-6 为某房屋平面图。室内水泥砂浆粘贴 200 mm 高缸砖踢脚板,计算工程量。

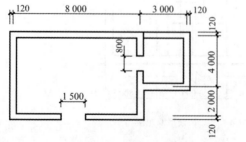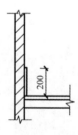

图 17-6 某房屋平面图

解 踢脚板工程量＝[(8－0.24＋6－0.24)×2＋(4－0.24＋3－0.24)×2－1.5－0.8×2＋0.12×6]×0.2＝7.54 m²

17.2 工程量清单编制

一、清单项目设置

楼地面装饰工程共分 8 个子分部工程项目,即整体面层及找平层、块料面层、橡塑面层、其他材料面层、踢脚线、楼梯面层、台阶装饰、零星装饰,适用于楼地面、楼梯、台阶等装饰工程。

1.整体面层及找平层(编号:011101)

整体面层及找平层项目包括水泥砂浆楼地面、现浇水磨石楼地面、细石混凝土楼地面、菱苦土楼地面、自流坪楼地面、平面砂浆找平层 6 个清单项目。

> **想一想:**水泥砂浆楼地面的项目编码是多少? 平面砂浆找平层的项目编码是多少?

2.块料面层(编号:011102)

块料面层项目包括石材楼地面、碎石材楼地面、块料楼地面 3 个清单项目。

3.橡塑面层(编号:011103)

橡塑面层项目包括橡胶板楼地面、橡胶板卷材楼地面、塑料板楼地面、塑料卷材楼地面 4 个清单项目。

4.其他材料面层(编号:011104)

其他材料面层项目包括地毯楼地面、竹木(复合)地板、金属复合地板、防静电活动地板 4 个清单项目。

5.踢脚线(编号:011105)

踢脚线项目包括水泥砂浆踢脚线、石材踢脚线、块料踢脚线、塑料板踢脚线、木质踢脚线、金属踢脚线、防静电踢脚线 7 个清单项目。

6.楼梯面层(编号:011106)

楼梯面层项目包括石材楼梯面层、块料楼梯面层、拼碎块料面层、水泥砂浆楼梯面层、现浇水磨石楼梯面层、地毯楼梯面层、木板楼梯面层、橡胶板楼梯面层、塑料板楼梯面层 9 个清单项目。

7.台阶装饰(编号:011107)

台阶装饰项目包括石材台阶面、块料台阶面、拼碎块料台阶面、水泥砂浆台阶面、现浇水磨石台阶面、剁假石台阶面 6 个清单项目。

8.零星装饰(编号:011108)

零星装饰项目包括石材零星项目、碎拼石材零星项目、块料零星项目、水泥砂浆零星项目 4 个清单项目。

二、工程量清单有关项目特征说明

(1)楼地面是指构成的找平层(在垫层、楼板上或填充层上起找平、找坡或加强作用的构造层)、结合层(面层与下层相结合的中间层)、面层(直接承受各种荷载作用的表面层)等。

(2)找平层是指水泥砂浆找平层,有特殊要求的可采用细石混凝土、沥青砂浆、沥青混凝土等材料铺设。

(3)面层是指整体面层(水泥砂浆、现浇水磨石、细石混凝土、菱苦土等面层)、块料面层(石材、陶瓷地砖、橡胶、塑料、竹、木地板)等面层。

(4)零星装饰适用于小面积(0.5 m²以内)少量分散的楼地面装饰,其工程部位或名称应在清单项目中进行描述,如楼梯、台阶的侧面装饰等。

(5)防护材料是指耐酸、耐碱、耐臭氧、耐老化、防火、防油渗的材料。

(6)嵌条材料是用于水磨石的分格、制作图案等的嵌条,如玻璃嵌条、铜嵌条、铝合金嵌条、不锈钢嵌条等。

(7)压线条是指地毯、橡胶板、橡胶卷材铺设的线条,如铝合金线条、不锈钢线条、铜压线条等。

(8)颜料是用于水磨石地面、踢脚线、楼梯、台阶和块料面层勾缝所需配制石子浆或砂浆内添加的颜料(耐碱的矿物颜料)。

(9)防滑条是用于楼梯、台阶踏步的防滑设施,如水泥玻璃屑,水泥钢屑,铜、铁防滑条等。

(10)地毡固定配件是用于固定地毡的压棍脚和压棍。

(11)酸洗、打蜡、磨光用于磨石、菱苦土、陶瓷块料等时,均可用酸洗(草酸)清洗油渍、污渍,然后打蜡(蜡脂、松香水、鱼油、煤油等按设计要求配合)和磨光。

三、工程量清单的编制

1.整体面层及找平层

(1)整体面层按设计图示尺寸以面积计算工程量,扣除凸出地面构筑物、设备基础、室内铁道、地沟等所占面积,不扣除间壁墙和 0.3 m² 以内的柱、垛、附墙烟囱及孔洞所占面积,门洞、空圈、暖气包槽、壁龛的开口部分不增加面积。平面砂浆找平层按设计图示尺寸以面积计算工程量。

> **经验提示**:"按设计图示尺寸以面积计算"是指按图纸标注尺寸的室内净面积计算,一般不考虑装饰厚度。

"构筑物、设备基础、室内铁道、地沟"等不需做整体面层的面积较大,为了准确计算工程量,该部分必须扣除。

为了简化计算,"间壁墙和 0.3 m² 以内的柱、垛、附墙烟囱及孔洞"和"门洞、空圈、暖气包槽、壁龛的开口部分",因面积均比较小,不扣也不加,综合考虑。如偏差过大,可在单价中考虑。暖气包槽的开口部分是指暖气片凹入墙内,暖气片下面的地面部分;壁龛是指在墙体的一侧留洞,存放杂物用的壁柜。

(2)间壁墙指墙厚≤120 mm 的墙。

(3)整体面层计算公式

整体面层工程量=房间净面积-凸出地面构筑物、设备基础、室内铁道、地沟和 0.3 m² 以上的柱、垛、附墙烟囱及孔洞所占的面积

【案例 17-8】　图 17-7 为某住宅楼一层住户平面图。地面做法:60 mm 厚 C15 细石混凝土找平层,细石混凝土现场搅拌,20 mm 厚 1∶3 水泥砂浆面层。编制整体面层工程量清单。

解　整体面层工程量清单的编制

整体面层工程量= 厨房(2.8-0.24)×(2.8-0.24)+ 餐厅(2.8+1.5-0.24)×(0.9+1.8-0.24)+ 门厅(4.2-0.24)×(1.8+2.8-0.24)-(1.5-0.24)×(1.8-0.24)+ 厕所(2.7-0.24)×(1.5+0.9-0.24)+ 卧室(4.5-0.24)×(3.4-0.24)+ 大卧室(4.5-0.24)×(3.6-0.24)+ 阳台(1.38-0.12)×(3.6+3.4+0.25-0.12)=73.92 m²

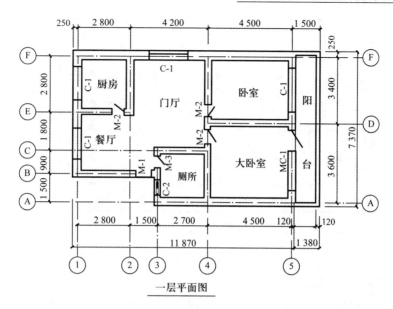

一层平面图

图 17-7　某住宅楼一层住户平面图

分部分项工程量清单见表 17-1。

表 17-1　　　　　　　　　分部分项工程量清单(案例 17-8)

序号	项目编码	项目名称	项目特征描述	计量单位	工程量
1	011101001001	水泥砂浆楼地面	60 mm 厚 C15 细石混凝土找平层； 20 mm 厚 1：3 水泥砂浆面层	m²	73.92

(4)楼地面工程不包括垫层,楼地面混凝土垫层另按附录 E.1 垫层项目编码列项,除混凝土外的其他材料垫层按附录 D.4 垫层项目编码列项。

(5)水泥砂浆面层处理是拉毛还是提浆压光应在面层做法要求中描述。

(6)平面砂浆找平层适用于仅做找平层的平面抹灰。

2.块料面层

(1)块料面层按设计图示尺寸以面积计算工程量,门洞、空圈、暖气包槽、壁龛的开口部分并入相应的工程量内。

(2)块料面层按实铺面积计算。

(3)块料面层工程量计算公式

块料面层工程量＝房间净面积－不做面层面积＋

门洞、空圈、暖气包槽、壁龛的开口部分面积

【案例 17-9】　某展览厅花岗石地面如图 17-8 所示。墙厚 240 mm,门洞口宽 1 000 mm,地面找平层 C20 细石混凝土 40 mm 厚,细石混凝土现场搅拌。地面中有钢筋混凝土柱 8 根,直径 800 mm;3 个花岗石图案为圆形,直径 1.8 m,图案外边线 2.4 m×2.4 m;其余为规格块料点缀图案,规格块料 600 mm×600 mm,点缀 32 个,150 mm×150 mm。250 mm 宽济南青花岗石围边均用 1：2.5 水泥砂浆粘贴。编制石材楼地面工程量清单。

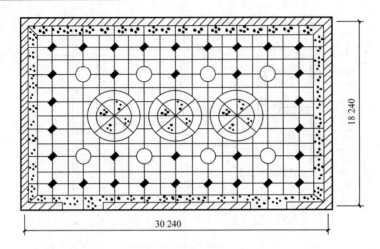

图 17-8　某展览厅花岗石地面

解　石材楼地面工程量清单的编制

石材楼地面工程量=(30.24-0.24)×(18.24-0.24)-8×3.14×0.4²+1×0.24×2 门洞、空圈面积=536.46 m²

分部分项工程量清单见表 17-2。

表 17-2　　　　　　　　　分部分项工程量清单(案例 17-9)

序号	项目编码	项目名称	项目特征描述	计量单位	工程量
1	011102001001	石材楼地面	C20 细石混凝土找平层 40 mm 厚,1:2.5 水泥砂浆粘贴花岗石地面,拼花图案,规格块料、点缀、面层酸洗、打蜡	m²	536.46

(4)在描述碎石材项目的面层材料特征时可不用描述规格、品牌、颜色。

(5)石材、块料与黏结材料的结合面刷防渗材料的种类在防护层材料种类中描述。

(6)工作内容中的磨边指施工现场磨边,后面章节工作内容中涉及的磨边含义同此条。

3.橡塑面层

(1)橡塑面层按设计图示尺寸以面积计算工程量,门洞、空圈、暖气包槽、壁龛的开口部分并入相应的工程量内。

(2)橡塑面层按室内实铺面积计算,室外按设计图示尺寸计算。

(3)橡塑面层工程量计算公式

$$橡塑面层工程量=房间净面积-不做面层面积+$$

$$门洞、空圈、暖气包槽、壁龛的开口部分面积$$

【案例 17-10】　某体育用房,长宽尺寸为 24 m×16 m,地面铺贴规格为 304 mm×304 mm×1 mm 塑料板。编制塑料板楼地面工程量清单。

解　塑料板楼地面工程量清单的编制

塑料板楼地面工程量=24×16=384.00 m²

分部分项工程量清单见表 17-3。

表 17-3 分部分项工程量清单(案例 17-10)

序号	项目编码	项目名称	项目特征描述	计量单位	工程量
1	011103003001	塑料板楼地面	①黏结层材料种类:万能胶 ②面层种类、规格:塑料板304 mm×304 mm×1 mm	m²	384.00

(4)橡塑面层如需做找平层,另按附录 L.1 找平层项目编码列项。

4.其他材料面层

(1)其他材料面层按设计图示尺寸以面积计算工程量,门洞、空圈、暖气包槽、壁龛的开口部分并入相应的工程量内。

(2)其他材料面层按室内实铺面积计算,室外按设计图示尺寸计算。

5.踢脚线

(1)踢脚线工程量按设计图示长度乘以高度以面积计算或按延长米计算。

(2)设计图示长度是指图纸所标注的长度尺寸,门宽度要扣除,门侧面要增加,其计算公式

$$踢脚线工程量=设计图示长度×设计高度$$

(3)石材、块料与黏结材料的结合面刷防渗材料的种类在防护层材料种类中描述。

6.楼梯面层

(1)楼梯装饰工程量一般计算公式

$$楼梯装饰工程量=(楼梯水平投影面积-宽度大于500\ mm\ 的楼梯井水平投影面积)×$$

$$(自然层数-1)$$

(2)楼梯的牵边、侧面和池槽、蹲台等装饰,应按零星装饰项目中的相应分项工程项目编码列项。

(3)单跑楼梯不论其中间是否有休息平台,其工程量与双跑楼梯采用同样计算方法。

【案例 17-11】 某学生宿舍楼 5 层,图 17-9 为楼梯平面图。钢筋混凝土楼梯花岗石面层,建筑做法:1:3 水泥砂浆找平层 20 mm 厚,花岗石面层 20 mm 厚,嵌 50 mm×5 mm 铜板防滑条(直条),双线(长度比踏步长度每端短 100 mm),面层酸洗、打蜡。编制石材楼梯面层工程量清单。

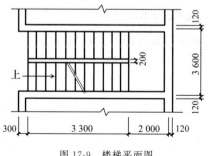

图 17-9 楼梯平面图

解 石材楼梯面层工程量清单的编制

石材楼梯面层工程量=(0.3+3.3+2-0.12)×(3.6-0.24)×4=73.65 m²

分部分项工程量清单见表17-4。

表17-4   **分部分项工程量清单(案例17-11)**

序号	项目编码	项目名称	项目特征描述	计量单位	工程量
1	011106001001	石材楼梯面层	1:3水泥砂浆找平层20 mm厚,20 mm厚花岗石面层,嵌50 mm×5 mm铜板防滑条,双线,面层酸洗、打蜡	m²	73.65

(5)在描述碎石材项目的面层材料特征时可不用描述规格、品牌、颜色。

(6)石材、块料与黏结材料的结合面刷防渗材料的种类在防护层材料种类中描述。

7.台阶装饰

(1)台阶装饰按设计图示尺寸以台阶(包括最上层踏步边沿加300 mm)水平投影面积计算。

(2)台阶装饰工程量一般计算公式

台阶装饰工程量=图示台阶水平投影面积(包括最上层踏步边沿加300 mm)

(3)台阶面层与平台面层是同一种材料时,平台计算面层后,台阶不再计算最上一层踏步面积;若台阶计算最上一层踏步(加300 mm)面积,则平台面层中必须扣除该面积。

(4)台阶的牵边和侧面装饰,应按零星装饰项目中的相应分项工程项目编码列项。

(5)在描述碎石材项目的面层材料特征时可不用描述规格、品牌、颜色。

(6)石材、块料与黏结材料的结合面刷防渗材料的种类在防护层材料种类中描述。

8.零星装饰

(1)零星装饰适用于楼梯和台阶的牵边和侧面、池槽、蹲台及不大于0.5 m²的少量分散的楼地面装饰,其工程部位或名称应在清单项目特征中进行描述。

(2)石材、块料与黏结材料的结合面刷防渗材料的种类在防护层材料种类中描述。

(3)零星装饰按设计图示尺寸以面积计算工程量。

(4)零星装饰工程量一般计算公式

零星装饰工程量=设计图示展开面积

17.3　工程量清单计价

一、计量规范与计价规则说明

1.装饰装修工程工程量清单项目共性问题的说明

(1)装饰装修工程工程量清单项目中的材料、成品、半成品的各种制作、运输、安装等的一切损耗,应包括在报价内。

(2)设计规定或施工组织设计规定的已完产品保护发生的费用,应列入工程量清单措施项目费用。

(3)有填充层和隔离层的楼地面往往有二层找平层,应注意报价。

2.楼地面装饰工程报价注意事项

(1)楼地面中若有龙骨铺设和固定支架安装,其所需费用应计入相应清单项目的报价中。

(2)单跑楼梯无休息平台应在单价中考虑。

（3）台阶的踢面不另计算,踢面与踏面(不同铺法)材料及防滑条等均应在单价中考虑。

（4）当台阶面层与平台面层材料相同而最后一步台阶投影面积不计算时,应将最后一步台阶的踢面面层考虑在报价内。

二、楼地面装饰工程案例

【案例 17-12】 图 17-7 为某住宅楼一层住户平面图。地面做法:60 mm 厚 C15 细石混凝土找平层,细石混凝土为商品混凝土,20 mm 厚 1∶3 水泥砂浆面层。进行整体面层工程量清单报价。

解　整体面层工程量清单计价表的编制

整体面层项目发生的工程内容:混凝土找平层、水泥砂浆面层。

①整体面层工程量 $=(2.8-0.24)\times(2.8-0.24)+(2.8+1.5-0.24)\times(0.9+1.8-0.24)+(4.2-0.24)\times(1.8+2.8-0.24)-(1.5-0.24)\times(1.8-0.24)+(2.7-0.24)\times(1.5+0.9-0.24)+(4.5-0.24)\times(3.4-0.24)+(4.5-0.24)\times(3.6-0.24)+(1.38-0.12)\times(3.6+3.4+0.25-0.12)=73.92$ m²

20 mm 厚 1∶3 水泥砂浆面层,套定额 11-2-1。

②混凝土找平层工程量 $=73.92$ m²

40 mm 厚 C15 细石混凝土找平层,套定额 11-1-4。

③每增 5 mm 混凝土找平层工程量 $=73.92\times[(60-40)\div5]=295.68$ m²

每增 5 mm 混凝土找平层,套定额 11-1-5。

人工、材料、机械单价选用市场信息价。

工程量清单项目人工、材料、机械费用分析见表 17-5。

表 17-5　　　　工程量清单项目人工、材料、机械费用分析(案例 17-12)

清单项目名称	工程内容	定额编号	计量单位	工程量	人工费	材料费	机械费	小计
水泥砂浆楼地面。60 mm厚C15细石混凝土;20 mm厚1∶3水泥砂浆	水泥砂浆面层	11-2-1	m²	73.92	1 009.90	1 124.84	38.59	2 173.33
	混凝土找平层	11-1-4	m²	73.92	734.47	1 462.73	1.48	2 198.68
	每增 5 mm 混凝土找平层	11-1-5	m²	295.68	326.43	701.94	0.89	1 029.26
合计					2 070.80	3 289.51	40.96	5 401.27

经验提示:装饰工程的管理费和利润的取费基数为人工费,采用工程量清单项目人工、材料、机械费用分析表可以清晰地计算出人工费和工程直接费,便于取费。

根据企业情况确定管理费费率为人工费的 32.2%,利润率为人工费的 17.3%。

分部分项工程量清单计价见表 17-6。

表 17-6　　　　分部分项工程量清单计价(案例 17-12)

序号	项目编码	项目名称	项目特征描述	计量单位	工程量	金额/元 综合单价	金额/元 合价
1	011101001001	水泥砂浆楼地面	60 mm 厚 C15 细石混凝土;20 mm 厚 1∶3 水泥砂浆面层	m²	73.92	86.94	6 426.60

练习题 -

一、单选题

1.某房间主墙间净空面积为 54.6 m²,柱、垛共 10 个所占面积为 2.4 m²,门洞开口部分所占面积为 0.56 m²,则该房间水泥砂浆地面工程量为（   ）m²。
A.52.20   B.52.76   C.57.56   D.54.60

2.不扣除 0.3m² 孔洞所占面积的是（   ）。
A.整体面层   B.块料面层   C.橡塑面层   D.其他材料面层

3.块料面层的清单工程量按（   ）计算。
A.主墙间净空面积乘以厚度以立方米   B.相应部分建筑面积
C.设计图示尺寸以面积   D.实铺面积计算

4.装饰工程的管理费和利润的取费基数为（   ）。
A.人工费与机械费   B.人工费、材料费与机械费
C.人工费   D. 材料费

5.整体面层工程量按设计图示尺寸以面积计算是指（   ）。
A.按图纸标注尺寸的室内净面积计算,一般不考虑装饰厚度。
B.按图纸标注尺寸的室内净面积计算,需要考虑装饰厚度。
C 按图纸标注尺寸的水平投影面积计算,一般不考虑装饰厚度。
D.按图纸标注尺寸的水平投影面积计算,需要考虑装饰厚度。

二、多选题

1.楼地面装饰工程分为八个子分部工程项目,适用于以下哪些项目的装饰工程（   ）。
A.楼地面   B.屋顶防水   C.梁柱   D.楼梯   E.台阶

2.计算楼地面找平层时,定额规定应扣除（   ）等所占的面积。
A.设备基础   B.室内地沟   C.独立柱   D.附墙烟囱
E.室内铁道

3.楼梯铺贴大理石面层,按水平投影面积计算,应包括（   ）。
A.楼梯最后一级踏步宽   B.宽度≤500 mm 的楼梯井
C.休息平台   D.楼梯踏步
E.楼梯平台梁

4.零星项目面层适用于下列哪些项目（   ）。
A.楼梯侧面、台阶的牵边   B. 楼梯踏步
C. 小便池、蹲台、池槽   D.管道井
E.面积在 0.5 m² 以内且未列项目的工程

5.下列关于块料面层描述正确的有（   ）。
A.块料面层拼图案(成品)项目,其图案石材定额按成品考虑
B.山东省定额图案外边线以内周边异形块料如为现场加工,套用相应块料面层铺贴项目,并加套"图案周边异形块料铺贴另加工料"项目
C.楼地面铺贴石材块料、地板砖等,遇异形房间需现场切割时(按经过批准的排板方案),被切割的异形块料加套"图案周边异形块料铺贴另加工料"项目
D.现场加工的损耗率根据现场加工情况据实测定,超出部分并入相应块料面层铺贴项目内。
E. 块料面层中的石材拼花按最大外围尺寸以投影面积计算工程量

三、判断题

1.楼地面工程中的水泥砂浆、水泥石子浆、混凝土等配合比,设计规定与定额不同时,可以换算。   （   ）
2.国家定额规定厚度＞60 mm 的细石混凝土按找平层项目执行,厚度≤60 mm 的按混凝土垫层项目执行。   （   ）
3.找平层和整体面层都比较薄,单价不高,为了简化计算,定额规定工程量按主墙间净面积计算,大的扣,小的不扣也不加。   （   ）
4.定额工程量计算时,楼梯面层的投影面积一般比自然层少一层,即三层楼房算两层。（   ）
5.台阶定额包括踏面和踢面,面层含量很高,不能合并平台部分。   （   ）

第18章

墙柱面装饰与隔断幕墙工程

知识目标

1.熟悉墙柱面装饰工程的定额说明。掌握墙柱面抹灰、块料面层、饰面及其零星项目和隔断、幕墙的定额工程量计算方法。

2.掌握墙柱面抹灰、块料面层、饰面及其零星项目和隔断、幕墙工程量计算规则、项目特征描述及工程量清单和清单计价表编制方法。

能力目标

能应用墙柱面装饰与隔断幕墙工程有关分项工程量的计算方法,结合实际进行墙柱面装饰与隔断幕墙工程量计算和定额的应用。能编制墙柱面装饰与隔断幕墙工程量清单和清单计价表。

引例

某写字楼装饰工程有室内一般抹灰、室外块料面层和玻璃幕墙工程项目,请进行该工程工程量清单和清单计价表的编制。

18.1 定额工程量计算

一、定额说明

(1)凡注明砂浆种类、配合比、饰面材料型号规格的,设计与定额不同时,可按设计规定调整,其他不变。抹灰项目中设计厚度与定额取定厚度不同者,按相应增减厚度项目调整。

> **经验提示**:砂浆种类和抹灰厚度,设计与定额不同时,执行抹灰砂浆厚度调整子目。先调整抹灰厚度,再调整砂浆种类,其他不变。定额未注明抹灰厚度的,不作调整。调整墙柱面抹灰厚度时,抹灰砂浆厚度调整子目中未列的砂浆种类,应区别一般抹灰和装饰抹灰,分别按照各自同类砂浆调整子目进行换算。

(2)圆弧形、锯齿形、异形等不规则墙面抹灰、镶贴块料、幕墙按相应项目乘以系数1.15。

(3)国家定额规定女儿墙(包括泛水、挑砖)内侧、阳台栏板(不扣除花格所占孔洞面积)内侧与阳台栏板外侧抹灰工程量按其投影面积计算,块料按展开面积计算;女儿墙无泛水挑砖者,人工及机械乘以系数1.10,女儿墙带泛水挑砖者,人工及机械乘以系数1.30,按墙面相应项目执行;女儿墙外侧并入外墙计算。

(4)国家定额砖墙中的钢筋混凝土梁、柱侧面抹灰>0.5 m² 的并入相应墙面项目执行,≤0.5 m² 的按"零星抹灰"项目执行。

(5)抹灰工程的"零星项目"适用于各种壁柜、碗柜、飘窗板、空调隔板、暖气罩、池槽、花台以及≤0.5 m² 的其他各种零星抹灰。

(6)抹灰工程的装饰线条适用于门窗套、挑檐、腰线、压顶、遮阳板外边、楼梯边梁、宣传栏边框等项目的抹灰,以及凸出墙面且展开宽度≤300 mm 的竖、横线条抹灰。国家定额规定线条展开300 mm<宽度≤400 mm 者,按相应项目乘以系数1.33;展开宽度>400 mm 且≤500 mm者,按相应项目乘以系数1.67。省定额规定线条展开宽度>300 mm 时,按图示尺寸以展开面积并入相应墙面计算。

(7)墙面贴块料、饰面高度>300 mm 时,按墙面、墙裙项目套用;高度≤300 mm 时,按踢脚线项目执行。

(8)块料镶贴的"零星项目"适用于挑檐、天沟、腰线、窗台线、门窗套、压顶、栏板、扶手、遮阳板、雨篷周边等。

(9)勾缝镶贴面砖子目,如灰缝宽度与取定不同者,其块料及灰缝砂浆用量允许调整,其他不变。

(10)挂贴块料面层子目,定额中的砂浆种类、配合比、厚度与定额不同时,可按定额相应规定换算或按比例调整砂浆用量,其他不变。设计要求使用界面剂时,另套相应定额项目。

(11)饰面定额中的面层、基层、龙骨均未包括刷防火涂料,设计有要求时,按相应定额计算。

(12)木龙骨基层是按双向计算的,当设计为单向时,材料、人工乘以系数0.55。

(13)玻璃幕墙中的玻璃按成品玻璃考虑;幕墙中的避雷装置已综合,但幕墙的封边、封顶的费用另行计算。型钢、挂件设计用量与定额取定用量不同时,可以调整。

(14)幕墙饰面中的结构胶与耐候胶设计用量与定额取定用量不同时,消耗量按设计计算的用量加15%的施工损耗计算。

(15)玻璃幕墙设计带有平、推拉窗者,并入幕墙面积计算,窗的型材用量应予以调整,窗的五金用量相应增加,五金施工损耗按2%计算。

(16)面层、隔墙(间壁)、隔断(护壁)项目内,除注明者外均未包括压边、收边、装饰线(板),当设计要求时,应按相应项目执行;浴厕隔断已综合了隔断门所增加的工料。

(17)隔墙(间壁)、隔断(护壁)、幕墙等项目中龙骨间距、规格如与设计不同,允许调整。

二、工程量计算规则

1.内墙面抹灰

(1)内墙面、墙裙抹灰面积按设计图示尺寸以面积计算。计算时应扣除门窗洞口和单个面积>0.3 m² 以上的空圈所占的面积,不扣除踢脚线、挂镜线及单个面积≤0.3 m² 的孔洞和墙与构件交接处的面积。且门窗洞口、空圈、孔洞的侧壁面积亦不增加,附墙柱的侧面抹灰应并入墙面、墙裙抹灰工程量内计算。

(2)内墙面抹灰的长度以主墙间的图示净长尺寸计算。其高度确定如下:

①无墙裙的,其高度按室内地面或楼面至天棚底面之间距离计算。

②有墙裙的,其高度按墙裙顶面至天棚底面之间距离计算。

内墙面抹灰工程量＝主墙间净长度×墙面高度－门窗等面积＋垛的侧面抹灰面积

内墙裙抹灰工程量＝主墙间净长度×墙裙高度－门窗所占面积＋垛的侧面抹灰面积

(3)柱抹灰按设计断面周长乘以设计柱抹灰高度以面积计算。

柱抹灰工程量＝柱结构断面周长×设计柱抹灰高度

【案例 18-1】 某砖混结构工程如图 18-1 所示,内墙面抹 1:2 水泥砂浆底,1:3 石灰砂浆找平层,麻刀石灰浆面层,共 20 mm 厚。内墙裙采用 1:3 水泥砂浆打底(19 mm 厚),1:2.5 水泥砂浆面层(6 mm 厚),计算内墙面抹灰工程量。

M1:1 200 mm×2 700 mm,共 1 个;M2:1 000 mm×2 700 mm,共 2 个;C:1 500 mm× 1 800 mm,共 4 个。

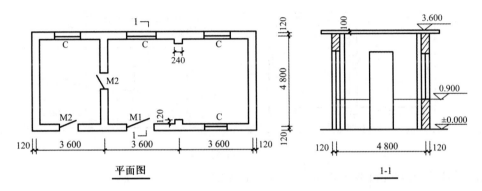

图 18-1　某砖混结构工程

解 ①内墙面抹灰工程量＝[(3.6×3－0.24×2＋0.12×2)×2＋(4.8－0.24)×4]× (3.6－0.1－0.9)－1.2×(2.7－0.9)－1×(2.7－0.9)×3－1.5×1.8×4＝83.98 m²

②内墙裙抹灰工程量＝[(3.6×3－0.24×2＋0.12×2)×2＋(4.8－0.24)×4－1.2－ 1×3]×0.9＝31.64 m²

2.外墙面抹灰

(1)外墙面抹灰面积,按设计外墙面抹灰的设计图示尺寸以面积计算。计算时应扣除门窗洞口、外墙裙和单个面积＞0.3 m² 的孔洞所占面积,不扣除单个面积≤0.3 m² 的孔洞和各种装饰线条所占面积,洞口侧壁面积不另增加。附墙垛、飘窗凸出外墙面增加的抹灰面积并入外墙面抹灰工程量内计算。

外墙面抹灰工程量＝外墙面长度×墙面高度－门窗等面积＋垛、梁、柱的侧面抹灰面积

(2)外墙裙抹灰面积按其设计长度乘以高度计算(扣除或不扣除内容同外墙面抹灰)。

外墙裙抹灰工程量＝外墙面长度×墙裙高度－门窗所占面积＋垛、梁、柱的侧面抹灰面积

(3)墙面勾缝按设计勾缝墙面的设计图示尺寸以面积计算。不扣除门窗洞口、门窗套、腰线等零星抹灰所占的面积,附墙柱和门窗洞口侧面的勾缝面积亦不增加。独立柱、房上烟囱勾缝,按图示尺寸以面积计算。

墙面勾缝工程量＝墙面长度×墙面高度

(4)柱抹灰按结构断面周长乘以抹灰高度计算。

柱抹灰工程量＝柱结构断面周长×设计柱抹灰高度

(5)装饰线条抹灰按设计图示尺寸以长度计算。

(6)装饰抹灰分格嵌缝按抹灰面面积计算。

（7）"零星项目"按设计图示尺寸以展开面积计算。

经验提示： 内墙面抹灰、外墙面一般抹灰和外墙面装饰抹灰工程量计算规则是相同的。

【案例 18-2】 某砖混结构工程如图 18-2 所示，外墙面抹水泥砂浆，底层为 1∶3 水泥砂浆打底 14 mm 厚，面层为 1∶2 水泥砂浆抹面 6 mm 厚；外墙裙水刷石，1∶3 水泥砂浆打底 12 mm 厚，素水泥浆二遍，1∶2.5 水泥白石子 10 mm 厚（分格）；挑檐水刷白石子，厚度与配合比均与定额相同。计算外墙面抹灰和外墙裙及挑檐装饰抹灰工程量。

　　M：1 000 mm×2 500 mm

　　C：1 200 mm×1 500 mm

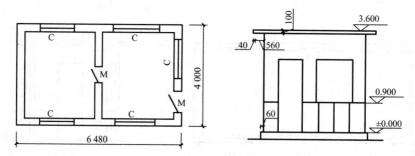

图 18-2　某砖混结构工程

　　解 ①外墙面水泥砂浆工程量＝(6.48＋4)×2×(3.6−0.1−0.9)−1.0×(2.5−0.9)−1.2×1.5×5＝43.90 m²

　　②外墙裙水刷石工程量＝[(6.48＋4)×2−1]×0.9＝17.96 m²

　　③素水泥浆工程量＝[(6.48＋4)×2−1]×0.9＝17.96 m²

　　④分格嵌缝工程量＝[(6.48＋4)×2−1]×0.9＝17.96 m²

　　⑤挑檐水刷白石子工程量＝[(6.48＋4)×2＋0.6×8]×(0.1＋0.04)＝3.61 m²

3.墙柱面块料面层

（1）国家定额挂贴石材零星项目中柱墩、柱帽是按圆弧形成品考虑的，按其圆的最大外径以周长计算；其他类型的柱帽、柱墩工程量按设计图示尺寸以展开面积计算。

（2）国家定额镶贴块料面层，按镶贴表面积计算。省定额墙面块料面层按设计图示尺寸以面积计算。

墙面贴块料工程量＝图示长度×装饰高度

（3）国家定额柱镶贴块料面层按设计图示饰面外围周长乘以高度以面积计算。省定额柱面块料面层按设计图示尺寸以面积计算。

柱面贴块料工程量＝柱装饰块料外围周长×装饰高度

【案例 18-3】 某工程外墙裙贴蘑菇石板，实贴尺寸如图 18-3 所示，高度 1 200 mm，门口宽为 1 000 mm，计算工程量。

　　解 ①平直墙面工程量＝(6×2＋4−1＋0.08×2)×1.2＝18.19 m²

　　②圆弧形墙面工程量＝2×3.14×1.2＝7.54 m²

4.柱面装饰面层

【案例 18-4】 某教学楼大厅内有圆形钢筋混凝土柱 4 根，柱身挂贴四拼弧形花岗石板，灌缝 1∶2 水泥砂浆 50 mm 厚，面层酸洗打蜡。装饰块料外围周长如图 18-4 所示，计算柱面工程量。

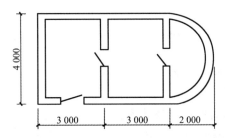

图 18-3　某工程外墙裙贴蘑菇石板

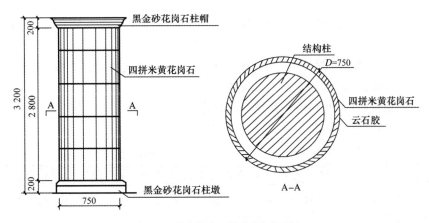

图 18-4　柱身挂贴四拼弧形花岗石板

解　柱面工程量＝0.75×3.14×2.80×4＝26.38 m²

【**案例 18-5**】　某营业房外墙面尺寸如图 18-5 所示，M1：1 000 mm×2 000 mm；M2：1 100 mm×2 000 mm；M3：1 200 mm×2 400 mm；C1：1 500 mm×1 500 mm；C2：1 200 mm×1 500 mm；C3：1 800 mm×1 500 mm；门窗侧面宽度 100 mm，外墙水泥砂浆粘贴规格 194 mm×94 mm 瓷质外墙砖，灰缝 5 mm，计算工程量。

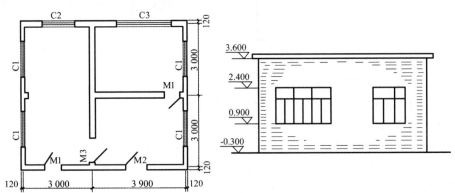

图 18-5　某营业房外墙面

解　$L_外$＝(3＋3.9＋0.24＋3＋3＋0.24)×2＝26.76 m

H＝3.6＋0.3＝3.90 m

M1：S＝1×2＝2.00 m²

M2：S＝1.1×2＝2.20 m²

C1：S＝1.5×1.5×4＝9.00 m²

C2：S＝1.2×1.5＝1.80 m²

C3：$S = 1.8 \times 1.5 = 2.70$ m^2

MC 侧面：$S = [M1(1 + 2 \times 2) + M2(1.1 + 2 \times 2) + C1(1.5 \times 4 \times 4) + C2(1.2 \times 2 + 1.5 \times 2) + C3(1.8 \times 2 + 1.5 \times 2)] \times 0.1 = 4.61$ m^2

外墙面砖工程量 $= 26.76 \times 3.9 - 2 - 2.2 - 9 - 1.8 - 2.7 + 4.61 = 91.27$ m^2

5.墙柱饰面

(1)龙骨、基层、面层墙饰面项目按设计图示饰面尺寸以面积计算,扣除门窗洞口及单个面积 > 0.3 m^2 以上的空圈所占的面积,不扣除单个面积 ≤ 0.3 m^2 的孔洞所占的面积,门窗洞口及孔洞侧壁面积亦不增加。

(2)柱(梁)饰面的龙骨、基层、面层按设计图示饰面外围尺寸以面积计算,柱帽、柱墩并入相应柱面积计算。

(3)省定额龙骨按附墙、附柱考虑,若遇其他情况,按下列规定乘以系数：

①设计龙骨外挑时,其相应定额项目乘以系数 1.15。

②设计木龙骨包圆柱,其相应定额项目乘以系数 1.18。

③设计金属龙骨包圆柱,其相应定额项目乘以系数 1.20。

柱饰面龙骨工程量 = 图示长度 × 高度 × 系数

> **经验提示**：块料面层和饰面材料的工程量计算规则是相同的,都是按实面积计算。

【案例 18-6】 木龙骨,五合板基层,不锈钢柱面尺寸如图 18-6 所示,共 4 根,龙骨断面 30 mm × 40 mm,间距 250 mm,计算工程量。

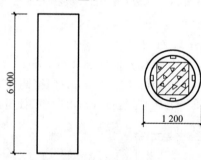

图 18-6　不锈钢柱面

解 ①木龙骨现场制作安装工程量 $= 1.2 \times 3.14 \times 6 \times 4 \times 1.18 = 106.71$ m^2

设计木龙骨包圆柱,其相应定额项目乘以系数 1.18。

木龙骨断面 $= 3 \times 4 = 12$ cm^2

②木龙骨上钉基层板工程量 $= 1.2 \times 3.14 \times 6 \times 4 = 90.43$ m^2

③圆柱不锈钢面工程量 $= 1.2 \times 3.14 \times 6 \times 4 = 90.43$ m^2

④不锈钢卡口槽工程量 $= 6 \times 4 = 24.00$ m

【案例 18-7】 某墙面工程,三合板基层,贴丝绒墙面 500 mm × 1 000 mm,共 16 块。胶合板墙裙长 13 m,净高 0.9 m,木龙骨(成品)40 mm × 30 mm,间距 400 mm,中密度板基层,面层贴无花桦木夹板,计算工程量。

解 ①丝绒墙面工程量 $= 0.5 \times 1 \times 16 = 8.00$ m^2

②墙裙成品木龙骨安装工程量 $= 13 \times 0.9 = 11.70$ m^2

③基层板工程量 $= 13 \times 0.9 = 11.70$ m^2

④胶合板墙裙面层工程量 $= 13 \times 0.9 = 11.70$ m^2

6.幕墙、隔断

(1)玻璃幕墙、铝板幕墙按设计图示框外围尺寸以面积计算;半玻璃隔断、全玻幕墙如有加强肋者,工程量按其展开面积计算。

(2)隔断、间壁按设计图示框外围尺寸以面积计算,扣除门窗洞及单个面积>0.3 m² 的孔洞所占面积。

$$隔断、间壁工程量＝图示长度×高度-门窗面积$$

(3)墙面吸音子目,按设计图示尺寸以面积计算。

【案例 18-8】　如图 18-7 所示,间壁墙采用轻钢龙骨双面镶嵌石膏板,门口尺寸为 900 mm×2 000 mm,柱面水泥砂浆粘贴 6 mm 厚车边镜面玻璃,装饰断面 400 mm× 400 mm,计算工程量。

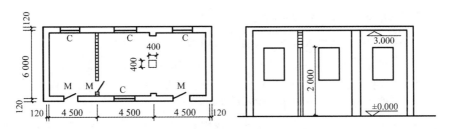

图 18-7　间壁墙及柱面装饰

解　①间壁墙工程量＝[(6-0.24)×3-0.9×2]×1.15＝17.80 m²

②间壁墙双面石膏板工程量＝[(6-0.24)×3-0.9×2]×2＝30.96 m²

③柱面工程量＝0.4×4×3＝4.80 m²

18.2　工程量清单编制

一、清单项目设置

墙、柱面装饰与隔断、幕墙工程共分 10 个子分部工程项目,即墙面抹灰、柱(梁)面抹灰、零星抹灰、墙面块料面层、柱(梁)面镶贴块料、镶贴零星块料、墙饰面、柱(梁)饰面、幕墙工程、隔断,适用于一般抹灰、装饰抹灰、镶贴块料、饰面和隔断、幕墙等工程。

1.墙面抹灰(编号:011201)

墙面抹灰包括墙面一般抹灰、墙面装饰抹灰、墙面勾缝、立面砂浆找平 4 个清单项目。

2.柱(梁)面抹灰(编号:011202)

柱(梁)面抹灰包括柱梁面一般抹灰、柱梁面装饰抹灰、柱梁面砂浆找平、柱面勾缝 4 个清单项目。

3.零星抹灰(编号:011203)

零星抹灰包括零星项目一般抹灰、零星项目装饰抹灰、零星项目砂浆找平 3 个清单项目。

4.墙面块料面层(编号:011204)

墙面块料面层包括石材墙面、碎拼石材墙面、块料墙面和干挂石材钢骨架 4 个清单项目。

5.柱(梁)面镶贴块料(编号:011205)

柱(梁)面镶贴块料包括石材柱面、块料柱面、拼碎块柱面、石材梁面、块料梁面 5 个清单项目。

6.镶贴零星块料(编号:011206)

镶贴零星块料包括石材零星项目、块料零星项目和拼碎石材零星项目3个清单项目。

7.墙饰面(编号:011207)

墙饰面包括墙面装饰板和墙面装饰浮雕2个清单项目。

8.柱(梁)饰面(编号:011208)

柱(梁)饰面包括柱(梁)面装饰和成品装饰柱2个清单项目。

9.幕墙工程(编号:011209)

幕墙工程包括带骨架幕墙和全玻(无框玻璃)幕墙2个清单项目。

10.隔断(编号:011210)

隔断包括木隔断、金属隔断、玻璃隔断、塑料隔断、成品隔断和其他隔断6个清单项目。

二、工程量清单有关项目特征说明

(1)基层类型指砖墙、石墙、混凝土墙、砌块墙以及内墙、外墙等。

(2)底层、面层的厚度应根据设计规定(一般采用标准设计图)确定。

(3)勾缝类型指清水砖墙、砖柱的加浆勾缝(平缝或凹缝),以及石墙、石柱的勾缝(如平缝、平凹缝、平凸缝、半圆凹缝、半圆凸缝和三角凸缝等)。

(4)装饰面材料种类是指石材饰面板(天然花岗石、大理石、人造花岗石、人造大理石、预制水磨石饰面板等)、陶瓷面砖(内墙彩釉面瓷砖、外墙面砖、陶瓷锦砖、大型陶瓷饰面板等)、玻璃面砖(玻璃锦砖、玻璃面砖等)、金属饰面板(彩色涂色钢板、彩色不锈钢板、镜面不锈钢饰面板、铝合金板、复合铝板、铝塑板等)、塑料饰面板(聚氯乙烯塑料饰面板、玻璃钢饰面板、塑料贴面饰面板、聚酯装饰板、复塑中密度纤维板等)、木质饰面板(胶合板、硬质纤维板、细木工板、刨花板、建筑纸面草板、水泥木屑板、灰板条等)。

(5)安装方式是指挂贴方式和干挂方式。挂贴方式是指对大规格的石材(大理石、花岗石、青石等)使用先挂后灌浆的方式固定于墙、柱面。干挂方式是指直接干挂法,是通过不锈钢膨胀螺栓、不锈钢挂件、不锈钢连接件、不锈钢钢针等,将外墙饰面板连接在外墙墙面;间接干挂法,是通过固定在墙、柱、梁上的龙骨,再通过各种挂件固定外墙饰面板。

(6)嵌缝材料是指嵌缝砂浆、嵌缝油膏、密封胶封水材料等。

(7)防护材料是指石材等防碱背涂处理剂和面层防酸涂剂等。

(8)基层材料是指面层内的底板材料,如木墙裙、木护墙、木板隔墙等,在龙骨上粘贴或铺钉一层加强面层的底板。

三、工程量清单的编制

1.墙面抹灰

(1)抹石灰砂浆、水泥砂浆、混合砂浆、聚合物水泥砂浆、麻刀石灰浆、石膏灰浆等按墙面一般抹灰列项,水刷石、斩假石、干黏石、假面砖等按墙面装饰抹灰列项。

(2)≤0.5 m²的小面积抹灰,应按零星抹灰中的相应分项工程工程量清单项目编码列项。

(3)墙、柱面勾缝指清水砖、石墙加浆勾缝,不包括清水砖、石墙的原浆勾缝。

(4)立面砂浆找平项目适用于仅做找平层的立面抹灰。

(5)工程内容中的"抹面层"是指一般抹灰的普通抹灰(一层底层和一层面层,或不分层一遍成活)、中级抹灰(一层底层、一层中层和一层面层,或一层底层、一层面层)、高级抹灰(一层底层、数层中层和一层面层)的面层。

（6）工程内容中的"抹装饰面"是指装饰抹灰（抹底灰、涂刷 108 胶溶液、刮或刷水泥浆液、抹中层、抹装面层）的面层。

（7）墙面抹灰按设计图示尺寸以面积计算工程量，扣除墙裙、门窗洞口及单个面积＞0.3 m² 的孔洞面积，不扣除踢脚线、挂镜线和墙与构件交接处的面积，门窗洞口和孔洞的侧壁及顶面不增加面积；附墙柱、梁、垛、烟囱侧壁并入相应的墙面面积内。

（8）墙面抹灰计算公式

$$墙面抹灰工程量＝墙面净面积－门窗洞口及单个面积为 0.3 m² 以上的孔洞面积＋\\附墙柱、梁、垛、烟囱侧壁面积$$

（9）墙面抹灰分内、外墙面和墙裙等部位，分别列项，以面积计算。

（10）墙面抹灰面积计算具体规定如下：

①外墙抹灰面积按外墙垂直投影面积计算。

②外墙裙抹灰面积按外墙裙的长度乘以高度计算。

③内墙抹灰面积按主墙间的净长乘以高度计算。

a.无墙裙的，高度按室内楼地面至天棚底面计算；

b.有墙裙的，高度按墙裙顶面至天棚底面计算；

c.有吊顶天棚抹灰，高度算至天棚底面。

④内墙裙抹灰面按内墙净长乘以高度计算。

（11）墙面抹灰不扣除与构件交接处的面积，是指墙与梁的交接处所占面积，不包括墙与楼板的交接。

【案例 18-9】　某砖混结构工程办公用房如图 18-8 所示。内墙面抹 1：2 水泥砂浆底，1：3 石灰砂浆找平层，麻刀石灰浆面层，共 20 mm 厚。内墙裙采用 1：3 水泥砂浆打底（19 mm 厚），1：2.5 水泥砂浆面层（6 mm 厚）。编制墙面一般抹灰工程量清单。

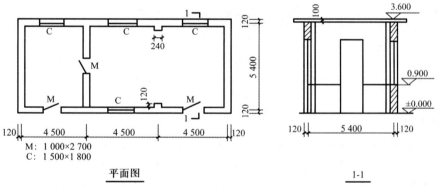

图 18-8　某砖混结构工程办公用房

解　墙面一般抹灰工程量清单的编制

内墙面抹灰工程量＝[（4.5×3－0.24×2＋0.12×2）×2＋（5.4－0.24）×4]×（3.6－0.1－0.9）－1×（2.7－0.9）×4－1.5×1.8×4＝104.62 m²

内墙裙抹灰工程量＝[（4.5×3－0.24×2＋0.12×2）×2＋（5.4－0.24）×4－1×4]×0.9＝38.84 m²

分部分项工程量清单见表 18-1。

表 18-1　　　　　　　　分部分项工程量清单(案例 18-9)

序号	项目编码	项目名称	项目特征描述	计量单位	工程量
1	011201001001	墙面一般抹灰	室内砖墙面上,1:2 水泥砂浆底,1:3 石灰砂浆找平层,麻刀石灰浆面层,共 20 mm 厚	m²	104.62
2	011201001002	墙面一般抹灰	砖墙面室内墙裙,1:3 水泥砂浆打底(19 mm 厚),1:2.5 水泥砂浆面层(6 mm 厚)	m²	38.84

2.柱(梁)面抹灰

(1)抹石灰砂浆、水泥砂浆、混合砂浆、聚合物水泥砂浆、麻刀石灰浆、石膏灰浆等按柱(梁)面一般抹灰编码列项,水刷石、斩假石、干黏石、假面砖等按柱(梁)面装饰抹灰编码列项。

(2)砂浆找平项目适用于仅做找平层的柱(梁)面抹灰。

(3)柱面抹灰按设计图示柱断面周长乘以高度以面积计算工程量;梁面抹灰按设计图示梁断面周长乘以长度以面积计算工程量。柱(梁)的一般抹灰、装饰抹灰、砂浆找平及勾缝,以柱断面周长乘以高度计算;柱断面周长是指结构断面周长,高度为实际抹灰高度。

(4)柱(梁)面抹灰计算公式

$$柱面抹灰工程量=设计图示柱结构断面周长\times 图示抹灰高度$$

$$梁面抹灰工程量=设计图示梁结构断面抹灰展开宽度\times 图示抹灰长度$$

【案例 18-10】　某地下车库有钢筋混凝土柱 108 根,直径 600 mm,高度 3 000 mm,刷素水泥浆一道 1 mm 厚,1:3 水泥砂浆打底 12 mm 厚,面层 1:2.5 水泥砂浆 7 mm 厚。编制柱面一般抹灰工程量清单,自行报价。

解　柱面一般抹灰工程量清单的编制

水泥砂浆柱面抹灰工程量=0.6×3.14×3×108=610.42 m²

分部分项工程量清单见表 18-2。

表 18-2　　　　　　　　分部分项工程量清单(案例 18-10)

序号	项目编码	项目名称	项目特征描述	计量单位	工程量
1	011202001001	柱面一般抹灰	钢筋混凝土柱上,刷素水泥浆一道 1 mm 厚,1:3 水泥砂浆打底 12 mm 厚,面层 1:2.5 水泥砂浆 7 mm 厚	m²	610.42

3.零星抹灰

(1)零星抹灰适用于各种壁柜、碗柜、过人洞、暖气壁龛、池槽、花台和挑檐、天沟、腰线、窗台线、窗台板、门窗套、压顶、栏板扶手、遮阳板、雨篷周边等面积≤0.5 m² 少量分散的抹灰。

(2)抹石灰砂浆、水泥砂浆、混合砂浆、聚合物水泥砂浆、麻刀石灰浆、石膏灰浆等按零星项目一般抹灰编码列项,水刷石、斩假石、干黏石、假面砖等按零星项目装饰抹灰编码列项。

(3)墙、柱(梁)面≤0.5 m² 少量分散的抹灰按零星抹灰项目编码列项。

(4)零星抹灰按设计图示尺寸以面积计算工程量。

(5)零星抹灰计算公式

$$零星抹灰工程量=实际展开面积$$

4.墙面块料面层

(1)在描述碎块项目的面层材料特征时可不用描述规格、品牌、颜色。

(2)石材、块料与黏结材料的结合面刷防渗材料的种类在防护层材料种类中描述。

（3）安装方式可描述为砂浆或黏结剂粘贴、挂贴、干挂等,不论哪种安装方式,都要详细描述与组价相关的内容。

（4）墙面块料面层按镶贴表面积计算工程量；干挂石材钢骨架按设计图示以质量计算。墙面块料面层镶贴表面积是指饰面的表面尺寸。

（5）墙面镶贴块料计算公式

墙面镶贴块料面层工程量＝图示设计净面积

干挂石材钢骨架工程量＝图示设计规格的型材×相应型材线密度

【案例 18-11】　某变电室外墙面尺寸如图 18-9 所示。M:1 500 mm×2 000 mm；C1:1 500 mm×1 500 mm,C2:1 200 mm×800 mm；门窗侧面宽度 100 mm。外墙水泥砂浆粘贴规格 194 mm×94 mm 瓷质外墙砖,灰缝 5 mm,阳角 45°角对缝,面层酸洗、打蜡。编制块料墙面工程量清单。

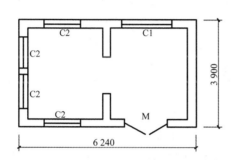 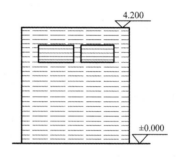

图 18-9　某变电室外墙面

解　块料墙面工程量清单的编制

块料墙面工程量＝(6.24＋3.9)×2×4.2－1.5×2－1.5×1.5－1.2×0.8×4＋[1.5＋2×2＋1.5×4＋(1.2＋0.8)×2×4]×0.1＝78.84 m²

分部分项工程量清单见表 18-3。

表 18-3　　　　　　　　　　　　分部分项工程量清单(案例 18-11)

序号	项目编码	项目名称	项目特征描述	计量单位	工程量
1	011204003001	块料墙面	砖墙面,水泥砂浆粘贴规格 194 mm×94 mm 瓷质外墙砖,灰缝 5 mm,阳角 45°角对缝,面层酸洗、打蜡	m²	78.84

5.柱(梁)面镶贴块料

（1）在描述碎块项目的面层材料特征时可不用描述规格、品牌、颜色。

（2）石材、块料与黏结材料的结合面刷防渗材料的种类在防护层材料种类中描述。

（3）柱梁面干挂石材的钢骨架按干挂石材钢骨架相应项目编码列项。

（4）柱(梁)面镶贴块料按镶贴表面积计算工程量。柱(梁)面块料镶贴表面积是指饰面的表面尺寸,尺寸为主断面尺寸。

（5）柱面镶贴块料计算公式

柱面镶贴块料面层工程量＝图示设计柱饰面周长×图示设计柱高

【案例 18-12】　某单位大门砖柱 4 根,砖柱块料外围尺寸如图 18-10 所示,1∶2.5 水泥砂浆(灌缝砂浆 50 mm)挂贴红花岗石,面层酸洗、打蜡。编制柱面镶贴块料工程量清单。

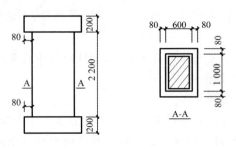

图 18-10 砖柱

解 石材柱面工程量清单的编制

石材柱面工程量＝(0.6＋1)×2×2.2×4＝28.16 m²

分部分项工程量清单见表 18-4。

表 18-4   分部分项工程量清单(案例 18-12)

序号	项目编码	项目名称	项目特征描述	计量单位	工程量
1	011205001001	石材柱面	砖柱面,1:2.5 水泥砂浆挂贴红花岗石,面层酸洗、打蜡	m²	28.16

6.镶贴零星块料

(1)镶贴零星块料项目适用于小面积(≤0.5 m²)的少量分散的块料面层。

(2)在描述碎块项目的面层材料特征时可不用描述规格、品牌、颜色。

(3)石材、块料与黏结材料的结合面刷防渗材料的种类在防护层材料种类中描述。

(4)零星项目干挂石材的钢骨架按干挂石材钢骨架相应项目编码列项。

(5)墙柱面≤0.5 m²的少量分散的镶贴块料面层应按零星项目执行。

(6)各种壁柜、碗柜、过人洞、暖气壁龛、池槽、花台和挑檐、天沟、窗台线、压顶、栏板、扶手、遮阳板、雨篷周边等镶贴块料面层,应按零星镶贴块料中的相应分项工程工程量清单项目编码列项。

(7)石材门窗套应按门窗套中的石材门窗套工程量清单项目编码列项。

(8)石材装饰线应按压条、装饰线中的石材装饰线工程量清单项目编码列项。

(9)镶贴零星块料按镶贴表面积计算工程量。"按镶贴表面积计算"是指按实际铺贴块料长度、宽度尺寸计算。

(10)零星镶贴块料计算公式

零星镶贴块料面层工程量＝设计图示饰面长度×设计图示饰面高度

7.墙饰面

(1)墙面装饰板按设计图示墙净长乘以净高以面积计算工程量,扣除门窗洞口及单个面积＞0.3 m² 的孔洞所占面积。墙面装饰浮雕按设计图示尺寸以面积计算工程量。

(2)为了简化计算,单个面积≤0.3 m²的孔洞所占面积不予扣除,留孔所需工料亦不增加,并非所有孔洞面积累加。

(3)墙饰面计算公式

墙饰面工程量＝设计图示墙面净面积－门窗洞口及单个面积＞0.3 m²的孔洞面积＋门窗、附墙柱、梁、垛、烟囱侧壁面积

8.柱(梁)饰面

(1)柱(梁)面装饰按设计图示饰面外围尺寸以面积计算工程量,柱帽、柱墩并入相应柱饰

面工程量内；成品装饰柱按设计数量或设计长度计算工程量。饰面外围尺寸是指饰面的表面尺寸。

（2）柱（梁）饰面计算公式

$$柱饰面工程量＝设计图示柱饰面外围周长×图示柱饰面高度$$
$$梁饰面工程量＝设计图示梁饰面外围展开宽度×图示梁饰面长度$$

9.幕墙

（1）带骨架幕墙按设计图示框外围尺寸以面积计算工程量，与幕墙同种材质的窗所占面积不扣除；全玻（无框玻璃）幕墙按设计图示尺寸以面积计算工程量，带肋全玻幕墙按展开面积计算。

（2）各类幕墙的周边封口，若采用相同材料，按其展开面积，并入相应幕墙的工程量内计算；若采用不同材料，其工程量应单独计算。

（3）设置在幕墙上的窗，材质相同可包括在幕墙项目报价内，并在清单项目中进行描述，材质不同应单独编码列项。门应单独编码列项。

（4）带肋全玻幕墙是指玻璃幕墙带玻璃肋，玻璃肋的工程量应合并在玻璃幕墙工程量内计算。

（5）幕墙计算公式

$$带骨架幕墙工程量＝设计图示框外围面积－门窗面积（材质不同）及单个面积＞0.3~m^2 的$$
$$孔洞面积＋周边封口面积$$
$$全玻幕墙工程量＝设计图示面积－门窗面积（材质不同）及单个面积＞0.3~m^2 的孔洞面积$$
$$＋玻璃肋面积$$

【**案例 18-13**】　某办公楼正立面做明框玻璃幕墙，长度 26 m，高度 18.2 m。与幕墙同材质窗洞口尺寸为 900 mm×900 mm，12 个。编制幕墙工程量清单。

解　带骨架幕墙工程量清单的编制

带骨架幕墙工程量＝26×18.2＝473.20 m²

分部分项工程量清单见表 18-5。

表 18-5　　　　　　　　　　　**分部分项工程量清单**（案例 18-13）

序号	项目编码	项目名称	项目特征描述	计量单位	工程量
1	011209001001	带骨架幕墙	不锈钢型钢，明框，镀膜玻璃	m²	473.20

10.隔断

（1）木隔断、金属隔断按设计图示框外围尺寸以面积计算工程量，扣除单个面积＞0.3 m² 的孔洞所占面积，浴厕门的材质与隔断相同时门的面积并入隔断面积内。玻璃隔断、塑料隔断按设计图示框外围尺寸以面积计算工程量，扣除单个面积＞0.3 m² 的孔洞所占面积。

（2）为了简化计算，单个面积＜0.3 m² 的孔洞，所占面积不予扣除，浴厕门材质与隔断相同时，并入隔断面积内，材质不同，分别列项。

（3）隔断计算公式

$$隔断工程量＝设计图示框外围面积－门窗面积（材质不同）及单个面积＞0.3~m^2 的孔洞面积$$

（4）墙、柱饰面中的各类饰线应按压条、装饰线中的相应分项工程工程量清单项目编码列项。

（5）设置在隔断上的门窗，可包括在隔墙项目报价内，也可单独编码列项，并在清单项目特征中进行描述。

【**案例 18-14**】　某办公室做半玻 80 型塑钢隔断,长度 6 m,高度 3.2 m,门口尺寸为 900 mm×2 000 mm 一个,编制隔断工程量清单。

解　隔断工程量清单的编制

塑钢隔断工程量=6×3.2－0.9×2=17.40 m²

分部分项工程量清单见表 18-6。

表 18-6　　　　　　　　　　　**分部分项工程量清单(案例 18-14)**

序号	项目编码	项目名称	项目特征描述	计量单位	工程量
1	011210001001	塑钢隔断	80 型塑钢半玻隔断	m²	17.40

18.3　工程量清单计价

一、计量规范与计价规则说明

1.墙面抹灰

(1)飘窗凸出外墙面增加的抹灰不计算工程量,在综合单价中考虑。

(2)有吊顶天棚的内墙壁面抹灰,抹至吊顶以上部分在综合单价中考虑。

2.块料、饰面、幕墙、隔断

(1)块料面层之间缝的嵌勾填塞,应包括在报价内。

(2)饰面、幕墙、隔断的龙骨制作、运输、安装,应计入相应项目报价内。

(3)幕墙、隔断的嵌缝、塞口,应计入相应项目报价内。

二、墙柱面工程案例

【**案例 18-15**】　某变电室外墙面尺寸如图 18-9 所示。M:1 500 mm×2 000 mm;C1:1 500 mm×1 500 mm,C2:1 200 mm×800 mm;门窗侧面宽度 100 mm。外墙水泥砂浆粘贴规格 194 mm×94 mm 瓷质外墙砖,灰缝 5 mm,阳角 45°角对缝,面层酸洗、打蜡。编制块料墙面工程量清单计价表。

解　块料墙面工程量清单计价表的编制

块料墙面项目发生的工程内容:水泥砂浆粘贴瓷质外墙砖,块料面层酸洗、打蜡。

①外墙面砖工程量=(6.24+3.9)×2×4.2－1.5×2－1.5×1.5－1.2×0.8×4+[1.5+2×2+1.5×4+(1.2+0.8)×2×4]×0.1=78.84 m²

外墙面水泥砂浆粘贴(规格 194 mm×94 mm,灰缝 5 mm)瓷质面砖,套定额 12-2-39。

②块料面层酸洗、打蜡工程量=78.84 m²

墙面酸洗、打蜡,套定额 12-2-51。

③外墙面砖 45°角对缝工程量=4.2×4+1.5+2×2+1.5×4+(1.2+0.8)×2×4=44.30 m

外墙面砖 45°角对缝,套定额 12-2-52。

人工、材料、机械单价选用市场信息价。

工程量清单项目人工、材料、机械费用分析见表 18-7。

表 18-7　　　　　　　工程量清单项目人工、材料、机械费用分析(案例 18-15)

清单项目名称	工程内容	定额编号	计量单位	数量	费用组成/元			
					人工费	材料费	机械费	小计
块料墙面。 砖墙面,水泥砂浆粘贴规格 194 mm×94 mm 瓷质外墙砖,灰缝 5 mm,阳角 45°角对缝,面层酸洗、打蜡	水泥砂浆粘贴面砖	12-2-39	m²	78.84	5 744.60	3 820.19	95.40	9 660.19
	酸洗、打蜡	12-2-51	m²	78.84	1 066.23	57.24	—	1 123.47
	阳角 45°角对缝	12-2-52	m	44.30	800.86	41.55	38.05	880.46
合计					7 611.69	3 918.98	133.45	11 664.12

根据企业情况确定管理费费率为 32.2%,利率为 17.3%。

分部分项工程量清单计价见表 18-8。

表 18-8　　　　　　　分部分项工程量清单计价(案例 18-15)

序号	项目编码	项目名称	项目特征描述	计量单位	工程量	金额/元	
						综合单价	合价
1	011204003001	块料墙面	砖墙面,水泥砂浆粘贴规格 194 mm×94 mm 瓷质外墙砖,灰缝 5 mm,阳角 45°角对缝,面层酸洗、打蜡	m²	78.84	195.74	15 432.14

练 习 题

一、单选题

1.外墙的垂直投影面积为 100 m²,门窗洞口所占面积为 4 m²,附墙柱的侧面积为 2 m²,门洞口侧壁面积之和为 3 m²,其外墙抹灰工程量为(　　　)m²。

A.101　　　　　　　　B.100　　　　　　　　C.98　　　　　　　　D.99

2.无墙裙内墙抹灰工程量计算高度的计取方法是(　　　)。

A.室内地面至楼板上表面　　　　　　B.室内地面至天棚底面

C.室内地表面至天棚抹灰底表面　　　D. 室内地表面至天棚抹顶面

3.下列不是以 m² 为单位计算工程量的是(　　　)。

A.干挂石材钢骨架　　　　　　　　　B.外墙装饰抹灰

C.石材梁面　　　　　　　　　　　　D.装饰板墙面

4.抹灰项目中设计厚度与定额取定厚度不同者,应当(　　　)。

A.定额中综合考虑,不予调整　　　　B. 按相应增减厚度项目调整

C.定额厚度增(减)1 cm　　　　　　　D.定额厚度增(减)0.5 cm

5.清单工程量计算时,墙面抹灰不扣除与构件交接处的面积,此面积(　　　)。

A.是指墙与柱的交接处所占面积,不包括墙与楼板的交接。

B.是指墙与柱的交接处所占面积,包括墙与楼板的交接。

C.是指墙与梁的交接处所占面积,不包括墙与楼板的交接。

D.是指墙与梁的交接处所占面积,包括墙与楼板的交接。

二、多选题

1.内墙抹灰工程量计算时,不应扣除( )等所占面积。

A.踢脚板　　　　　　B.挂镜线　　　　　　　　C.墙裙

D.墙与构件交接处　　　　　　　　　　E.单个面积在 0.3 m² 以内的孔洞

2.一般抹灰中的"零星项目"适用于( )。

A.2 m² 以内的抹灰　B.池槽　　　　　　　C.花台　　　　　　D.暖气罩

E.过人洞

3.块料镶贴和装饰抹灰的"零星项目"适用于( )。

A.挑檐　　　　　B.天沟　　　　　　C.雨篷底面　　　　D.栏板　　　　E.压顶

4.内墙抹灰工程量计算规则描述正确的是 ( )

A.内墙面、墙裙抹灰面积按设计图示尺寸以面积计算。

B.内墙面、墙裙抹灰面积计算时应扣除门窗洞口和单个面积>0.3 m² 的空圈所占的面积,

C.内墙面、墙裙抹灰面积计算时不扣除踢脚线、挂镜线及单个面积≤0.3 m² 的孔洞和墙与构件交接处的面积。

D.内墙面、墙裙抹灰面积计算时门窗洞口、空圈、孔洞的侧壁面积亦不增加,附墙柱的侧面抹灰应并入墙面、墙裙抹灰工程量内计算。

E.内墙面抹灰的长度以主墙间的轴线间尺寸计算

5.关于清单中柱梁抹灰工程量计算说法正确的是( )。

A.柱面抹灰按设计图示柱断面周长乘以高度以面积计算工程量。

B.梁面抹灰按设计图示梁断面周长乘以长度以面积计算工程量。

C.柱(梁)的一般抹灰、装饰抹灰、砂浆找平及勾缝,以柱断面周长乘以高度计算。

D.柱(梁)抹灰不扣除与构件交接处的面积,是指柱与梁的交接处所占面积。

E. 柱断面周长是指结构断面周长,高度为实际抹灰高度。

三、判断题

1.砖墙中的钢筋混凝土梁、柱侧面抹灰面积>0.3 m² 的并入相应墙面项目执行,面积≤0.3 m² 的按"零星抹灰"项目执行。 ( )

2.墙面贴块料、饰面高度>300 mm 时,按墙面、墙裙项目套用;高度≤300 mm 按踢脚线项目执行。 ( )

3.块料面层和饰面材料的工程量计算规则是相同的,都是按实面积计算。 ( )

4.木龙骨基层是按双向计算的,如设计为单向时,材料、人工乘以系数 0.5。 ( )

5.清单墙面块料面层按镶贴表面积计算工程量;干挂石材钢骨架按设计图示以质量计算工程量。墙面块料面层镶贴表面积是指饰面的表面尺寸。 ( )

第19章
天棚工程

知识目标

1.熟悉天棚工程的定额说明。掌握天棚抹灰、天棚吊顶工程量计算方法。

2.掌握天棚工程清单工程量计算规则、项目特征描述和工程量清单和清单计价表编制方法。

能力目标

能应用天棚工程有关分项工程量的计算方法,结合实际工程进行天棚工程工程量计算和定额的应用。能编制天棚工程工程量清单和清单计价表。

引例

某住宅装饰工程有天棚抹灰和天棚吊顶,请进行工程量清单和清单计价表的编制。

19.1 定额工程量计算

一、定额说明

(1)定额中凡注明砂浆种类、配合比、饰面材料型号规格的,设计规定与定额不同时,可按设计规定换算,其他不变。抹灰项目中砂浆设计厚度与定额取定厚度不同时,按相应项目调整。

(2)如混凝土天棚刷素水泥浆或界面剂,按墙、柱面装饰相应项目人工乘以系数 1.15。

(3)楼梯底板抹灰按本章相应项目执行,国家定额规定锯齿形楼梯按相应项目人工乘以系数 1.35。

(4)龙骨的种类、间距、规格和基层、面层材料的型号、规格是按常用材料和常用做法考虑的,当设计要求不同时,材料可以调整,人工、机械不变。

(5)天棚面层在同一标高者为平面天棚,天棚面层不在同一标高者为跌级天棚。国家定额跌级天棚其面层按相应项目人工乘以系数 1.3。省定额跌级天棚基层、面层按平面定额项目人工乘以系数 1.1,艺术造型天棚基层、面层按平面定额项目人工乘以系数 1.3,其他不变。

经验提示：平面天棚与跌级天棚的划分：房间内全部吊顶、局部向下跌落，以最大和最小跌落线每边各加 0.60 m 范围内为跌级天棚，其余为平面天棚。若最大跌落线向外距墙边≤1.2 m 时，最大跌落线以外全部吊顶均计入跌级天棚内计算；若最小跌落线其任意两对边之间的距离（或直径）≤1.8 m 时，最小跌落线以内全部吊顶均计入跌级天棚内计算。若吊顶跌落的一侧为板底抹灰，该侧不得按吊顶天棚计算，另一侧为一个跌级时，该侧龙骨按平面天棚龙骨计算，面层按跌级天棚饰面计算。

(6)轻钢龙骨、铝合金龙骨项目中龙骨按双层双向结构考虑，即中、小龙骨紧贴大龙骨底面吊挂，如为单层结构时，即大、中龙骨底面在同一水平上者，人工乘以系数 0.85。

(7)平面天棚和跌级天棚指一般直线形天棚，不包括灯光槽的制作安装。

(8)天棚面层不在同一标高，且高差≤400 mm、跌级≤三级的一般直线形平面天棚按跌级天棚相应项目执行；高差>400 mm 或跌级>三级，以及圆弧形、拱形等造型天棚按吊顶天棚中的艺术造型天棚相应项目执行。

(9)天棚检查孔的工料已包括在项目内，面层材料不同时，另增加材料，其他不变。

(10)龙骨、基层、面层的防火处理及天棚龙骨的刷防腐油，石膏板刮嵌缝膏、贴绷带，按定额相应项目执行。

(11)天棚压条、装饰线条按定额相应项目执行。

(12)省定额天棚装饰面开挖灯孔，按每开 10 个灯孔用工 1.0 工日计算。

二、工程量计算规则

1.天棚抹灰工程量按以下规则计算

(1)天棚抹灰面积，按设计结构尺寸以展开面积计算，不扣除柱、垛、间壁墙、附墙烟囱、检查口和管道所占的面积，带梁天棚，梁两侧抹灰面积并入天棚抹灰工程量内计算。

天棚抹灰工程量＝主墙间的净长度×主墙间的净宽度＋梁侧面面积

(2)国家定额板式楼梯底面抹灰面积(包括踏步、休息平台以及宽≤500 mm 的楼梯井)按水平投影面积乘以系数 1.15 计算，锯齿形楼梯底板抹灰面积(包括踏步、休息平台以及≤500 mm 宽的楼梯井)按水平投影面积乘以系数 1.37 计算。省定额楼梯底面(包括侧面及连接梁、平台梁、斜梁的侧面)抹灰，按楼梯水平投影面积乘以系数 1.37，并入相应天棚抹灰工程量内计算。

(3)有坡度及拱顶的天棚抹灰面积按展开面积计算。

(4)檐口、阳台、雨篷底的抹灰面积，并入相应的天棚抹灰工程量内计算。

经验提示：天棚抹灰同墙面规则，翻转90°是同样的，墙包括附柱侧面，天棚包括附梁侧面。

【案例 19-1】 麻刀石灰浆面层井字梁天棚如图 19-1 所示，计算工程量。

解 天棚抹灰工程量＝(6.6－0.24)×(4.4－0.24)＋(0.4－0.12)×(6.6－0.24)×2＋(0.25－0.12)×(4.4－0.24－0.3)×2×2－(0.25－0.12)×0.15×4＝31.95 m²

2.吊顶天棚龙骨工程量按以下规则计算

(1)吊顶天棚龙骨(除特殊说明外)按主墙间水平投影面积计算，不扣除间壁墙、垛、柱、附墙烟囱、检查口、灯孔和管道所占的面积，由于上述原因所引起的工料也不增加。国家定额规定扣除单个面积>0.3 m² 的孔洞、独立柱及与天棚相连的窗帘盒所占的面积，斜面龙骨按斜面面积计算。省定额规定天棚中的折线、跌落、高低吊顶槽等面积不展开计算。

吊顶天棚龙骨工程量＝主墙间的净长度×主墙间的净宽度

平面天棚龙骨工程量＝主墙间的净长度×主墙间的净宽度－跌级天棚龙骨工程量

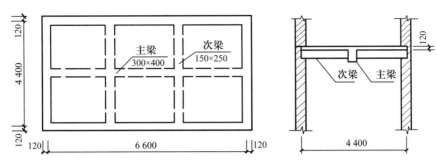

图 19-1　麻刀石灰浆面层井字梁天棚

（2）天棚吊顶的基层和面层均按设计图示尺寸以展开面积计算。天棚面中的灯槽及跌级、阶梯式、锯齿形、吊挂式、藻井式天棚面积按展开面积计算。不扣除间壁墙、柱、垛、附墙烟囱、检查口和管道所占的面积，国家定额规定扣除单个面积＞0.3 m² 的孔洞、独立柱及与天棚相连的窗帘盒所占的面积。省定额规定应扣除独立柱、灯带、单个面积＞0.3 m² 的灯孔及与天棚相连的窗帘盒所占的面积

天棚饰面工程量＝主墙间展开面积－窗帘盒等所占面积

想一想：为什么省定额规定天棚饰面扣除独立柱所占面积，而龙骨不扣除独立柱所占面积？

艺术造型天棚饰面工程量＝ $\sum$ 展开长度×展开宽度

（3）格栅吊顶、藤条造型悬挂吊顶、织物软雕吊顶和装饰网架吊顶，按设计图示尺寸以水平投影面积计算。吊筒吊顶按最大外围水平投影尺寸，以外接矩形面积计算。

【案例 19-2】　预制钢筋混凝土板底吊顶，不上人型装配式 U 形轻钢龙骨，间距450 mm×450 mm，龙骨上铺钉中密度板，面层粘贴 6 mm 厚铝塑板，尺寸如图 19-2 所示，按省定额规定计算天棚工程量。

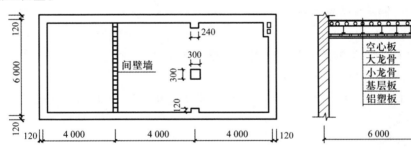

图 19-2　预制钢筋混凝土板底吊顶

解　①轻钢龙骨工程量＝(4×3−0.24)×(6−0.24)＝67.74 m²

②基层板工程量＝(4×3−0.24)×(6−0.24)−0.3×0.3＝67.65 m²

③铝塑板面层工程量＝(4×3−0.24)×(6−0.24)−0.3×0.3＝67.65 m²

想一想：按国家定额规定天棚龙骨与饰面是否需要扣除独立柱所占面积？

【案例 19-3】　某跌级天棚尺寸如图 19-3 所示，钢筋混凝土板下吊双层楞木，面层为塑料板，按省定额规定计算天棚工程量。

解　①双层楞木(平面)龙骨工程量＝(8−0.24−0.8×2−0.2×2−0.6×2)×(6−0.24−0.8×2−0.2×2−0.6×2)＝11.67 m²

②双层楞木(跌级)龙骨工程量＝(8−0.24)×(6−0.24)−11.67＝33.03 m²

③塑料板天棚展开面积＝(8−0.24)×(6−0.24)+(8−0.24−0.9×2+6−0.24−0.9×

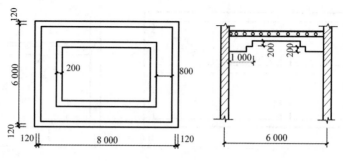

图 19-3 某跌级天棚

2)×2×0.2×2=52.63 m²

④塑料板天棚面层(平面)工程量=11.67 m²

⑤塑料板天棚面层(跌级)工程量=52.63-11.67=40.96 m²

3.天棚其他装饰工程量计算规则

(1)灯带(槽)按设计图示尺寸以框外围面积计算。

(2)送风口、回风口按设计图示数量计算。

(3)雨篷工程量按设计图示尺寸以水平投影面积计算。

19.2 工程量清单编制

一、清单项目设置

天棚工程共分4个子分部工程项目,即天棚抹灰、天棚吊顶、采光天棚和天棚其他装饰,适用于天棚抹灰和天棚吊顶装饰工程。

1.天棚抹灰(编号:011301)

天棚抹灰只有1个清单项目,适用于各种天棚抹灰项目。

2.天棚吊顶(编号:011302)

天棚吊顶包括吊顶天棚、格栅吊顶、吊筒吊顶、藤条造型悬挂吊顶、织物软雕吊顶和装饰网架吊顶6个清单项目。

3.采光天棚(编号:011303)

采光天棚只有1个清单项目。

4.天棚其他装饰(编号:011304)

天棚其他装饰包括灯带(槽)和送风口、回风口2个清单项目。

二、工程量清单有关项目特征的说明

(1)"天棚抹灰"项目基层类型是指混凝土现浇板、预制混凝土板、木板条等。

(2)龙骨类型指上人或不上人,以及平面、跌级、锯齿形、阶梯形、吊挂式、藻井式及矩形、圆弧形、拱形等类型。

(3)基层材料是指底板或面层背后的加强材料。

(4)龙骨中距是指相邻龙骨中线之间的距离。

(5)天棚面层适用于石膏板(包括装饰石膏板、纸面石膏板、吸声穿孔石膏板、嵌装式装饰石膏板等)、埃特板、装饰吸声罩面板[包括矿棉装饰吸声板、贴塑矿(岩)棉吸声板、膨胀珍珠岩

装饰吸声制品、玻璃棉装饰吸声板等〕、塑料装饰罩面板(钙塑泡沫装饰吸声板、聚苯乙烯泡沫塑料装饰吸声板、聚氯乙烯塑料天花板等)、纤维水泥加压板(包括穿孔吸声石棉水泥板、轻质硅酸钙吊顶板等)、金属装饰板(包括铝合金罩面板、金属微孔吸声板、铝合金单体构件等)、木质饰板(包括胶合板、薄板、板条、水泥木丝板、刨花板等)、玻璃饰面(包括镜面玻璃、激光玻璃等)。

(6)格栅吊顶面层适用于木格栅、金属格栅、塑料格栅等。

(7)吊筒吊顶适用于木(竹)质吊筒、金属吊筒、塑料吊筒,以及圆形、矩形、扁钟形吊筒等。

(8)灯带格栅有不锈钢格栅、铝合金格栅、玻璃类格栅等。

(9)送风口、回风口适用于金属、塑料、木质风口。

三、工程量清单的编制

1.天棚抹灰

(1)天棚抹灰按设计图示尺寸以水平投影面积计算工程量,不扣除间壁墙、垛、柱、附墙烟囱、检查口和管道所占的面积,带梁天棚梁两侧抹灰面积并入天棚面积内;板式楼梯底面抹灰按斜面积计算,锯齿形楼梯底板抹灰按展开面积计算。

(2)"抹装饰线条"线角的道数以一个凸出的棱角为一道线,应在报价时注意。

(3)雨篷、阳台及挑檐底面抹灰应按天棚抹灰编码列项。

(4)天棚抹灰计算公式

天棚抹灰工程量＝房间净面积＋梁侧面面积＋楼梯、雨篷、阳台及挑檐底面积

【案例 19-4】　某居室现浇钢筋混凝土天棚抹灰工程,如图 19-4 所示,1:1:6 混合砂浆抹面。编制天棚抹灰工程量清单。

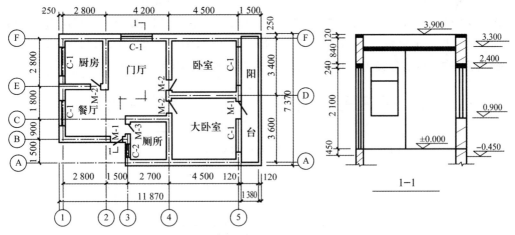

图 19-4　某居室现浇钢筋混凝土天棚抹灰工程

解　天棚抹灰工程量清单的编制

天棚抹灰工程量＝厨房(2.8−0.24)×(2.8−0.24)＋餐厅(2.8＋1.5−0.24)×(0.9＋1.8−0.24)＋门厅(4.2−0.24)×(1.8＋2.8−0.24)−(1.5−0.24)×(1.8−0.24)＋厕所(2.7−0.24)×(1.5＋0.9−0.24)＋卧室(4.5−0.24)×(3.4−0.24)＋大卧室(4.5−0.24)×(3.6−0.24)＋阳台(1.38−0.12)×(3.6＋3.4＋0.25−0.12)＝6.554＋9.988＋15.300＋5314＋13.462＋14.314＋8.984＝73.92 m²

分部分项工程量清单见表 19-1。

表 19-1　　　　　　　　　　　　　**分部分项工程量清单(案例 19-4)**

序号	项目编码	项目名称	项目特征描述	计量单位	工程量
1	011301001001	天棚抹灰	现浇钢筋混凝土基层,抹 1∶1∶6 混合砂浆	m²	73.92

2.天棚吊顶

(1)天棚面层油漆防护,应按油漆、涂料、裱糊工程中相应分项工程工程量清单项目编码列项。

(2)天棚压线、装饰线,应按其他工程中相应分项工程工程量清单项目编码列项。

(3)当天棚设置保温、隔热吸声层时,应按保温、隔热、防腐工程中相应分项工程工程量清单项目编码列项。

(4)天棚吊顶的平面、跌级、锯齿形、阶梯形、吊挂式、藻井式以及矩形、弧形、拱形等应在清单项目中进行描述。

(5)天棚吊顶按设计图示尺寸以水平投影面积计算工程量,天棚面中的灯槽及跌级、锯齿形、吊挂式、藻井式天棚面积不展开计算;不扣除间壁墙、检查口、附墙烟囱、柱、垛和管道所占面积,扣除单个面积>0.3 m²的孔洞、独立柱及与天棚相连的窗帘盒所占的面积。

(6)格栅吊顶、吊筒吊顶、藤条造型悬挂吊顶、织物软吊顶、网架(装饰)吊顶均按设计图示的吊顶尺寸水平投影面积计算。

(7)天棚吊顶计算公式

$$天棚吊顶工程量 = 房间净面积 - \begin{matrix}单个面积大于 0.3 \text{ m}^2 的孔洞、独立柱\\及与天棚相连的窗帘盒所占的面积\end{matrix}$$

【**案例 19-5**】　图 19-5 为某办公室天棚装修平面图。天棚设检查孔一个,窗帘盒宽 200 mm,高 400 mm,通长。吊顶做法:一级不上人,U 形轻钢龙骨,中距 450 mm×450 mm,基层为九夹板,面层为红榉拼花,红榉面板刷硝基清漆。编制天棚吊顶工程量清单。

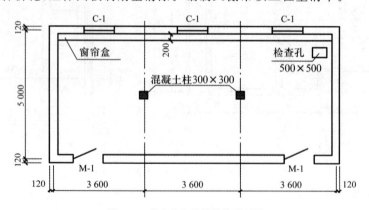

图 19-5　某办公室天棚装修平面图

解　天棚吊顶工程量清单的编制

天棚吊顶工程量=(3.6×3-0.24)×(5-0.24-0.2)=48.15 m²

分部分项工程量清单见表 19-2。

表 19-2   分部分项工程量清单(案例 19-5)

序号	项目编码	项目名称	项目特征描述	计量单位	工程量
1	011302001001	天棚吊顶	一级不上人吊顶,U 形轻钢龙骨,中距 450 mm×450 mm,基层九夹板,面层红 榉拼花	m²	48.15

【案例 19-6】 某酒店餐厅天棚装饰如图 19-6 所示,现浇钢筋混凝土板底吊,不上人型装配式 U 形轻钢龙骨,间距 450 mm×450 mm,天棚灯槽内侧和外沿、窗帘盒部位细木工板基层(不计算窗帘盒工程量),龙骨上或细木工板基层上铺钉纸面石膏板,面层刮泥子 3 遍,刷乳胶漆 3 遍,周边布两条石膏线,石膏线 100 mm 宽。编制天棚吊顶工程量清单。

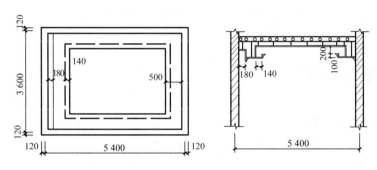

图 19-6　某酒店餐厅天棚装饰

解 天棚吊顶工程量清单的编制

天棚吊顶工程量=(5.4−0.24−0.18)×(3.6−0.24)=16.73 m²

分部分项工程量清单见表 19-3。

表 19-3   分部分项工程量清单(案例 19-6)

序号	项目编码	项目名称	项目特征描述	计量单位	工程量
1	011302001001	天棚吊顶	二级天棚,不上人型装配式 U 形轻钢 龙骨,间距 450 mm×450 mm,龙骨上 铺钉纸面石膏板	m²	16.73

【案例 19-7】 某餐厅长为 18 m,宽为 12 m。大龙骨间距 1 200 mm,断面 50 mm× 70 mm,小龙骨间距 500 mm,断面 50 mm×50 mm,损耗率为 6%。计算龙骨木材用量(不考虑支撑和木吊筋用量)。

解 大龙骨用量=12×(18÷1.2+1)×0.05×0.07×1.06=0.712 m³

小龙骨用量=[12×(18÷0.5+1)+18×(12÷0.5+1)]×0.05×0.05×1.06=2.369 m³

龙骨木材合计用量=0.712+2.369=3.081 m³

【案例 19-8】 铝塑板规格为 500 mm×500 mm,损耗率为 5%,求铝塑板用量。

解　10 m² 铝塑板用量=10×(1+5%)=10.50 m²

或　　　　10 m² 铝塑板块数=$\dfrac{10}{0.5×0.5}$×(1+5%)=42 块

> **经验提示:**定额数量换算一定要考虑损耗率,因为定额都包括损耗。墙龙骨和面层的换算方法与天棚相同。

3.采光天棚

(1)采光天棚不包括钢骨架,天棚钢骨架按钢结构相关项目编码列项。

(2)采光天棚按框外围展开面积计算工程量。

4.天棚其他装饰

(1)灯带(槽)按设计图示尺寸以框外围面积计算工程量。

(2)送风口、回风口按设计图示数量计算工程量。

(3)灯带分项已包括了灯带的安装和固定。

(4)计算工程量时无论送风口、回风口所占的面积是否大于 0.3 m²,送风口、回风口另外按个计算。

(5)计算公式

$$灯带工程量 = 灯带图示长度 \times 图示宽度$$
$$送风口、回风口工程量 = 个数$$

19.3　工程量清单计价

一、计量规范与计价规则说明

(1)天棚的检查孔、天棚内的检修走道、灯槽等应包括在报价内。

(2)天棚吊顶的吊杆和龙骨安装,其所需费用应计入相应项目报价内。

二、天棚工程实务案例

【**案例 19-9**】　某居室现浇钢筋混凝土天棚抹灰工程,如图 19-4 所示,1∶1∶6 混合砂浆抹面。编制天棚抹灰工程量清单计价表。

解　天棚抹灰工程量清单计价表的编制

该项目发生的工程内容为混合砂浆抹面。

天棚抹灰工程量 $= (2.8 - 0.24) \times (2.8 - 0.24) + (2.8 + 1.5 - 0.24) \times (0.9 + 1.8 - 0.24) + (4.2 - 0.24) \times (1.8 + 2.8 - 0.24) - (1.5 - 0.24) \times (1.8 - 0.24) + (2.7 - 0.24) \times (1.5 + 0.9 - 0.24) + (4.5 - 0.24) \times (3.4 - 0.24) + (4.5 - 0.24) \times (3.6 - 0.24) + (1.38 - 0.12) \times (3.6 + 3.4 + 0.25 - 0.12) = 73.92$ m²

现浇钢筋混凝土天棚抹混合砂浆,套定额 13-1-3。

人工、材料、机械单价选用市场信息价。

工程量清单项目人工、材料、机械费用分析见表 19-4。

表 19-4　　　　　工程量清单项目人工、材料、机械费用分析(案例 19-9)

清单项目名称	工程内容	定额编号	计量单位	数量	费用组成/元			
					人工费	材料费	机械费	小计
天棚抹灰。现浇钢筋混凝土基层,抹 1∶1∶6 混合砂浆	混合砂浆抹面	13-1-3	m²	73.92	1 336.33	427.78	21.07	1 785.18
合计	—	—	—	—	1 336.33	427.78	21.07	1 785.18

根据企业情况确定管理费费率为 32.2%,利润率为 17.3%。

分部分项工程量清单计价见表 19-5。

表 19-5　　　　　　　　分部分项工程量清单计价(案例 19-9)

序号	项目编码	项目名称	项目特征描述	计量单位	工程量	金额/元	
						综合单价	合价
1	011301001001	天棚抹灰	现浇钢筋混凝土基层,抹 1∶1∶6 混合砂浆	m²	73.92	33.10	2 446.75

练 习 题

一、单选题

1.定额中天棚抹灰工程量=(　　　)。

A.主墙间的净长度×主墙间的净宽度　　　　B.主墙间展开面积

C.主墙间的净长度×主墙间的净宽度＋梁侧面积　　　D.主墙间展开面积＋梁侧面积

2.某天棚抹灰装饰,开间 4.5 m,进深 3.6 m,墙厚 240 mm,天棚带梁,其侧面积为 200 m²,则该天棚抹灰的定额工程量为(　　　)m²。

A. 216.2　　　　　　　B.14.31　　　　　　　C.16.2　　　　　　　D.214.31

3.下列关于吊顶天棚面层清单工程量的计算,不正确的说法是(　　　)。

A.灯槽等面积不展开计算　　　　　　B.灯槽等面积展开计算

C.应扣除 0.3 m² 以上孔洞所占的面积　　　D.不扣除间壁墙、检查洞所占面积

4.艺术造型天棚饰面工程量=(　　　)。

$A.\sum$ 展开长度 × 展开宽度　　　　　　$B.$水平投影面积

$C.$水平投影面积 × 1.15　　　　　　$D.$主墙间展开面积 － 窗帘盒等所占面积

5.清单工程中采光天棚按照(　　　)计算。

A.水平投影面积　　　　　　　　B.内框展开面积

C.外框展开面积　　　　　　　　D.水平投影面积×1.15

二、多选题

1.天棚工程共分(　　　)等子分部工程项目。

A.天棚抹灰　　　　B.天棚吊顶　　　　C.天棚照明　　　　D.天棚采光

E.天棚其他装饰

2. 以下哪些抹灰应并入相应的天棚抹灰工程量内计算(　　　)。

A.龙骨　　　　B.檐口　　　　C.阳台　　　　D.楼梯底　　　E.雨篷底

3.执行定额时,以下关于天棚面层描述正确的是(　　　)。

A.天棚面层不在同一标高,且高差≤400 mm、跌级≤三级的一般直线形平面天棚按跌级天棚相应项目执行

B.高差>400 mm 或跌级>三级,以及圆弧形、拱形等造型天棚按吊顶天棚中的艺术造型天棚相应项目执行

C.天棚面层不在同一标高,且高差≤300 mm、跌级≤三级的一般直线形平面天棚按跌级天棚相应项目执行

D.高差>300 mm 或跌级>三级,以及圆弧形、拱形等造型天棚按吊顶天棚中的艺术造型天棚相应项目执行

E.国家定额跌级天棚其面层按相应项目人工乘以系数1.3。省定额跌级天棚基层、面层按平面定额项目人工乘以系数1.1

4.执行定额时,以下对于楼梯底地面抹灰叙述正确的是(   )。

A.国家定额板式楼梯底面抹灰面积(包括踏步、休息平台以及宽度≤500 mm的楼梯井)按水平投影面积乘以系数1.15计算

B.国家定额锯齿形楼梯底板抹灰面积(包括踏步、休息平台以及宽度≤500 mm的楼梯井)按水平投影面积乘以系数1.37计算

C.山东省定额楼梯底面(包括侧面及连接梁、平台梁、斜梁的侧面)抹灰,按楼梯水平投影面积乘以系数1.15,并入相应天棚抹灰工程量内计算

D.山东省定额楼梯底面(包括侧面及连接梁、平台梁、斜梁的侧面)抹灰,按楼梯水平投影面积乘以系数1.37,并入相应天棚抹灰工程量内计算

E.山东省定额楼梯底面(包括侧面及连接梁、平台梁、斜梁的侧面)抹灰,按楼梯展开面积乘以系数1.37,并入相应天棚抹灰工程量内计算

5.天棚定额工程量按以下规则计算正确的有(   )。

A.天棚饰面工程量=主墙间展开面积-窗帘盒等所占面积

B.天棚抹灰工程量=主墙间的净长度×主墙间的净宽度

C.送风口、回风口按设计图示数量计算

D.雨篷工程量按设计图示尺寸以水平投影面积计算

E.灯带(槽)按设计图示尺寸以框外围面积计算

三、判断题

1.定额数量换算不需要考虑损耗率,因为定额损耗要在清单工程量中体现。   (   )

2.混凝土天棚刷素水泥浆或界面剂,按墙、柱面装饰相应项目人工乘以系数1.15计算工程量。   (   )

3.天棚检查孔的工料已包括在项目内,面层材料不同时,另增加材料,其他不变。(   )

4.天棚抹灰面积,按主墙间以展开面积计算。   (   )

5.格栅吊顶、吊筒吊顶、藤条造型悬挂吊顶、织物软吊顶、网架(装饰)吊顶均按设计图示的吊顶尺寸水平投影面积计算。   (   )

第20章
油漆、涂料、裱糊工程

知识目标

1.熟悉油漆、涂料、裱糊工程的定额说明。掌握楼地面、天棚面、墙面、柱面的喷（刷）涂料、门窗刷油漆工程量计算方法。

2.掌握楼地面、天棚面、墙面、柱面的喷（刷）涂料、门窗刷油漆清单工程量计算规则、项目特征描述及工程量清单和清单计价表编制方法。

能力目标

能应用油漆、涂料、裱糊工程有关分项工程量的计算方法，结合实际工程进行油漆涂料裱糊工程工程量计算和定额的应用。能编制油漆、涂料、裱糊工程工程量清单和清单计价表。

引 例

某住宅装饰工程有天棚面、墙面的喷（刷）涂料项目，请进行工程量清单和清单计价表的编制。

20.1 定额工程量计算

一、定额说明

（1）当设计与定额取定的喷、涂、刷遍数不同时，按定额中相应每增减一遍项目进行调整。

（2）国家定额油漆、涂料定额中均已考虑刮泥子。当抹灰面刷油漆、喷（刷）涂料设计与定额取定的刮泥子遍数不同时，可按本章喷刷涂料一节中刮泥子每增减一遍项目进行调整。喷刷涂料一节中刮泥子项目仅适用于单独刮泥子工程。省定额抹灰面油漆、涂料项目中均未包括刮泥子内容，刮泥子按基层处理相应子目单独套用。

（3）附着安装在同材质装饰面上的木线条、石膏线条等的刷油漆、喷（刷）涂料工程，与装饰面同色者，并入装饰面计算；与装饰面分色者，单独计算。

（4）门窗套、窗台板、腰线、压顶、扶手（栏板上扶手）等抹灰面刷油漆、喷（刷）涂料，与整体墙面同色者，并入墙面计算；与整体墙面分色者，单独计算，按墙面相应项目执行，其中人工乘以系数 1.43。

(5)纸面石膏板等装饰板材面刮泥子、刷油漆、喷(刷)涂料,按抹灰面刮泥子、刷油漆、喷(刷)涂料相应项目执行。

(6)附墙柱抹灰面喷油漆、喷(刷)涂料、裱糊,按墙面相应项目执行;独立柱抹灰面喷油漆、喷(刷)涂料、裱糊,按墙面相应项目执行,其中人工乘以系数 1.2。

(7)油漆。

①油漆浅、中、深各种颜色已在定额中综合考虑,颜色不同时,不另行调整。

②定额综合考虑了在同一平面上的分色,但美术图案需另外计算。

③木材面硝基清漆项目中每增加刷理漆片一遍项目和每增加刷硝基清漆一遍项目均适用于三遍以内。

④木材面聚酯清漆、聚酯色漆项目,当设计与定额取定的底漆遍数不同时,可按每增加聚酯清漆(或聚酯色漆)一遍项目进行调整,其中聚酯清漆(或聚酯色漆)调整为聚酯底漆,消耗量不变。

⑤木材面刷底油一遍、清油一遍可按相应底油一遍、熟桐油一遍项目执行,其中熟桐油调整为清油,消耗量不变。

⑥木门、木扶手、其他木材面等刷漆,按熟桐油、底油、生漆两遍项目执行。

⑦省定额木踢脚板油漆,若与木地板油漆相同,并入地板工程量内计算,其工程量计算方法和系数不变。

⑧当设计要求金属面刷一遍防锈漆时,按金属面刷防锈漆一遍项目执行,其中人工乘以系数 1.74,材料均乘以系数 1.90。

⑨金属面油漆项目均考虑了手工除锈,如实际为机械除锈,另按相应项目执行,油漆项目中的除锈用工亦不扣除。

⑩墙面真石漆、氟碳漆项目不包括分格嵌缝,当设计要求做分格嵌缝时,费用另行计算。

(8)涂料。

①木龙骨刷防火涂料按四面涂刷考虑,木龙骨刷防腐涂料按一面(接触结构基层面)涂刷考虑。

②金属面防火涂料项目按涂料密度 $500 \ kg/m^3$ 和项目中注明的涂刷厚度计算,当设计与定额取定的涂料密度、涂刷厚度不同时,防火涂料消耗量可做调整。

③艺术造型天棚吊顶、墙面装饰的基层板缝粘贴胶带,按相应项目执行,人工乘以系数1.2。

二、工程量计算规则

1.抹灰面油漆、涂料工程

(1)国家定额抹灰面油漆、涂料工程计算规定:

①抹灰面油漆、涂料(另做说明的除外)按设计图示尺寸以面积计算。

②踢脚线刷耐磨漆按设计图示尺寸以长度计算。

③槽形底板,混凝土折瓦板,有梁板底,密肋梁板底,井字梁板底刷油漆、涂料按设计图示尺寸以展开面积计算。

　　④墙面及天棚面刷石灰油浆、白水泥、石灰浆、石灰大白浆、普通水泥浆、可赛银浆、大白浆等涂料工程量按抹灰面积工程量计算规则计算。

　　⑤混凝土花格窗、栏杆花饰刷油漆、喷(刷)涂料按设计图示洞口面积计算。

　　⑥天棚面、墙面、柱面基层板缝粘贴胶带纸按相应天棚面、墙面、柱面基层板面积计算。

　　(2)省定额楼地面、天棚面、墙面、柱面的喷(刷)涂料面、油漆工程,其工程量按装饰工程各自抹灰的工程量计算规则计算。涂料系数表中有规定的,按规定计算工程量并乘以系数表中的系数。

$$涂刷工程量＝抹灰面工程量×各项相应系数$$

> **经验提示:**楼地面、天棚面、墙面、柱面的涂料工程量与基层相同,称为装饰面上的装饰,不用再计算了。

　　抹灰面油漆工程量系数见表 20-1。

表 20-1　　　　　　　　　　　　　抹灰面油漆工程量系数

定额项目	项目名称	系数	工程量计算方法
抹灰面	槽形底板、混凝土折瓦板	1.30	按设计图示尺寸以面积计算
	有梁板底	1.10	
	密肋梁板底、井字梁板底	1.50	
	混凝土楼梯板底	1.37	水平投影面积

　　【案例 20-1】　某酒店包间装饰工程尺寸如图 20-1 所示,地面刷过氯乙烯涂料,三合板木墙裙上润油粉,刷硝基清漆六遍,墙面、天棚刷乳胶漆三遍(光面),计算工程量。

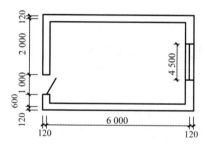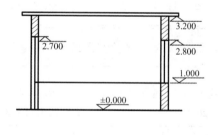

图 20-1　某酒店包间装饰工程

　　解　①地面刷涂料工程量＝(6－0.24)×(3.6－0.24)＝19.35 m²

　　②墙裙刷硝基清漆工程量＝[(6－0.24＋3.6－0.24)×2－1＋0.12×2]×1×1.00(系数)

$$＝17.48 \text{ m}^2$$

　　③天棚刷乳胶漆工程量＝5.76×3.36＝19.35 m²

　　④墙面刷乳胶漆工程量＝(5.76＋3.36)×2×2.2－1×(2.7－1)－1.5×1.8＝35.73 m²

　　2.木材面、金属面油漆工程

　　(1)木材面、金属面、金属构件油漆的工程量分别按油漆、涂料系数表的规定,并乘以系数表内的系数计算。

$$油漆工程量＝基层项工程量×各项相应系数$$

　　①省定额单层木门工程量系数见表 20-2。

表 20-2　　　　　　　　　　　省定额单层木门工程量系数

定额项目	项目名称	系数	工程量计算方法
单层木门	单层木门	1.00	按设计图示洞口尺寸以面积计算
	双层(一板一纱)木门	1.36	
	单层全玻门	0.83	
	木百叶门	1.25	
	厂库大门	1.10	
	无框装饰门、成品门	1.10	按设计图示门扇面积计算

想一想:为什么要建立木材面油漆系数表? 消耗量定额如果不设油漆系数表是否可以? 其结果是怎样的?

【案例 20-2】 全玻门,尺寸如图 20-2 所示,油漆为底油一遍,调和漆三遍,计算工程量。

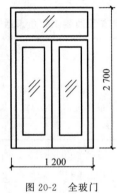

2 700

1 200

图 20-2　全玻门

解　油漆工程量＝1.2×2.7×0.83(系数)＝2.69 m²

课堂互动:什么是工程量? 上式 2.69 m² 是门的面积,还是刷油漆面积?

②省定额木材墙面墙裙工程量系数见表 20-3。

表 20-3　　　　　　　　　省定额木材墙面墙裙工程量系数

定额项目	项目名称	系数	工程量计算方法
墙面墙裙	无造型墙面墙裙	1.00	按设计图示尺寸以面积计算
	有造型墙面墙裙	1.25	

(2)基层处理工程量按其面层工程量套用基层处理相应子目。

基层处理工程量＝面层工程量

(3)木材面刷防火涂料,按所刷木材面的面积计算工程量;木方面刷防火涂料,按木方所附墙、板面的投影面积计算工程量。

(4)空花格、栏杆刷涂料按设计图示尺寸,以外围面积计算。

3.裱糊工程

墙面、天棚面裱糊工程量按设计图示尺寸以面积计算。

裱糊工程量＝设计裱糊(实贴)面积

【案例 20-3】　某工程内装饰如图 20-3 所示,内墙抹灰面满刮泥子两遍,贴对花墙纸;挂镜线刷底油一遍,调和漆两遍;挂镜线以上及天棚刷仿瓷涂料两遍。计算工程量。

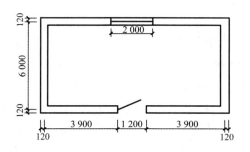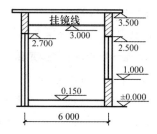

图 20-3　某工程内装饰

解　①挂镜线工程量＝(9−0.24+6−0.24)×2×0.35(系数)＝10.16 m

②墙面满刮泥子工程量＝(9−0.24+6−0.24)×2×(3−0.15)−1.2×(2.7−0.15)−2×1.5＝76.70 m²

③墙面贴对花墙纸工程量＝(9−0.24+6−0.24)×2×(3−0.15)−1.2×(2.7−0.15)−2×1.5+[1.2+(2.7−0.15)×2+(2+1.50)×2]×0.12＝78.30 m²

④天棚刷仿瓷涂料工程量＝(9−0.24+6−0.24)×2×0.5+(9−0.24)×(6−0.24)＝64.98 m²

20.2　工程量清单编制

一、清单项目设置

油漆、涂料、裱糊工程共分 8 个子分部工程项目,即门油漆、窗油漆、木扶手及其他板条线条油漆、木材面油漆、金属面油漆、抹灰面油漆、喷刷涂料、裱糊。适用于门窗油漆、金属面和抹灰面油漆工程。

1.门油漆(编号:011401)

门油漆项目包括木门油漆和金属门油漆 2 个清单项目。

2.窗油漆(编号:011402)

窗油漆项目包括木窗油漆和金属窗油漆 2 个清单项目。

3.木扶手及其他板条线条油漆(编号:011403)

木扶手及其他板条线条油漆项目包括木扶手油漆,窗帘盒油漆,封檐板、顺水板油漆,挂衣板、黑板框油漆,挂镜线、窗帘棍、单独木线油漆 5 个清单项目。

4.木材面油漆(编号:011404)

木材面油漆项目包括木护墙、木墙裙油漆,窗台板、筒子板、盖板、门窗套、踢脚板油漆,清水板条天棚、檐口油漆,木方格吊顶天棚油漆,吸音板、墙面、天棚面油漆,暖气罩油漆,其他木材面油漆,木间壁、木隔断油漆,玻璃间壁、露明墙筋油漆,木栅栏、木栏杆(带扶手)油漆,衣柜、壁柜油漆,梁、柱饰面油漆,零星木装修油漆,木地板油漆,木地板烫硬蜡面 15 个清单项目。

5.金属面油漆(编号:011405)

金属面油漆项目只有 1 个清单项目。

6.抹灰面油漆(编号:011406)

抹灰面油漆项目包括抹灰面油漆、抹灰线条油漆和满刮泥子 3 个清单项目。

7.喷刷涂料(编号:011407)

喷刷涂料项目包括墙面喷刷涂料,天棚喷刷涂料,空花格、栏杆刷涂料,线条刷涂料,金属构件刷涂料和木材构件喷刷防火涂料6个清单项目。

8.裱糊(编号:011408)

裱糊项目包括墙纸裱糊和织锦缎裱糊2个清单项目。

二、工程量清单有关项目特征说明

(1)有关项目中已包括油漆、涂料的,不再单独列项。

(2)泥子种类分石膏油泥子(熟桐油、石膏粉、适量水)、胶泥子(大白、色粉、羧甲基纤维素)、漆片泥子(漆片、酒精、石膏粉、适量色粉)、油泥子(矾石粉、桐油、脂肪酸、松香)等。

(3)透明泥子的树脂含量不同,有多种不同品质的透明泥子。由于泥子是单组分结构,使用时无须加入固化剂,可直接使用或加入稀释剂,稀释后使用。透明泥子具有黏度大、填孔能力强、干速快、透明度好、易打磨等特点。定额包括满刮透明泥子1遍,干透后打磨、除尘。

(4)刮泥子要求,分刮泥子遍数(道数)或满刮泥子或找补泥子等。因此,刮泥子应注意刮泥子遍数,是满刮还是找补泥子。

(5)应用油漆、涂料工程量系数表的主要目的是减少项目。油漆、涂料工程量系数表规范与定额是一致的。

三、工程量清单的编制

1.门油漆

(1)木门油漆应区分木大门、单层木门、双层木门(一玻一纱)、双层木门(单裁口)、全玻自由门、半玻自由门、装饰门及有框门或无框门等项目,分别编码列项。

(2)金属门油漆应区分平开门、推拉门、钢制防火门列项。

(3)连窗门可按门油漆工程量清单项目编码列项。

(4)以平方米计量,项目特征可不必描述洞口尺寸。

(5)门油漆工程量按设计图示数量或设计图示洞口尺寸以面积计算工程量。

(6)门油漆工程量计算公式

$$门油漆工程量=设计图示单面洞口宽度×设计图示单面洞口高度×数量$$

或
$$门油漆工程量=设计图示数量$$

【案例20-4】 全玻木门,共10樘,尺寸如图20-4所示,油漆为底油1遍,调和漆3遍。编制木门油漆工程量清单。

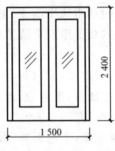

图 20-4   全玻木门

解 木门油漆工程量清单的编制:

木门油漆工程量=10樘

或   木门油漆工程量=1.5×2.4×10=36.00 m²

分部分项工程量清单见表 20-4。

表 20-4　　　　　　　　　分部分项工程量清单(案例 20-4)

序号	项目编码	项目名称	项目特征描述	计量单位	工程量
1	011401001001	木门油漆	全玻木门,油漆为底油 1 遍, 调和漆 3 遍	樘	10
				m²	36.00

经验提示:计量规范有几个单位时,只能选一个单位计算工程量。

2.窗油漆

(1)木窗油漆应区分单层玻璃窗、双层木窗(一玻一纱)、双层框扇木窗(单裁口)、双层框三层木窗(二玻一纱)、单层组合窗、双层组合窗、木百叶窗、木推拉窗等项目,分别编码列项。

(2)金属窗油漆应区分平开窗、推拉窗、固定窗、组合窗、金属隔栅窗分别列项。

(3)以平方米计量,项目特征可不必描述洞口尺寸。

(4)窗油漆按设计图示数量或设计图示洞口尺寸以面积计算工程量。

(5)窗油漆工程量计算公式

　　　　窗油漆工程量＝设计图示单面洞口宽度×设计图示单面洞口高度×数量

或　　　　　　　　　　　　　窗油漆工程量＝设计图示数量

【案例 20-5】　如图 20-5 所示全中悬木制天窗,共 8 樘,油漆为底油 1 遍,调和漆 2 遍。编制木制天窗油漆工程量清单。

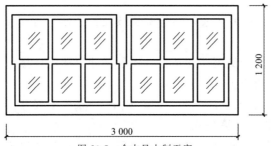

图 20-5　全中悬木制天窗

解　木制天窗油漆工程量清单的编制

木制天窗油漆工程量＝8 樘

或　木制天窗油漆工程量＝3×1.2×8＝28.80 m²

分部分项工程量清单见表 20-5。

表 20-5　　　　　　　　　分部分项工程量清单(案例 20-5)

序号	项目编码	项目名称	项目特征描述	计量单位	工程量
1	011402001001	木制天窗油漆	全中悬木制天窗,油漆为底油 1 遍,调和漆 2 遍	樘	8
				m²	28.80

3.木扶手及其他板条线条油漆

(1)木扶手应区分带托板与不带托板,分别编码列项;若是木栏杆带扶手,木扶手不应单独列项,应包含在木栏杆油漆中。

(2)单独木线角、线条、压条的油漆应单独编码列项。以面积计算的油漆项目,线角、线条、压条等刷油漆的工料消耗应包括在报价内。

(3)抹灰线条油漆是指宽度 300 mm 以内者,当宽度超过 300 mm 时,应按图示尺寸的展开面积并入相应抹灰面油漆中。

（4）木扶手及其他板条线条油漆按设计图示尺寸以长度计算工程量。

（5）楼梯木扶手工程量按中心线斜长计算，弯头长度应计算在扶手长度内。

（6）木扶手及其他板条线条油漆工程量计算公式

$$木扶手及其他板条线条油漆工程量＝设计图示长度$$

4. 木材面油漆

（1）木护墙、木墙裙油漆应区分有造型与无造型，分别编码列项。

（2）窗帘盒应区分明式与暗式，分别编码列项。

（3）木地板、木楼梯油漆应区分地板面、楼梯面分别编码列项。

（4）木护墙、木墙裙油漆工程量按垂直投影面积计算。

（5）窗台板、筒子板、盖板、门窗套、踢脚线油漆工程量按水平或垂直投影面积（门窗套的贴脸板和筒子板垂直投影面积合并）计算。

（6）清水板条天棚、檐口油漆，以及木方格吊顶天棚油漆工程量以水平投影面积计算，不扣除孔洞面积。

（7）暖气罩油漆工程量，垂直面按垂直投影面积计算，凸出墙面的水平面按水平投影面积计算，不扣除孔洞面积。

（8）博风板工程量按中心线斜长计算，有大刀头的每个大刀头增加长度50 cm。

（9）木间壁、木隔断、玻璃间壁、露明墙筋、木栅栏、木栏杆（带扶手）油漆按设计图示尺寸以单面外围面积计算工程量。

（10）衣柜、壁柜、梁柱饰面、零星木装修油漆按设计图示尺寸以油漆部分展开面积计算工程量。

（11）木地板油漆、木地板烫硬蜡面按设计图示尺寸以面积计算工程量，孔洞、空圈、暖气包槽、壁龛的开口部分并入相应工程量内。

（12）工程量以面积计算的油漆项目，线角、线条、压条等不展开。

（13）木材面油漆工程量计算公式

$$木材板面油漆工程量＝设计图示长度×设计图示高度$$
$$木间壁、木隔断等油漆工程量＝设计图示单面外围长度×设计图示单面外围高度$$
$$衣柜、壁柜等油漆工程量＝设计图示油漆部分展开面积$$
$$木地板油漆工程量＝房间净面积＋增加开口部分面积$$

【**案例 20-6**】 某装饰工程造型木墙裙刷亚光聚酯色漆，工程量为 27.20 m²，按透明泥子1遍、底漆1遍、面漆3遍的要求施工。编制木墙裙油漆工程量清单。

解 木墙裙油漆工程量清单的编制

木墙裙油漆工程量＝27.20 m²

分部分项工程量清单见表20-6。

表 20-6　　　　　　**分部分项工程量清单（案例 20-6）**

序号	项目编码	项目名称	项目特征描述	计量单位	工程量
1	011404001001	木墙裙油漆	透明泥子1遍，底漆1遍，亚光聚酯色漆3遍	m²	27.20

5. 金属面油漆

（1）金属面油漆应依据金属面油漆调整系数的不同区分金属面和金属构件，分别编码列项。

(2)金属面油漆以吨计量按设计图示尺寸以质量计算工程量;以平方米计量按设计展开面积计算工程量。

(3)金属面油漆工程量计算公式

$$金属面油漆工程量＝设计展开面积$$

$$金属构件油漆工程量＝设计图示长度×金属的单位长度质量$$

【案例 20-7】　某单位围墙钢栏杆 2.560 t,刷防锈漆 1 遍,天蓝色调和漆 2 遍。编制钢栏杆工程量清单。

解　钢栏杆工程量清单的编制

钢栏杆油漆工程量＝2.560 t

分部分项工程量清单见表 20-7。

表 20-7　　　　　　　　　分部分项工程量清单(案例 20-7)

序号	项目编码	项目名称	项目特征描述	计量单位	工程量
1	011405001001	金属面油漆	钢栏杆,防锈漆 1 遍,天蓝色调和漆 2 遍	t	2.560

6.抹灰面油漆

(1)抹灰面的油漆应注明基层的类型,如一般抹灰墙柱面与拉条灰、拉毛灰、甩毛灰等油漆的耗工量与材料消耗量不同。

(2)满刮泥子、抹灰面油漆按设计图示尺寸以面积计算工程量。注意:抹灰面油漆项目内已包括刮泥子,满刮泥子项目只适用单独刮泥子的情况。

(3)抹灰线条油漆按设计图示尺寸以长度计算工程量。

(4)抹灰面油漆工程量计算公式

$$抹灰面油漆工程量＝设计图示长度×设计图示(宽)高度－门窗洞口面积＋梁垛侧面积$$

$$抹灰线条油漆工程量＝设计图示长度$$

7.喷(刷)涂料

(1)抹灰面的涂料应注明基层的类型和内墙或外墙,如一般抹灰墙柱面与拉条灰、拉毛灰、甩毛灰等涂料的耗工量与材料消耗量不同,内墙和外墙喷(刷)涂料价格也不同。

(2)喷塑清单项目名称中应表述面层形式,即区分大压花、中压花及喷中点和幼点、平面等。

(3)墙面、天棚喷(刷)涂料按设计图示尺寸以面积计算工程量,不扣除线条所占面积。

(4)空花格、栏杆刷涂料按设计图示尺寸以单面外围面积计算工程量。

(5)线条刷涂料按设计图示尺寸以长度计算工程量。

(6)喷(刷)涂料工程量计算公式

$$墙面、天棚喷(刷)涂料工程量＝设计图示长度×设计图示(宽)高度－门窗洞口面积＋梁垛侧面积$$

$$空花格、栏杆刷涂料工程量＝设计图示单面外围长度×设计图示单面外围高度$$

$$线条刷涂料工程量＝设计图示总长度$$

【案例 20-8】　某宾馆接待室墙面装饰工程尺寸如图 20-6 所示,门窗均包套,中国黑石材踢脚板,柱铝塑板饰面,墙面刷乳胶漆 3 遍(光面)。计算刷涂料工程量。

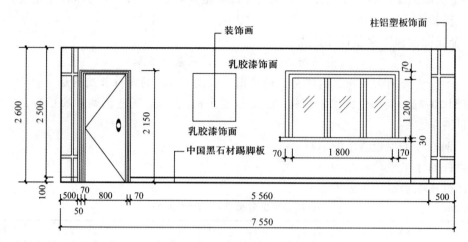

图 20-6　某宾馆接待室墙面装饰工程

解　墙面刷乳胶漆工程量＝$(7.55-0.5\times2)\times2.5-$门$(0.8+0.07\times2)\times(2.15-0.1)-$窗$(1.8+0.07\times2)\times(0.03+1.2+0.07)=11.93$ m²

8.裱糊

(1)墙纸和织锦缎的裱糊,应注意要求对花还是不对花。

(2)裱糊按设计图示尺寸以面积计算工程量。

(3)裱糊工程量计算公式

裱糊工程量＝设计图示长度×设计图示(宽)高度

20.3　工程量清单计价

一、计量规范与计价规则说明

(1)有线角、线条、压条的油漆面的工料消耗应包括在报价内。

(2)空花格、栏杆刷涂料工程量按外框单面垂直投影面积计算,应注意其展开面积工料消耗应包括在报价内。

(3)有线角、线条、压条的涂料面的工料消耗应包括在报价内。

(4)抹灰面油漆涂料项目内的刮泥子应包括在报价内。

二、油漆工程案例

【案例 20-9】　根据案例 20-4 编制的木门油漆工程量清单,编制木门油漆工程量清单计价表。

解　木门油漆工程量清单计价表的编制:

该项目发生的工程内容:刷底油 1 遍、调和漆 2 遍、增加 1 遍调和漆。

一樘木门油漆工程量＝$1.5\times2.4\times0.83$(系数)$=2.99$ m²

刷底油 1 遍,调和漆 2 遍,套定额 14-1-1。

每增加 1 遍调和漆,套定额 14-1-21。

人工、材料、机械单价选用市场信息价。

工程量清单项目人工、材料、机械费用分析见表 20-8。

表 20-8　　　　　　　工程量清单项目人工、材料、机械费用分析（案例 20-9）

清单项目名称	工程内容	定额编号	计量单位/元	数量	费用组成/元			
					人工费	材料费	机械费	小计
木门油漆。全玻木门，油漆为底油 1 遍，调和漆 3 遍	底油 1 遍，调和漆 2 遍	14-1-1	m²	2.99	86.65	27.45	—	114.10
	每增加 1 遍调和漆	14-1-21	m²	2.99	24.34	11.80	—	36.14
合计					110.99	39.25	—	150.24

根据企业情况确定管理费费率为 32.2%，利润率为 17.3%。

分部分项工程量清单计价见表 20-9。

表 20-9　　　　　　　分部分项工程量清单计价（案例 20-9）

序号	项目编码	项目名称	项目特征描述	计量单位	工程量	金额/元	
						综合单价	合价
1	011401001001	木门油漆	①门类型：全玻木门。②油漆种类、刷油要求：油漆为底油 1 遍，调和漆 3 遍	樘	10	205.18	2 051.80
				m²	36.00	56.99	2 051.64

想一想：上例的计算结果为什么不同？原因在哪里？

练习题

一、单选题

1.按 t 计算工程量的是（　　）。

A.门窗五金安装　　　B.金属门　　　　　　C.金属面油漆　　　　　D.门窗油漆

2.以下不正确的是（　　）。

A.门窗油漆，工程量计量单位为樘　　　　　B.金属面油漆，工程量计量单位为 m²

C.木扶手油漆，工程量计量单位为 m　　　　D.栏杆刷乳胶漆，工程量计量单位为 m²

3.以下油漆清单工程量的计算以 m² 为单位的是（　　）。

A.木扶手　　　　　B.木材面　　　　　　C.金属面　　　　　　D.门油漆

4.下列油漆工程量计算规则中，正确的说法是（　　）。

A.门、窗油漆按展开面积计算　　　　　　B.木扶手油漆按平方米计算

C.金属面油漆按构件质量计算　　　　　　D.抹灰面油漆按图示尺寸以面积和遍数计算

5.工程清单编制时，同一清单项内，计量规范有几个单位时，应该（　　）。

A.分别计算　　　　　　　　　　　　　　B.保留一项，其他综合考虑

C.只能选一个单位计算工程量　　　　　　D.乘以相应系数调整

6.清单中墙面、天棚喷刷涂料工程量＝（　　）。

A.设计图示单面外围长度×设计图示单面外围高度

B.设计图示总长度×设计图示宽度

C.设计图示长度×设计图示（宽）高度－门窗洞口面积＋梁、垛侧面积

D.设计图示长度×设计图示（宽）高度－门窗洞口面积

二、多选题

1.关于定额中刮泥子的叙述正确的是（　　）。

A.国家定额油漆、涂料定额中均已考虑刮泥子

B.国家定额中当抹灰面油漆、喷刷涂料设计与定额取定的刮泥子遍数不同时，可按本章"喷刷涂料"一节中刮泥子每增减一遍项目进行调整

C.国家定额中喷刷涂料一节中刮泥子项目仅适用于单独刮泥子工程

D.国家定额抹灰面油漆、涂料项目中均未包括刮泥子内容

E.山东省定额中刮泥子按基层处理相应子目单独套用，油漆、涂料定额未予考虑

2.关于清单中喷刷涂料工程量计算描述正确的是（　　）。

A.抹灰面的涂料应注明基层的类型和内墙或外墙，内墙和外墙喷刷涂料价格也不同

B.墙面、天棚喷刷涂料工程量＝设计图示长度×设计图示（宽）高度＋梁、垛侧面积

C.墙面、天棚喷刷涂料按设计图示尺寸以面积计算工程量，不扣除线条所占面积

D.空花格、栏杆刷涂料按设计图示尺寸以单面外围面积计算工程量

E.线条刷涂料按设计图示尺寸以长度计算工程量

3.关于抹灰面刷油漆、涂料叙述正确的有（　　）。

A.门窗套、窗台板、腰线、压顶、扶手（栏板上扶手）等抹灰面刷油漆、涂料，与整体墙面同色者，并入墙面计算

B.门窗套、窗台板、腰线、压顶、扶手（栏板上扶手）等抹灰面刷油漆、涂料与整体墙面分色者，单独计算，按墙面相应项目执行，其中人工乘以系数 1.43

C.混凝土花格窗、栏杆花饰刷（喷）油漆、涂料按设计图示洞口面积乘以相应系数计算

D.天棚、墙、柱面基层板缝粘贴胶带纸按相应天棚、墙、柱面基层板面积计算

E.抹灰面刷油漆、涂料（另做说明的除外）按设计图示尺寸以面积计算

三、判断题

1.定额项目中刷涂料、刷油漆采用手工操作，喷塑、喷涂、喷油采用机械操作，实际操作方法不同时，不做调整。（　　）

2.定额已综合考虑在同一平面上的分色及门窗内外分色的因素，如需做美术图案的另行计算。（　　）

3.按照计量规范要求，工程量以面积计算的油漆项目，如线角、线条、压条等不展开计算。（　　）

4. 金属面油漆项目均考虑了手工除锈，如实际为机械除锈，另按相应项目执行，油漆项目中的除锈用工亦不扣除。（　　）

5.定额项目中均不包括油漆和防火涂料。实际发生时按油漆、涂料定额相应规定计算。（　　）

6.油漆浅、中、深各种颜色已在定额中综合考虑，颜色不同时，不另行调整。（　　）

第21章
其他装饰工程

🔘 知识目标

1.熟悉其他装饰工程的定额说明。掌握橱柜、装饰线条、扶手栏杆、暖气罩、浴厕配件工程量计算方法。

2.掌握其他装饰工程清单工程量计算规则、项目特征描述及工程量清单和清单计价表编制方法。

🔘 能力目标

能应用其他装饰工程有关分项工程量的计算方法,结合实际工程进行其他装饰工程工程量计算和定额的应用。能编制其他装饰工程工程量清单和清单计价表。

引例 ⚙

某住宅装饰工程有橱柜、装饰线条、扶手栏杆、暖气罩、浴厕配件,请进行工程量清单和清单计价表的编制。

21.1 定额工程量计算

一、定额说明

1.柜类、货架

(1)柜、台、架以现场加工、手工制作为主,按常用规格编制。设计与定额不同时,应进行调整换算。

(2)国家定额柜、台、架项目包括五金配件(设计有特殊要求者除外),未考虑压板拼花及饰面板上贴其他材料的花饰、造型艺术品。省定额五金件安装单独列项,使用时分别套用相应定额。

(3)木质柜、台、架项目中板材按胶合板考虑,如设计为生态板(三聚氰胺板)等其他板材时,可以换算材料。

2.压条、装饰线

(1)压条、装饰线(也称装饰线条)均按成品安装考虑。

(2)装饰线条(顶角装饰线条除外)按直线形在墙面安装考虑。墙面安装圆弧形装饰线条,天棚面安装直线形、圆弧形装饰线条,按相应项目乘以系数执行:

①墙面安装圆弧形装饰线条,人工乘以系数 1.2,材料乘以系数 1.11;

②国家定额天棚面安装直线形装饰线条,人工乘以系数 1.34;

③国家定额天棚面安装圆弧形装饰线条,人工乘以系数 1.6(省定额规定 1.4),材料乘以系数 1.1;

④国家定额装饰线条直接安装在金属龙骨上,人工乘以系数 1.68;

⑤省定额装饰线条作艺术图案,人工乘以系数 1.6。

3.扶手、栏杆、栏板装饰

(1)扶手、栏杆、栏板项目(护窗栏杆除外)适用于楼梯、走廊、回廊及其他装饰性扶手、栏杆、栏板。

(2)扶手、栏杆、栏板为综合项,已综合考虑扶手弯头(非整体弯头)的费用,不锈钢栏杆管材、法兰用量,设计与定额不同时可以换算,但人工、机械消耗量不变。如遇木扶手、大理石扶手为整体弯头,弯头另按本章相应项目执行。

(3)当设计栏板、栏杆的主材消耗量与定额不同时,其消耗量可以调整。

4.暖气罩

(1)挂板式暖气罩是指暖气罩直接钩挂在暖气片上;平墙式暖气罩是指暖气片凹嵌入墙中,暖气罩与墙面平齐;明式暖气罩是指暖气片全凸或半凸出墙面,暖气罩凸出于墙外。

(2)暖气罩项目未包括封边线、装饰线,封边线、装饰线应另按本章相应装饰线条项目执行。

5.浴厕配件

(1)大理石洗漱台项目不包括石材磨边、倒角及开面盆洞口,石材磨边、倾角及开面盆洞口应另按本章相应项目执行。

(2)浴厕配件项目按成品安装考虑。省定额台面及裙边子目中包含了成品钢支架安装用工。

6.雨篷、旗杆

(1)点支式、托架式雨篷的型钢和爪件的规格、数量是按常用做法考虑的,当设计要求与定额不同时,材料消耗量可以调整,人工、机械不变。托架式雨篷的斜拉杆费用另计。

(2)铝塑板、不锈钢面层雨篷项目按平面雨篷考虑,不包括雨篷侧面。

(3)旗杆项目按常用做法考虑,未包括旗杆基础、旗杆台座及其饰面。

7.招牌、灯箱

(1)招牌、灯箱项目,当设计与定额考虑的材料品种、规格不同时,材料可以换算。

(2)一般平面广告牌是指正立面平整无凹凸面的广告牌;复杂平面广告牌是指正立面有凹凸面造型的广告牌;箱(竖)式广告牌是指具有多面体的广告牌。

(3)广告牌基层以附墙方式考虑,当设计为独立式时,按相应项目执行,人工乘以系数1.1。

(4)招牌、灯箱项目均不包括广告牌喷绘、灯饰、灯光、店徽、其他艺术装饰及配套机械。

8.美术字

(1)美术字项目均按成品安装考虑,美术字不分字体。

(2)美术字按最大外接矩形面积区分规格,按相应项目执行。

9.石材、瓷砖加工

石材、瓷砖倒角、磨制圆边、开槽、开孔等项目均按现场加工考虑。

10.省定额零星装饰

(1)门窗口套、窗台板及窗帘盒是按基层、造型层和面层分别列项的,使用时分别套用相应定额。

(2)门窗口套安装按成品编制。

11.省定额工艺门扇

(1)工艺门扇按无框玻璃门扇、造型夹板门扇制作、成品门扇安装、门扇工艺镶嵌和门扇五金配件安装,分别设置项目。

(2)无框玻璃门扇定额按开启扇、固定扇两种扇型,以及不同用途的门扇配件,分别设置项目。无框玻璃门扇安装定额中,玻璃为成品玻璃,定额中的损耗为安装损耗。

(3)不锈钢、塑铝板包门框子目为综合子目。

(4)造型夹板门扇制作,定额按木骨架、基层板、面层装饰板,区别不同材料种类,分别设置项目。

(5)成品门扇安装,适用于装饰工程中成品门扇的安装,也适用于现场完成制作门扇的安装。

(6)门扇工艺镶嵌,定额按不同的镶嵌内容,分别设置项目。

(7)门扇五金配件安装,定额按不同用途的成品配件,分别设置项目。

二、工程量计算规则

1.橱柜

国家定额柜类、货架工程量按各项目计量单位计算。其中以"m²"为计量单位的项目,其工程量均按正立面的高度(包括脚的高度在内)乘以宽度计算。省定额橱柜木龙骨项目工程量按橱柜龙骨的实际面积计算。基层板、造型层板及饰面板工程量按实铺面积计算。抽屉工程量按抽屉正面面板面积计算。橱柜五金件工程量以个为单位按数量计算。橱柜成品门扇安装工程量按扇面尺寸以面积计算。

> **经验提示**:橱柜分构件计算工程量比较复杂,一般分型号以个为单位计算工程量。

【案例 21-1】 某厨房制作安装一吊柜,尺寸如图 21-1 所示,木骨架,背面、上面及侧面三合板围板,底板与隔板为 18 mm 厚细木工板,外围及框的正面贴榉木板面层,玻璃推拉门,金属滑轨,计算工程量。

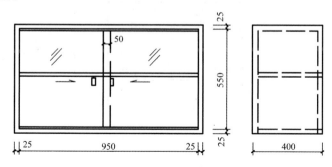

图 21-1　某厨房吊柜

解 ①吊柜木骨架制作安装工程量＝1×0.6＝0.60 m²

②木骨架围板工程量＝1×0.6+(1+0.6×2)×0.4＝1.48 m²

③隔板工程量＝1×0.375×2＝0.75 m²

④面层工程量＝(1+0.6)×2×0.4+(0.95+0.6)×2×0.025+0.95×0.018＝1.37 m²

⑤玻璃推拉门工程量＝(1-0.025×2+0.05)×0.55＝0.55 m²

⑥金属滑轨工程量＝0.95×2＝1.90 m

2.压条、装饰线条

(1)压条、装饰线条应区分材质及规格,按设计图示线条中心线长度计算工程量。

(2)石膏角花、灯盘按设计图示数量计算工程量。

【案例21-2】 家庭装修贴石膏阴角线,50 mm 宽,60 m 长;石膏灯盘,直径500 mm,4 个,计算工程量。

解 ①石膏阴角线工程量＝60.00 m

②石膏灯盘工程量＝4 个

3.扶手、栏杆、栏板装饰

(1)扶手、栏杆、栏板、成品栏杆(带扶手)均按其中心线长度计算工程量,不扣除弯头长度。如遇木扶手、大理石扶手为整体弯头时,扶手消耗量需扣除整体弯头的长度,设计不明确者,每只整体弯头按400 mm 扣除。省定额规定楼梯斜长部分的栏板、栏杆、扶手,按平台梁与连接梁外沿之间的水平投影长度,乘以系数1.15 计算工程量。

(2)国家定额规定单独弯头按设计图示数量计算工程量。

经验提示:楼梯扶手按水平投影长度(包括弯头),乘以系数1.15 计算比较方便。

4.暖气罩

(1)国家定额规定暖气罩(包括脚的高度在内)按边框外围尺寸垂直投影面积计算工程量,成品暖气罩安装按设计图示数量计算工程量。

(2)省定额规定暖气罩各层按设计图示尺寸以面积计算工程量,与壁柜相连时,暖气罩算至壁柜隔板外侧,壁柜套用橱柜相应子目,散热口按其框外围面积单独计算工程量。

(3)省定额规定零星木装饰项目基层、造型层及面层的工程量均按设计图示展开尺寸以面积计算。

【案例21-3】 平墙式暖气罩,尺寸如图21-2所示,五合板基层,榉木板面层,机制木花格散热口,共18 个,计算工程量。

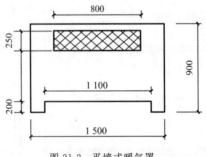

图 21-2 平墙式暖气罩

解 ①基层工程量＝(1.5×0.9-1.1×0.2-0.8×0.25)×18＝16.74 m²

②面层工程量＝(1.5×0.9-1.1×0.2-0.8×0.25)×18＝16.74 m²

③散热口安装工程量＝0.8×0.25×18＝3.60 m²

5.大理石洗漱台

(1)大理石洗漱台按设计图示尺寸以展开面积计算工程量,挡板、吊沿板面积并入其中,不扣除孔洞、挖弯、削角所占面积。

(2)大理石台面面盆开孔按设计图示数量计算工程量。

(3)盥洗室台镜(带框)、盥洗室木镜箱按边框外围面积计算工程量。

(4)盥洗室塑料镜箱、毛巾杆、毛巾环、浴帘杆、浴缸拉手、肥皂盒、卫生纸盒、晒衣架、晾衣绳等按设计图示数量计算工程量。

6.雨篷、旗杆

(1)雨篷按设计图示尺寸以水平投影面积计算工程量。

(2)不锈钢旗杆按设计图示数量计算工程量。

(3)电动升降系统和风动系统按套数计算工程量。

7.招牌、灯箱、美术字

(1)国家定额柱面、墙面灯箱基层,按设计图示尺寸以展开面积计算工程量。一般平面广告牌基层,按设计图示尺寸以正立面边框外围面积计算工程量。复杂平面广告牌基层,按设计图示尺寸以展开面积计算工程量。箱(竖)式广告牌基层,按设计图示尺寸以基层外围体积计算工程量。广告牌面层,按设计图示尺寸以展开面积计算工程量。

(2)省定额招牌、灯箱的木龙骨按正立面投影尺寸以面积计算工程量,型钢龙骨按质量以吨计算工程量。基层及面层按设计尺寸以面积计算工程量。

(3)美术字安装,按字的最大外围矩形面积以个为单位,按数量计算工程量。省定额规定外文或拼音字,以中文意译的单字计算工程量。

> **经验提示:**美术字不分字体,但分材质和大小尺寸计算工程量。

【案例 21-4】 某工程檐口上方设招牌,长 28 m,高 1.5 m,钢结构龙骨,九夹板基层,塑铝板面层,上嵌 8 个 1 m×1 m 泡沫塑料有机玻璃面大字,计算工程量。

解　①美术字工程量＝8 个

②龙骨工程量＝28×1.5＝42.00 m²

③基层工程量＝28×1.5＝42.00 m²

④面层工程量＝28×1.5＝42.00 m²

8.国家定额石材、瓷砖加工

(1)石材、瓷砖倒角按块料设计倒角长度计算工程量。

(2)石材磨边按成形圆边长度计算工程量。

(3)石材开槽按块料成形开槽长度计算工程量。

(4)石材、瓷砖开孔按成形孔洞数量计算工程量。

9.省定额零星装饰

(1)零星木装饰基层、造型层及面层的工程量,均按设计图示展开尺寸以面积计算。

(2)窗台板,按设计长度乘以宽度,以面积计算工程量。设计未注明尺寸时,按窗宽两边共加100 mm 计算长度(有贴脸的按贴脸外边线间宽度),凸出墙面的宽度按 50 mm 计算。

(3)百叶窗帘、网扣帘按设计尺寸成活后展开面积计算工程量,设计未注明尺寸时,按洞口面积计算工程量;窗帘、遮光帘均按展开尺寸以长度计算工程量。

(4)成品铝合金窗帘盒、窗帘轨、杆按长度计算工程量。明式窗帘盒,按设计长度以延长米计算。与天棚相连的暗式窗帘盒,基层板(龙骨)、面层板按展开面积计算工程量。

（5）柱脚、柱帽以个为单位按数量计算工程量，墙、柱石材面开孔以个为单位按数量计算工程量。

10.省定额工艺门扇

（1）玻璃门按设计图示洞口尺寸以面积计算工程量，门窗配件按数量计算工程量。不锈钢、塑铝板包门框按框饰面尺寸以面积计算工程量。

（2）夹板门门扇木龙骨不分扇的形式，按扇面积计算工程量；基层及面层按设计图示尺寸以面积计算工程量。扇安装按扇以个为单位，按数量计算工程量。门扇上镶嵌，按镶嵌的外围面积计算工程量。

（3）门扇五金配件安装，以个为单位按数量计算工程量。

21.2　工程量清单编制

一、清单项目设置

其他装饰工程共分 8 个子分部工程项目，即柜类、货架，压条、装饰线，扶手、栏杆、栏板装饰，暖气罩，浴厕配件，雨篷、旗杆，招牌、灯箱，美术字。适用于装饰物件的制作、安装工程。

1.柜类、货架（编号：011501）

柜类、货架项目包括柜台、酒柜、衣柜、存包柜、鞋柜、书柜、厨房壁柜、木壁柜、厨房低柜、厨房吊柜、矮柜、吧台背柜、酒吧吊柜、酒吧台、展台、收银台、试衣间、货架、书架、服务台 20 个清单项目。

2.压条、装饰线（编号：011502）

压条、装饰线项目包括金属装饰线、木质装饰线、石材装饰线、石膏装饰线、镜面玻璃线、铝塑装饰线、塑料装饰线和 GRC 装饰线 8 个清单项目。

3.扶手、栏杆、栏板装饰（编号：011503）

扶手、栏杆、栏板装饰项目包括金属扶手、栏杆、栏板，硬木扶手、栏杆、栏板，塑料扶手、栏杆、栏板，GRC 栏杆、扶手，金属靠墙扶手，硬木靠墙扶手，塑料靠墙扶手，玻璃栏板 8 个清单项目。

4.暖气罩（编号：011504）

暖气罩项目包括饰面板暖气罩、塑料板暖气罩和金属暖气罩 3 个清单项目。

5.浴厕配件（编号：011505）

浴厕配件项目包括洗漱台、晒衣架、帘子杆、浴缸拉手、卫生间扶手、毛巾杆（架）、毛巾环、卫生纸盒、肥皂盒、镜面玻璃和镜箱 11 个清单项目。

6.雨篷、旗杆（编号：011506）

雨篷、旗杆项目包括雨篷吊挂饰面、金属旗杆和玻璃雨篷 3 个清单项目。

7.招牌、灯箱（编号：011507）

招牌、灯箱项目包括平面箱式招牌、竖式标箱、灯箱和信报箱 4 个清单项目。

8.美术字（编号：011508）

美术字项目包括泡沫塑料字、有机玻璃字、木质字、金属字和吸塑字 5 个清单项目。

二、工程量清单的编制

1.柜类及货架

（1）橱柜面层为软包或金属面时应参考墙、柱面工程中相应项目分别编码列项。

（2）酒柜、吧台背柜、酒吧吊柜等橱柜照明灯具，按《通用安装工程工程量计算规范》（GB 50856—2013）相应工程量清单项目编码列项。

（3）木橱柜、暖气罩、木线等木材面油漆按油漆、涂料、裱糊工程中相应工程量清单项目编码列项。

（4）橱柜压线、柜门扇收口线、暖气罩压线等装饰线，按压条、装饰线中相应工程量清单项目编码列项。

（5）厨房壁柜和厨房吊柜的区别：嵌入墙内的为厨房壁柜，用支架固定在墙上的为厨房吊柜。

（6）柜类及货架以个计量，按设计图示数量计算工程量；以米计量，按设计图示尺寸以延长米计算工程量；以立方米计量，按设计图示尺寸以立方米计算工程量。

（7）台柜的规格以能分离的成品单体长、宽、高来表示，如一个组合书柜分上下两部分，下部为独立的矮柜，上部为敞开式的书柜，可以以上、下两部分设计图示尺寸以立方米计算工程量。台柜能分离出同规格的单体，以"个"计算工程量。

（8）柜类及货架工程量计算公式

$$柜类及货架工程量=设计图示数量$$

或
$$柜类及货架工程量=设计图示长度$$

或
$$柜类及货架工程量=设计图示长度×设计图示高度$$

【**案例 21-5**】　某工程室内设木壁柜，柜宽 1.2 m，深 0.6 m，高 2.4 m，如图 21-3 所示。壁柜做法：木龙骨 30 mm×30 mm，间距 300 mm，围板为细木工板，壁柜门为推拉门，普通五金，基层细木工板外贴红榉板（双面贴）。木方及木板刷防火漆 3 遍，面层刷硝基清漆 5 遍，柜内分 3 层，隔板为两块 500 mm×1 200 mm 细木工板（18 mm 厚），双面贴壁纸。编制木壁柜工程量清单。

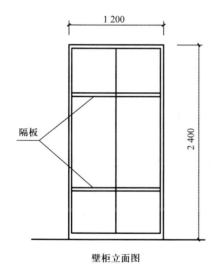

壁柜立面图

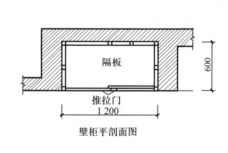

壁柜平剖面图

图 21-3　木壁柜

解　木壁柜工程量清单的编制

木壁柜工程量＝1 个

分部分项工程量清单见表 21-1。

表 21-1   分部分项工程量清单(案例 21-5)

序号	项目编码	项目名称	项目特征描述	计量单位	工程量
1	011501008001	木壁柜	柜规格为 1 200 mm×600 mm×2 400 mm,木龙骨 30 mm×30 mm,间距 300 mm,围板为细木工板,基层细木工板外贴红榉板(双面贴),普通五金,木方及木板刷防火漆 3 遍,面层刷硝基清漆 5 遍	个	1

2.压条、装饰线

(1)压条、装饰线项目已包括在门扇、墙柱面、天棚等项目内的,不再单独列项。

(2)压条、装饰线按设计图示尺寸以长度计算工程量。

(3)压条、装饰线工程量计算公式

$$压条、装饰线工程量=设计图示总长度$$

【案例 21-6】 某酒店餐厅天棚装饰如图 19-6 所示,石膏装饰线 100 mm 宽。编制天棚石膏装饰线工程量清单。

解 天棚石膏装饰线工程量清单编制

天棚石膏装饰线工程量=(3.6−0.24＋5.4−0.24−0.18)×2＋(3.6−0.24−0.5×2＋5.4−0.24−0.18−0.5×2)×2=29.36 m

分部分项工程量清单见表 21-2。

表 21-2   分部分项工程量清单(案例 21-6)

序号	项目编码	项目名称	项目特征描述	计量单位	工程量
1	011502004001	石膏装饰线	天棚石膏装饰线,100 mm 宽	m	29.36

3.扶手、栏杆、栏板装饰

(1)扶手、栏杆、栏板适用于楼梯、阳台、走廊、回廊及其他装饰性扶手,栏杆、栏板。

(2)楼梯、阳台、走廊、回廊及其他的装饰性扶手、栏杆、栏板,应按扶手、栏杆、栏板装饰项目中的相应分项工程项目编码列项。

(3)扶手固定配件是用于楼梯、台阶的栏杆柱、栏杆、栏板与扶手相连接的固定件,靠墙扶手与墙相连接的固定件。

(4)扶手、栏杆、栏板装饰按设计图示尺寸以扶手中心线长度(包括弯头长度)计算工程量。

(5)扶手、栏杆、栏板装饰工程量计算公式

扶手、栏杆、栏板装饰工程量=水平投影长度×综合系数(中心线长度/水平投影长度)

4.暖气罩

(1)暖气罩按设计图示尺寸以垂直投影面积(不展开)计算工程量。

(2)暖气罩工程量计算公式

$$暖气罩工程量=设计图示长度×设计图示高度×数量$$

5.浴室配件

(1)洗漱台项目适用于石质(天然石材、人造石材等)、玻璃等。

(2)洗漱台按设计图示尺寸以台面外接矩形面积计算工程量,不扣除孔洞、挖弯、削角所占面

积,挡板、吊沿板面积并入台面面积内。或按设计图示数量计算工程量。

(3)洗漱台放置洗面盆的地方必须挖洞,根据洗漱台摆放的位置有些还需选形,产生挖弯、削角,为此洗漱台的工程量按外接矩形计算。挡板指镜面玻璃下边沿至洗漱台面和侧墙与台面接触部位的竖挡板(一般挡板与台面使用同种材料品种,不同材料品种应另行计算)。吊沿指台面外边沿下方的竖挡板。挡板和吊沿均以面积并入台面面积内计算工程量。

(4)晒衣架、帘子杆、毛巾杆(架)等按图示设计数量计算工程量。

(5)镜面玻璃按设计图示尺寸以边框外围面积计算工程量。

(6)镜箱按图示设计数量计算工程量。

(7)浴室配件工程量计算公式

洗漱台、镜面玻璃工程量=设计图示长度×设计图示(宽)高度×数量
其他浴室配件工程量=设计图示数量

【案例 21-7】　某宾馆客房安装 6 mm 厚 1.2 m×1 m 玻璃镜 45 个,不带框。编制镜面玻璃工程量清单。

解　镜面玻璃工程量清单的编制

镜面玻璃工程量=1.2×1×45=54.00 m²

分部分项工程量清单见表 21-3。

表 21-3　　　　　　　　**分部分项工程量清单(案例 21-7)**

序号	项目编码	项目名称	项目特征描述	计量单位	工程量
1	011505010001	镜面玻璃	6 mm 厚 1.20 m×1.00 m,不带框	m²	54.00

6.雨篷、旗杆

(1)旗杆高度指旗杆台座上表面至杆顶的尺寸(包括球珠)。

(2)雨篷吊挂饰面、玻璃雨篷按设计图示尺寸以水平投影面积计算工程量。

(3)金属旗杆按设计图示数量计算工程量。

(4)雨篷、旗杆工程量计算公式

雨篷吊挂饰面、玻璃雨篷工程量=设计图示水平投影长度×设计图示水平投影宽度
金属旗杆工程量=设计图示数量

7.招牌、灯箱

(1)镜面玻璃和灯箱等的基层材料是指玻璃和灯箱背后的衬垫材料,如胶合板、油毡等。

(2)平面、箱式招牌按设计图示尺寸以正立面边框外围面积计算工程量,复杂形的凸凹造型部分不增加面积。

(3)竖式标箱、灯箱、信箱按设计图示数量计算工程量。

(4)招牌、灯箱工程量计算公式

平面、箱式招牌工程量=设计图示正立面边框外围长度×设计图示正立面边框外围高度
竖式标箱、灯箱、信箱工程量=设计图示数量

8.美术字

(1)美术字不分字体,按品种、大小规格分类。

(2)美术字的字体规格以字的外接矩形长、宽和字的厚度表示。固定方式指粘贴、焊接以及

铁钉、螺栓、铆钉固定等方式。

(3)装饰线和美术字的基层类型是指装饰线、美术字依托体的材料,如砖墙、木墙、石墙、混凝土墙、墙面抹灰、钢支架等。

(4)美术字按设计图示数量计算工程量。

(5)美术字工程量计算公式

$$美术字工程量＝设计图示数量$$

21.3   工程量清单计价

一、计量规范与计价规则说明

1.台柜项目、扶手弯头

(1)台柜项目以"个"计算工程量,应按设计图纸或说明,包括台柜、台面材料(石材、皮草、金属、实木等)、内隔板材料、连接件、配件等,均应包括在报价内。

(2)按设计图示尺寸以扶手中心线长度包括扶手弯头长度计算工程量,扶手弯头不单列项目,报价时应考虑在单价内。

2.洗漱台、旗杆台座

(1)洗漱台现场制作、切割、磨边等人工、机械的费用应包括在报价内。

(2)旗杆的砌砖或混凝土台座、台座的饰面可按相关规定另行编码列项,也可纳入旗杆报价内。

二、其他装饰工程实务案例

【案例 21-8】 某酒店餐厅天棚装饰如图 19-6 所示,石膏线 100 mm 宽。编制天棚石膏装饰线工程量清单计价表。

解

该项目发生的工程内容为石膏装饰线。

天棚石膏装饰线工程量＝(3.6-0.24+5.4-0.24-0.18)×2+(3.6-0.24-0.5×2+5.4-0.24-0.18-0.5×2)×2＝29.36 m

石膏线阴角线,100 mm 宽,套定额 15-2-24。

工程量清单项目人工、材料、机械费用分析见表 21-4。

表 21-4   **工程量清单项目人工、材料、机械费用分析(案例 21-8)**

清单项目名称	工程内容	定额编号	计量单位	数量	费用组成/元			
					人工费	材料费	机械费	小计
石膏装饰线	石膏阴角线,宽度 100 mm(100 mm 以内)	15-2-24	m	29.36	190.43	310.48	1.00	501.91
合计	—	—	—	—	190.43	310.48	1.00	501.91

根据企业情况确定管理费费率为 32.2%,利润率为 17.3%。

分部分项工程量清单计价见表 21-5。

表 21-5　　　　　分部分项工程量清单计价(案例 21-8)

序号	项目编码	项目名称	项目特征描述	计量单位	工程量	综合单价	合价
1	011502004001	石膏装饰线	天棚石膏阴角线，100 mm 宽	m	29.36	20.31	596.30

注：金额/元 — 综合单价、合价

练 习 题

一、单选题

1.不锈钢、塑铝板包门框按(　　)以平方米计算。

A.门框面积　　　　B.展开面积　　　　C.投影面积　　　　D.框饰面面积

2.栏杆、扶手的定额工程量应按(　　)计算。

A.设计图示数量　　　　　　　　B.设计图示长度

C.设计图示体积　　　D.中心线长度

3.楼梯斜长部分的栏板、栏杆、扶手,按平台梁与连接梁外沿之间的水平投影长度,乘以系数(　　)计算。

A.1.1　　　　　　B.1.15　　　　　　C.1.2　　　　　　D.1.31

4.美术字安装,按字的(　　)以个计算。

A.实际面积　　　　B.展开面积　　　　C.投影面积　　　　D.最大外围矩形面积

5.省定额招牌、灯箱的木龙骨按(　　)计算。

A.质量以吨　　　　　　　　　　B.质量以 kg

C.正立面投影尺寸以面积　　　　D.最大外围矩形面积

二、多选题

1.关于定额中柜类、货架工程量计算描述正确的有(　　)。

A. 国家定额柜、台、架项目包括五金配件(设计有特殊要求者除外),未考虑压板拼花及饰面板上贴其他材料的花饰、造型艺术品

B.国家定额柜类、货架工程量均按正立面的高度(包括脚的高度在内)乘以宽度计算

C.省定额橱柜木龙骨项目按橱柜龙骨的实际面积计算。基层板、造型层板及饰面板按实铺面积计算

D.省定额橱柜抽屉按抽屉正面面板面积计算。橱柜五金件以个为单位按数量计算。橱柜成品门扇安装按扇面尺寸以面积计算

E. 国家定额柜类、货架工程量按各项目计量单位计算。其中以"m"为计量单位的项目,其工程量均按正立面的高度(包括脚的高度在内)乘以宽度计算

2. 国家定额石材、瓷砖加工描述正确的有(　　)。

A. 石材瓷砖倒角、磨制圆边、开槽、开孔等项目均未考虑场加工

B.石材、瓷砖倒角按块料设计倒角长度计算

C.石材磨边按成型圆边长度计算

D.石材开槽按块料成型开槽长度计算

E.石材、瓷砖开孔按成型孔洞数量计算

3.关于扶手、栏杆、栏板、成品栏杆工程量说法正确的有（　　　　）。

A.扶手、栏杆、栏板、成品栏杆（带扶手）均按其中心线长度计算，不扣除弯头长度

B.如遇木扶手、大理石扶手为整体弯头时，扶手消耗量需扣除整体弯头的长度，设计不明确者，每只整体弯头按400 mm扣除

C.省定额规定楼梯斜长部分的栏板、栏杆、扶手，按平台梁与连接梁外沿之间的水平投影长度，乘以系数1.15计算

D.当设计栏板、栏杆的主材消耗量与定额不同时，其消耗量不予调整

E.国家定额规定单独弯头按设计图示数量计算

三、判断题

1.扶手、栏杆、栏板为综合项，已综合考虑扶手弯头（非整体弯头）的费用，不锈钢栏杆管材、法兰用量，设计与定额不同时可以换算，但人工、机械消耗量不变。　　　　（　　）

2.铝塑板、不锈钢面层雨篷项目按平面雨篷考虑，包括雨篷侧面。　　　　（　　）

3.压条、装饰线条应区分材质及规格，按设计图示线条中心线长度计算。　　　　（　　）

4.栏板、栏杆、扶手，按设计长度以米计算。　　　　（　　）

5.美术字定额按成品字安装固定编制，区分字体。　　　　（　　）

6.美术字安装按字的最大外围矩形面积以个计算。　　　　（　　）

第22章
措施项目

知识目标

1. 掌握脚手架说明和计算规则及工程量计算方法。

2. 熟悉垂直运输及超高增加说明、计算规则和工程量计算方法。

3. 熟悉构件运输及安装说明,以及计算规则和工程量计算方法。

4. 掌握混凝土基础、柱、梁、板等工程模板及支架(撑)说明、计算规则和工程量计算方法。

5. 熟悉大型机械安拆、场外运输说明、计算规则及工程量计算方法。

6. 了解施工排水、降水说明和计算规则及工程量计算方法。

能力目标

能应用定额施工技术措施项目有关分项工程量的计算方法,结合实际工程进行施工技术措施项目的工程量计算和定额的应用。会编制脚手架和模板工程工程量清单及清单报价表。

引例

某住宅小区在建的 11 层小高层住宅,单价措施项目的脚手架、垂直运输机械及超高增加、构件运输及安装、混凝土模板及支撑、大型机械安拆及场外运输、施工排水与降水,在什么情况下施工?

22.1 定额工程量计算

一、脚手架工程

1.脚手架工程一般说明

(1)脚手架措施项目是指施工需要的脚手架搭、拆、运输及脚手架摊销的工料消耗。

(2)脚手架措施项目材料国家定额均按钢管式脚手架编制;省定额按木制和钢管式脚手架编制。

微课

模板脚手架
工程量计算

(3)高度>3.6 m墙面装饰不能利用原砌筑脚手架时,可计算装饰脚手架。装饰脚手架执行双排脚手架定额乘以系数0.3。室内凡计算了满堂脚手架的,墙面装饰不再计算墙面粉饰脚手架,国家定额只按每100 m²墙面垂直投影面积增加改架一般技工1.28工日。

(4)省定额型钢平台外挑双排钢管脚手架(图22-1)项目,一般适用于自然地坪、低层屋面因不能满足搭设落地脚手架条件或架体高度>50 m等情况。

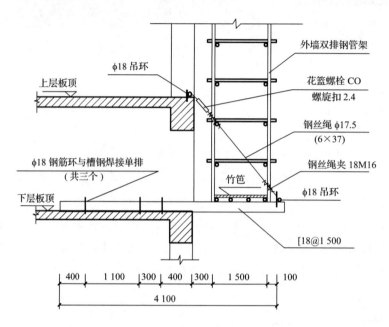

图22-1 省定额型钢平台外挑双排钢管脚手架

(5)现浇混凝土圈梁、过梁,楼梯、雨篷、阳台、挑檐中的梁和挑梁,各种现浇混凝土板、现浇混凝土楼梯,均不单独计算脚手架。

2.国家定额综合脚手架定额说明

(1)单层建筑综合脚手架适用于檐高≤20 m的单层建筑工程。

(2)凡单层建筑工程执行单层建筑综合脚手架项目,两层及两层以上的建筑工程执行多层建筑综合脚手架项目,地下室部分执行地下室综合脚手架项目。

(3)综合脚手架中包括外墙砌筑及外墙粉饰、高度≤3.6 m的内墙砌筑、混凝土浇捣用脚手架以及内墙面和天棚粉饰脚手架。

(4)执行综合脚手架,有下列情况者,可另执行单项脚手架项目:

①满堂基础或者高度(垫层上皮至基础顶面)>1.2 m的混凝土或钢筋混凝土基础,按满堂脚手架基本层定额乘以系数0.3;高度>3.6 m,每增加1 m按满堂脚手架增加层定额乘以系数0.3。

②砌筑高度>3.6 m的砖内墙,按单排脚手架定额乘以系数0.3;砌筑高度>3.6 m的砌块内墙,按相应双排外脚手架定额乘以系数0.3。

③砌筑高度>1.2 m的屋顶烟囱的脚手架,按设计图示烟囱外围周长另加3.6 m乘以烟囱出屋顶高度以面积计算,执行里脚手架项目。

④砌筑高度＞1.2 m 的管沟墙及砖基础,按设计图示砌筑长度乘以高度以面积计算,执行里脚手架项目。

⑤国家定额墙面粉饰高度＞3.6 m 的执行内墙面粉饰脚手架项目。省定额内墙装饰高度≤3.6 m 时,按相应的装饰脚手架项目乘以系数 0.3 计算。

⑥按照建筑面积计算规范的有关规定未计入建筑面积,但施工过程中需搭设脚手架的施工部位。

(5)凡不适宜使用国家定额(或省定额不设)综合脚手架的项目,可按相应的单项脚手架项目执行。

3.单项脚手架定额说明

(1)建筑物外墙脚手架,设计室外地坪至檐口的砌筑高度≤15 m(省定额为 10 m)的按单排脚手架计算;砌筑高度＞15 m(省定额为 10 m)或虽砌筑高度≤15 m(省定额为 10 m),但外墙门窗及装饰面积超过外墙表面积 60%时,执行双排脚手架项目。

(2)外脚手架消耗量中已综合斜道、上料平台、护卫栏杆等。

(3)计算外脚手架的建筑物四周外围的现浇混凝土梁、框架梁、墙,不另计算脚手架。

(4)建筑物内墙脚手架,设计室内地坪至板底(或山墙高度的 1/2 处)的砌筑高度≤3.6 m 的,国家定额执行里脚手架项目,省定额执行单排里脚手架项目;3.6 m＜砌筑高度≤6 m 时或各种轻质砌块墙等,省定额执行双排里脚手架项目;砌筑高度＞6 m 时,省定额执行单排里脚手架项目,轻质砌块墙省定额执行双排外脚手架项目。

(5)围墙脚手架,室外地坪至围墙顶面的砌筑高度≤3.6 m 的,按里脚手架计算;砌筑高度＞3.6 m 的,执行单排外脚手架项目。

(6)石砌墙体,砌筑高度＞1.2 m(省定额＞1 m)时,执行双排外脚手架项目。

(7)大型设备基础,凡距地坪高度＞1.2 m 的,执行双排外脚手架项目。

(8)挑脚手架适用于外檐挑檐等部位的局部装饰。

(9)悬空脚手架适用于有露明屋架的屋面板勾缝、油漆或喷浆等部位。

(10)国家定额独立柱、现浇混凝土单(连续)梁执行双排外脚手架定额项目乘以系数 0.3。

4.其他脚手架定额说明

(1)电梯井架每一电梯台数为一孔(座)。

(2)电梯井脚手架的搭设高度,指电梯井底板上坪至顶板下坪(不包括建筑顶层电梯机房)之间的高度。

5.国家定额综合脚手架工程量计算规则

国家定额综合脚手架工程量按设计图示尺寸以建筑面积计算。

6.单项脚手架工程量计算规则

(1)外脚手架、整体提升架工程量按外墙外边线长度(含墙垛及附墙井道)乘以外墙高度以面积计算。省定额凸出墙面宽度＞240 mm 的墙垛、外挑阳台(板)等,按设计图示尺寸展开并入外墙长度内计算。

外墙脚手架工程量＝(外墙外边线长度＋墙垛及附墙井道侧面宽度×2×n)×外墙高度

（2）计算内、外墙脚手架工程量时，均不扣除门窗洞口、空圈等所占面积。建筑物外脚手架，高度自设计室外地坪算至檐口或女儿墙顶；同一建筑物高度不同时，应按不同高度分别计算。

> **经验提示**：先主体、后回填，自然地坪低于设计室外地坪时，外脚手架的高度自自然地坪算起。设计室外地坪标高不同时，有错坪的，按不同标高分别计算；有坡度的，按平均标高计算。外墙无女儿墙的，算至檐板上坪，或檐沟翻檐的上坪。坡屋面的山尖部分，其工程量按山尖部分的平均高度计算，但应按山尖顶坪执行定额。凸出屋面的电梯间、水箱间等，执行定额时，不计入建筑物的总高度。

（3）内墙里脚手架工程量按墙面垂直投影面积计算。

$$内墙里脚手架工程量＝内墙净长度×设计净高度$$

> **经验提示**：内墙里脚手架高度按设计室内地坪至顶板下表面计算（有山尖或坡度的高度折算）。计算面积时不扣除门窗洞口、混凝土圈梁、过梁、构造柱及梁头等所占面积。

【案例 22-1】 某宿舍楼工程如图 22-2 所示，使用钢管脚手架。计算建筑物外墙脚手架、内墙脚手架的工程量，确定定额项目。

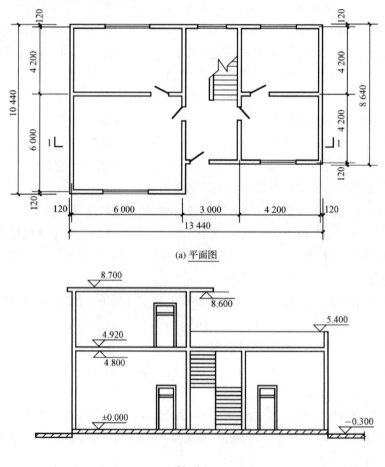

(a) 平面图

(b)　1-1

图 22-2　某宿舍楼工程

解　①国家定额综合脚手架工程量＝(6.24×10.44)×2＋(3＋4.2)×8.64＝192.50 m²

多层建筑综合脚手架混合结构檐高 20 m 以内，套定额 17-7。

②省定额 6 m 以内外墙脚手架工程量＝[(3＋4.2)×2＋8.64]×(5.4＋0.3)＋8.64×(8.7－4.92)＝163.99 m²

钢管架 6 m 以内单排脚手架项目，套定额 17-1-6。

③省定额 10 m 以内外墙脚手架工程量＝[(6.24＋10.44)×2－8.64]×(8.7＋0.3)

$$=222.48 \text{ m}^2$$

钢管架 10 m 以内单排脚手架项目，套定额 17-1-8。

④省定额内墙脚手架工程量＝[6－0.24＋4.2－0.24＋(4.2－0.24)×4]×4.8＋(6－0.24)×(8.6－4.92)＝143.89 m²

钢管架 6 m 以内单排脚手架项目，套定额 17-2-7。

(4)独立柱脚手架工程量按设计图示尺寸，以结构外围周长另加 3.6 m 乘以高度以面积计算。国家定额执行双排外脚手架定额项目乘以系数 0.3，省定额执行单排外脚手架定额项目。

独立柱脚手架工程量＝(柱图示结构外围周长＋3.6)×设计柱高

独立柱包括各种现浇混凝土独立柱、框架柱、砖柱、石柱等。设计柱高为基础上表面或楼板上表面至上层楼板上表面或屋面板上表面的高度。现浇混凝土构造柱不单独计算脚手架。

【案例 22-2】　图 22-3 所示现浇混凝土框架柱，共 80 根，钢管脚手架，计算现浇混凝土框架柱脚手架工程量，确定定额项目。

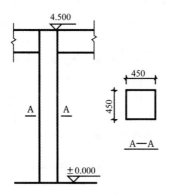

图 22-3　现浇混凝土框架柱

解　现浇混凝土框架柱脚手架工程量＝(0.45×4＋3.6)×4.5×80＝1 944.00 m²

现浇混凝土框架柱脚手架(4.5 m)，套定额 17-49(换)或 17-1-6。

(5)现浇钢筋混凝土梁、墙脚手架按设计室外地坪或楼板上表面至楼板底之间的高度乘以梁墙净长度以面积计算。国家定额执行双排外脚手架定额项目乘以系数 0.3，省定额执行双排外脚手架定额项目。与现浇混凝土墙同一轴线且同时浇注的混凝土墙上梁，有梁板的板下梁，不单独计算脚手架。

经验提示:先主体、后回填,自然地坪低于设计室外地坪时,首层(室内)梁脚手架的高度,自自然地坪算起。设计室外地坪标高不同时,首层(室内)梁脚手架的高度,有错坪的,按不同标高分别计算;有坡度的,按平均标高计算。坡屋面的山尖部分,(室内)梁脚手架的高度,按山尖部分的平均高度计算。

梁墙脚手架工程量＝梁墙净长度×设计室外地坪(或板顶)至板底高度

【案例 22-3】 一层房屋现浇花篮梁 10 根,尺寸如图 22-4 所示,钢管制脚手架,设计室外地坪－0.6 m。计算现浇花篮梁脚手架工程量,确定定额项目。

解 现浇花篮梁脚手架工程量＝$(5.24-0.24)\times(0.6+6.5)\times10=355.00$ m²

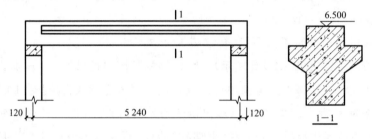

图 22-4 现浇花篮梁

现浇花篮梁钢管脚手架(7.1 m),套定额 17-49(换)或 17-1-9。

【案例 22-4】 某学校教学楼二层结构平面布置如图 22-5 所示。二层层高为 4.5 m,板厚为 120 mm,钢筋混凝土框架柱的断面尺寸为 500 mm×500 mm。施工现场均使用钢管脚手架,在不考虑其他脚手架可利用的情况下,计算柱、梁脚手架的工程量。

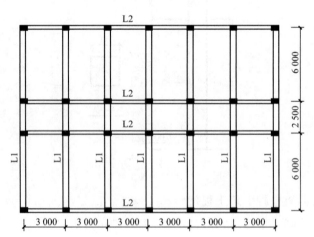

图 22-5 某学校教学楼二层结构平面布置

解 柱脚手架工程量＝$(0.5\times4+3.6)\times4.5\times28=705.60$ m²

梁脚手架工程量:

L1:$(6+2.5+6-0.5\times3)\times(4.5-0.12)\times7=398.58$ m²

L2:$(3\times6-0.5\times6)\times(4.5-0.12)\times4=262.80$ m²

合计:梁脚手架工程量为 661.38 m²。

经验提示: 计算外脚手架的建筑物四周外围的现浇混凝土梁、框架梁、墙工程量时,不另计算脚手架工程量。

(6)满堂脚手架按室内净面积计算,不扣除柱、垛所占面积。当高度在 3.6～5.2 m 时计算基本层;高度＞5.2 m,每增加 1.2 m 计算一个增加层,高度≤0.6 m 按一个增加层乘以系数 0.5 计算(省定额不足 0.6 m 不计),如图 22-6 所示。

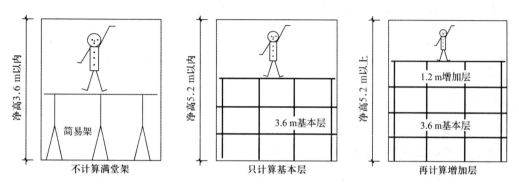

图 22-6　满堂脚手架示意图

$$满堂脚手架工程量＝室内净长度×室内净宽度$$

增加层计算公式为

$$满堂脚手架增加层＝(室内净高－5.2)/1.2$$

【案例 22-5】 某天棚抹灰,尺寸如图 22-7 所示,搭设钢管满堂脚手架,计算满堂脚手架工程量。

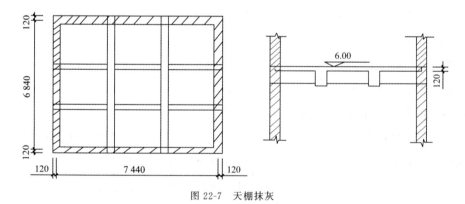

图 22-7　天棚抹灰

解　满堂脚手架工程量＝$(7.44-0.24)×(6.84-0.24)=47.52$ m²

增加层＝$(6.00-0.12-5.20)÷1.20=0.57$ 层≈1 层

(7)挑脚手架按搭设长度乘以层数以长度计算。

(8)悬空脚手架按搭设水平投影面积计算。

(9)吊篮脚手架按外墙垂直投影面积计算,不扣除门窗洞口所占面积。

(10)内墙面装饰脚手架按内墙装饰面垂直投影面积计算,不扣除门窗洞口所占面积。

经验提示: 外墙内面抹灰,外墙内面应计算内墙面装饰脚手架;内墙双面抹灰,内墙两面均应计算内墙面装饰脚手架。

(11)立挂式安全网按架网部分的实挂长度乘以实挂高度以面积计算。

$$立挂式安全网工程量＝实挂长度×实挂高度$$

> **经验提示**：平挂式安全网，水平设置于外脚手架的每一操作层(脚手板)下，网宽按 1.5 m 计算。平挂式安全网(脚手架外侧与建筑物外墙之间的安全网)，按水平挂设的投影面积，以平方米计算，执行定额立挂式安全网子目。

(12)挑出式安全网按挑出的水平投影面积计算。

$$挑出式安全网工程量＝挑出总长度×挑出的水平投影宽度$$

【案例 22-6】　某高层建筑物，垂直封闭密目网 300 m²，计算密目网工程量，确定定额项目。

解　密目网工程量＝300 m²

垂直封闭密目网，套定额 17-62 或 17-6-1。

7.其他脚手架工程量计算规则

(1)省定额现浇混凝土独立基础高度＞1 m 时，按柱脚手架计算规则计算(外围周长按最大底面周长)，执行单排脚手架项目。

(2)省定额现浇混凝土带形基础、带形桩承台、满堂基础等，高度＞1 m 时，按混凝土墙的规定计算脚手架。

(3)电梯井架按单孔以"座"计算。

二、混凝土模板工程

1.定额项目编制说明

(1)定额按不同构件编制。模板分组合钢模板、大钢模板、复合模板、木模板，定额未注明模板类型的，均按木模板考虑。

(2)模板按企业自有编制。组合钢模板包括装箱，且已包括回库维修耗量。

(3)复合模板适用于竹胶、木胶等品种的复合板。

2.现浇混凝土模板定额项目说明

(1)圆弧形带形基础模板执行带形基础相应项目，人工、材料、机械乘以系数 1.15。

(2)地下室底板模板执行满堂基础，满堂基础模板已包括集水井模板杯壳。

(3)满堂基础下翻构件的砖胎模，砖胎模中砌体和抹灰执行相应定额项目。

(4)独立桩承台执行独立基础项目；带形桩承台执行带形基础项目；与满堂基础相连的桩承台执行满堂基础项目。

(5)现浇混凝土柱(不含构造柱)、墙、梁(不含圈、过梁)、板是按高度(板面或地面、垫层面至上层板面的高度)3.6 m 综合考虑的，支模高度超过 3.6 m 时，另计算模板支撑超高部分的工程量。遇斜板面结构时，柱分别以各柱的中心高度为准；墙以分段墙的平均高度为准；框架梁以每跨两端的支座平均高度为准；板(含梁板合计的梁)以高点与低点的平均高度为准。异形柱、梁，是指柱、梁的断面形状为 L 形、十字形、T 形、Z 形的柱、梁。

(6)柱模板遇弧形和异形组合时，执行圆柱项目。

(7)短肢剪力墙是指截面厚度≤300 mm,4<各肢截面高度与厚度之比的最大值≤8 的剪力墙;各肢截面高度与厚度之比的最大值≤4 的剪力墙执行柱项目。

(8)外墙设计采用一次摊销止水螺杆方式支模时,将对拉螺栓材料换为止水螺杆,其消耗量按对拉螺栓数量乘以系数 12,取消塑料套管消耗量,其余不变。墙面模板未考虑定位支撑因素。

柱、梁面对拉螺栓堵眼增加费,执行墙面螺栓堵眼增加费项目,柱面螺栓堵眼人工、机械乘以系数 0.3、梁面螺栓堵眼人工、机械乘以系数 0.35。

(9)板或拱形结构按板顶平均高度确定支模高度,电梯井壁按建筑物自然层层高确定支模高度。

(10)国家定额斜梁(板)按 10°<坡度≤30°综合考虑。斜梁(板)坡度≤10°时执行梁、板项目;30°<坡度≤45°时人工乘以系数 1.05;45°<坡度≤60°时人工乘以系数 1.10;坡度>60°时人工乘以系数 1.20。省定额各种现浇混凝土板的倾斜度大于15°时,其模板子目的人工乘以系数 1.30,其他不变。

(11)混凝土梁、板应分别计算执行相应项目,混凝土板适用于截面厚度≤250 mm 时;板中暗梁并入板内计算;墙、梁为弧形且半径≤9 m 时,执行弧形墙、梁项目。

(12)现浇空心板执行平板项目,内模安装另行计算。

(13)薄壳板模板不分筒式、球形、双曲形等,均执行同一项目。

(14)型钢组合混凝土构件模板,按构件相应项目执行。

(15)屋面混凝土女儿墙高度>1.2 m 时执行相应墙项目,不大于 1.2 m 时执行相应栏板项目。

(16)混凝土栏板高度(含压顶扶手及翻沿),净高按 1.2 m 以内考虑,超 1.2 m 时执行相应墙项目。

(17)现浇混凝土阳台板、雨篷板按三面悬挑形式编制,如一面为弧形栏板且半径≤9 m,执行圆弧形阳台板、雨篷板项目;如非三面悬挑形式的阳台、雨篷,则执行梁、板相应项目。

(18)挑檐、天沟壁高度≤400 mm 时,执行挑檐项目;挑檐、天沟壁高度>400 mm 时,按全高执行栏板项目。单件体积 0.1 m³ 以内,执行小型构件项目。

(19)预制板间补现浇板缝执行平板项目。

(20)现浇飘窗板、空调板执行悬挑板项目。

(21)楼梯是按建筑物一个自然层双跑楼梯考虑,如单坡直行楼梯(即一个自然层、无休息平台)按相应项目人工、材料、机械乘以系数 1.2;三跑楼梯(即一个自然层、两个休息平台)按相应项目人工、材料、机械乘以系数 0.9;四跑楼梯(即一个自然层、三个休息平台)按相应项目人工、材料、机械乘以系数 0.75。剪刀楼梯执行单坡直行楼梯相应系数。

(22)与主体结构不同时浇捣的厨房、卫生间等处墙体下部现浇混凝土翻边的模板执行圈梁相应项目。

(23)散水模板执行垫层相应项目。

(24)凸出混凝土柱、梁、墙面的线条,并入相应构件内计算,再按凸出的线条道数执行模板增加费项目;但单独窗台板、拦板扶手、墙上压顶的单阶挑檐不另计算模板增加费;其他单阶线条凸出宽度＞200 mm 的执行挑檐项目。

（25）外形尺寸体积≤1 m³ 的独立池槽执行小型构件项目，外形尺寸体积＞1 m³ 的独立池槽及与建筑物相连的梁、板、墙结构式水池，分别执行梁、板、墙相应项目。

（26）小型构件是指单件体积在 0.1 m³ 以内且本节未列项目的小型构件。

3. 现场预制混凝土模板定额项目说明

（1）省定额现场预制混凝土模板子目使用时，人工、材料、机械消耗量分别乘以 1.012 构件操作损耗系数。

（2）预制构件地模的摊销，已包括在预制构件的模板中。

4. 复合木模板制作消耗量调整

省定额规定，实际工程中复合木模板周转次数与定额不同时，可按实际周转次数，根据以下公式分别对子目材料中的复合木模板、锯成材消耗量进行计算调整。

（1）复合木模板消耗量＝模板一次使用量×（1＋5％）×模板制作损耗系数÷周转次数

（2）锯成材消耗量＝定额锯成材消耗量－N_1＋N_2

其中　　N_1＝模板一次使用量×（1＋5％）×方木消耗系数÷定额模板周转次数

　　　　N_2＝模板一次使用量×（1＋5％）×方木消耗系数÷实际周转次数

（3）上述公式中复合木模板制作损耗系数、方木消耗系数见表 22-1。

表 22-1　　　　　　　　　　复合木模板制作损耗系数、方木消耗系数

构件部位	基础	柱	构造柱	梁	墙	板
模板制作损耗系数	1.139 2	1.104 7	1.280 7	1.168 8	1.066 7	1.078 7
方木消耗系数	0.020 9	0.023 1	0.024 9	0.024 7	0.020 8	0.017 2

5. 现浇混凝土构件模板工程量计算规则

（1）现浇混凝土构件模板，除另有规定者外，均按模板与混凝土的接触面积（扣除后浇带所占面积）计算工程量。

（2）基础按混凝土与模板的接触面积计算工程量。基础与基础相交时重叠的模板面积不扣除；直形基础端头的模板，也不增加面积。

①省定额现浇混凝土带形桩承台的模板，执行现浇混凝土带形基础（有梁式）模板子目。

②独立基础模板高度从垫层上表面计算到柱基上表面。

③满堂基础：无梁式满堂基础有扩大或角锥形柱墩时，并入无梁式满堂基础内计算工程量。有梁式满堂基础梁高（从板面或板底计算，梁高不含板厚）≤1.2 m 时，基础和梁合并计算；有梁式满堂基础梁高（从板面或板底计算，梁高不含板厚）＞1.2 m 时，底板按无梁式满堂基础模板项目计算，梁按混凝土墙模板项目计算。箱式满堂基础应分别按无梁式满堂基础、柱、墙、梁、板的有关规定计算工程量。地下室底板按无梁式满堂基础模板项目计算工程量。

④设备基础：块体设备基础按不同体积，分别计算模板工程量。框架设备基础应分别按基础、柱以及墙的相应项目计算工程量；楼层面上的设备基础并入梁、板项目计算工程量，如在同一设备基础中部分为块体、部分为框架时，应分别计算工程量。框架设备基础的柱模板高度应

由底板或柱基的上表面算至板的下表面;梁的长度按净长计算工程量,梁的悬臂部分应并入梁内计算工程量。

⑤设备基础地脚螺栓套孔按不同深度以数量计算工程量。

【案例 22-7】 某工程采用现浇钢筋混凝土有梁式条形基础,图 22-8 为其基础平面图和剖面图。施工组织设计中,条形基础和独立基础采用组合钢模板、木支撑。计算现浇钢筋混凝土有梁式条形基础和独立基础模板工程量。

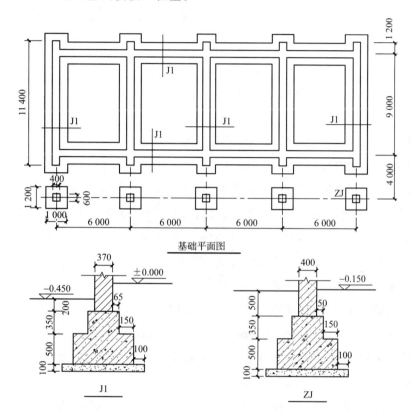

图 22-8 某工程基础平面图和剖面图

解 条形基础模板工程量=[11.4+(0.065+0.15)×2]×0.5×10+(11.4+0.065×2)×0.35×10+(6−0.8)×0.5×16+(6−0.5)×0.35×16=171.91 m²

独立基础模板工程量=[(1+0.8)×2×0.5+(0.7+0.5)×2×0.35]×5=13.20 m²

(3)现浇混凝土柱模板,按柱四周展开宽度乘以柱高,以平方米计算工程量。

①柱、梁相交时,不扣除梁头所占柱模板面积。

②柱、板相交时,不扣除板厚所占柱模板面积。

现浇混凝土柱模板工程量=柱截面周长×柱高

(4)构造柱均应按图示外露部分计算模板面积。带马牙槎构造柱的宽度按马牙槎处的宽度计算。

构造柱与砖墙咬口模板工程量=混凝土外露面的最大宽度×柱高

【案例 22-8】 某工程如图 22-9 所示,构造柱与砖墙咬口宽 60 mm,现浇混凝土圈梁断面为 240 mm×240 mm,满铺。计算工具式钢模板工程量,确定定额项目。

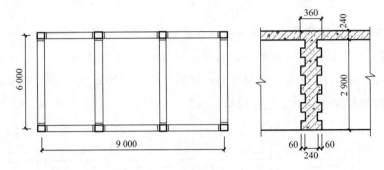

图 22-9　构造柱与砖墙咬口

解　①现浇混凝土构造柱钢模板工程量=(0.36×14+0.06×2×4)×(2.9+0.24)

$$=15.07 \text{ m}^2$$

现浇混凝土构造柱组合钢模板、钢支撑,套定额 5-221 或 18-1-38。

②现浇混凝土圈梁钢模板工程量=[(9+6)×2+(6-0.24)]×0.24×2=17.16 m²

现浇混凝土直形圈梁组合钢模板、钢支撑,套定额 5-224 或 18-1-60。

(5)现浇混凝土梁(包括基础梁)模板,按梁三面展开宽度乘以梁长,以面积计算工程量。

①矩形梁,支座处的模板不扣除,端头处的模板不增加。

②梁与梁相交时,不扣除次梁梁头所占主梁模板面积。

③梁与板连接时,梁侧壁模板算至板下坪。

④过梁与圈梁连接时,其过梁长度按洞口两端共加 50 cm 计算。

(6)现浇混凝土墙模板,按混凝土与模板接触面积,以面积计算工程量。

①墙与柱连接时,柱侧壁按展开宽度,并入墙模板面积内计算工程量。

②墙与梁相交时,不扣除梁头所占墙的模板面积。

③现浇混凝土墙、板上单孔面积≤0.3 m² 的孔洞不予扣除,洞侧壁模板亦不增加;单孔面积>0.3 m² 时,应予以扣除,洞侧壁模板面积并入墙、板模板工程量以内计算。

现浇混凝土墙板模板=混凝土与模板接触面面积-大于 0.3 m² 门窗洞孔面积+

垛门窗洞孔侧面积

④对拉螺栓端头增加,按设计要求防水等特殊处理的现浇混凝土直形墙、电梯井壁(含不防水面)模板面积计算工程量。

⑤对拉螺栓堵眼增加,按墙面、柱面、梁面模板接触面分别计算工程量。

(7)现浇混凝土框架分别按柱、梁、板有关规定计算工程量,国家定额附墙柱凸出墙面部分按柱工程量计算,暗梁、暗柱工程量并入墙内工程量计算。

①柱、墙、梁、板、栏板相互连接的重叠部分,均不扣除模板面积。

②轻型框剪墙子目已综合轻体框架中的梁、墙、柱内容,但不包括电梯井壁、矩形梁、挑梁,其工程量按混凝土与模板的接触面积计算。

(8)现浇混凝土板的模板,按混凝土与模板的接触面积,以面积计算工程量。

①伸入梁、墙内的板头,不计算模板面积。

②周边带翻檐的板(如卫生间混凝土防水带等),底板的板厚部分不计算模板面积;翻檐两侧的模板,按翻檐净高度,并入板的模板工程量内计算。

③板与柱相接时,板与柱接触面的面积≤0.3 m² 时,不予扣除;面积>0.3 m² 时,应予扣除。柱与墙相接时,柱与墙接触面的面积,应予扣除。

④现浇混凝土有梁板的板下梁的模板支撑高度,自地(楼)面支撑点计算至板底,执行板的支撑高度超高子目。

⑤柱帽模板面积按无梁板模板计算,其工程量并入无梁板模板工程量中,模板支撑超高按板支撑超高计算。

⑥伸入墙内的梁头、板头部分,均不计算模板面积。

⑦后浇带二次支模按模板与后浇带混凝土的接触面积计算。

$$后浇带二次支模工程量＝后浇带混凝土与模板接触面积$$

⑧现浇混凝土斜板、折板模板,按平板模板计算;预制板板缝>40 mm 时的模板,按平板后浇带模板计算。

(9)挑檐、天沟与板(包括屋面板、楼板)连接时,以外墙外边线为分界线;挑檐、天沟与梁(包括圈梁等)连接时,以梁外边线为分界线;外墙外边线以外或梁外边线以外为挑檐、天沟。

(10)现浇混凝土悬挑板、雨篷、阳台按图示外挑部分尺寸的水平投影面积计算工程量,挑出墙外的悬臂梁及板边不另计算工程量。

$$现浇混凝土悬挑板、雨篷、阳台模板工程量＝外挑部分水平投影面积$$

(11)现浇混凝土楼梯(包括休息平台、平台梁、斜梁和楼层板连接的梁)按水平投影面积计算工程量。不扣除宽度≤500 mm 楼梯井所占面积,楼梯的踏步、踏步板、平台梁等侧面模板不另行计算工程量,伸入墙内部分亦不增加。当整体楼梯与现浇楼板无梯梁连接时,以楼梯的最后一个踏步边缘加 300 mm 为界。

$$现浇混凝土楼梯模板工程量＝钢筋混凝土楼梯工程量$$

(12)混凝土台阶不包括梯带,按图示台阶尺寸的水平投影面积计算工程量,台阶端头两侧不另计算模板面积;架空式混凝土台阶按现浇楼梯计算工程量;场馆看台按设计图示尺寸,以水平投影面积计算工程量。

$$混凝土台阶模板工程量＝台阶水平投影面积$$

(13)凸出的线条模板增加费,以凸出楞线的道数分别按长度计算工程量。两条及多条线条相互之间净距小于 100 mm 的,每两条按一条计算工程量。

6.现浇混凝土柱、梁、墙、板的模板支撑超高计算

(1)现浇混凝土柱、梁、墙、板的模板支撑,定额按支模高度 3.60 m 编制。支模高度超过 3.60 m 时,另行计算模板支撑超高部分的工程量。

(2)构造柱、圈梁、大钢模板墙,不计算模板支撑超高。

(3)柱、墙支模高度:地(楼)面支撑点至构件顶坪;梁支模高度:地(楼)面支撑点至梁底;板支模高度：地(楼)面支撑点至板底坪。

(4)梁、板(水平构件)模板支撑超高的工程量计算如下

$$超高次数＝(支模高度－3.60)÷1(遇小数进为1，不足1按1计算)$$

$$超高工程量(m^2)＝超高构件的全部模板面积×超高次数$$

(5)柱、墙(竖直构件)模板支撑超高的工程量计算如下。超高次数分段计算：自高度＞3.60 m，第一个1 m为超高1次，第二个1 m为超高2次，依次类推；不足1 m，按1 m计算。

$$超高工程量(m^2)＝\sum(相应模板面积×超高次数)$$

(6)墙、板后浇带的模板支撑超高，并入墙、板支撑超高工程量内计算。

【案例 22-9】 如图 22-10 所示，某现浇混凝土框架柱，20 根，组合钢模板、钢支撑。计算钢模板工程量，确定定额项目。

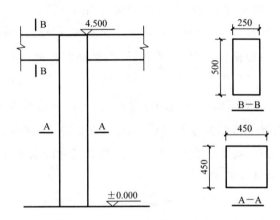

图 22-10　某现浇混凝土框架柱

解　①现浇混凝土框架柱钢模板工程量＝0.45×4×4.5×20＝162.00 m²

现浇混凝土框架矩形柱组合钢模板、钢支撑，套定额 5-219 或 18-1-34。

②超高次数：4.5－3.6＝0.90 m≈1 次(即 4.6 m 以内超高 1 次；5.6 m 以内超高 2 次；以此类推)

混凝土框架柱钢支撑一次超高模板面积＝0.45×4×(4.5－3.6)×20＝32.40 m²

超高工程量＝32.4×1＝32.40 m²

柱支撑高度超过 3.60 m、钢支撑每超高 1 m，套定额 5-226 或 18-1-48。

> **经验提示：**套定额时，用相应超高部分的工程量乘以相应的超高次数之和作为支撑超高的工程量。如果超高次数为 2 次，超高 1 次和超高 2 次的工程量应分别计算，分别乘以超高次数，超高工程量两部分相加。

【案例 22-10】 某现浇花篮梁，梁端有现浇梁垫，尺寸如图 22-11 所示。木模板、钢支撑(木支撑)，计算梁模板、梁支撑超高工程量，确定定额项目。

解　①梁模板工程量＝[0.25＋(0.21＋$\sqrt{0.12^2＋0.07^2}$＋0.08＋0.12＋0.14)×2]×

(5.24＋0.24)＋0.6×0.2×4＝9.41 m²

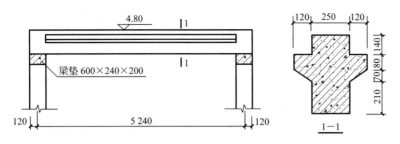

图 22-11 某现浇花篮梁

异形梁木模板、钢支撑(木支撑),套定额 5-233 或 18-1-58。

②梁支撑超高工程量＝9.41×1＝9.41 m²

超高次数:(4.8－0.5－3.6)÷1.0≈1 次

钢支撑(木支撑)每增加 1 m,套定额 5-242 或 18-1-71。

【案例 22-11】 某现浇钢筋混凝土有梁板如图 22-12 所示,胶合板模板、钢支撑。计算有梁板模板、有梁板支撑超高工程量,确定定额项目。

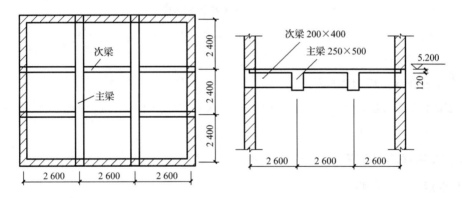

图 22-12 某现浇钢筋混凝土有梁板

解 ①有梁板模板工程量＝(2.6×3－0.24)×(2.4×3－0.24)＋(2.4×3＋0.24)×(0.5－0.12)×4＋(2.6×3＋0.24－0.25×2)×(0.4－0.12)×4＝72.37 m²

有梁板胶合板模板、钢支撑,套定额 5-256 或 18-1-92。

②有梁板支撑超高工程量＝72.37×2＝144.74 m²

超高次数:(5.2－0.12－3.6)÷1.0≈2 次

钢支撑每增加 1 m,套定额 5-278 或 18-1-104。

7.预制混凝土构件模板工程量计算规则

(1)国家定额预制混凝土模板按模板与混凝土的接触面积计算工程量,地模不计算接触面积。

(2)省定额现场预制混凝土构件模板工程量,除注明者外均按相应构件混凝土实体体积计算。

现场预制混凝土构件模板工程量＝混凝土构件体积

（3）省定额现场预制混凝土桩模板工程量按相应桩体积（不扣除桩尖虚体积部分）计算。

现场预制混凝土桩模板工程量＝混凝土桩体积

【案例 22-12】   预制混凝土矩形柱如图 22-13 所示，共 60 根，计算省定额组合钢模板和混凝土地模工程量，确定定额项目。

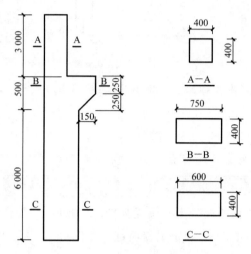

图 22-13   预制混凝土矩形柱

解   ①组合钢模板工程量＝[0.4×0.4×3＋0.60×0.4×6.5＋(0.25＋0.5)×0.15÷2×0.4]×60＝123.75 m³

矩形柱组合钢模板，套定额 18-2-3。

②混凝土地模工程量＝[0.6×6.5＋(0.5＋0.25)×0.15÷2＋0.4×3]×60＝309.38 m²

混凝土地模，套定额 18-2-35。

三、施工运输工程

1.垂直运输定额说明

（1）建筑物檐高以设计室外地坪至檐口滴水高度（平屋顶系指屋面板底高度，斜屋面系指外墙外边线与斜屋面板底的交点）为准。凸出主体建筑屋顶的楼梯间、电梯间、水箱间、屋面天窗等不计入檐口高度之内。

（2）同一建筑物有不同檐高时，按建筑物的不同檐高纵向分割，分别计算建筑面积，并按各自的檐高执行相应项目。建筑物多种结构，按不同结构分别计算。

（3）垂直运输工作内容，包括单位工程在合理工期内完成全部工程项目所需要的垂直运输机械台班，不包括机械的场外往返运输、一次安拆及路基铺垫和轨道铺拆等的费用。

（4）檐高 3.60 m 以内的单层建筑，不计算垂直运输机械台班。

（5）民用建筑垂直运输，按照定额层高≤3.60 m 考虑。超过 3.60 m 者，应另计层高超高垂直运输增加费，每超过 1 m，其超高部分按相应国家定额子目增加 10%（省定额相应垂直运输子目乘以系数 1.15），超高不足 1 m 按 1 m 计算。

（6）国家定额垂直运输是按现行工期定额中规定的Ⅱ类地区标准编制的，Ⅰ、Ⅲ类地区按相应定额分别乘以系数 0.95 和 1.1。

2.建筑物超高增加费定额说明

(1)建筑物超高增加人工、机械定额适用于单层建筑物檐口高度超过 20 m,多层建筑物超过 6 层的项目。

(2)建筑物檐口高度超过定额相邻檐口高度的值低于 2.2 m 时,其超过部分忽略不计。

(3)超高施工增加,以不同檐口高度的降效系数(%)表示。

(4)超高施工增加,按总包施工单位施工整体工程(含主体结构工程、装饰工程、内装饰工程)编制。建设单位单独发包外装饰工程时,单独施工的主体结构工程和外装饰工程,均应计算超高施工增加。

3.构件水平运输定额说明

(1)构件水平运输适用于构件堆放场地或构件加工厂至施工现场的运输。国家定额运距按30 km 以内考虑,运距在 30 km 以上时按照构件水平运输方案和市场运价调整。

(2)混凝土构件水平运输,已综合了构件水平运输过程中的构件损耗。

(3)国家定额构件水平运输基本运距按场内运输 1 km、场外运输 10 km 分别列项,实际运距不同时,按场内每增减 0.5 km、场外每增减 1 km 项目调整。

(4)定额已综合考虑施工现场内、外(现场、城镇)运输道路等级、路况、重车上下坡等不同因素。

(5)构件水平运输不包括桥梁、涵洞、道路加固,管线、路灯迁移及因限载、限高而发生的加固、扩宽、公交管理部门要求的措施等因素,发生时应另行处理。

(6)预制混凝土构件水平运输,按表 22-2 预制混凝土构件分类。分类表中一、二类构件的单体体积、面积、长度三个指标中,以符合其中一项指标为准(按就高不就低的原则执行)。

表 22-2　　预制混凝土构件分类

类别	项　目
一	桩、柱、梁、板、墙单件体积≤1 m³、面积≤4 m²、长度≤5 m
二	桩、柱、梁、板、墙单件体积>1 m³、面积>4 m²、5 m<长度≤6 m
三	6 m 以上至 14 m 的桩、柱、梁、板、屋架、椅架、托架(14 m 以上另行计算)
四	天窗架、侧板、端壁板、天窗上下档及小型构件

(7)金属结构构件水平运输按表 22-3 分为三类,套用相应定额项目。

表 22-3　　金属结构构件分类

类别	构件名称
一	钢柱、屋架、托架、椅架、吊车梁、网架、钢架桥
二	钢梁、檩条、支撑、拉条、栏杆、钢平台、钢走道、钢楼梯、零星构件
三	墙架、挡风架、天窗架、轻钢屋架、其他构件

4.大型机械进出场定额说明

(1)大型机械设备进出场及安拆费是指机械整体或分体自停放场地运至施工现场或由一个施工地点运至另一个施工地点,所发生的机械进出场运输和转移费用,以及机械在施工现场进行安装、拆卸所需的人工费、材料费、机械费、试运转费和安装所需的辅助设施的费用。

(2)大型机械基础,适用于塔式起重机、施工电梯、卷扬机等大型机械需要设置基础的情况。

①塔式起重机轨道铺拆以直线形为准,铺设弧线形时,定额乘以系数 1.15。

②国家定额固定式基础适用于混凝土体积在 10 m³ 以内的塔式起重机基础,如超出,按实际混凝土工程、模板工程、钢筋工程分别计算工程量,按混凝土及钢筋混凝土工程相应项目执行。省定额混凝土独立式基础,已综合了基础的混凝土、钢筋、地脚螺栓和模板,但不包括基础的挖土、回填和复土配重。其中,钢筋、地脚螺栓的规格和用量、现浇混凝土强度等级与定额不同时,可以换算,其他不变。

③固定式基础需打桩时,打桩费用另行计算。

(3)大型机械设备安拆费包括的内容:

①大型机械安拆费是安装、拆卸的一次性费用。

②大型机械安拆费中包括机械安装完毕后的试运转费用。

③柴油打桩机的安拆费中,已包括轨道的安拆费用。

④自升式塔式起重机安拆费按塔高 45 m 确定,45 m<檐高≤200 m 时,塔高每增高 10 m,按相应定额增加费用 10%,尾数不足 10 m 按 10 m 计算。

(4)大型机械设备进出场费包括的内容:

①进出场费中已包括往返一次的费用,其中回程费按单程运费的 25% 考虑。

②进出场费中已包括了臂杆、铲斗及附件、道木、道轨的运费。

③机械运输路途中的台班费,不另计取。

(5)大型机械设备现场的行驶路线需修整铺垫时,其人工修整可按实际计算。同一施工现场各建筑物之间的运输,定额按 100 m 以内综合考虑,如转移距离超过 100 m,在 300 m 以内的,按相应场外运输费用乘以系数 0.3;在 500 m 以内的,按相应场外运输费用乘以系数 0.6。使用道木铺垫按 15 次摊销,使用碎石零星铺垫按一次摊销。

(6)大型机械进出场定额的项目名称,未列明大型机械规格、能力等特点的,均涵盖各种规格、能力、构造和工作方式的同种机械。

(7)大型机械进出场定额未列子目的,不计算安拆及场外运输。

5.垂直运输工程量计算规则

(1)建筑物垂直运输,区分不同建筑物结构及檐高(或面积)按建筑面积计算。国家定额地下室面积与地上面积合并计算。

(2)省定额民用建筑(无地下室)基础的垂直运输,按建筑物底层的建筑面积计算。建筑物底层不能计算建筑面积或计算 1/2 建筑面积的部位配置基础时,按其勒脚以上结构外围内包面积,合并于底层建筑面积一并计算。

(3)省定额混凝土地下室(含基础)的垂直运输,按地下室建筑面积计算。定额子目区分不同地下室底层建筑面积。

①筏板基础所在层的建筑面积为地下室底层建筑面积。

②地下室层数不同时,面积大的筏板基础所在层的建筑面积为地下室底层建筑面积。

(4)檐高≤20 m 建筑物的垂直运输,按建筑物建筑面积计算。省定额定额子目区分不同标准层建筑面积和不同的结构形式。

①各层建筑面积均相等时,任一层建筑面积为标准层建筑面积。

②除底层、顶层(含阁楼层)外,中间层建筑面积均相等(或中间仅一层)时,中间任一层(或中间层)的建筑面积为标准层建筑面积。

③除底层、顶层(含阁楼层)外,中间各层建筑面积不相等时,中间各层建筑面积的平均值为标准层建筑面积。

④两层建筑物,两层建筑面积的平均值为标准层建筑面积。

⑤同一建筑物结构形式不同时,按建筑面积大的结构形式确定建筑物的建筑形式。

(5)檐高>20 m 建筑物的垂直运输,按建筑物建筑面积计算。定额子目区分不同的檐高。

①同一建筑物檐高不同时,应区别不同的檐口高度分别计算。

②同一建筑物结构形式不同时,应区别不同的结构形式分别计算。

(6)省定额零星工程垂直运输包括超深基础增加和零星工程垂直运输。

①基础(含垫层)深度>3 m 时,按深度>3 m 的基础(含垫层)设计图示尺寸,以体积计算。

②零星工程垂直运输,分别按设计图示尺寸和相关工程量计算规则,以定额单位计算工程量。

【案例 22-13】　某现浇框架结构六层商业住宅楼,底层为钢筋混凝土地下室,层高为 4.5 m,建筑面积 128 m²,地下室为钢筋混凝土满堂基础,混凝土体积为 85 m³,计算±0.000 以下塔式起重机垂直运输机械工程量,确定定额项目。

解　钢筋混凝土地下室(含基础)的垂直运输机械工程量=128.00 m³

钢筋混凝土地下室(含基础)的垂直运输机械,套定额 17-79 或 19-1-10。

【案例 22-14】　某五层砖混结构住宅楼,檐高 15.80 m,建筑面积 2 800 m²,计算垂直运输机械工程量,确定定额项目。

解　垂直运输机械工程量=2 800.00 m²

砖混结构住宅楼垂直运输机械,套定额 17-78 或 19-1-10。

6.建筑物超高增加费工程量计算规则

(1)各项定额中包括的内容指单层建筑物檐口高度超过 20 m,多层建筑物超过 6 层的全部工程项目,但不包括垂直运输、各类构件的水平运输及各项脚手架。

(2)国家定额建筑物超高增加费的人工、机械按建筑物超高部分的建筑面积计算。

(3)省定额建筑物整体工程施工超高增加费,按±0.00 以上工程(不含除外内容)的人工、机械消耗量之和,乘以相应子目规定的降效系数计算。

(4)整体工程施工超高增加费的计算基数,为±0.00 以上工程的全部内容,但下列工程内容除外:

①±0.00 所在楼层结构层(垫层)及其以下全部工程内容。

②±0.00 以上的预制构件制作工程。

③现浇混凝土搅拌制作、运输及泵送工程。

④脚手架工程。

⑤施工运输工程。

(5)同一建筑物檐口高度不同时,按建筑面积加权平均计算其综合降效系数。

$$综合降效系数=\sum(某檐高降效系数×该檐高建筑面积)÷总建筑面积$$

【案例 22-15】　某高层建筑物檐高 58 m,超过±0.00 以上的全部人工费为 1 020 012.21 元,全部机械费用为 2 856 255.52 元,按省定额计算超高人工、机械增加费。

解　建筑物檐高 58 m,套定额 20-1-2。

超高人工机械增加费=1 020 012.21×9.17%+2 856 255.52×21.63%=711 343.19 元

7.水平运输工程量计算规则

(1)预制混凝土构件水平运输除另有规定外,均按构件设计图示尺寸,以体积计算工程量。

(2)金属构件水平运输,按构件设计图示尺寸以质量计算工程量,所需螺栓、电焊条等质量不另计算。

【案例 22-16】　某工业厂房钢屋架预制,每榀 1.2 t,共 12 榀,构件场外运输 4 km。计算钢屋架运输工程量,确定定额项目。

解　钢屋架运输工程量＝1.2×12＝14.40 t

运输钢屋架(Ⅰ类)4 km,套定额 6-43 或 19-2-7、19-2-8。

8.大型机械进出场工程量计算规则

(1)大型机械基础,按施工组织设计规定的尺寸,以座、体积或长度计算。

(2)大型机械设备安拆费,按施工组织设计的规定以台次计算。

(3)大型机械设备进出场费,按施工组织设计的规定以台次计算。

【案例 22-17】　某五层宿舍楼工程用塔式起重机(6 t)一台,塔式起重机混凝土基础体积为 16 m³,计算工程量,确定定额项目。

解　①塔式起重机混凝土基础工程量＝16.00 m³(1 座)

塔式起重机混凝土基础制作、拆除,套定额 17-113 或 19-3-1、19-3-4。

②塔式起重机(6 t)安拆工程量＝1 台次

塔式起重机(6 t)安拆,套定额 17-116 或 19-3-5。

③塔式起重机(6 t)场外运输工程量＝1 台次

塔式起重机(6 t)场外运输,套定额 17-147 或 19-3-18。

9.施工机械停滞台班计算

施工机械停滞,按施工现场施工机械的实际停滞时间,以台班计算。

$$机械停滞费＝\sum\left[(台班折旧费＋台班人工费＋台班其他费)×停滞台班数量\right]$$

(1)机械停滞期间,机上人员未在现场或另做其他工作,不得计算台班人工费。

(2)下列情况,不得计算机械停滞台班:

①机械迁移过程中的停滞。

②按施工组织设计或合同规定,工程完成后不能马上转入下一个工程所发生的停滞。

③施工组织设计规定的合理停滞。

④法定假日及冬雨季因自然气候影响发生的停滞。

⑤双方合同中另有约定的合理停滞。

四、施工排水与降水

1.排水与降水定额说明

(1)轻型井点以 50 根为一套,喷射井点以 30 根为一套,国家定额使用时累计根数轻型井点少于 25 根,喷射井点少于 15 根,使用费按相应定额乘以系数 0.7。

(2)井管间距应根据地质条件和施工降水要求,按施工组织设计确定,施工组织设计未考虑时,可按轻型井点管距 1.2 m、喷射井点管距 2.5 m 确定。

(3)国家定额直流深井降水成孔直径不同时,只调整相应的黄砂含量,其余不变;PVC-U 加筋管直径不同时,调整管材价格的同时,按管子周长的比例调整相应的密目网及铁丝。

(4)国家定额排水井分集水井和大口井两种。集水井定额项目按基坑内设置考虑,井深在

4 m 以内,按本定额计算。如井深超过 4 m,定额按比例调整。大口井按井管直径分两种规格,抽水结束时回填大口井的人工和材料未包括在消耗量内,实际发生时应另行计算。

(5)水泵类型、管径与定额不一致时,可以调整。

2.排水与降水工程量计算规则

(1)省定额抽水机基底排水分不同排水深度,按设计基底面积,以面积计算。

(2)轻型井点、喷射井点排水的井管安装、拆除以"根"为单位计算,使用以"套·天"计算;真空深井、自流深井排水的安装、拆除以每口井计算,使用以每口"座·天"计算。

(3)排水使用天数以每昼夜(24 h)为一天,并按施工组织设计要求的使用天数计算。

(4)集水井按设计图示数量以"座"或"米"计算,大口井按累计井深以长度计算。

【案例 22-18】 某工程轻型井点,如图 22-14 所示,井深 6 m,井点间距 1.2 m,降水 60 天,求轻型井点降水工程量,确定定额项目。

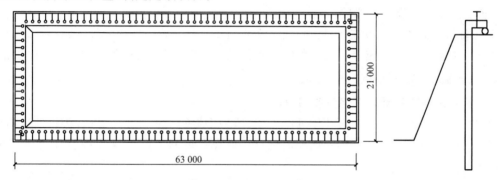

图 22-14 某工程轻型井点

解 ①井管安装、拆除工程量=(63+21)×2÷1.2=140 根

井管安装、拆除,套定额 17-155 或 2-3-12。

②设备使用套数=140÷50=3 套

设备使用工程量=3×60=180 套·天

设备使用,套定额 17-165 或 2-3-13。

经验提示:轻型井点降水 50 根为一套,一天为 24 小时(即一昼夜)。

22.2 措施项目清单编制

一、清单项目设置

措施项目共分 7 个分部工程,即脚手架工程、混凝土模板及支架(撑)、垂直运输、超高施工增加、大型机械设备进出场及安拆、施工排水降水和安全文明施工及其他措施。适用于工业与民用建筑的措施项目费用计算。

1.脚手架工程

脚手架工程项目包括综合脚手架、外脚手架、里脚手架、悬空脚手架、挑脚手架、满堂脚手架、整体提升架、外装饰吊篮 8 个清单项目。

2.混凝土模板及支架(撑)

混凝土模板及支架(撑)项目包括垫层,带形基础,独立基础,满堂基础,设备基础,桩承台基础,矩形柱,构造柱,异形柱,基础梁,矩形梁,圈梁,过梁,弧形,拱形梁,直形墙,弧形墙,短肢剪力墙、电梯井壁,有梁板,无梁板,平板,拱板,薄壳板,栏板,其他板,天沟、檐沟,雨篷、悬挑板、阳台板,直形楼梯,弧形楼梯,其他现浇构件,电缆沟、地沟,台阶,扶手,散水,后浇带,化粪池底,化烘池壁,化粪池顶,检查井底,检查井壁,检查井顶,共 41 个清单项目。

3.垂直运输

垂直运输项目只有垂直运输 1 个清单项目。

4.超高施工增加

超高施工增加项目只有超高施工增加 1 个清单项目。

5.大型机械设备进出场及安拆

大型机械设备进出场及安拆项目只有大型机械设备进出场及安拆 1 个清单项目。

6.施工排水降水

施工排水降水项目包括成井和排水、降水 2 个清单项目。

7.安全文明施工及其他措施

安全文明施工及其他措施项目包括安全文明施工,夜间施工,非夜间施工照明,二次搬运,冬雨季施工,地上、地下设施及建筑物的临时保护设施,已完工程及设备保护 7 个清单项目。

二、计量规范与计价规则说明

1.脚手架工程工程量计算规范使用说明

(1)使用综合脚手架时,不再使用外脚手架、里脚手架等单项脚手架;综合脚手架适用于能够按"建筑面积计算规则"计算建筑面积的建筑工程脚手架,不适用于房屋加层、构筑物及附属工程脚手架。

(2)同一建筑物有不同檐高时,按建筑物竖向切面分别按不同檐高编列清单项目。

(3)整体提升架已包括 2 m 高的防护架体设施。

(4)脚手架材质可以不描述,但应注明由投标人根据工程实际情况按照《建筑施工扣件式钢管脚手架安全技术规范》(JGJ 130—2011)和《建筑施工附着升降脚手架管理暂行规定》等规范自行确定。

(5)脚手架工程量计算规则:综合脚手架按建筑面积计算;里、外脚手架按所服务对象的垂直投影面积计算;满堂脚手架按搭设的水平投影面积计算;外装饰吊篮按所服务对象的垂直投影面积计算。

2.混凝土模板及支架(撑)工程量计算规范使用说明

(1)原槽浇灌的混凝土基础、垫层,不计算模板,如混凝土垫层需支模板,其模板及支撑应包括在垫层综合单价中。

(2)混凝土模板及支架(撑)项目,只适用于以平方米计量,按模板与混凝土构件的接触面积计算。以"立方米"计量的模板及支架(撑),按混凝土及钢筋混凝土实体项目执行,其综合单价中应包含模板及支架(撑)。

(3)采用清水模板时,应在特征中注明。

(4)若现浇混凝土柱、梁、墙、板支撑高度超过 3.60 m,项目特征应描述支撑高度。

(5)混凝土模板及支架(撑)按模板与现浇混凝土构件的接触面积计算工程量。

3.垂直运输工程量计算规范使用说明

(1)垂直运输机械指施工工程在合理工期内进行垂直运输所需机械。

(2)同一建筑物有不同檐高时,按建筑物的不同檐高做纵向分割,分别计算建筑面积,以不同檐高分别编码列项。

第 22 章　措施项目　325

（3）垂直运输按建筑面积计算工程量或按施工工期日历天数计算工程量。

4.超高施工增加工程量计算规范使用说明

（1）单层建筑物檐口高度超过 20 m,多层建筑物超过 6 层时,可按超高部分的建筑面积计算超高施工增加。计算层数时,地下室不计入层数。

（2）同一建筑物有不同檐高时,可按不同高度的建筑面积分别计算建筑面积,以不同檐高分别编码列项。

（3）超高施工增加按建筑物超高部分的建筑面积计算工程量。

5.大型机械设备进出场及安拆工程量计算规范使用说明

（1）相应专项设计不具备时,可按暂估量计算。

（2）中小型机械,不计算安拆及场外运输。

（3）不发生大型机械设备进出场及安拆的项目,不能计算大型机械设备进出场及安拆。

（4）大型机械设备进出场及安拆按使用机械设备的数量计算工程量。

6.施工排水、降水工程量计算规范使用说明

（1）相应专项设计不具备时,可按暂估量计算。

（2）不发生施工排水、降水的项目,不能计算施工排水、降水。

（3）成井按设计图示尺寸以钻孔深度计算工程量;排、降水按排、降水日历天数计算工程量。

7.安全文明施工及其他措施工程量计算规范使用说明

（1）措施项目清单中的安全文明施工费应按照国家或省级、行业建设主管部门的规定计价,不得作为竞争性费用。

（2）其他措施项目应根据工程实际情况计算措施项目费,不发生的项目,不能计算。需分摊的应合理计算摊销费用。

（3）若出现"计量规范"未列的项目,可根据工程实际情况补充。

（4）总价措施项目费按国家或省级、行业建设主管部门的规定综合计算。

三、脚手架工程措施项目案例

【案例 22-19】　某工程主楼及附房尺寸如图 22-15 所示。女儿墙高 1.5 m,出屋面的电梯间为砖砌外墙,施工组织设计中外脚手架为钢管脚手架。进行措施项目费中外脚手架的工程量计算,编制措施项目清单。

解　该项目发生的工程内容为:材料运输,搭、拆脚手架,拆除后的材料堆放。

主楼部分外脚手架工程量＝(40.24＋25.24)×(78.5＋0.45)＋(40.24＋25.24)×(78.5－22)＋20.24×(82－78.5)＝8 940.11 m²(高度 82.00＋0.45＝82.45 m)

附房部分外脚手架工程量＝(52.24×2－40.24＋35.24×2－25.24)×(23.5＋0.45)＝2 622.05 m²(高度 23.5＋0.45＝23.95 m)

电梯间部分外脚手架工程量＝(20.24＋8.24×2)×(82－77)＝183.60 m²

措施项目清单见表 22-4。

> **经验提示:**编制工程量清单不需计算综合单价和合价,综合单价由施工单位根据实际工程在报价时填写,措施项目清单计价具有竞争性质,不能因施工方式方法的改变而调整单价。

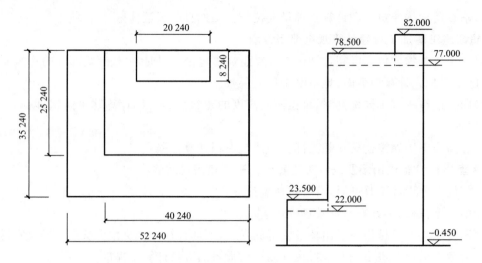

图 22-15　某工程主楼及附房示意图

表 22-4　　　　　　　　　　措施项目清单（案例 22-19）

序号	项目编码	项目名称	项目特征描述	计量单位	工程量	金额/元	
						综合单价	合价
1	011701002001	外脚手架	主楼部分双排钢管外脚手架,高度 82.45 m	m²	8 940.11		
2	011701002002	外脚手架	附房部分双排钢管外脚手架,高度 23.95 m	m²	2 622.05		
3	011701002003	外脚手架	电梯间部分双排钢管外脚手架,高度 5 m	m²	183.60		

四、混凝土、钢筋混凝土模板及支架措施项目案例

【案例 22-20】　某现浇混凝土框架柱如图 22-16 所示,共 20 根,组合钢模板、钢支撑。现浇花篮梁(中间矩形梁)5 支,胶合板模板、木支撑。编制柱、梁模板及支撑工程量清单。

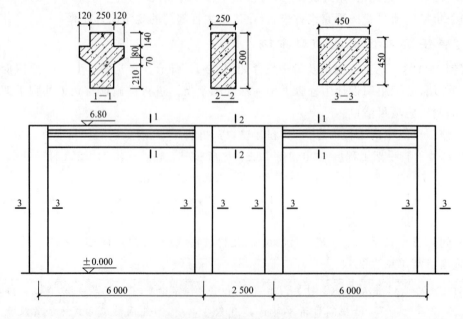

图 22-16　某现浇混凝土框架柱

解　(1)柱模板发生的工程内容:模板制作、模板安拆和刷隔离剂等。

现浇混凝土框架柱钢模板工程量 $=0.45\times4\times6.8\times20-[0.25\times0.5\times6+0.12\times(0.15+0.08)\times4]\times5=240.50$ m²

(2)梁模板发生的工程内容为:模板制作、模板安拆和刷隔离剂等。

①矩形梁模板工程量 $=(0.25+0.5\times6)\times(2.5-0.45)\times5=12.81$ m²

②异形梁模板工程量 $=[0.25+(0.21+\sqrt{0.12^2+0.07^2}+0.08+0.12+0.14)\times2]\times(6-0.45)\times2\times5=90.35$ m²

(3)填写措施项目清单(表 22-5)。

表 22-5　　　　　　　　　措施项目清单(案例 22-20)

序号	项目编码	项目名称	项目特征描述	计量单位	工程量	金额/元	
						综合单价	合价
1	011702002001	矩形柱模板	现浇混凝土框架矩形柱组合钢模板、钢支撑,柱高 6.8 m	m²	240.50		
2	011702006001	矩形梁模板	现浇混凝土框架矩形梁胶合板模板、木支撑,柱高 6.3 m	m²	12.81		
3	011702007001	异形梁模板	现浇混凝土框架异形梁胶合板模板、木支撑,柱高 6.3 m	m²	90.35		

五、垂直运输机械措施项目案例

【案例 22-21】　某工程钢筋混凝土结构共计 22 层,檐高 69.40 m。1~3 层为现浇钢筋混凝土框架外砌围护结构,每层建筑面积为 880.00 m²;4~22 层为全现浇钢筋混凝土结构,每层建筑面积为 680.00 m²。采用商品混凝土泵送施工,施工组织设计中采用自升式塔吊 2 000 kN·m。编制垂直运输机械措施项目清单。

解　措施项目清单计价表的编制

该项目发生的工程内容为完成项目所需的垂直运输机械。

1~3 层现浇钢筋混凝土框架部分工程量 $=880\times3=2\,640.00$ m²

4~22 层全现浇钢筋混凝土部分工程量 $=680\times19=12\,920.00$ m²

工程量合计 $=2\,640+12\,920\times0.84=13\,492.80$ m²

> **经验提示**:项目特征描述应满足投标人报价要求。檐高 70 m 以内混凝土其他框架结构,乘以全现浇系数 0.84。檐高 70 m 以内混凝土其他框架结构因采用泵施工,其垂直运输机械子目中的塔式起重机乘以系数 0.8。

措施项目清单见表 22-6。

表 22-6　　　　　　　　　措施项目清单(案例 22-21)

序号	项目编码	项目名称	项目特征描述	计量单位	工程量	金额/元	
						综合单价	合价
1	011703001001	垂直运输机械	全现浇,檐高 70 m 以内,泵送施工,自升式塔吊 2 000 kN·m	m²	13 492.80		

六、大型机械设备进出场及安拆措施项目案例

【案例 22-22】　某桩基础工程使用了 1 600 kN 静力压桩机(液压)2 台。编制大型机械设备进出场及安拆项目清单。

解　该项目发生的工程内容为:静力压桩机的安拆费和场外运输费。

静力压桩机(液压)1 600 kN 安拆工程量＝2 台次。

措施项目清单见表 22-7。

表 22-7　　　　　　　　　　措施项目清单(案例 22-22)

序号	项目编码	项目名称	项目特征描述	计量单位	工程量	金额/元	
						综合单价	合价
1	011705001001	大型机械设备进出场及安拆	1 600 kN 静力压桩机(液压)	台次	2		

22.3　措施项目清单计价

一、计量规范与计价规则说明

措施项目费应根据招标人提供的措施项目清单和投标人投标时拟订的施工组织设计或施工方案的规定自主确定,措施项目清单中的安全文明施工费必须按照国家或省级、行业建设主管部门的规定计算,不得作为竞争性费用。

措施项目费的计价方式应根据招标文件的规定,可以计算工程量的单价措施清单项目采用综合单价方式报价,其余总价措施清单项目采用以项为计量单位的方式报价。

混凝土、钢筋混凝土模板及支架(撑)工程措施项目招标工程量清单没有单列,且以"立方米"计量的模板工程,混凝土及钢筋混凝土实体项目综合单价中应包含模板及支架(撑)。

临时排水沟、排水设施安砌、维修、拆除,已包括在安全文明施工中,不包括在施工排水、降水措施项目内,施工排水、降水是指排、降地下水。

二、脚手架工程措施项目案例

【案例 22-23】　图 22-17 为某多层单身宿舍楼标准层平面图及剖面图。板厚均为 120 mm。施工组织设计中,内、外脚手架均为钢管脚手架,进行措施项目费中建筑物的内墙、外墙脚手架的工程量计算,并进行投标报价。

解　措施项目清单计价表的编制

该项目发生的工程内容为:材料运输、搭拆脚手架、拆除后的材料堆放。

外脚手架工程量＝长度[0.12＋3.9×3＋5.4＋3.6＋0.12＋宽度15.12－0.24×2＋楼梯外侧1.2]×2×高度(0.45＋4.2＋3.6×4)＋两山墙(0.5＋6＋2.4＋6＋0.5)×4.5＝73.56×19.05＋69.3＝1 470.62 m²

檐口高度 19.05 m,山墙高度 23.55 m。均套 24 m 以内双排钢管外脚手架,套定额17-1-10。

凡设计室内地坪至顶板下表面(或山墙高度 1/2 处)的高度在 3.60 m 以下(非轻质砌块

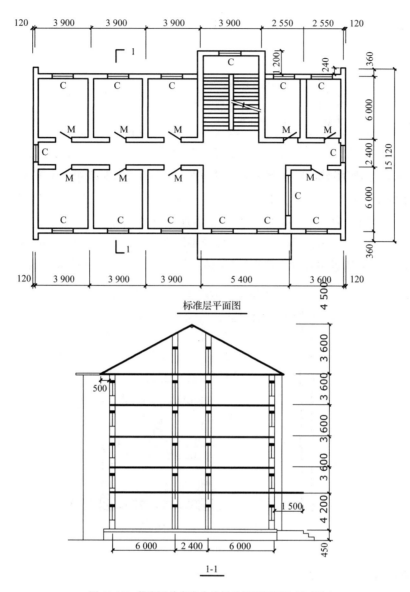

图 22-17 某多层单身宿舍楼标准层平面图及剖面图

墙)时,按单排里脚手架计算;高度超过 3.60 m 且小于 6.00 m 时,按双排里脚手架计算。

阁楼纵墙高度＝(6＋0.12＋0.5)×(4.5－0.12)÷(1.2＋6＋0.12＋0.5)＝3.71 m＞3.6 m

高度小于 6.00 m 双排钢管里脚手架工程量＝底层[3.9×3×2＋2.55×2＋3.6＋(6－0.24)×9]×(4.2－0.12)＋阁楼纵墙(3.9×3×2＋2.55×2＋3.6)×3.71＝461.57 m²

6.00 m 以内双排钢管里脚手架,套定额 17-1-7。

高度小于 3.60 m 单排钢管里脚手架工程量＝标准层[3.9×3×2＋2.55×2＋3.6＋(6－0.24)×9]×(3.6－0.12)×4＋阁楼横墙(6＋0.5－0.12)×3.71÷2×9＝1 274.95 m²

3.60 m 以内单排钢管里脚手架,套定额 17-1-6。

人工、材料、机械单价选用市场信息价。

根据企业情况确定管理费费率为 55%,利润率为 15%。

措施项目清单计价见表 22-9。

表 22-9　　　　　　　　　　　　　　措施项目清单计价(案例 22-23)

序号	项目编码	项目名称	项目特征描述	计量单位	工程量	金额/元	
						综合单价	合价
1	011701002001	外脚手架	双排钢管外脚手架,檐口高度 19.05 m,山墙高度 23.55 m	m²	1 470.62	36.97	54 368.82
2	011701003001	里脚手架	双排钢管里脚手架,高度 3.71 m	m²	461.57	24.04	11 096.14
3	011701003002	里脚手架	单排钢管里脚手架,高度小于 3.60 m	m²	1 274.95	17.53	22 349.87

三、混凝土、钢筋混凝土模板及支架(撑)工程措施项目案例

【案例 22-24】　某建筑物采用部分钢筋混凝土剪力墙结构,如图 22-18 所示。柱子尺寸为 400 mm×400 mm,墙厚为 240 mm,电梯井隔壁墙厚为 200 mm,电梯门洞尺寸为 1 000 mm× 2 100 mm,底层层高 4.8 m,电梯基坑深 1 m,标准层层高 3.6 m,板厚为 200 mm,19 层,4 个单元。施工组织设计中,剪力墙采用复合木模板、木支撑。进行该分项工程的模板措施费的计算。

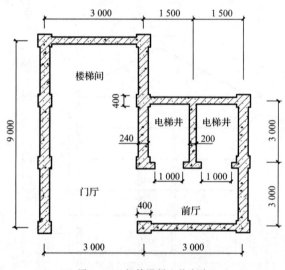

图 22-18　钢筋混凝土剪力墙

解　措施项目清单计价表的编制

(1)钢筋混凝土剪力墙模板项目发生的工程内容:木模板制作、模板安拆和刷隔离剂等。

①剪力墙模板工程量=[9+3+3+3+墙端 0.4+垛侧 0.08×6×2]×2×(4.8+3.6× 18 层-0.2×19 层)×4=10 191.10 m²

直形剪力墙复合木模板对拉螺栓木支撑,套定额 18-1-75。

②底层墙模板超高工程量=[9+3+3+3+墙端 0.4+垛侧 0.08×6×2]×2×(4.8- 0.2-3.6)×4=154.88 m²

墙支撑高度超过 3.60 m 每增 1 m 木支撑,套定额 18-1-85。

(2)电梯井壁模板项目发生的工程内容:模板的安拆和清理模板黏结物等。

①电梯井壁内模工程量=[(3-0.12-0.1+1.5-0.12-0.1)×2×(4.8+3.6×18- 0.2+1)-1×2.1×19]×2×4=(8.12×70.4-39.9)×2×4=4 253.98 m²

②电梯井壁外模工程量=[(3+3+0.4+0.08×4)×2×(4.8+3.6×18-0.2×19+1)- 1×2.1×2×19]×4=(13.44×66.8-79.8)×4=3 271.97 m²

③电梯门洞侧壁工程量＝(1＋2.1×2)×0.2×2×19×4＝158.08 m²

电梯井壁模板工程量合计＝4 253.98＋3 271.97＋158.08＝7 684.03 m²

电梯井壁复合木模板对拉螺栓木支撑,套定额 18-1-83。

④底层电梯井壁模板超高工程量＝(8.12×2＋13.44)×1×4×1＋(8.12×2＋13.44)×(4.8＋1-0.2-4.6)×4×2＝356.16 m²

墙支撑高度超过 3.60 m,每增 1 m 木支撑,套定额 18-1-85。

人工、材料、机械单价选用市场信息价。

根据企业情况确定管理费费率为 55%,利润率为 15%。

措施项目清单计价见表 22-10。

表 22-10　　　　　　　　措施项目清单计价(案例 22-24)

序号	项目编码	项目名称	项目特征描述	计量单位	工程量	金额/元	
						综合单价	合价
1	011702011001	直形剪力墙模板	剪力墙复合木模板、木支撑	m²	10 191.10	73.08	744 765.59
2	011702013001	电梯井壁模板	电梯井壁复合木模板、木支撑	m²	7 684.03	73.27	563 008.88

四、垂直运输机械措施项目案例

【案例 22-25】　某商业住宅楼群,现浇钢筋混凝土地下车库为两层,层高为 4.20 m,建筑总面积为 16 256.46 m²。其中,钢筋混凝土满堂基础的混凝土体积为 1 545.85 m³,地下室墙面需要抹灰。施工组织设计中采用塔式起重机 6 t。计算±0.000 以下垂直运输机械费用的报价。

解　措施项目清单计价表的编制

两层钢筋混凝土地下室垂直运输机械工程量＝16 256.46 m²

两层钢筋混凝土地下室垂直运输机械,套定额 19-1-13。

人工、材料、机械单价选用市场信息价。

根据企业情况确定管理费费率为 55%,利润率为 15%。

措施项目清单计价见表 22-11。

表 22-11　　　　　　　　措施项目清单计价(案例 22-25)

序号	项目编码	项目名称	项目特征描述	计量单位	工程量	金额/元	
						综合单价	合价
1	011703001001	垂直运输机械费用	地下室垂直运输机械	m²	16 256.46	41.12	668 465.64

五、大型机械设备进出场及安拆措施项目案例

【案例 22-26】　某科技馆工程使用塔式起重机(8 t)2 台,塔式起重机的基础为 12 m³,基础混凝土现场搅拌。工程完工后,塔吊基础需要拆除(不考虑塔基模板、钢筋和地脚螺栓等因素)。请计算大型机械设备进出场及安装的工程量,并进行工程量清单报价。

解　措施项目清单计价表的编制

该项目发生的工程内容:塔式起重机场外运输、安拆,塔吊混凝土基础的浇筑、养护,基础拆除,基础混凝土现场搅拌。

①塔式起重机混凝土基础工程量＝12×2＝24.00 m³

塔式起重机现浇混凝土基础,套定额 19-3-1。

塔式起重机混凝土基础拆除,套定额 19-3-4。

②塔式起重机基础混凝土工程量＝24×1.015＝24.36 m³

塔式起重机基础混凝土现场搅拌,套定额 5-3-1。

③塔式起重机(8 t)安拆及场外运输工程量＝2 台次

塔式起重机(8 t)安拆,套定额 19-3-5。

塔式起重机(8 t)场外运输,套定额 19-3-18。

人工、材料、机械单价选用市场信息价。

根据企业情况确定管理费费率为 55%,利润率为 15%。

措施项目清单计价见表 22-12。

表 22-12　　　　　　　措施项目清单计价(案例 22-26)

序号	项目编码	项目名称	项目特征描述	计量单位	工程量	金额/元	
						综合单价	合价
1	011705001001	大型机械设备进出场及安拆费	塔式起重机(8 t),塔式起重机基础浇筑,混凝土现场搅拌	台次	2	46 700.88	93 401.76

六、施工排水降水工程措施项目案例

【案例 22-27】　某工程施工组织设计采用大口径井点降水,施工方案为环形布置,井点间距 5 m,钻孔机械钻井,直径φ600 mm,井深 15 m,土壤类别为三类土,下无砂水泥管,潜水泵,管径φ100 mm,抽水时间为 30 日。已知降水范围闭合区间长为 30 m,宽为 20 m。计算大口径井点降水工程量及报价。

解　措施项目清单计价表的编制

该项目发生的工程内容:成井、降水。

闭合周长＝(30+20)×2＝100 m

①井管数量＝100÷5＝20 根

成井工程量＝20×5＝100 m

成井,套定额 2-3-30。

②设备套数＝20÷45≈1 台

降水工程量＝30 日

设备使用工程量＝1×30＝30 台日

降水抽水,套定额 2-3-31。

人工、材料、机械单价选用市场信息价。

根据企业情况确定管理费费率为 55%,利润率为 15%。

措施项目清单计价见表 22-13。

表 22-13　　　　　　　措施项目清单计价(案例 22-27)

序号	项目编码	项目名称	项目特征描述	计量单位	工程量	金额/元	
						综合单价	合价
1	011706001001	成井	钻孔机械钻井,三类土,孔径φ600mm,下无砂水泥管	m	100	816.39	81 639.00
2	011706002001	降水	潜水泵,管径φ100 mm	台日	30	258.99	7 769.70

练 习 题

一、单选题

1.下列需要单独计算脚手架的是(　　)。
A.圈梁　　　　　　　B.楼梯　　　　　　　C.构造柱　　　　　　D.框架柱
2.电梯井脚手架的搭设高度是指(　　)之间的高度。
A.室外地坪至建筑物顶层电梯机房板顶　　B.室外地坪至电梯井顶板下坪
C.电梯井底板上坪至电梯井顶板下坪　　D.电梯井底板上坪至建筑物顶层电梯机房板顶
3.建筑物超高时,其人工、机械增加,按±0.00 以上的全部人工、机械数量乘以相应子目的(　　)计算。
A.规定基数　　　　B.实体工程量　　　　C.降效系数　　　　　D.措施项目
4.下列各项中不是按水平投影面积计算模板工程量的是(　　)。
A.混凝土雨篷　　　B.混凝土楼梯　　　　C.混凝土台阶　　　　D.混凝土斜板模板

二、多选题

1.需要单独计算脚手架的柱子有(　　)。
A.现浇混凝土独立柱　　　　　　　　B.现浇混凝土框架柱
C.现浇混凝土构造柱　　　　　　　　D.砖柱　E.石柱
2.下列(　　)板不需要单独计算脚手架。
A.现浇混凝土挑檐板　　　　　　　　B.现浇混凝土平板
C.现浇混凝土楼梯平台板　　　　　　D.现浇混凝土雨篷板
E.现浇混凝土阳台板
3.下列各项中按水平投影面积计算模板工程量的是(　　)。
A.混凝土雨篷　　　B.混凝土楼梯　　　　C.混凝土台阶　　　　D.混凝土斜板模板
E.混凝土场馆看台

三、判断题

1.按照定额要求,计算内、外墙脚手架时均不扣除门窗洞口、空圈等所占面积。　　(　　)
2.同一建筑物高度不同时,应按不同高度分别计算脚手架的工程量。　　(　　)
3.某工程现浇混凝土独立基础高 1.2 m,不计算脚手架。　　(　　)
4.石砌墙体,砌筑高度>1.2 m(省定额>1 m)时,执行双排脚手架项目。　　(　　)
5.各种现浇混凝土板、现浇混凝土楼梯,不单独计算脚手架。　　(　　)
6.挑脚手架按搭设长度乘以层数以长度计算。　　(　　)
7.悬空脚手架按搭设长度计算。　　(　　)
8.里脚手架按内墙内边线长度乘以里脚手架高度计算。　　(　　)
9.高度在 3.6 m 以下时,不计算内墙脚手架。　　(　　)
10.立挂式安全网按架网部分的实际长度乘以实际高度以面积计算。　　(　　)
11.构筑物垂直运输机械的工程量以平方米为单位计算。　　(　　)
12.构造柱均应按图示外露部分计算模板面积。带马牙槎构造柱的宽度按马牙槎处的宽度计算。　　(　　)
13.现浇混凝土模板工程,基础与基础相交时重叠的模板面积不应扣除。　　(　　)
14.现浇混凝土有梁板的板下梁的模板支撑高度,自地(楼)面支撑点计算至板底,执行板的支撑高度超高子目。　　(　　)
15.定额未列子目的大型机械,不计算安装、拆卸及场外运输。　　(　　)
16.轻型井点、喷射井点排水的井管安装、拆除以"根"为单位计算,使用以"套·天"计算;真空深井、自流深井排水的安装拆除以每口井计算,使用以每口"座·天"计算。　　(　　)

第23章
建筑与装饰工程计量计价实训资料

23.1　建筑与装饰工程计量计价实训任务书

　　建筑与装饰工程相关专业实训阶段的业务技能训练是实现建筑与装饰工程相关专业培养目标、保证教学质量、培养合格人才的综合性实践教学环节,是整个教学计划中不可缺少的重要组成部分。通过实训,使学生在综合运用所学知识的过程中,了解建筑工程在招投标(工程量清单与投标报价)中从事技术工作的全过程,从而建立理论与实践相结合的完整概念,提高在实际工作中从事建筑与装饰工程计量与计价工作的能力,培养认真细致的工作作风,使所学知识进一步得到巩固、深化和扩展,提高学生所学知识的综合应用能力和独立工作能力。

一、实训选题

　　根据本专业实际工作的需要,学生通过实训,应会编制较复杂的建筑与装饰工程工程量清单和工程量清单报价。

　　建筑与装饰工程计量与计价实训选题,以工程量清单编制和工程量清单计价为主线,选择民用建筑混合结构或框架结构工程,含有土建和装饰内容的施工图纸。

二、实训的具体内容

　　建筑与装饰工程计量与计价实训具体内容包括:

1.会审图纸

　　对收集到的土建、装饰施工图纸(含标准图),进行全面的识读、会审,掌握图纸内容。

2.编制工程量清单

　　根据施工图纸和《房屋建筑与装饰工程工程量计算规范》,按表格方式手工计算工程量,编制工程量清单,最后上机打印。

3.投标报价的工程量计算

　　根据施工图纸、《房屋建筑与装饰工程工程量计算规范》、《房屋建筑与装饰工程消耗量定额》和施工说明等资料,按表格方式统计出建筑与装饰工程量。

4.工程量清单报价

　　根据《建筑工程工程量清单计价规范》,上机进行综合单价计算,确定投标报价文件。

三、实训的步骤

1.布置任务

布置建筑与装饰工程计量与计价实训任务,发放实训相关资料。

2.审查施工图纸

学生通过看图纸(含标准图),对图纸所描述的建筑物有一个基本印象,对图纸存在的问题全面提出,指导教师进行图纸答疑和问题处理。

3.工程量清单的编制

根据《房屋建筑与装饰工程工程量计算规范》中的工程量计算规则,按收集的图纸的具体要求,进行各项工程量的计算,确定项目编码、项目名称,描述项目特征,编制工程量清单。

4.投标报价的工程量计算

根据施工图纸和《房屋建筑与装饰工程工程量计算规范》,按表格方式手工计算,并统计出建筑与装饰工程量,列出定额编号和项目名称。

5.工程量清单报价(上机操作)

对工程量清单进行仔细核对,将工程量清单所列的项目特征与实际工程进行比较,参考《建筑工程工程量清单计价规范》,对工程量清单项目所关联的工程项目的定额名称和编号进行挂靠,利用工程量清单计价软件进行工程量清单报价。如有不同之处应考虑换算定额或做补充定额。对照现行的《山东省建筑工程价目表》(有条件也可使用市场价)和《山东省建设工程费用项目组成及计算规则》,查出人工、材料、机械单价(不需调整)及措施费、管理费、利润、规费、增值税等费率,进行工程造价计算,决定投标报价值。

6.打印装订

经检查确认无误后,存盘、打印,设计封面,装订成册。

四、实训内容时间分配表(表 23-1)

表 23-1　　　　　　　　　　　实训内容时间分配表

内　　容	学时	说　　明
布置课程实训任务	1	全面了解设计任务书
会审图纸	3	收集有关资料,看图纸
编制工程量清单	8	用表格计算清单工程量
工程量计算	16	用表格计算建筑与装饰工程量
工程量清单报价	8	用计算机计算
整理资料	4	按要求整理、打印装订
合　　计	40	最后 1 周完成(应提前进入)

五、需要准备的资料和实训成果要求

1.需要准备的资料

(1)某工程图纸 1 套及相配套的标准图;

(2)《建设工程工程量清单计价规范》;

(3)《房屋建筑与装饰工程工程量计算规范》;

(4)《房屋建筑与装饰工程消耗量定额》;

(5)《山东省建筑工程价目表》;

（6）《山东省建设工程费用项目组成及计算规则》；

（7）《建筑工程计量与计价实务》、《建筑工程计量与计价实训指导》等教材及《工程造价资料速查手册》等相关手册。

2.实训成果要求

本次课程实训要求学生根据工程量清单计价规范和相关定额，编制工程量清单和工程量清单报价。本着既节约费用，又能呈现出一份较完整资料的原则，需要打印的表格及成果资料应该有：

（1）工程量清单 1 套（含实训成果封面、招标工程量清单封面、总说明、分部分项工程和单价措施项目清单与计价表、总价措施项目清单与计价表、其他项目清单与计价汇总表等）。

（2）建筑与装饰工程量清单计价文件 1 套（含封面、招标控制价扉页、总说明、建设项目招标控制价汇总表、单项工程招标控制价汇总表、单位工程招标控制价汇总表、分部分项工程和单价措施项目清单与计价表、总价措施项目清单与计价表、其他项目清单与计价汇总表等；如果打印量不大，也可打印部分有代表性的工程量清单综合单价分析表和综合单价调整表）。

（3）工程量计算单底稿（手写稿）1 套，附封面。

六、封面格式

××××学校
建筑与装饰工程计量与计价实训

建筑与装饰工程工程量清单与工程量清单计价
（正本）

工程名称：

院　　系：
专　　业：
指导教师：
班　　级：
学　　号：
学生姓名：
起止时间：　　　　自　　年　月　日至　　年　月　日

23.2　建筑与装饰工程计量计价实训指导书

一、编制说明

1.内容

(1)工程量清单编制;

(2)工程量清单计价;

(3)计算各项费用;

(4)进行综合单价分析。

2.依据

某工程施工图纸和有关标准图、建设工程工程量清单计价计量规范、建筑工程工程量计算规则、企业定额或建筑工程消耗量定额、费用定额和地区价目表。

3.目的

通过该工程的计量与计价实训,使学生基本掌握工程量清单编制和工程量清单计价的方法和基本要求。

4.要求

在教师的指导下,手工计算工程量,用计算机进行工程量清单和工程量清单计价的编制。

二、施工说明

(1)施工单位:XX 建筑工程公司(二级建筑企业);

(2)施工驻地和施工地点均在市区内,相距 2 km;

(3)设计室外地坪与自然地坪基本相同,现场无障碍物、无地表水;基槽采用人工开挖,人工钎探(每米 1 个钎眼);打夯采用蛙式打夯机械;手推车运土,运距 40 m;

(4)模板采用工具式钢模板、钢支撑;钢筋现场加工;

(5)脚手架均为金属脚手架、采用塔吊垂直运输和水平运输;

(6)人工费单价:土建按 128 元/工日计算,装饰按 138 元/工日计算;材料价格、机械台班单价均执行价目表,材料和机械单价不调整;

(7)措施费主要考虑安全文明施工,夜间施工,二次搬运,冬、雨季施工,大型机械设备进出场及安拆。其中临时设施全部由乙方按要求自建。水、电分别为自来水和低压配电,并由发包方供应到建筑物中心 50 m 范围内;

(8)预制构件均在公司基地加工生产,汽车运输到现场,混凝土现场搅拌;

(9)施工期限按合同规定:自 8 月 1 日开工准备,9 月底交付使用;

(10)其他未尽事宜自行设定。

三、建筑做法说明

(1)门窗均为红白松木;玻璃均为厚 3 mm 普通玻璃。M1 门为自由门(地弹簧);M2 门为玻璃镶板门。窗均为无纱单层窗。

(2)门窗油漆均为 1 遍底油,2 遍调和漆。内侧为乳白色,外侧为浅驼色。

(3)水磨石地面(无踢脚线):素土夯实;C15 混凝土厚 60 mm;1∶3 水泥砂浆找平层厚 15 mm;1∶1.5 彩色镜面水磨石地面厚 25 mm;镶嵌铜条,铜条方格间距为 900 mm × 900 mm。

(4)缸砖铺地:素土夯实;C15 混凝土厚 60 mm;1∶3 水泥砂浆找平层厚 15 mm;1∶1 水泥细砂浆厚 8 mm 贴缸砖;素水泥浆扫缝,缝宽不大于 2 mm;缸砖规格为 100 mm×100 mm×10 mm,每块价格为 1.48 元。

(5)雨篷面砖贴面:1∶3 水泥砂浆打底找平层厚 10 mm;1∶1 水泥砂浆厚 10 mm 贴面砖;1∶1 水泥细砂浆勾缝,缝宽 2 mm;滴水贴面砖,滴水宽 40 mm。

(6)外墙白水泥水刷石墙面:1∶1∶6 水泥石灰砂浆打底找平层厚 12 mm;1∶0.2∶2 白水泥石灰膏白石子面层厚 10 mm(中八厘);用水冲刷露出石面;分格条间距 950 mm。

(7)外墙拼碎花岗石墙面:1∶3 水泥砂浆打底找平层厚 12 mm;1∶2 水泥砂浆结合层厚 12 mm;镶贴红黑间隔拼碎花岗石板。

(8)门斗及花坛内侧墙面:B 轴墙和④轴墙外侧同拼碎花岗石墙面;其余墙面同白水泥水刷石墙面。

(9)内墙裙:内墙裙高 1 m,墙面刷防腐油,铺钉油毡;铺钉木龙骨,刷防火涂料 2 遍;铺钉中密度板基层,粘贴泰柚木板,木封口条 20 mm×20 mm 封口;刷硝基清漆 6 遍。

(10)内墙面中级抹灰:1∶3 石灰砂浆打底找平层厚 15 mm;麻刀石灰砂浆面层厚 3 mm;面层刮仿瓷涂料(3 遍成活)。

(11)雨篷底面、门斗顶板底面(中级抹灰):1∶1∶6 混合砂浆勾缝打底厚 3 mm;1∶2.5 石灰砂浆找平层厚 12 mm;麻刀石灰砂浆面层厚 3 mm;喷刷乳胶漆 3 遍。

(12)房间天棚:7 mm 厚 1∶3 水泥砂浆打底,7 mm 厚 1∶2.5 水泥砂浆罩面,贴锦缎;周边钉 25 mm×25 mm 木压线,刷硝基漆 5 遍。

(13)屋面构造:预应力空心板上 1∶3 水泥砂浆找平层厚 20 mm;1∶12 现浇水泥珍珠岩保温层(找坡)最薄处厚 40 mm;1∶3 水泥砂浆找平层厚 15 mm;PVC 橡胶卷材防水层。

(14)现制水磨石柱面:1∶3 水泥砂浆打底找平层厚 15 mm;1∶2.5 白水泥白石子浆磨光打蜡。

(15)门洞、漏窗洞马赛克贴面:1∶3 水泥砂浆打底找平层厚 25 mm;1∶3 水泥砂浆厚 8 mm,贴马赛克;素水泥浆扫缝。

四、结构设计说明

(1)基础用 MU30 乱毛石,M5.0 混合砂浆砌筑。

(2)地基土−1.500 m 以下为松石,以上为坚土。

(3)墙体采用 MU7.5 机制红砖;M5.0 混合砂浆砌筑。

(4)所用混凝土强度等级除 JQL1、JQL2 为 C15,预应力空心板为 C30,其余均为 C20。

(5)预应力空心板混凝土体积分别为:YKB39-21,0.238 m³/块,48 元/块;YKB36-21,0.211 m³/块,45 元/块。板厚 180 mm。

(6)钢筋混凝土构件钢筋保护层:板为 20 mm,其余均为 25 mm。

(7)门窗洞口无过梁者均采用钢筋砖过梁,配筋为 2Φ12;Z2 构造柱与墙体间设拉结筋 2φ6.5@500,长度 2 300 mm。

五、其他说明

其他未尽事项可以根据规范、规程及标准图选用,也可由教师给定。

六、某湖边茶社建筑与结构施工图纸

某湖边茶社建筑与结构施工图纸请扫描右侧二维码查看。

某湖边茶社建筑与结构施工图

参 考 文 献

[1] 黄伟典.工程定额原理(第二版).北京:中国电力出版社,2016

[2] 黄伟典,尚文勇.建设工程计量与计价(第三版).大连:大连理工大学出版社,2018

[3] 黄伟典.建筑工程计量与计价(第四版).北京:中国电力出版社,2018

[4] 黄伟典.建设项目全寿命周期造价管理.北京:中国电力出版社,2014

[5] 中华人民共和国住房和城乡建设部.建设工程工程量清单计价规范(GB 50500—2013).北京:中国计划出版社,2013

[6] 中华人民共和国住房和城乡建设部.房屋建筑与装饰工程工程量计算规范(GB 50854—2013).北京:中国计划出版社,2013

[7] 中华人民共和国住房和城乡建设部.建筑安装工程费用项目组成(建标〔2013〕44 号文件),2013

[8] 中华人民共和国住房和城乡建设部.房屋建筑与装饰工程消耗量定额(TY 01—31—2015).北京:中国计划出版社,2015

[9] 中国建筑标准设计研究院.混凝土结构施工图平面整体表示方法制图规则和构造详图(16G101—1).北京:中国建筑工业出版社,2016

[10] 山东省住房和城乡建设厅.山东省建筑工程消耗量定额(SD 01—31—2016).北京:中国计划出版社,2016

[11] 中华人民共和国住房和城乡建设部.建筑工程建筑面积计算规范(GB 50353—2013).北京:中国计划出版社,2014

[12] 全国二级造价工程师职业资格考试培训教材.建设工程造价管理基础知识.北京:中国计划出版社.2021